化学工业出版社"十四五"普通高等教育规划教材

化妆品学原理

李来丙　龚必珍　主编

化学工业出版社

·北京·

内容简介

全书分为五大部分，介绍了化妆品的分类、发展史、发展概况，阐述了与化妆品有关的皮肤科学、毛发科学和牙齿科学的相关理论知识，以及胶体与大分子溶液的理论、表面现象与界面吸附理论、乳状液与乳化理论、化妆品的流变学理论、化妆品原料学，最后，给出了国家相关部门颁布的最新的化妆品行业法律法规，为化妆品的生产、销售和化妆品行业的发展保驾护航。

本书可作为高等院校化学工程与工艺、应用化学、化妆品科学与技术、化妆品技术与工程等专业的化妆品学、化妆品学原理等化妆品类课程的教材及教学参考书，也可供从事化妆品研究、开发、生产和管理的专业技术人员阅读。

图书在版编目（CIP）数据

化妆品学原理 / 李来丙，龚必珍主编. --北京：化学工业出版社，2024.6. -- ISBN 978-7-122-46100-1

Ⅰ. TQ658

中国国家版本馆 CIP 数据核字第 2024DD1550 号

责任编辑：李 琰 朱 理　　　文字编辑：杨玉倩 葛文文
责任校对：李雨函　　　　　　　装帧设计：韩 飞

出版发行：化学工业出版社
　　　　　（北京市东城区青年湖南街 13 号　邮政编码 100011）
印　　刷：北京云浩印刷有限责任公司
装　　订：三河市振勇印装有限公司
787mm×1092mm　1/16　印张 21　字数 522 千字
2024 年 11 月北京第 1 版第 1 次印刷

购书咨询：010-64518888　　　　　售后服务：010-64518899
网　　址：http://www.cip.com.cn
凡购买本书，如有缺损质量问题，本社销售中心负责调换。

定　　价：49.80 元

《化妆品学原理》编写人员名单

主　　编：李来丙　龚必珍

副 主 编：李爱阳　刘　宁　王　庆

编写人员：李来丙　龚必珍　李爱阳　刘　宁

　　　　　王　庆　龚升高　孙爱明　王津津

　　　　　刘水林　伍素云

前 言

随着社会的高速发展，我国人民的物质文化生活水平不断提高，人们对化妆品的需求越来越大，我国化妆品工业也得到了迅猛发展。

为适应我国化妆品工业的发展和培养专门人才的需要，教育部先后在 2018 年和 2019 年将"化妆品技术与工程""化妆品科学与技术"两个专业作为新专业，正式列入了高等教育本科专业目录。 从 2020 年到 2022 年，国家针对化妆品行业先后出台了一些政策性法律和法规性文件，如《化妆品监督管理条例》《化妆品生产经营监督管理办法》等。 这些文件的出台，使得化工类和化妆品类专业所开设的化妆品类课程急需相应的专业教材，因此，化妆品系列教材的出版迫在眉睫。

正是在这个大背景下，本教材编写组在先前出版的教材的基础上，收集了近年来国内外大量科技文献资料，并结合所有作者的教学、研究成果和工作实践，编定了本教材。 本教材结合了当前新工科高校高素质应用型人才的培养目标，符合国家对化妆品行业相继出台的一些法规性文件。 全书分成五个部分。 第一部分为绪论，主要介绍化妆品、化妆品学和化妆品分类、化妆品工业发展概况、化妆品工业发展趋势等。 第二部分为第一章至第三章，详细介绍了与化妆品有关的皮肤科学、毛发科学和牙齿科学的相关理论知识，为进一步了解化妆品打下良好的基础。 第三部分为第四章至第七章，分别介绍了胶体与大分子溶液的理论、表面现象与界面吸附理论、乳状液与乳化理论、化妆品的流变学理论，这些理论是掌握化妆品的作用原理、配方原理、生产工艺、检测技术等的重要基础，是化妆品学的重要理论内容。 第四部分为第八至第十一章，重点介绍了化妆品的原料学，主要包括化妆品用的基质原料、表面活性剂、香精香料和其他助剂等，是化妆品的生产配方、制造工艺和行业发展的重要依据。 第五部分为附录，是国家相关部门颁布的化妆品行业法律法规，为化妆品企业的生产、销售等提供强有力的保障，为我国化妆品行业保驾护航。

本书由湖南工学院李来丙教授和龚必珍担任主编，李爱阳、刘宁、王庆任副主编，其他编写人员还有龚升高、孙爱民、王津津、刘水林、伍素云等。 在教材编写过程中，还参考了大量的专业书籍和文献资料，均列于书后，在此谨向参考文献中列出的多位作者表示衷心的感谢！

本教材的出版由湖南工学院化学工程与工艺专业——湖南省一流本科专业建设点（DS2002）项目提供赞助，在此表示特别感谢！

由于作者水平和经验有限，书中难免有不妥之处，恳请读者和同行专家批评指正。

编者

2024 年 5 月

目 录

绪　论

第一节　化妆品概述

一、化妆品的定义

化妆品是用以清洁和美化人体皮肤、指甲、毛发或口唇等部位而使用的日常用品。它能充分改善人体的外观，修饰容貌，增加魅力，有益于人们的健康。希腊文中"化妆"一词的含义即"装饰的技巧"，是指把人体自身的优点多加发扬，而把缺陷加以弥补。

根据 2007 年 8 月 27 日国家质量监督检验检疫总局公布的《化妆品标识管理规定》，化妆品是指以涂抹、喷、洒或者其他类似方法，施于人体（皮肤、毛发、指趾甲、口唇齿等），以达到清洁、保养、美化、修饰和改变外观，或者修正人体气味，保持良好状态为目的的产品。

化妆品的主要作用包括：

① 清洁作用。可温和地清除皮肤及毛发上的污垢。

② 保护作用。可保护皮肤，使之光滑、柔润，防燥防裂；可保护毛发，使之光泽、柔顺，防枯防断。

③ 营养作用。可维系皮肤水分平衡，补充营养物质及清除衰老因子，延缓衰老。

④ 美容作用。可美化面部皮肤（包括口、唇、眼周）及毛发（包括眉毛、睫毛）和指（趾）甲，使之色彩耀人，富有立体感。

⑤ 特殊功能作用。具有育发、染发、烫发、脱毛、健美、除臭、祛斑、防晒等作用。

近几十年来，国内外化妆品工业发展迅速，化妆品不再是诞生之初只供少数人使用的奢侈品，已成为人们日常生活的必需品。有关化妆品的科学理论也逐步建立起来，与其他各类学科一样，化妆品科学也逐渐形成一门新兴的独立学科。

二、化妆品学

化妆品学是研究化妆品的配方组成、工艺制造、性能评价、安全使用和科学管理的一门综合性学科。其涉及面较广，与无机化学、有机化学、高分子化学、物理化学、化工原理、化工机械与设备、生物化学、分析化学及现代仪器分析和高分子流变学等关系密切。因此，只有将多门学科知识相互配合，并综合运用，才能生产出优质、高效的化妆品。

现代化妆品是在化学知识的基础上研制出的产品。

① 对化妆品配方组成的研究与确定，需要了解每一种原料的化学成分及化学性质，因

此必须具备无机化学、有机化学、高分子化学的知识。

② 在生产工艺的研究与确定中，尽管几乎不经过化学反应过程，仅为各类物料的混合，但也要使每种物料能发挥各自特性，又让其在配伍后赋予产品良好的功能并保持性能稳定，因此就需要有物理化学（胶体化学、表面化学）、化工原理、化工机械与设备等方面的知识。

③ 在化妆品性能及质量的检测中，会应用到生物化学、分析化学及现代仪器分析和高分子流变学等方面的知识。

因此，化妆品科学的发展是建立在化学学科基础上的。此外，皮肤科学、药理学、营养学、毒理学、微生物学、心理学、管理学等均与化妆品学的发展有着密不可分的关系。

三、化妆品的分类

化妆品的分类方法较多，可以根据功能、使用部位、生产工艺和配方特点分类，还可以根据年龄和性别分类。

① 根据功能，化妆品可分为清洁化妆品（如清洁霜、洗发香波）、基础化妆品（如各种面霜）、美容化妆品（如胭脂）和疗效化妆品（如除臭剂）等。

② 根据使用部位，化妆品可分为皮肤用化妆品（如雪花膏）、发用化妆品（如护发素）、面部美容产品（如唇膏）和特殊功能化妆品（如添加了药物的化妆品）。

③ 根据生产工艺和配方特点，化妆品可以分为乳化状化妆品（如清洁霜）、悬浮状化妆品（如香粉蜜）、液体状化妆品（如香水）、油状化妆品（如防晒油）、粉状化妆品（如香粉）、膏状化妆品（如剃须膏）、凝胶状化妆品（如防晒凝胶）、块状化妆品（如粉饼）、锭状化妆品（如眼影膏）、笔状化妆品（如唇线笔）、气雾状化妆品（如摩丝）、纸状化妆品（如香粉纸）。

④ 根据使用年龄和性别，化妆品可分为婴儿用化妆品、少年用化妆品、男士用化妆品、孕妇用化妆品等。

第二节　化妆品工业发展概况

"爱美之心人皆有之"，人类对美化自身的化妆品自古以来就有不断的追求。目前，化妆品已深入人们的日常生活中，成为现代文明社会中各个年龄层次的人群均不可缺少的日常用品，是人们生活美化、职业文明等的必需消费品。世界人口的逐年增长，带来化妆品消费量的提升，这些都促进了化妆品工业的发展。世界各国化妆品的产值保持持续增长的势头。

一、化妆品的发展历史

一般来说，化妆品的发展历史，大约可分为下列四个阶段。

（1）古代化妆品

化妆品的历史几乎可以推算到人类存在开始。在公元前7世纪～公元前5世纪期间，就有不少关于制作和使用化妆品的传说和记载。如古埃及人用黏土卷曲头发，古埃及王后用铜绿描画眼圈、用驴乳沐浴，古希腊美人亚斯巴齐用鱼胶掩盖皱纹等，中国古代也喜好用胭脂抹腮，用头油滋润头发，除此以外，还出现了许多化妆用具。

（2）矿物油时代

早期石化行业很发达，很多化妆品的原料来源于化学工业，因原料简单、成本低，截至目前，仍然有很多企业还使用石化原料。所以，矿物油时代也是日用化学品时代。

（3）天然成分时代

20世纪80年代，皮肤专家发现：在护肤品中添加各种天然原料，对肌肤有一定的滋润作用。这个时候大规模的天然萃取分离工业已经成熟，此后，在市场的护肤品中慢慢能够找到天然成分。实际上，大部分原料还是沿用矿物油时代的成分，只是偶尔添加些天然成分，因为涉及成分混合、防腐等，仍然有很多难题。也有的公司已经能完全抛弃原来的工业流水线，生产纯天然的东西，慢慢形成一些顶级的、很专业的牌子。

（4）基因时代

随着人体基因的完全破译，特别是与皮肤和衰老有关的基因被破解，化妆品开始进入基因时代。有很多企业开始以基因为概念进行宣传，有些企业已经进入产品化。基因技术作为一项新的技术，在世界各地都是被严格控制的。

二、国内化妆品工业发展概况

国内化妆品工业主要集中在沿海地区，即在工业比较发达、原材料和包装材料等配套条件比较充沛和优越的地区。按大区划分有：华东地区，其中以上海为代表；华北地区，如天津市；华南地区，如广州市；西北地区，如西安市；西南地区，如重庆市；东北地区，哈尔滨市、大连市和吉林市的化妆品产量大致相当，发展比较均衡。

① 从市场规模来看，我国化妆品的消费市场有很大的上升空间。

相关数据显示，2021年中国化妆品行业市场规模达4553亿元，同比增长15%；2022年以来，化妆品消费虽在一定程度上受到影响，但中国化妆品市场规模保持稳定增长，市场规模达到4858亿元，如图0-1所示。

据不完全统计，2004年我国化妆品市场销售额达到850亿元，较2000年增长1.4倍，2005年全年化妆品销售额已达960亿元。到2013年，中国超越日本成为世界第二大化妆品消费国。作为化妆品新兴市场，中国化妆品消费处于快速增长阶段，2012—2017年我国化妆品市场年度增长率高达7.7%，显著高于其他化妆品消费大国。

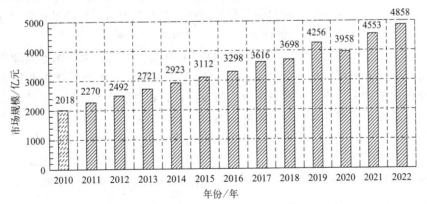

图 0-1 2010 年至 2022 年中国化妆品市场规模

虽然我国已是化妆品全球第二大市场，但与发达国家相比，我国人均化妆品消费量仍处于低位。根据信息咨询机构 Euromonitor（欧睿国际）的研究数据显示，2020 年中国化妆品人均消费额为 58 美元，韩国 263 美元，日本 272 美元，美国 277 美元（图 0-2）。中国仅为美国人均消费额的 20.9%、日本人均消费额的 21.3%、韩国人均消费额的 22.1%。据 Euromonitor 预计，2022—2026 年，中国化妆品行业的 CAGR 为 7.8%，2026 年市场空间可达 8443 亿元。

随着我国城镇化的不断深入、人口结构的变化、收入水平的提升以及化妆品消费习惯和消费理念的培育，消费升级成为趋势，与发达国家之间的巨大差距有望不断缩小。未来随着我国居民生活水平提高以及消费结构的持续升级，化妆品市场潜力巨大。

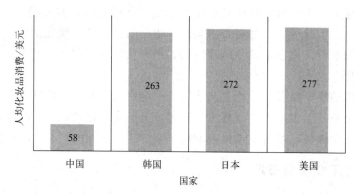

图 0-2 2020 年世界各国人均化妆品消费

② 从市场潜力来看，我国的化妆品工业正朝着品牌系列化、功能多样化、包装精美化、使用方便化的方向稳定发展。

从消费的化妆品的种类看，护肤类的产品仍然是化妆品消费的主流，占 53%。

另外，护发类的占 28%，美容类的占 24%，香水类的占 8%。有数据显示，中国护肤品行业整体呈增长态势，2021 年市场规模为 2308.0 亿元，同比增长 13.8%。有分析师认为，随着新一代消费者的消费热潮兴起，未来年复合增速仍有望保持 10.0% 以上。有专家预测到 2025 年美容类的产品有望占到 38%～45%，跃居到第一位。

中国化妆品市场的巨大潜力吸引了世界几乎所有化妆品企业的关注，如美国的宝洁、雅芳，英国的联合利华，德国的汉高、威娜，日本的资生堂、花王、高丝，法国的欧莱雅、迪奥等均已进入中国市场。

利用外资来推动和加速我国化妆品行业的发展，从某种程度上繁荣了我国的化妆品市场，促进了化妆品工业的发展，也提升了化妆品产业的科技含量和新产品推出的速度。

③ 从生产企业的地域来看，化妆品工业主要集中在华东和华南地区。

化妆品工业在华东和华南地区的集中度达到 84.16%，这是因为华东地区和华南地区人口超过 5 亿，部分省市城镇化率达到 65%，一定程度上影响化妆品生产企业行业布局。另外华东和华南等地区由于原料和装备供应比较集中，化妆品产品生产成本整体较低，有利于行业生存，但也面临同类产品竞争激烈的压力。

截至 2022 年 1 月 13 日，我国登记备案拥有化妆品生产许可的企业共计 5714 家，其中广东省获得生产许可企业共计 3224 家，在全国范围内占比为 56.42%。化妆品行业内品牌化竞争格局已经形成，日益成为集产业化、市场化和国际化为一体的综合性产业。

三、世界化妆品工业发展概况

（一）全球化妆品行业的发展

全球化妆品的发展，主要受技术与消费者护肤理念的推动，先后经历石油化工工业、大规模天然萃取分离技术、衰老的自由基学说、皮肤零负担理念的更迭，可以分为矿物油、天然成分、抗氧化、"零负担"四个时代。

（1）矿物油时代

这个时期世界经济复苏，石油化工业迅速发展。

产品特性：以矿物油为主要成分，加以香料、色素等其他化学添加物；能达到皮肤表面的一时美化，但其产品中的化学添加剂，容易给使用者造成一定程度的伤害。

（2）天然成分时代

这个时期大规模天然萃取分离技术成熟，但天然成分混合、防腐等技术难题仍较难克服。

产品特性：沿用矿物油时代成分，偶尔添加天然成分；使用植物油、动物油等天然油取代矿物油。

（3）抗氧化时代

这个时期自由基学说被提出，认为细胞正常代谢过程中产生的自由基的有害作用造成衰老。

产品特性：产品中添加如维生素 C、维生素 E、葡萄籽精华、番茄红素、叶黄素等。

（4）"零负担"时代

过去化妆品中过多的添加剂给皮肤造成负担和损伤，因此这一时期的产品要求减少不必要的化学成分。

产品特性：性能温和，较易被皮肤吸收。

（二）全球化妆品市场规模与结构

（1）全球化妆品市场规模

随着经济的发展以及人们消费水平的提升，人们对化妆品的需求也与日俱增，化妆品市场规模不断扩大。2010—2019 年全球化妆品的市场规模逐年增长，2020 年全球化妆品的市场规模有所下降，降为 2199 亿欧元，2021 年回升为 2375 亿欧元，同比增长 8%，如图 0-3 所示。

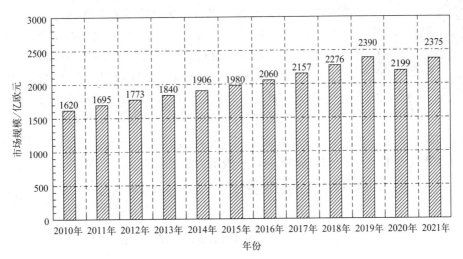

图 0-3　2010—2021 年全球化妆品市场规模

（2）化妆品品牌市场

从品牌市场方面来看，欧美化妆品由于其创立时间久，且凭借其强大的研发能力、品牌影响力和营销能力，在全球化妆品行业占据领先地位。相关资料显示，2021年欧莱雅凭借320亿美元的销售额占据全球化妆品行业的榜首，联合利华以222亿美元的销售额成为全球化妆品行业的第二名，雅诗兰黛化妆品销售额为142亿美元，宝洁化妆品销售额为140亿美元，资生堂化妆品销售额为84亿美元，路易威登化妆品销售额为60亿美元，香奈儿化妆品销售额为53亿美元，如图0-4。

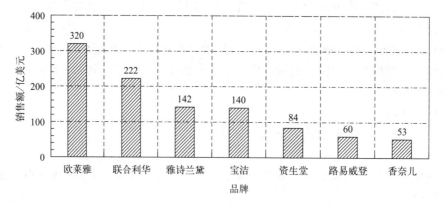

图 0-4   2021年各类化妆品品牌市场销售额

（3）各类化妆品的市场结构

从市场结构分布来看，2021年全球化妆品市场中，护肤品市场规模占比最大，达41%，其次是护发产品、彩妆、香水和卫生用品等，市场规模占比分别为22%、16%、11%、10%（图0-5）。

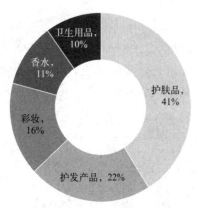

图 0-5   2021年全球化妆品市场结构的情况

2011—2022年，护肤类产品销售占比始终保持第一位，2022年护肤类产品市场规模占比为29.25%，市场规模为1653.26亿美元。2014年起，清洁类产品销售占比超过护发美发类产品，成为销售占比第二的产品，2020年其销售占比达到近年来峰值18.73%，2022年其占比略微下降至18.57%，市场规模为1049.58亿美元。

随着化妆品工艺技术的进步，各种新技术被引入化妆品的研制与开发中。例如新型乳化技术被应用于膏霜和乳液类化妆品。进入21世纪后相继出现了低能乳化、电磁波振荡连续乳化和高速剪切连续乳化技术等，这些技术的采用既缩短了乳化时间，又节约了能源，还提高了产品质量。再如活性成分的皮肤传输技术（如微囊技术、脂质体技术等）应用于化妆品的研制和开发，有效保留了化妆品组分的活性，实现对皮肤的有效作用，延长作用时间，增强化妆品实际功效。

第三节   化妆品工业发展趋势

随着科技的发展、人们生活水平的提高和对皮肤保健意识的增强，人们对化妆品的认识有了较大变化，从以美容为主要目的，转向以美容与护理并重，进一步发展到以科学护理为主，兼顾美容效果。

纵观化妆品的发展历程，1970年以前化妆品的研究重点是制造产品，相关学科为胶体化学、流变学、统计学。20世纪80年代以后步入了人与物的相互调和的时代，化妆品的安全性、有用性受到极大的重视，化妆品的研究领域也扩展到皮肤学、生理学、生物学、药理学及心理学。20世纪末已推出了高安全性并具有一定生理学功效的化妆品，如美白、保湿、防脱发等产品。

化妆品的趋势将越来越向着更加科学、天然、安全和有效的方向发展，化妆品不仅有滋润、清洁、保湿、防晒、抗皱和护肤等作用，而且有治疗、修复皮肤的作用，使皮肤更显年轻、自然，感觉更加细腻。从国外十几家大型化妆品公司21世纪的发展策略看，提高化妆品的安全性和它在生理学上的有用性仍然备受重视，尤其是延缓皮肤衰老、美白肌肤、生发，仍是化妆品研究的热点。

（1）国产品牌利用差异化竞争逐渐崛起

2020年美妆人群关注度前100的品牌中，有37%是国产品牌（见图0-6），超过了欧美品牌（29%）和日韩品牌（30%），国产品牌正呈崛起态势。东方人有不同于西方人的肤质、审美追求，因国产品牌定位往往更为本土化，能够契合我国居民的肤质特点，推出更适合国人的化妆品，例如在功能上以保湿、美白等功能为主，而在配方上常辅以植物、天然等概念，故更容易为国人接受。

（2）天然化妆品在化妆品市场备受青睐，成为市场发展的趋势

随着社会的发展，人们对健康生活方式的兴趣日益增强，纯天然制品已经深得人心。消费者对保持身体和精神健康方面的兴趣越来越大，这直接导致了天然个人护理品市场规模的大幅增长，"回归大自然"的倾向迅速袭卷整个化妆品工业。

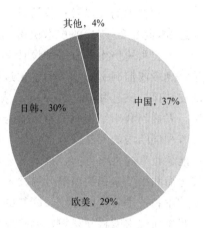

图0-6 2020年美妆人群关注前100品牌地区分布情况

近十年来，以性能温和又具有一定功效的中草药提取物为天然添加剂应用于化妆品中已成为新产品开发的热点，符合当今世界化妆品的发展潮流。这类化妆品如雨后春笋般地涌入化妆品市场，并逐渐为广大消费者所认知。在亚洲地区，特别是日本的消费者对含有中草药活性成分的化妆品十分崇尚，日本《泛用化妆品原料》中就已列出了114种可用于化妆品中的中草药。目前，日本含有中草药成分的化妆品已达200种之多。欧洲各国的化妆品以添加天然药用植物萃取物为时尚。中草药应用于化妆品，符合当今世界化妆品的发展潮流，如能科学地加以研究、开发和应用，制造出一系列无毒、无害、无副作用，且具有营养和疗效的化妆品，必将对我国化妆品的发展起到积极的推动作用。

"食品化妆品"是一个新概念，食品中含有不同数量和形态的高级脂肪族化合物，用它们做成的化妆品必然具有上述化妆品的全部优点。它们在蛋白质、糖类、维生素、微量元素等的协同作用下发挥一加一大于二的作用，在今后很长一段时间必然引领护肤化妆品新潮流。

（3）个性化、高性价比产品是未来主要方向

随着消费者群体的年轻化，消费理念更加成熟，他们在产品用途、成分和品牌定位上的偏好也更为细化，对产品的需求也更加个性化，美白、祛斑、防晒等功能性、个性化护肤品

将会越来越受到消费者的认同。同时，随着电商、新零售等消费渠道的兴起，产品价格日趋透明，消费者在化妆品的选购上，更加注重性价比，不再盲目追求高端品牌。

运动用化妆品市场潜力巨大，此类化妆品具备适应运动的特征，除了市场宣传外，产品的性能及品种系列也非常重要，应具备防汗、保湿、消炎、杀菌等独特功能。

尽管国内化妆品厂家生产的儿童化妆品在价格方面有很强的竞争力，但在品种系列方面却相对薄弱。伴随人们对健康及美的追求越来越深刻以及本质化的认识，儿童化妆品市场无疑会成为一项潜力巨大的"前沿"产业。

中老年化妆品市场也值得关注。借助化妆品延缓衰老已成为化妆品企业的一项重大研究课题。而目前，我国 50 岁以上的中老年人需要的与其说是具有延缓衰老功能的化妆品，倒不如说是适宜于他们皮肤特点的化妆品。因此，如何有针对性地根据中老年人心理和现实的实际需要研制和销售化妆品，是启动这一庞大市场首先应该考虑的内容。

（4）应用生物技术制剂是化妆品未来发展的重要手段

生物技术的发展对化妆品科学起了极大的促进作用。20 世纪 70 年代，生物技术兴起，经过 20 世纪 80 年代的技术积累，已奠定了较坚实的基础。

人类利用仿生的方法，设计和制造一些生物技术制剂，生产一些有效的延缓衰老的产品，延缓或抑制引起衰老的生化过程，恢复或加速保持皮肤健康的生化过程。这引起了对传统皮肤保护概念和方法的突破：从传统的油膜和保持皮肤水分，着重于物理作用的护肤方法，发展到利用细胞间的脂质等与生物体中新陈代谢过程相关的母体、中间产物和最终产物具有相同结构的天然或合成物质，从而保持皮肤的健康状态。这些仿生方法开始成为发展高功能化妆品的主要方向，推动了化妆品科学的发展。如透明质酸、表皮生长因子、超氧化物歧化酶和聚氨基葡萄糖等生物技术产品，在化妆品中得到了日益广泛的应用。

生物技术时代的化妆品原料的开发应包括两大方面：一是生命科学的发展促进了人们对一些生命现象的科学认识，如对皮肤的老化现象、色素形成过程、光毒性机理、饮食对皮肤的影响等的科学解释，使人们可以依据皮肤的内在作用机制，通过适当的体外模型，有针对性地筛选化妆品原料、设计新型配方、改善或抑制某些不良过程；二是利用如大肠杆菌、酵母菌、动物细胞、植物细胞等来生产一些昂贵但有效的物质作为化妆品的原料。

随着精细化工的发展，尤其是油脂工业、表面活性剂工业、香料合成工业以及染料工业等的发展，化妆品工业进入了一个崭新的阶段。尤其是现代生物工程技术与传统精细化工技术相结合，给 21 世纪的化妆品工业带来新的飞跃。

第一章 皮肤科学

化妆品与人体（如皮肤）直接接触，所以保证化妆品的安全性非常重要。正是因为人的皮肤长期接触化妆品，所以化妆品与皮肤亲和性一定要好、使用安全性一定要高，这样才能起到清洁、保护、美化皮肤的作用；相反，化妆品使用不当会引起皮肤的炎症或其他疾病。因此，为了更好地探讨化妆品的功效，开发与皮肤亲和性好、安全有效的化妆品，了解皮肤科学非常重要。

第一节 皮肤的结构

皮肤是人体的最主要器官之一。它覆盖着全身，与人体的其他器官密切相连，对人体起着保护作用，使人体不受外部刺激或伤害。一般来说，成人的皮肤总面积约为 $1.5\sim2.0m^2$，重量约占人体总重量的 15%，厚度约为 $0.4\sim4.0mm$（皮下组织除外），主要具有保护、调节体温、吸收、分泌和排泄以及感觉、新陈代谢、免疫等功能。

随着年龄、性别、部位的不同，不同人体各处皮肤的厚度也不相同。一般来说，男人的皮肤比女人的皮肤厚，但女人脂肪层较厚；指尖、眼睑的皮肤最薄，约为 0.4mm；臀部、手掌和脚掌的皮肤较厚，约为 $3\sim4mm$；儿童特别是婴儿的皮肤要比成年人薄得多，厚度平均只有 1mm。皮肤的解剖结构如图 1-1 所示。

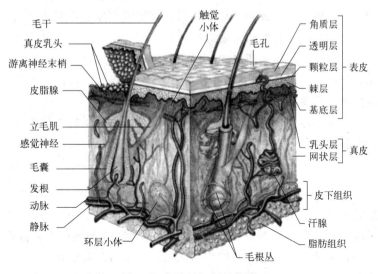

图 1-1　皮肤的解剖结构图

一、表皮

表皮是皮肤的最外层，属于皮肤的浅层，由角化的复层扁平上皮构成，其厚度在人体不同部位各不相同，一般厚度为 0.07～0.12mm，手掌和足跖最厚，为 0.8～1.5mm。表皮包括各种大小不同的鳞状上皮细胞，它们由基底层发育而成。位于真皮之上的基底细胞，在发育过程中，不断产生新细胞。由于这些新细胞一列一列地从基底层产生向上延伸时，在表皮的不同层次上，其大小、形状均会有变化，所以从里到外依次形成了表皮的各层，即基底层、棘层、颗粒层、透明层和角质层。表皮的结构如图 1-2 所示。

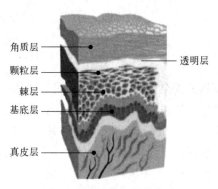

图 1-2　皮肤表皮的结构图

表皮层由两类细胞组成。一类是角朊细胞（角质形成细胞），占表皮细胞的绝大多数，它们在分化中合成大量角蛋白，使细胞角化并脱落；另一类为树枝状细胞，数量少，分散存在于角朊细胞之间，包括黑（色）素细胞、郎格汉斯细胞和梅克尔细胞，但该类细胞与表皮角化无直接关系。

形成表皮的细胞不同于其他细胞，因为它们经过了一个从能够分裂的、有代谢活性的细胞到死亡的、角化蛋白的有次序的递进过程。基底细胞分裂产生表皮角质化细胞，随着角质化细胞向表皮上层推移，发生了一系列的改变。在颗粒层以上，角质化细胞迅速死亡，立即转变成坚硬持久的纤维蛋白即角蛋白。如角蛋白受到损伤，便从身体表面成片剥落。

角蛋白或角质层的形成，使下面的活表皮细胞、真皮和皮下组织有了保护层，以抵御外界不利环境。角质层的有序形成依赖于对坏死细胞的利用。在其他一般组织中，坏死细胞总是通过自溶和吞噬作用而被除去的。而在表皮中坏死细胞被保留，充当皮肤保护层的一部分。表皮中坏死细胞的过早出现与角蛋白的形成有关。

（一）基底层

基底层是表皮的最里层，附着于基膜上，由一列基底细胞组成。基底细胞呈柱状或立方形细胞，其长轴与基底膜垂直，细胞间相互平行，排列成木栅状，整齐规则。

基底细胞多为角朊细胞，它的增殖能力很强，是未分化的幼稚细胞，代谢活跃，不断进行有丝分裂，是表皮各层细胞的生成之源。每当表皮破损，这种细胞就会增殖修复，新生的细胞向浅层移动，分化成表皮其余几层的细胞，以更新表皮，不留任何遗痕。基底细胞从生成到经过角化脱落大约需要四个星期。

另外，黑（色）素细胞也不均匀地散布于基底层中，约占基底细胞的 4%～10%，其含量往往会影响到皮肤的颜色，它还具有防止日光照射至皮肤深层的作用。

（二）棘层

棘层位于基底层上方，是表皮中最厚的一层，由 4～8 层不规则的多角形、有棘突的细胞组成。这种细胞比较大，呈多边形，细胞向四周伸出许多细短的突起，故称棘细胞。

棘细胞自里向外由多角形渐趋扁平，相邻细胞的突起由桥粒相连。各细胞间有一定空隙，除棘突外，在正常情况下，还含有细胞组织液、丰富的细胞质和许多游离核糖体，能辅助细胞的新陈代谢。胞质内含许多角蛋白丝，常成束分布，并附着在桥粒上。电子显微镜下

图中标注：角质层、颗粒层、棘层、基底层、真皮层、透明层

能见成束的角蛋白丝，称张力原纤维。在棘细胞间分布有郎格汉斯细胞。在病变时，如细胞间水肿严重，则可使许多细胞突被破坏，形成海绵状态，甚至形成水疱。

正常的棘层细胞也有增殖能力，发生某些病变时，增殖过度，形成棘层肥厚。在发生萎缩性病变时，则棘层变得很薄，只有1～2层细胞。

（三）颗粒层

颗粒层位于棘层上方，由2～4层比较扁平的梭形细胞组成，是进一步向角质层细胞分化的细胞。其细胞的特点为胞质中有很多大小不等、形状不规则的透明角质颗粒，颗粒的主要成分为富有组氨酸的蛋白质。颗粒层细胞有较大的代谢变化，含有板层颗粒多，能够将所含的糖脂等物质释放到细胞间隙内，且可合成角蛋白。颗粒层是向死亡的角质细胞转化的开始，因此它起着向角质层转化的所谓过渡层的作用。表皮细胞经过此层完全角化后，便失去细胞核，而转化成无细胞核的透明层和角质层。

在颗粒层上部细胞间隙中，充满了疏水性磷脂质，在细胞外面形成多层膜状结构，构成阻止物质透过表皮的主要屏障，使水分不易从体外渗入；同时也阻止表皮水分向角质层渗透，致使角质层细胞的水分显著减少，成为角质层细胞死亡的原因之一。一般来说，颗粒层厚度与角质层厚度成正比。

（四）透明层

透明层位于颗粒层上方，介于角质层和颗粒层之间，在无毛的厚表皮中明显易见，比如手掌和足跖处。透明层由2～3层扁平、无核且细胞界限不清的透明均质状的梭形细胞组成，内含角母蛋白，细胞核和细胞器已消失，有防止水及电解质通过的屏障作用，细胞的超微结构与角质层细胞相似。

（五）角质层

角质层为表皮的最外层，由多层（5～10层）扁平、无核的角质细胞组成。其厚度依身体部位的不同而定。在前臂内侧甚薄，约0.02mm；在掌跖处最厚，可超过0.5mm。角质细胞含有角蛋白和脂质，是已完全角化干硬的死细胞，已无胞核和细胞器。角质层能够耐受一定的外力侵害，阻止体内液体外渗和化学物质内渗，是良好的天然屏障。电子显微镜下的角质层，可以看到胞质中充满密集平行的角蛋白丝，其浸埋在均质状的物质中，这主要是透明角质颗粒所含的富有组氨酸的蛋白质。

角质层也是化妆品作用的第一部位，对化妆品向皮肤渗透起主要的限速作用，因此，改善角质层的通透性可以促进化妆品的经皮吸收。

在代谢过程中，靠近表面的细胞间的桥粒解体，细胞彼此连接不牢，最外层的细胞干死之后，呈鳞状或薄片状脱落，即为日常所称的皮屑。

二、真皮

真皮在表皮之下，由胶原纤维、弹力纤维、网状纤维和无定形基质等结缔组织构成，对皮肤的弹性、光泽和张力等有很重要的作用。真皮属于不规则致密结缔组织，起源于中胚层。真皮分为两层，包括处于浅层的较薄的乳头层和深处较厚的网状层。两者均由成纤维细胞及其产生的胶原纤维、弹性纤维、网状纤维以及糖胺聚糖基质等组成。此外还有血管、淋巴管、神经以及皮肤的附属器官，如皮脂腺、大小汗腺及立毛肌等。在正常生理条件下，真皮决定了皮肤的弹性和机械张力，皮肤的多种生理功能也都依赖于真皮完成，如感觉、分泌、排泄等。例如，衰老或长期过度日晒会使皮肤出现皱纹，弹性松弛，这是胶原纤维及弹力纤维变性或断裂的结果。

真皮除将表皮与皮下组织连接起来外，还是血管、淋巴管、神经及皮肤附属器官等的支架，以及一定量的血液、电解质和水的承受器。真皮是皮肤代谢物质交换的场所，也是对抗外力侵害的第二道防线。表皮与真皮的交接面，形如波状曲线。表皮下伸部分称为钉突，真皮上伸部分称为乳头。真皮乳头内含有丰富的血管和神经末梢。在指端、乳头、生殖器等处的真皮里，由于真皮乳头的数目特别多，因而感觉非常灵敏。

下面分别介绍胶原纤维、弹性纤维、网状纤维和真皮基质。

（一）胶原纤维

胶原纤维是真皮结缔组织中的主要成分，占真皮全部纤维质量的95%～98%，占皮肤质量的90%。新鲜的胶原纤维呈白色，故又称白纤维。胶原纤维是由胶原蛋白构成的，它决定着真皮的机械张力。胶原纤维中，胶原分子有序排列并相互交联，抗拉力强，但缺乏弹性。

胶原纤维是一种纤维组合物，含有胶原蛋白、甘氨酸、脯氨酸和羟脯氨酸等。原胶原分子是由三条多肽链组成的三螺旋体，分子量为300000Da（道尔顿），三螺旋体的原胶原分子沿着共同的中心轴进一步交联，形成超螺旋体空间结构，即胶原分子。

胶原纤维是三种纤维中分布最广泛，含量最多的一种纤维，广泛分布于各器官内，在皮肤、巩膜和肌腱中最为丰富。胶原蛋白有保持大量水分的能力，其保持水分越多，皮肤就越光滑柔软，也越精细。原胶原分子是可溶性的，随着衰老的发生，原胶原分子间发生大量的交联，形成的胶原分子呈现不溶解状态。不溶性胶原分子与可溶性原胶原分子的比率增大，使胶原蛋白保持水分的能力下降。原胶原分子的交联还会引起长度的缩短和机械张力的下降，从而使皮肤松弛，出现皱纹。随年龄增长，交联日益增多，皮肤、血管及各种组织变得僵硬，成为老化的一个重要特征。

（二）弹性纤维

弹性纤维位于真皮网状层内，其排列与胶原纤维平行或斜行，在网状层下部较多。弹性纤维占皮肤干重的2%，单束的弹性纤维位于胶原纤维之间，共同构成了真皮中强疏水多肽链交联形成的弹性网络。呈波状的弹性纤维也可环绕毛囊、皮脂腺、汗腺和末梢神经等。

在真皮浅层，弹性纤维呈垂直方向，直至表皮与真皮交界处。弹性纤维由弹性蛋白和微原纤维两种不同的结构组成，直径为$1\sim3\mu m$，能够伸展到原长的2倍。因此，真皮的机械特征除了依赖于胶原纤维的抗张力强度外，还依赖于处于不可伸展的胶原纤维之间的可伸展的弹性纤维，从而使坚固的真皮具有一定的弹性，可使牵拉后的胶原纤维恢复原状。

弹性蛋白是一种最不具有极性的蛋白质，因为弹性蛋白中只有10%为极性氨基酸。在真皮内，弹性纤维一般更新十分缓慢，紫外线和炎症可加速其更新。弹性纤维亦随年龄和多种基因疾病而变化，真皮弹性组织变性是皮肤光损伤的表现。皮肤的衰老表现为弹性蛋白含量的减少，从而使皮肤失去弹性。

（三）网状纤维

网状纤维是较幼稚未成熟的胶原纤维，直径为$0.2\sim1.0\mu m$。它环绕于皮肤附属器官周围。比如，汗腺、皮脂腺、手脚指甲周围及血管周围。在网状层也就是真皮深层，这种没有成熟的胶原纤维束排列比较疏松，交织成网状，与皮肤表面平行的比较多。纤维束呈螺旋状，故有一定伸缩性。

（四）真皮基质

真皮基质是一种无定形均质状物质，由成纤维细胞产生，充填于纤维和细胞之间。真皮中的各种纤维、毛细血管、神经及皮肤附属器官等均包埋于无定形的基质中。这种基质主要化学成分为蛋白多糖、水、电解质等。

蛋白多糖主要包括透明质酸、硫酸软骨素 B、硫酸软骨素 C 等成分，使基质形成许多微孔隙的分子筛立体构型。基质具有亲水性，是各种水溶性物质、电解质等代谢物质的交换场所。基质允许小于这些孔隙的物质，如水、电解质、营养物质和代谢产物自由通过进行物质交换；大于孔隙的物质，如细菌则不能通过，被限于局部。正常真皮内基质主要含非硫酸盐酸性糖胺聚糖，如玻璃酸（又称透明质酸）。其在正常皮肤中含量虽然很少，但由于可以吸收其 1000 倍的水，所以在皮肤抗皱抗老化方面具有重要意义。透明质酸分子是随机螺旋体，并互相交错形成网络，由于其巨大的保水能力和天然的弹性，所以随着衰老，透明质酸的减少，是导致真皮含水量减少的重要因素。辐射对透明质酸的解聚有一定影响。透明质酸的解聚改变了其螺旋状的空间排布，增加了真皮的通透性。日光照射可引起皮肤通透性的增加和透明质酸黏度的下降。

三、皮下组织

皮下组织位于真皮下部，由疏松结缔组织和脂肪组织构成，连接皮肤与深部组织（肌肉），常称为浅筋膜。它使皮肤有一定的活动性，又称皮下脂肪组织。

皮下组织的厚度因个体、年龄、性别、部位、营养状态、疾病等而有较大的差别，一般以腹部和臀部最厚，脂肪组织丰富；眼睑、手背、足背和阴茎处最薄，不含脂肪组织。皮下组织中含有血管、淋巴管、神经、汗腺、毛囊等。脂肪有供给热量、减少体温散失和缓冲外来压力等作用。因此，皮下组织具有连接、缓冲机械压力、储存能量、维持保温等作用。

四、皮肤的附属器官

皮肤的附属器官主要是指汗腺、皮脂腺、指（趾）甲等。

（一）汗腺

分布全身，按分泌性质的不同，分为小汗腺和大汗腺两种。

（1）小汗腺

小汗腺即外泌汗腺，位于真皮下层，通过直线形或螺旋状的导管在皮肤表面开口，腺体位于皮下组织或真皮深层。除口唇、小阴唇、龟头、包皮内侧外，广泛分布在全身的表皮，头部、面部、手掌、脚掌尤其多。它是由腺体、导管和汗孔三部分组成，汗液由腺体分泌到导管，再由导管输送至汗孔而排泄在表皮外面。激动、发怒易出汗，安静、心神安宁少出汗；人体虚弱者出虚汗。小汗腺具有调节体温、柔化角质层和杀菌等作用。

（2）大汗腺

大汗腺（顶泌汗腺）腺体比较大，导管开口于毛囊的皮脂腺入口上部，少数直接开口于表皮，仅在特殊部位，如腋窝、乳头、脐窝、外阴部、肛门等处才分布有这种汗腺，女性中较明显、活跃。通常情况下，黑种人较白种人多，女性较男性多，于青春期后分泌活动增加，在月经及妊娠期亦较活跃。

大汗腺与上述的小汗腺不同，是皮肤中的另一种腺，由腺细胞、肌上皮细胞、基底膜带所构成，不具有调节体温的作用。大汗腺分泌出来的分泌物为较黏稠的乳状液，含蛋白质、碳水化合物和脂类等，是带有气味的弱碱性物质，其臭味来源于细菌分解作用而产生的脂肪酸和氨。有些人带有狐臭气味，就是与大汗腺有关。因此防止狐臭的化妆品就应抑制大汗腺排汗，或是清洁肌肤，防止细菌的侵蚀，从而掩抑其不良气味。

（二）皮脂腺

皮脂腺与毛囊关系密切，大多位于毛囊和立毛肌之间，为泡状腺，由一个或几个囊状的腺泡与一个共同的短导管构成，导管为复层扁平上皮，大多开口于毛囊上部。除掌跖部位外，皮脂腺遍布全身皮肤，特别是头皮、脸面、前胸等部位较多。大多数皮脂腺都开口于毛囊的上皮细胞，少数皮脂腺与毛囊无关，直接开口于皮肤或黏膜的表面，如乳晕、口腔黏膜、口唇及小阴唇区的皮脂腺。腺泡中心的细胞胞质内含脂滴，当腺细胞解体时，脂质连同脂滴一起排出，即为皮脂。皮脂是几种脂类的混合物，用以润滑毛发和皮肤，在一定程度上还有抑制细菌的作用。

脂质成分中最多的是甘油三酯，该成分经过皮脂腺导管运输到表皮，在排泄过程中分解成甘油二酯和甘油单酯。当游离脂肪酸的碳链长度为 12~16 个碳时，发炎性最强，为 16~18 个碳时，形成粉刺的作用最明显。

（三）指（趾）甲

指（趾）甲由甲体、甲床、甲根、甲母质等组成，平均厚度约为 0.3mm，成人每天生长 0.1mm。指甲的含水量为 7%~12%，脂肪含量为 0.15%~0.75%。甲体是长在指（趾）末节背面的外露部分，为坚硬半透明的长方形角质板，由多层连接牢固的角质细胞构成，细胞内充满角蛋白丝。

甲体下面的组织由非角化的复层扁平上皮和真皮组成，称甲床，内有丰富的神经及血管。在甲体的腹侧与甲床间，存在许多纵行的沟及嵴，保障甲床以及其下方真皮结缔组织与甲板牢固地黏着。甲体的近端埋在皮肤下方的深凹内，称甲根。甲根是指甲的最后部分，深藏在皮下，其下则为甲母质，即指（趾）甲的生长部分。对于指（趾）甲的生长速度，儿童、青年人比老年人快，手指甲比趾甲快 3~4 倍，夏季比冬季也要快些。

第二节　皮肤的类型与作用

一、皮肤的颜色与类型

（一）皮肤的颜色

皮肤颜色有六种，即红、黄、棕、蓝、黑和白色，如黄种人和白种人皮肤、红色的嘴唇，主要是因为皮肤内黑色素的量及分布情况不同。黑色素是一种蛋白质衍生物，呈褐色或黑色，是由黑素细胞产生的。

皮肤的颜色因人种、性别、年龄的不同而不同，而且部位不同，皮肤颜色也有所不同，从大的方面来说，分为白种人、黄种人和黑种人。黄种人皮肤内的黑色素主要分布在表皮基底层，棘层内较少；黑种人则在基底层、棘层及颗粒层都有大量黑色素存在；白种人皮肤内黑色素分布情况与黄种人相同，只是黑色素的数量比黄种人少。

在性别上，男性比女性的色素丰富；在年龄上，长者比年轻者的色素丰富。在人体皮肤的不同部位，颜色的深浅也是不一致的，在颈、手背、腹股沟、脐窝、关节面、乳头、乳晕、肛周及会阴部等处颜色较深，掌跖部皮肤颜色最浅。决定这些皮肤颜色的色素是黑色素、类黑色素、胡萝卜素、氧合血红蛋白、脱氧血红蛋白等。血液循环、角质层增厚、真皮老化（如胶原糖化）也是影响肤色的重要因素。

（二）黑色素

肤色主要由皮肤内的四种生物色素组成：黑色素、氧合血红蛋白、脱氧血红蛋白和胡萝卜素。表皮黑色素含量的多少，是决定人的肤色的主要因素。当黑色素增多时，皮肤由浅褐色变为黑色。

从黑色素的性质讲，它是一种微小颗粒状的黑色色素，常在细胞内。含色素的细胞有三种：表皮基底细胞、基底细胞间的树枝状细胞和真皮内游走性吞噬细胞。

黑色素是在黑素细胞内生成的。不同部位黑素细胞的数目不相同，如头皮及阴部处，$1mm^2$ 内约有 2000 个，其他部位约为 1000 个。氨基酸之一的酪氨酸在含高价铜离子（Cu^{2+}）的酪氨酸酶的作用下，氧化生成 3,4-二羟基苯丙氨酸（多巴），多巴通过酪氨酸酶的氧化，变成多巴醌，进一步氧化为 5,6-二羟基吲哚，最后氧化聚合后生成黑色素。其反应过程如图 1-3 所示。

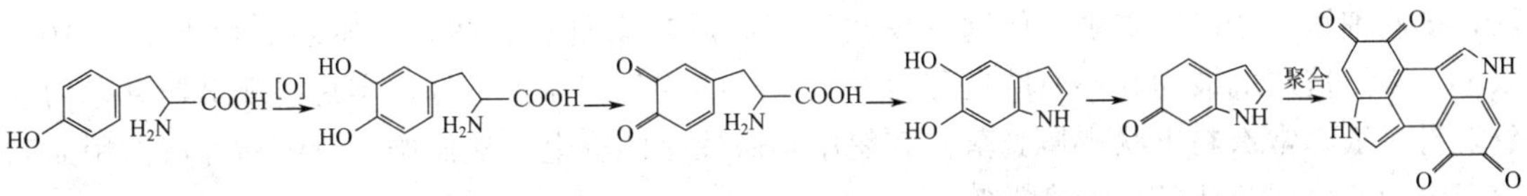

图 1-3 黑色素的形成反应过程

黑色素决定皮肤颜色的主要机制如下：

（1）构成性肤色和选择性肤色

由黑色素决定的皮肤颜色又分为构成性肤色和选择性肤色。构成性肤色是在没有阳光照射和其他因素影响的情况下由基因决定的皮肤颜色，如臀部和上臂内侧的皮肤。选择性肤色又称附加性肤色，是受各种内源性（如内分泌、旁分泌变化）或外源性（如日晒）因素影响，导致黑色素增多而加深的皮肤颜色。

（2）不同人种之间肤色的差异

有研究表明：皮肤内的黑素细胞数量在不同人种或性别之间几乎没有差异；黑素细胞的活性在不同人种之间有明显差异，且易受到日晒等因素的影响，具体体现在产生色素化黑素体的数目和大小，以及转运到角质形成细胞的效率不同。

白种人皮肤内黑素体仅少量存在，只有Ⅰ期、Ⅱ期、Ⅲ期黑素体，没有Ⅳ期黑素体；黄种人表皮内为Ⅱ期、Ⅲ期、Ⅳ期黑素体；黑种人为Ⅳ期黑素体。在黑种人皮肤中，黑素细胞含有 200 多个黑素体，黑素体直径为 $0.5\sim0.8\mu m$，没有界膜。白种人皮肤中黑素细胞含有的黑素体不到 20 个，黑素体直径为 $0.3\sim0.5\mu m$，聚集在界膜内。浅色皮肤的黑素体降解速度比深色皮肤快。

因此，亚洲人的黄色皮肤中同时含有大而分散和小而聚集的黑素体。

（3）真黑素与褐黑素对肤色的影响

一般认为，遗传决定了真黑素和褐黑素的构成水平。皮肤、头发、眼睛中的大部分黑色素都是由真黑素和褐黑素混合构成。真黑素呈棕黑色，而褐黑素呈黄红色。浅色皮肤的黑素细胞比深色皮肤含有更多褐黑素。皮肤颜色越深，其真黑素含量越高。研究发现，白种人的真黑素含量最少，印第安人的真黑素含量高一些，非洲裔美国人的真黑素含量最高。

（三）皮肤的类型

当皮脂排出达到一定量，且在皮肤表面扩展到一定厚度时，皮脂分泌就减缓或停止，这一定量叫饱和皮脂量。此时如将皮肤表面上的皮脂除去，则皮脂腺又迅速排泄皮脂，表面上的皮脂从除去至达到饱和皮脂量大约需要 2～4h。皮脂分泌量因身体部位各异而有所不同，皮脂腺多的头部、面部、胸部等的皮脂分泌较多，手脚较少。

从性别和年龄上看，皮脂排泄在儿童期较少；由于性内分泌的刺激，在接近青春期迅速增加，到了青春期及其以后一段短的时期，则比较稳定；到老年时下降，尤以女性更甚。

从季节上讲，夏季比冬季分泌量大，而且 20～30℃ 时分泌量最大。同时，分泌量也受营养的影响，过多的糖和淀粉类食物使皮脂分泌量显著增加，而脂肪的影响则较小。

根据皮脂分泌量的多少，人类皮肤分为干性、油性、中性三大类型。这也是选择化妆品类型的重要依据。

（1）干性皮肤

干性皮肤毛孔不明显，皮脂腺的分泌少而均匀，没有油腻的感觉，肤色洁白或白里透红，皮肤细嫩、干净、美观。但这种皮肤经不起风吹雨打和日晒，角质层的含水量在 10％以下，常因情绪的波动和环境的迁移而发生明显的变化，保护不好，容易出现早期衰老的现象，易过敏，常有粉末状皮屑脱落。宜使用刺激性小的香皂、洗面奶、清洁霜等清洁用品和擦用多油的护肤化妆品，如冷霜等。

（2）油性皮肤

油性皮肤毛孔明显，部分粗大，皮脂的分泌量特别大，同时毛囊口还会长出许多小黑点，一眼望去面部皮肤像涂了油脂一样，脸上经常油腻光亮，易长粉刺和小疙瘩，肤色暗、深，常为淡褐色、褐色。但油性皮肤的人不易过敏、不易起皱纹、不易出现衰老，又经得起各种刺激。可选用肥皂、香皂等去污力强的清洁用品洗脸，宜使用少油的化妆品，如雪花膏、化妆水等。

（3）中性皮肤

中性皮肤在成年人中少见，见于发育前的少男少女。中性皮肤介于上述两种类型皮肤之间，组织紧密，不干燥也不油腻，触手细嫩、润滑，厚薄适中，富有弹性，健康，不易过敏，是一种理想的肤质。一般都会不同程度地偏向干性皮肤或油性皮肤，当然偏向干性皮肤较为理想。皮肤不粗不细，对外界刺激亦不敏感。选用清洁和护肤化妆品的范围也较宽，通常的护肤类化妆品均可选用。

皮肤的类型还受年龄、季节等影响。以青春期为界，青春期过后，油性皮肤就会逐渐向中性及干性皮肤转变。在冬季寒冷、干燥的外界环境中，即使是油性皮肤，也易引起干燥、粗糙；夏季，皮肤分泌机能旺盛，汗多，中性皮肤也会呈现为油性皮肤。皮肤的状态随外界环境的变化而变化，所以选择化妆品时，也要根据上述变化而有所不同。

成年人的皮肤通常是混合性的皮肤。鼻梁两侧毛孔粗，纹理多，脸部"T"带（额、鼻、眉、下巴）常油腻发亮，偶尔生成粉刺、痤疮，呈油性。而面颊部细腻光滑，呈干性。一般干性皮肤易生色斑，油性皮肤易生痤疮。皮肤的质地主要取决于皮脂量和含水量，而皮脂量是由皮脂腺的活性决定的，含水量是由角质层细胞的保湿能力决定的。

二、皮肤的作用

（一）保护作用

（1）胶原纤维及弹力纤维的保护

皮肤是身体的外壳。由于表皮坚韧，真皮中的胶原纤维及弹力纤维使皮肤有抗拉性及较好的弹性，加上皮下脂肪这一软垫作用，因而皮肤能缓冲外来压力、摩擦等机械性刺激，保护深部组织和器官不受损伤。经常受摩擦和压迫的部位，如手掌、足跖、臀部等，角质层增厚（发生胼胝），可增强对机械性刺激的耐受性。皮肤损伤后发生的裂隙等可由纤维母细胞增殖及表皮新生而愈合。

（2）皮脂膜的保护

角质层表面有一层皮脂膜，可防止皮肤水分的过快蒸发，也能防止水分过量地进入体内，调节和保持角质层适当的含水量，从而保持表皮的柔软，防止发生裂隙。

皮肤表面被皮脂腺分泌出来的皮脂覆盖，形成薄薄的皮脂膜，呈弱酸性，pH 值为 4.5～7.0 左右，这样的环境下，病菌非常难以生存和繁殖。同时表皮角质层的不断脱落、汗液的分泌可以把黏附在皮肤上的细菌清除掉一部分，所以在完整、清洁的皮肤上，病菌难以生存、繁殖，也难以侵入体内。

（3）角质细胞的保护

角质层的细胞有抵抗弱酸、弱碱的能力。角质细胞排列紧密，很坚韧，能保护皮下的柔软组织，使血管和神经等不受损伤，并能阻止细菌侵入体内，对水分及一些化学物质有屏障作用，因而可以阻止体内液体的外渗和化学物质的内渗，因此，不可过度使用去角质层产品。过分清洁皮肤或使用改变皮肤表面 pH 的产品，会改变皮肤表面弱酸性环境，降低皮肤的屏障功能。

（4）皮肤对紫外线有防护作用

表皮中的角质层有反射光线及吸收波长较短的紫外线（180～280nm）的作用；棘层、基底层细胞和黑素细胞可吸收波长较大的紫外线（320～400nm）；黑素体有反射和遮蔽光线作用，以减轻光线对细胞的损伤。因此适量日光照射可促进黑素细胞产生黑色素，增强皮肤对日光照射的耐受性。

另外，在人体生活的周围环境中，有许多致病的微生物，其之所以不能随便地侵入人体，就是由于皮肤发挥了重要的防御作用。

（二）感觉作用与调节体温作用

（1）感觉作用

皮肤内分布着丰富的神经组织，因此对外界的感觉十分灵敏，有人把它称为感觉器官。皮肤能把来自外部的种种刺激，如触觉、痛觉、热和冷等迅速地传达给大脑的神经中枢，从而有意识或无意识地在身体上作出相应的反应，以避免机械、物理及化学性损伤。

皮肤内遍布热觉、冷觉、触觉、痛觉等神经末梢。感觉最敏锐的是手指和舌尖，平滑、潮湿、干燥等感觉用指尖就可以判别出来。

（2）调节体温作用

不论是寒冷的冬天，还是炎热的夏季，人的体温总是保持在 37℃ 左右，这是由于皮肤通过保温和散热两种方式发挥作用参与体温的调节。主要是通过血管的收缩、舒张和汗腺的分泌来调节体温。当外界气温升高时，交感神经功能降低，皮肤毛细血管扩张，血流量增多、流速加快，汗腺功能活跃。汗腺受交感神经支配，脑中有调节汗分泌的汗中枢，进入脑中的血液温度升高 $0.2\sim0.5℃$，就能刺激汗中枢，汗液水分蒸发变多，促使热量散发，从而使体温不致过高。当外界气温降低时，交感神经功能加强，皮肤毛细血管收缩，血流量减少，同时立毛肌收缩，排出皮脂来保护皮肤表面，阻止热量散失，防止体温过度降低。皮肤就是依靠辐射、传导和蒸发来维持人体恒定的体温的。

（三）分泌和排泄作用

（1）汗液的分泌和排泄

汗液是由小汗腺分泌出来的，受交感神经的支配，在正常室温下分泌量较少，以肉眼看不见的气体形式散发出来。小汗腺的汗腺管腔对 NaCl 的重吸收主要是通过基底侧的钠泵对钠离子的主动转运，同时又对碳酸氢根进行重吸收，使汗液酸化，在此过程中，肌上皮细胞仅仅是作为机械支撑物。这种分泌活动与活动状态的小汗腺数目有关，当外界温度升高到 $32℃$ 以上，活动状态小汗腺数目增加，可肉眼看见出汗。当受精神上的影响时，汗的分泌量显著增加，如因羞耻、疼痛、恐怖等引起的发汗现象。

小汗腺分泌的汗液的成分分为液体和固体两部分，99％为液体，其中水分占99％～99.5％；固体主要是有机物和无机物，有机物中以乳酸及尿素最多，无机物中以氯化钠为主，另外还有盐分、氨基酸等。正常情况下汗液呈弱酸性，pH 值约为 $4.5\sim5.0$，大量排汗时 pH 值可达 7.0。

汗液排出后与皮脂混合，形成乳状的脂膜，可使角质层柔软、润泽、不易干裂。排泄汗液的作用主要有：

① 散热降温：体内外温度升高时，排汗可以散热降温。

② 角质柔化作用：保持角质层的正常含水量，使皮肤柔软、光滑、湿润。

③ 汗液在表皮的酸化作用：表皮呈酸性，在日常生活中可防御微生物。

④ 脂类乳化作用。

⑤ 排泄药物。

⑥ 代替肾脏的部分功能。

⑦ 与电解质、糖胺聚糖、激素等的代谢有关。

（2）皮脂的分泌

皮脂是由皮脂腺分泌出来的，主要含有甘油三酯、蜡酯、角鲨烯等脂质，还有半乳糖、维生素E、抗菌肽、脂肪酸、类固醇酯等，如表1-1所示。它具有润滑皮肤和毛发、防止体内水分的蒸发和抑制细菌的作用，还有一定的保温作用。

表 1-1　皮脂的组成

成分	含量/%	成分	含量/%
饱和游离脂肪酸	14.9	其他甾醇类	1.4
不饱和游离脂肪酸	13.0	角鲨烯（$C_{30}H_{50}$）	5.5
甘油三酯	31.0	支链烷烃	8.1
蜡酯	15.0	$C_{12}\sim C_{24}$链烷二醇	3.0
胆甾醇	2.0	未知物	6.1

注：皮脂的组成因人而异，曾有许多研究报道，但差异较大，表列数据仅供参考。

（四）吸收作用

皮肤具有防止外界异物侵入体内的作用，但其不是绝对严密而无通透性的组织，也具有选择性吸收外物的作用，皮肤某些物质可以选择性地通过表皮，而被真皮吸收。如外用促性腺激素和皮质类固醇均可经过皮肤吸收，产生局部或全身影响；有些药物（如汞等）也可经皮肤吸收而引起中毒。能否吸收取决于皮肤的状态、物质性状以及混合有该物质的基剂的性质。吸收量则取决于物质用量、接触时间、部位和涂敷面积等。

（1）吸收途径

一般来说，皮肤吸收有三个途径：

① 大部分渗透通过角质层细胞膜进入角质层细胞，然后通过表皮其他各层到达真皮而被吸收。

② 不易渗透的水溶性物质及少量脂溶性或水溶性大分子物质通过毛囊、皮脂腺和汗腺导管而被吸收。

③ 极少量通过角质层细胞间隙渗透进入皮肤内。

（2）皮肤吸收的影响因素

① 皮肤的状态。身体不同部位的角质层厚薄不一，吸收程度也不相同。如掌、跖角质层较厚，吸收作用小；黏膜无角质层，吸收作用较强。若表皮角质层破损，人体失去屏障作用，吸收就会变得非常容易。柔软、细嫩、角质层较薄的皮肤容易吸收，如婴儿、儿童皮肤角质层较薄，吸收作用较成年人更强。若皮肤被水浸软后，则更易渗透。

② 化妆品配方中各成分的性质。化妆品配方中各成分的性质影响皮肤吸收，主要包括化妆品成分的化学结构、溶解性、分子量大小、油水分配系数、化学稳定性、存在状态、用量等。通常情况下，水及水溶性成分（如电解质、维生素C及维生素B、葡萄糖等）不能经细胞膜吸收；但脂溶性物质，如维生素A、维生素D、维生素E、维生素K、睾酮、皮质类固醇及某些有机盐类、动物油脂、酸类化合物等，易经角质层和毛囊吸收。

一般认为，在油脂类的吸收性方面，植物油脂较动物油脂更难吸收，矿物油不被吸收，吸收性次序为：动物油脂＞植物油脂＞矿物油。例如，猪油、羊毛脂、橄榄油等动植物油脂能被吸收，而凡士林、液体石蜡、角鲨烷等几乎不能或完全不能被皮肤吸收。酚类化合物、激素类等容易被皮肤吸收。HLB值低的亲油性表面活性剂较易被皮肤吸收，还具有促进皮肤对其他物质吸收的作用。有机溶剂由于能侵入细胞膜，从而可渗入皮肤，故容易被皮肤吸收。

③ 剂型。皮肤对粉剂、水溶液、悬浮剂的吸收较差或不易吸收，它们一般不能渗入皮肤。油剂、软膏类、乳剂类能在皮肤表面形成油膜，阻止水分蒸发，使皮肤柔软，增加吸收性。从两种乳状液的类型来说，一般认为O/W型乳状液吸收较好，因为O/W型乳状液中的油呈微粒分散，可促进对毛囊的渗透。另外，有机溶剂如乙醚、氯仿、苯、煤油、汽油、二甲基亚砜，对皮肤的渗透性强，均可增加皮肤的吸收。

④ 使用方法。简单地搽于皮肤上的药，其吸收量比包扎的药要少，如外用治疗常用封包疗法来增加皮肤对药物的吸收。这是因为包扎使表皮角质层水分蒸发速度减慢，有利于增加皮肤的水分含量，保持皮肤柔软，故吸收作用较强。将皮肤浸入药剂中，有利于吸收。如湿疹、银屑病等皮肤损害，可降低皮肤屏障作用，从而使吸收作用增强。皮损面积大，用药时间长，也能影响吸收。皮肤充血损害处吸收较多。涂于润湿的皮肤上较干燥皮肤

易吸收。在涂上化妆品的同时，配以按摩，加速血液循环，促进新陈代谢，有利于皮肤吸收。

⑤ 作用时间。在其他条件相同时，作用时间越长则吸收量越大。在使用极端 pH 化妆品、某些功能性化妆品等产品时应注意使用时间，比如去角质产品不可过长时间留存在皮肤表面，回到不需要防晒区域时应尽快去除防晒产品，以免皮肤受损。

⑥ 吸收促进剂的影响。吸收促进剂应当具有的性质：与化妆品活性成分相容性良好，并与其他成分没有配伍性的要求；无毒性、无刺激性、无致敏性、无药理活性；作用效果快速、长效，且可以预见到；当移去时，皮肤屏障功能能立即恢复；不导致身体水分、电解质以及内源性物质的丢失；皮肤感觉良好且易于铺展；无色、无味、无臭、价廉。

常用的吸收促进剂有：水、亚砜类（癸基甲基亚砜）、吡咯烷酮类（2-吡咯酮）、脂肪酸类（油酸）和醇类（乙醇）、氮酮类及其衍生物（氮酮）、表面活性剂、尿酸及其衍生物、挥发油及萜类（薄荷脑、柠檬烯）等。

少数物质浓度大反而吸收少，如酸浓度大时，与皮肤蛋白结合形成薄膜，阻止吸收。随着科学技术的发展，新的促渗技术应用越来越广泛，包括物理促渗技术（离子导入技术、超声波导入技术、激光微孔技术）、脂质体技术、微囊技术、纳米技术等。

此外，人体皮肤除上述的一些生理作用外，还有呼吸作用、新陈代谢作用、免疫作用等等。

三、皮肤的 pH 值和天然保湿因子

（一）皮肤的 pH 值

皮肤分泌的汗液和皮脂混合，在皮肤表面形成乳状脂膜，这层膜被称为皮脂膜。由于皮脂膜的存在，皮肤表面呈弱酸性，其 pH 值为 4.5~7.0，平均为 5.75，大量排汗时，pH 可达 7.0。皮肤 pH 值随性别、年龄、季节及身体状况等略有不同，即使是同一个人，部位不同，其 pH 值也各自不同，且幼儿的 pH 比成年人高，女子 pH 比男子稍高。

当在 pH 值为 5.43 的皮肤上，使用 pH 值为 10.57 的碱性肥皂洗涤时，当时皮肤表面的 pH 值为 7.98，30min 后为 7.12，60min 后 pH 值则变成 6.34，几乎恢复到原来弱酸性状态。皮肤的这种缓冲作用可能从两个方面产生，一方面，皮肤表面乳酸和氨基酸的羧基群起缓冲作用；另一方面，皮肤呼吸所呼出的二氧化碳也起缓冲作用。

综上所述，具有弱酸性且缓冲作用较强的化妆品对皮肤是最合适的，特别是对缓冲性较弱的皮肤。另外，从皮肤营养的角度出发，从构成皮脂的成分中（表 1-1），选择皮肤所必需的组分来制定化妆品配方，使化妆品的成分与皮脂膜的组成相同，则可制作出最理想的营养化妆品。

（二）天然保湿因子

当人体皮肤中角质层保持一定水分时，皮肤丰满且富有弹性。含水分小于 10%，皮肤会很干燥粗糙，甚至开裂。正常情况下，角质层中含有水分 10%~20%，一方面由于皮脂膜防止水分蒸发，另一方面由于角质层中含有天然保湿因子（natural moisturizing factor，NMF），它在皮肤保湿上起着很重要的作用，使皮肤具有从空气中吸收水分的能力。细胞脂质和皮脂等油性成分与天然保湿因子相结合，或包围着天然保湿因子，防止它的流

失，对水分挥发起着适当的控制作用。根据 Striance 等研究，天然保湿因子的组成如表 1-2 所示。

表 1-2　天然保湿因子（NMF）的组成

成分	含量/%	成分	含量/%	成分	含量/%
氨基酸类	38.6	尿素	7.0	磷酸盐（PO_4^{3-}）	0.5
吡咯烷酮羧酸	11.4	钠	4.5	氯化物（Cl^-）	9.5
乳酸盐	11.5	钾	3.5	柠檬酸	0.5
尿酸	0.3	钙	1.5	糖、有机酸、肽	4.5
氨、葡糖胺、肌酸	1.2	镁	1.5	其他未确定物质	4.0

前聚角蛋白微丝蛋白，又称前体丝聚蛋白原，其经一系列过程产生组成 NMF 的各种组分，NMF 占角质层干重的 20%～30%。NMF 的重要性在于构成它的化学组分，特别是吡咯烷酮羧酸（PCA）和乳酸盐，具有强烈的吸湿性，吸收大气中的水分，并溶解在与它们发生水合作用的水中，因而对皮肤起到保湿剂的作用。如果皮肤屏障功能正常，当皮肤水分减少至够低时，在角质层内的一些特定的蛋白酶被激活，聚角蛋白微丝破裂成游离氨基酸，与其他化学组分构成 NMF，保持表皮内环境稳定。当皮肤屏障受损，不能保持自稳态时，需要使用含有保湿成分的膏霜、乳液进行护理，或进行治疗修复屏障功能。

天然表皮角质层与除去 NMF 物质的表皮角质层之间水分吸收情况的对比如图 1-4 所示。

从图 1-4 可以看出，如果由于某种原因，皮肤的皮脂膜被破坏，不能抑制水分的过快蒸发，或者缺少了天然保湿因子，使角质层丧失吸收水分的能力，皮肤就会出现干燥，甚至开裂等现象。这时就需要补充一定比例

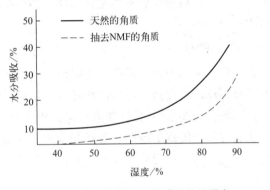

图 1-4　在各种湿度下角质层的吸湿度

的优质油脂成分与保湿性好的亲水性物质，以减轻角质层负担，维持皮肤健康。

化妆品中可以加入这些自然皮肤保护剂来提高化妆品的品质，如最近几年采用的 NMF 的主要成分吡咯烷酮羧酸盐及透明质酸等。这些物质在化妆品中一方面起着保持皮肤水分的作用，另一方面也起着化妆品本身水分保留剂的作用，有助于保持整个乳状液的稳定。

第三节　皮肤常见的疾病及皮肤老化

一、皮肤常见的疾病

（一）接触性皮炎

由化妆品引起的接触性皮炎是皮肤或黏膜单次或多次接触化妆品后，在接触部位甚至以外的部位发生的急性或慢性炎症，接触性皮炎主要有三类：

① 原发刺激性皮炎，即化妆品中某些物质对皮肤有刺激性而引起的皮炎。

② 过敏性皮炎，即某些人对化妆品中某些物质会产生皮肤过敏而引起的皮炎。

③ 光敏性皮炎，即有些化妆品含有光敏性物质，人们搽过后遇到日光照射，有时会发生过敏反应而引起的皮炎，表现为红斑、肿胀、丘疹、水疱甚至大疱，症状不论轻重都会使皮肤发红、肿胀。

引起皮肤过敏、刺激和光敏的原料有香料、色素、防腐剂、抗氧剂、表面活性剂及某些油脂等。这些物质可单独作用，也可几个协同作用而诱发炎症。如：口红中的二溴荧光素或四溴荧光素，香料中的苯甲基硫酸盐和纯茉莉等，化妆品中的羊毛脂和丙二醇，防腐杀菌剂氯/氟苯脲、六氯酚、双硫酚醇，染发剂中的对苯二胺，冷烫液中的巯基乙酸、氨水、氢氧化钠等。

接触性皮炎的发病机制分变态反应性和非变态反应性两大类。非变态反应性也称为刺激性或毒性接触性皮炎；变态反应性接触性皮炎大都为迟发型。对于非变态反应性接触性皮炎，即使刺激性很小的肥皂、去污剂和某些金属，在频繁接触后也可能引起对皮肤的刺激；强刺激剂（如酸、碱和某些有机溶剂），如指甲光洁剂中的丙酮，能在几分钟内引起皮肤刺激。对于变态反应性接触性皮炎，首次暴露于致敏物质，有时最初几次暴露不会引起反应，可是在暴露 4～24h 内引起瘙痒和皮炎。有时人们使用某一物质，或暴露于某一物质几年都未出现问题，后来突然发生变态反应。甚至有时使用治疗皮炎的软膏、霜剂和洗剂也能引起这类反应。

（二）痤疮

痤疮，又称粉刺，俗称"青春痘"。它是一种毛囊、皮脂腺的炎症，多发于颜面、胸背部，可形成黑头或白头粉刺，有丘疹、脓疱、结节、囊肿等皮肤损害。多发生于青年男女当中，一般 25～30 岁后自然痊愈。但有些化妆品，特别是油性大的化妆品，使用后产生毛囊栓塞、皮脂分泌排出障碍、毛囊角化而引起细菌大量聚集，无法排泄到皮肤之外，形成痤疮。因此，对于皮脂分泌较多的人，不宜使用油脂类化妆品，而应用含粉质的雪花膏或酒精制品。

（1）痤疮的成因

痤疮（粉刺）的发生主要与皮脂分泌过多、毛囊皮脂腺导管堵塞、细菌感染和炎症反应等因素密切相关。青年男女在青春发育期，体内雄性激素特别是睾酮水平增高，皮脂分泌旺盛，产生大量皮脂，同时表皮和角质的增殖加快，毛囊皮脂腺导管异常角化堵塞住毛囊孔和皮脂腺开口部，妨碍皮脂的正常排泄，导致皮脂淤积，在毛囊口形成角化栓塞，即微粉刺。在毛囊中痤疮丙酸杆菌大量繁殖，痤疮丙酸杆菌产生的脂酶分解皮脂生成游离脂肪酸，同时趋化炎症细胞和介质，增多的皮脂不能及时排出，因而形成粉刺。随着进一步发展，粉刺中的剥脱的角质细胞、非致病性微生物、皮脂和游离脂肪酸可能会被阳光空气氧化，形成常见的黑头粉刺。

痤疮主要由半固体皮脂、毛囊壁剥脱的角化表皮细胞、非致病性微生物（如痤疮丙酸杆菌等）所构成。在正常情况下，粉刺在毛囊内并不引起炎症。

（2）痤疮的防治

治疗的原则是：①纠正毛囊内的异常角化；②降低皮脂腺的活性；③减少毛囊内的菌群，特别是痤疮丙酸杆菌；④抗炎及预防继发感染等。

（3）治疗痤疮的注意事项

患有痤疮的人，要用温水洗脸，不用刺激性肥皂，硫磺香皂对痤疮有一定好处；多食蔬菜、水果，少食脂肪、糖类和辛辣等刺激性食物，多吃含锌的海带；保持心情愉快，不要产生心理负担，以免引起神经内分泌紊乱，使痤疮加重。常用药物有视黄酸、维胺酯、维生素A等，能改善角化过程，有助于减轻和消除痤疮。

患有痤疮的人，要保持皮肤的清洁卫生，不宜使用清洁霜、冷霜、营养霜等含油较多的化妆品，选用化妆水、蜜类等油分较少的化妆品。涂粉之前可搽用粉质粉底霜，但要注意化妆中不要使油性粉末堵塞毛孔。

（三）色素沉着症

皮肤色素沉着按类型分有黄褐斑、妊娠斑、蝴蝶斑、老年斑、咖啡斑和雀斑，是一种常见多发性皮肤疾病。发生在面部的色素沉着症一般有雀斑、黄褐斑和瑞尔氏黑变病。

引起皮肤色素沉着的原因主要有：黑素细胞亢进；人体内分泌失调；新陈代谢功能减弱；脑垂体分泌黑素细胞刺激素的能力增强；皮肤中巯基减少，酪氨酸酶的活性增加；内分泌功能的失调。同时还受皮肤干燥、衰老紫外线辐射、睡眠不足、身体劳累的影响。

（1）雀斑

雀斑是皮肤内黑色素堆积而造成的黑色小斑。通常是对称的，每个斑点孤立存在，并不融合成片，浅褐色或暗褐色的针头大小到绿豆大小的斑疹，呈圆形、卵圆形或不规则形状。表面平滑无鳞屑，无自觉症状。主要发生在面部，特别是在双侧面颊和两眼下方较为密集，其他暴露部位如颈、手背、胸、背部等也常出现。一般来说，气温高、强烈的日光照射等易使雀斑颜色加深、数目增多，冬季则减轻或消失。

雀斑发生的主要原因可能是对日光或其他含紫外线的光或放射线过敏。因此对于面部、手及经常暴露的部位，在比较炎热的季节（尤其是夏季）及高原地区，要使用防晒剂；经常外出者，为避免日光的过度照射，防止黑色素的产生，应遮阳或使用防晒霜；保持心情舒畅、愉快，避免忧思、抑郁的精神状态；保持充足的睡眠和休息，避免熬夜。

（2）黄褐斑

黄褐斑亦称肝斑，是发生于面部的常见色素沉着性皮肤病。黄褐斑呈黄褐色或深褐色斑片，常对称分布于颜面颧部及颊部，呈蝴蝶形，亦可累及前额、上唇和鼻部，边缘一般较明显。无主观症状和全身不适。色斑深浅与季节、日晒、内分泌因素有关。

黄褐斑男女均可发生，以女性较多。原因多样，主要由女性内分泌失调和各种疾病如肝肾功能不全、妇科病、糖尿病等，以及体内缺少维生素及外用化学药物刺激引起，给予调整内分泌药物后，症状也逐渐消失。此外，也可能是雌激素及黄体酮促使色素沉着所致。

对于皮肤的面部黄褐斑，主要通过预防与治疗结合的方法。黄褐斑的治疗主要是除去病因，同时多食含维生素C的食物，或内服维生素C。治疗方法包括：外用酪氨酸酶抑制剂软膏药物疗法；三氯醋酸溶液局部涂搽法；单纯面膜剂、面膜膏按摩法和倒模面膜法等面膜疗法；激光治疗；搽用含有脱色剂的增白霜等。

（3）瑞尔氏黑变病

瑞尔氏黑变病是发生于面部的色素沉着病，皮肤为褐色或蓝灰色，其边缘的毛囊周围有小色素斑点，多发生在额、颊部、耳前、耳后及颈部两侧，也可发生于前臂、手背及其他部位。

目前病因认识不十分明确，认为与多种因素有关。例如，长期使用含有光感性物质的化妆品，内分泌失调，饮食中缺乏维生素 A、维生素 B、维生素 P，以及日光的暴晒等均可引起色素代谢紊乱。此外，还可能与性腺、垂体、肾上腺皮质及甲状腺功能失调有关。此病不分年龄与性别，但以 30～35 岁的妇女较多。发病起初，局部潮红、浮肿，自觉痒，表皮基底层液化变性。以后逐渐变为弥漫性色素沉着斑，真皮血管周围细胞或带状细胞浸润，在黑素细胞内外有大量黑素颗粒。有时除色素沉着外，患处尚出现毛细血管扩张和网状色素沉着，同时患处及其周围、头皮和手背等处毛囊角化并伴有鳞屑，出现干燥感。晚期表皮趋向正常，炎症浸润消失。

一般来说，瑞尔氏黑变病的发生可分成三个阶段：

① 炎症期：皮肤红、痒，患处轻度潮红、肿胀，少许糠秕样脱屑，可有瘙痒及灼热感，容易被误诊为过敏或者皮炎。

② 色素沉积期：皮肤变黑，随着潮红、肿胀等炎症的消退，皮肤开始出现色素沉着，初期常局限在毛孔周围，呈网点状，之后可融合成片，形成明显的黑斑；进展极其缓慢，数年后有的会缓慢地恢复正常色调，也有的则进入第三阶段。

③ 萎缩期：黑斑变化、身体出现不适；色素沉积处的皮肤出现轻度凹陷，形成萎缩明显的病灶；出现"撒面"现象，在原本的黑上出现白色的小点，同时出现与色素沉着部位相一致的皮肤轻度凹陷性萎缩；伴随症状有头晕、乏力、耳鸣、听力下降、食欲减退等非特异症状。

雀斑、黄褐斑对选用化妆品无特殊要求，可根据各自皮肤特点，选用适合自己皮肤的化妆品。对于瑞尔氏黑变病，在炎症期应禁止使用化妆品，同时应注意保持皮肤清洁、卫生。为了防止或减轻面部色素沉着，可经常搽用防晒霜、雀斑霜等，减少日光的直接照射。

二、皮肤的老化与化妆品护肤

（一）皮肤的老化

人体衰老是一个复杂的过程，也是生命发展过程的自然规律，年龄的增长给人最直接的表现就是皮肤失去了往日的弹性和光泽，人们在渴望拥有健康身体的同时，更渴望拥有光洁、柔软的肌肤，因此抗老化一直是化妆品开发的主题内容。

皮肤老化是指皮肤功能出现衰老性损伤，使皮肤对机体的防护能力、调节能力等减退，从而导致皮肤不能适应内外环境的变化，出现颜色、色泽、形态、质感等外观整体状况的改变。其原因有内因和外因两个方面。内因主要是随着年龄增长的自然老化，包括内分泌、遗传、细胞、组织等因素，表现为皮肤薄、没有弹性，产生皱纹，脸部纹路明显，以萎缩变化为主。外因包括工作和生活环境、营养状态等，其中最主要的原因是日晒所致的光老化，表现为出现皱纹、皮肤松弛及粗糙、淡黄或灰黄色的皮肤变色、毛细血管扩张、色素斑形成等。两个方面的原因往往同时作用，引起皮肤老化。就皮肤而言，自身老化是不可避免的，而外界的影响也是不可忽视的，其中日光照射加速皮肤衰老已经被科学家们所证实。

皮肤的状态分为四个阶段，即人的成长经历的幼年期、青少年期、壮年期、老年期。皮肤的状态也随之发生相应的变化。

① 在额部、眼睛的周边、眉间、唇的周边等面部及身体的各个部位有皱纹产生。24 岁左右是皮肤变化时间的转折点，皮肤内的弹性纤维开始老化，在 30 岁前后皮肤开始出现皱纹，随着年龄的增加，皱纹数增加，皱纹深度加深，皱纹区范围也逐渐扩大。

② 超过成熟期后，肌肉开始萎缩。真皮的弹性纤维变粗，弹性减弱，以及皮下脂肪组

织的支撑力低下，使支撑皮肤的肌肉弹性降低，引起皮肤松弛。

③ 到 40~50 岁时，皮肤开始明显衰退。随着年龄的增加、体重的减轻、软组织的衰弱、血管的硬化、内分泌的紊乱、抵抗力的降低，皮肤的色素沉着增加，皮肤的透明度下降，色调由红向黄转变，引起皮肤发暗。

④ 随着老化，皮肤出现皮沟和皮丘的凹凸变浅，皮沟失去均质性，密度减少，使皮肤的毛穴增大。人到了衰老阶段，皮肤纤维组织逐渐退化萎缩、弹性松弛，汗腺、皮脂腺的新陈代谢功能逐渐减退，表皮中的水分、电解质损失，引起皮肤干燥、松弛，脸部特别是眼角、前额等处出现明显的皱纹。

（二）皮肤的老化的机理

人体的衰老是一种不可抗拒的自然规律，皮肤也不例外。关于皮肤的老化机理，目前比较完善的有七八种，它们从不同角度解释皮肤的衰老，如"消耗学说""细胞变异学说""自身免疫学说""交联学说""自由基学说"等，其中"自由基学说"是最有力的一种理论。

（1）皮肤老化"自由基学说"

Denham Harman 在 1956 年提出了自由基学说，他用生物实验证明了老化过程是由生物膜中的脂质［即由不饱和烯酸如角鲨烯（三十碳六烯）、棕榈酸（十六烷酸）、油酸（十八碳-9-烯酸）］的过氧化反应，引起生物膜的障碍而形成的。自由基学说认为：老化是自由基产生和消除发生障碍的结果。正常情况下，生物体内氧自由基的产生与消除处于相对平衡状态，但某些病理或紫外线的照射可以增加氧自由基的形成。自由基形成后，它们可以进攻、浸润和损伤皮肤细胞结构，在细胞膜受损部位产生了类脂过氧化物，进而引起了一系列的突变过程，从而最终导致了皮肤老化的加速。

自由基反应所引起的变化包括：

① 胶原纤维、弹性纤维和染色体物质中的累积性氧化；

② 糖胺聚糖，如透明质酸的分解；

③ 惰性代谢物质的积累和衰老色素（如脂褐素）的积累；

④ 脂质过氧化引起细胞器膜，如线粒体、溶酶体和内质网的变化；

⑤ 动脉和毛细血管的纤维化；

⑥ 酶活性的降低。

Denham Harman 认为，三个方面会加快皮肤衰老：

① 生物大分子的交联聚合和脂褐素的堆积。随着年龄的增长，脂质过氧化产物丙二醛引起蛋白质、核酸等生物大分子交联聚合，形成交联物，进而组成脂褐素。它是引起衰老的基本因素，交联聚合使胶原蛋白弹性降低、溶解性下降、水合能力减弱，造成代谢障碍，从而皮肤失去张力，皮肤皱纹增多。因此，自由基是导致脂质过氧化和脂褐素形成的最根本因素。

② 器官组织细胞的破坏和减少。一方面，自由基引起的脂质过氧化，造成细胞膜和细胞器膜的损害，影响生物膜的流动性和通透性；另一方面是自由基作用于 DNA，引起基因突变，导致蛋白质和酶的合成错误。

③ 免疫功能的降低。自由基可以作用于淋巴细胞膜，引起细胞免疫和体液免疫功能减弱，促进衰老。

（2）皮肤老化其他学说

Bjorkster 认为，皮肤老化是由皮肤中骨胶原聚合引起的。在正常条件下，聚合与交联反应进行得很慢，但在紫外线的作用下，反应速度大大加快。根据化学反应活化理论，他认为紫外线照射影响交联和聚合速度是皮肤老化的主要因素。

细胞变异学说认为，细胞新陈代谢功能的下降导致皮肤角质层的更新迟缓，从而使皮肤老化。皮肤长期暴露于阳光下和本身皮肤干燥是产生皮肤老化的两个主要原因，分别称为"光衰老皮肤"和"原衰老皮肤"。组织形态学方面的研究认为，皱纹是由真皮乳头消失，表皮变得扁平而产生的。

皮肤老化的原因多种多样，关于老化的机理也不尽相同，但有一点是公认的，即紫外线照射是加速皮肤老化的最重要的外部原因。目前的化妆品正是从抗氧剂、保湿剂、防晒剂、营养剂等方面着手延缓皮肤的老化。

（三）化妆品护肤

延缓皮肤的老化是化妆品学一个重要的课题。湿润、柔滑、张力佳、血色良好的肌肤，使人显得年轻，富有朝气，而且能给人以美的享受。因此，保护好皮肤，特别是面部皮肤，对美化容貌、延缓衰老是非常重要的。然而，目前的知识水平和技术手段还不能量化表述各种衰老因子的作用。人们已提出通过使用化妆品对皮肤进行科学的护理，来够减轻和延缓皮肤衰老。科学护肤的主要措施如下：

（1）保持皮肤的清洁卫生

人类的皮肤表面上的污垢有两个主要来源：体内新陈代谢产物、油脂、汗腺和死细胞；外来黏附在皮肤上的灰尘。一方面这些污垢会堵塞汗腺和皮脂腺，妨碍皮肤的正常新陈代谢，另一方面皮脂极易为空气氧化，产生令人不愉快的异味，促使病原菌的繁殖，最终导致皮肤病的发生，加速皮肤的老化。因此必须保持皮肤的清洁卫生。

洗脸以温水为宜，且不宜洗得过勤。沐浴水温过高，会使皮肤松弛、弹性降低，时间一长，皮脂腺失去功能，进而使皮肤干燥老化，并且水温过高对皮肤有伤害作用。不要使用碱性过强的洗涤用品，用的洗涤剂碱性太强，容易破坏皮肤表面酸性的皮脂膜，使皮肤表面的水分蒸发过快进而使皮肤干燥，时间一长，皮肤老化。清洁霜和清洁蜜是专为溶解和除去皮肤上的皮脂、化妆料和灰尘等的混合物而设计的清洁用化妆品，用后在皮肤上留下一层滋润性薄膜，对干性皮肤有保护作用。但对油性皮肤来说，最好避免使用这种性质的清洁用品。面膜和磨面膏也是很好的清洁剂，它们能起到深度清洁的作用。

洗澡用的肥皂除了洗净作用外，还具有角质溶解和杀菌作用，但使用何种肥皂要因人而异，要根据不同种类的皮肤选择不同的洗脸制品。洗时不宜过分用力搓，这将导致皮肤中的一些器官病变。对于油性皮肤的人，可用肥皂洗涤；对于干性皮肤的人或湿疹等过敏性皮肤病患者，要尽量避免使用肥皂，而使用偏中性的香皂，如使用性能优良的浴液制品则更好。清洗后使用适合自己肤质的护肤类化妆品，使皮肤保持青春的活力。

（2）加强皮肤功能的锻炼，防止外界刺激

皮肤是人体最外的防线，防止外来的一切刺激。要持之以恒地锻炼，适度进行日光浴、空气浴、按摩等，使人心情愉快，精神振奋，肢体灵活而有弹性，促进皮肤的新陈代谢，减轻皮肤疲劳，提高肌肉的力量和弹性，增加皮肤的抵抗力。

致使皮肤衰老的一个重要原因是受外界的不良刺激，包括物理的、化学的及自然环境如寒冷、炎热、风沙和日光等不利条件的刺激，其中尤以日光的过分照射最为严重。过分的日光照射会加速皮肤的老化，还会产生黄褐斑、雀斑、瑞尔氏黑变病，以及使某些人发生日光性皮炎等，甚至还可引起皮肤癌。所以说，长时间的紫外线照射是使皮肤衰老的一个最重要外部因素。因此在强烈的日光下，应搽用防晒化妆品，防止紫外线过分作用于皮肤。但也要适度进行日光浴，日光浴能生成黑色素，防止脱氢胆甾醇变为维生素 D 等。

（3）注意皮肤的保养和营养，保证充足的睡眠，保持精神愉快

皮肤是机体整体的一部分，与整体有不可分割的关系。在饮食中应尽量食用营养丰富的维生素类食品、牛奶、蔬菜、水果等，少食肉类，避免多食食盐和辛辣等有刺激的食品。只有进行合理摄取，及时补充，才能使皮肤得到滋润与营养。特别是蛋白质，能增强皮肤的弹性，延缓皮肤出现皱纹。另外，要保证充足的睡眠，保持精神愉快。俗话说："笑一笑，十年少；愁一愁，白了头。"过分焦虑、忧愁，对皮肤和头发是有害的，易导致早期衰老现象发生。

（4）结合自己的皮肤种类，正确选用化妆品

只有科学地、有针对性地选择使用化妆品才可以起到清洁肌肤、保护皮肤、美化容貌、营养皮肤等作用。否则再好的产品由于使用不妥，不仅不能起到美容养颜的作用，反而给人体造成损害。

首先要对皮肤有一个了解，包括皮肤类型（油性、干性、中性）、是否过敏。这就要根据各自的皮肤类型、生活和工作环境等来选择适合自己皮肤特点和需要的化妆品。油性皮肤的人，宜用雪花膏、蜜类、化妆水等少油的化妆品；干性肌肤，可选用冷霜、各种润肤霜等多脂的化妆品。季节的变化也是选择化妆品的重要依据。比如，对于干性皮肤，可以选用养分多、保湿性能较好的油性较大的油包水型营养冷霜、乳液等以滋润皮肤，还可以用营养化妆水进行修补；油性皮肤的人在夏季，由于皮脂分泌多，易受污染，对细菌抵抗力较弱，易生粉刺，要注意面部洗净，选用清爽的乳剂柔软皮肤，宜用奶液类、化妆水等少油的化妆品，还可用收敛性化妆水。

其次，要注意皮肤的防晒。如在强烈日光下使用防晒霜，在皮脂分泌降低或损失时（如接触溶剂、碱性物质等，以及秋冬季节、气候干燥时），搽用冷霜、润肤霜等含油分较多的化妆品。

再次，要注意化妆品的使用方法。要保持面部皮肤的滋润、光滑、柔软，除需要补充油分外，水分也是一个重要因素。在搽用化妆品前，宜先用温湿毛巾在皮肤上敷片刻，不仅可以补充一部分水分，而且可以柔软角质层，促进皮肤的吸收功能。

最后，科学使用化妆品，要根据各产品的使用要求来用。同时必须注意手指的清洁卫生，将手指洗净后再去抹瓶内的膏体。用多少，抹多少，切忌用手指在瓶内的膏体中来回抹，以免细菌带入膏体内，造成二次污染。对化妆产品的性能、用法及特性要有全面的了解，防止化妆品过敏。对于不同类型或不同品牌的护肤化妆品，它们在原料和产品的配方上是有区别的，所以不能随意混合使用。若同时使用，有可能引起皮肤过敏。世界上化妆品不计其数，严格来说任何物质对皮肤都有过敏性反应。皮肤的过敏性反应是指皮肤受到外界轻微的刺激，就会引起皮炎或皮疹。对于过敏性皮肤，最好选用较温和的、刺激性小的护肤化妆品。

第二章　毛发科学

第一节　毛发的化学成分与结构

人体的毛发是人体的重要组成部分，由角化的表皮细胞构成，具有保护皮肤、保持体温、防止细菌和尘土的侵袭、摔倒时能够减震等作用。

一、毛发的化学成分

人的毛发的主要成分是蛋白质，占95%左右，其中含有C、H、O、N和少量S元素。S的含量大约为4%，但这少量的S却对毛发的很多化学性质起着重要的作用。此外，头发中黑色素含量在3%以下。微量元素（铜、锌、钙、镁、磷、硅）占0.55%～0.94%。头发还具有吸收水分的性质，所含的水分受环境的影响。

毛发的基本成分是角蛋白，角蛋白由多种氨基酸组成，其中以胱氨酸的含量最高，占14%以上，它能提供毛发生长所需的营养成分；此外，还含有谷氨酸、亮氨酸、精氨酸、赖氨酸、天冬氨酸等十几种氨基酸。各种氨基酸的原纤维通过螺旋式、弹簧式的结构相互缠绕交联，形成有一定强度和柔韧的角蛋白，从而赋予毛发独有的刚韧性能。将头发用6mol/L的HCl溶液进行水解处理，得到表2-1所示的产物组成。

表 2-1　头发水解后的化学成分及在干头发中的含量　　　单位：g/100g^{-1}

名称	含量	名称	含量	名称	含量
甘氨酸	4.1～4.2	苏氨酸	7.0～8.5	组氨酸	0.6～1.2
丙氨酸	2.8	酪氨酸	2.2～3.0	色氨酸	0.4～1.3
亮氨酸	11.1～13.1	天冬氨酸	3.9～7.7	胱氨酸	16.6～18.0
苯基丙氨酸	2.4～3.6	谷氨酸	13.6～14.2	蛋氨酸	0.7～1.0
脯氨酸	4.3～9.6	精氨酸	8.9～10.8	半胱氨酸	0.5～0.8
缬氨酸	7.4～10.6	赖氨酸	1.9～3.1		

二、毛发的结构

（一）毛发的组织结构

毛发由毛球下部的毛母质细胞分化而来，分为硬毛和毳毛。硬毛粗硬，色泽浓，含髓质，又分为长毛和短毛，长毛如头发、腋毛等，短毛如眉毛、鼻毛等。毳毛细软，色泽淡，没有髓质，多见于躯干。人体大部分都覆盖毛发，而掌心、脚底、口唇、乳头和部分外生殖器部位没有毛发。毛的粗细、长短、疏密与颜色随部位、年龄、性别、生理状态、种族等而有差异。

头发是头皮的附属物，也是头皮的重要组成部分。由于种族和地区的不同，头发有乌黑、金黄、红褐、红棕、淡黄、灰白、银白等色，甚至还有绿色和红色的。一般东方型是黑色直发；欧洲型多为松软的棕黄或金黄色的羊毛发；非洲、美洲多呈扁形卷发。另外，头发还有疏密、有无光泽、油性和干性等之分。

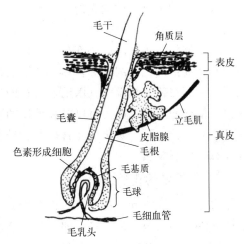

图 2-1　毛发的结构图

毛发从下向上可分为毛乳头、毛囊、毛根和毛干四个部分（图 2-1）。毛发露在皮肤外面的部分称为毛干；埋在皮肤的毛囊里面的部分称为毛根；毛根周围由表皮向真皮内凹陷形成的略微膨大的管腔称为毛囊；毛囊的上方接续着皮脂腺，分泌的油脂湿润着毛发和表皮，起保护作用，赋予头发光泽和防水性能。毛囊中部连有一束肌肉，伸展连至表皮，称为立毛肌，每个毛囊都和一块立毛肌相连。立毛肌是与表皮相连的很小的肌肉器官，属平滑肌，受交感神经支配，其下端附着在真皮乳头下层。立毛肌能舒展或收缩，精神紧张、温度下降或肾上腺激素作用时，会引起立毛肌的收缩，使头发竖起。毛囊由内、外毛根鞘及结缔组织鞘所构成，前两者毛根鞘的细胞均起源于表皮，而结缔组织鞘则源于真皮。

毛根下端膨大而成毛球，由分裂活跃、代谢旺盛的上皮细胞组成；毛球下端中央向内凹陷入的部分称为毛乳头，在毛乳头中有来自真皮组织的神经末梢、血管和结缔组织，为头发的生长提供营养，并使毛发具有感觉作用。紧挨着毛乳头的是毛基质，是毛发及毛囊的生长区，从毛乳头的毛细血管中吸取营养成分和氧气，不断地分裂而形成毛发，相当于基底层及棘层，还有色素形成细胞在此产生色素。毛发的生理特征和机能主要取决于毛表皮以下的毛乳头、毛囊和皮脂腺等。

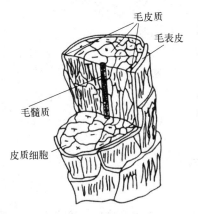

图 2-2　毛发的纵横剖面、截面图

将毛发沿横截面切开，如图 2-2 所示。可以看到，毛发常不是实心的，它的中心为毛髓质，周围覆盖有毛皮质，最外面一层为毛表皮，且横截面呈不规则圆形。

在毛囊底部，表皮细胞不断分裂和分化。这些表皮细胞分化的途径不同，形成毛发不同的组分，如毛皮质、毛表皮和毛髓质等，最外层细胞形成内毛根鞘。在这个阶段中，细胞是软的和未角质化的。

（1）毛表皮

毛表皮为毛发的外层，又称毛护膜，由角化的扁平透明状的无核细胞构成，如瓦状互相重叠，其游离缘向上，交叠鳞节包裹着整个毛发。此护膜虽然很薄，只占整个毛发的很小比例，但它却具有独特的结构和性能，能保持毛发乌黑、光泽、柔韧。

（2）毛皮质

毛皮质位于毛表皮的内侧，由数行高度角质化的排列紧密的细胞所组成。皮质层是毛发的重要部分，占整个头发总重量的 80%，毛发的大部分色素来源于此，是决定头发性能的重要组成部分，由柔软的角蛋白构成，使毛发有一定的抗拉能力。细胞中含有的黑色素是决定头发颜色的关键，中国人的头发是黑色的，这就是因为黑色素较多。

（3）毛髓质

毛髓质位于毛发的中心部分，它内部有无数个气孔，形成疏松的中心轴，是含有些许黑色素粒子的空洞性的细胞集合体，一至二列并排且呈立方体的蜂窝状排列着。它在毛发中断断续续地存在或完全没有（因毛发直径的粗细），对毛发起支撑的作用。这些饱含空气的洞孔具有隔热的作用，而且可以提高毛发的强度和刚性，又几乎不增加毛发的质量。它担负的任务就是保护头部，防止日光直接照射进来。较硬的毛发含有的髓质更多，汗毛和新生儿的头发往往没有髓质。

（二）毛发的化学结构

毛发的主要成分是蛋白质，含有胱氨酸等十几种氨基酸，氨基酸分子内带有—NH_2 和—COOH，两个氨基酸分子之间，以一个氨基酸的 α-羧基和另一个氨基酸的 α-氨基（或者是脯氨酸的亚氨基）脱水缩合所形成的酰胺键，即肽键。多个氨基酸之间通过肽键这种重复的结构彼此连接组成多肽链的主干。

由形成纵轴的众多肽链与在其中间起连接作用的二硫键、离子键、氢键等支链，形成了具有网状结构的天然高分子纤维，即毛发。其化学结构示意如图 2-3 所示。从图 2-3 可以看出，毛发蛋白质中存在二硫键、氢键、离子键、酰胺键和酯键。

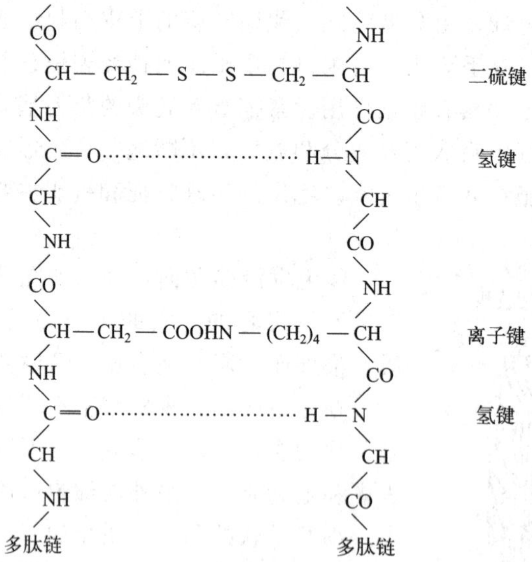

图 2-3　毛发蛋白的结构示意图

（1）二硫键

二硫键是连接不同肽链或同一肽链时，在两个半胱氨酸残基之间形成的一个化学键，反应式如式(2-1)，二硫键使多肽链的两个不同的区域能够紧密地靠拢。

$$\underset{\underset{NH_2}{|}}{HOOCCHCH_2SH} + \underset{\underset{NH_2}{|}}{HSCH_2CHCOOH} \longrightarrow \underset{\underset{NH_2}{|}}{HOOCCHCH_2S}-\underset{\underset{NH_2}{|}}{SCH_2CHCOOH} \qquad (2\text{-}1)$$

二硫键是比较稳定的共价键，是一种结构上的要素，在蛋白质分子中，它能维持分子折叠结构的稳定性，起着稳定肽链空间结构的作用。在构成二硫键的两个半胱氨酸残基之间，还可以夹进许许多多的其他氨基酸残基，所以在多肽链的结构上就会形成一些大小不等的肽链环结构。这种结合对毛发的变形起着最重要的作用。二硫键数目越多，蛋白质分子对抗外界因素影响的能力就愈大。

（2）酰胺键

肽键由一分子氨基酸的 α-氨基与另一分子氨基酸的 α-羧基脱水缩合而来，是酰胺键的一种。但是，只有二肽链及多肽链里面的酰胺键才称为肽键，形成肽键要 2 个及以上的氨基酸。由氨基酸缩合组成的多肽链分子之间，也可横向连接形成酰胺键。如谷氨酸和精氨酸之间即可形成酰胺键，结构如图 2-4(a)。

（3）酯键

含有羟基的氨基酸的羟基和另一氨基酸的羧基以形成酯键的形式连接，如苏氨酸和谷氨酸之间即可形成酯键，结构见图 2-4(b)。

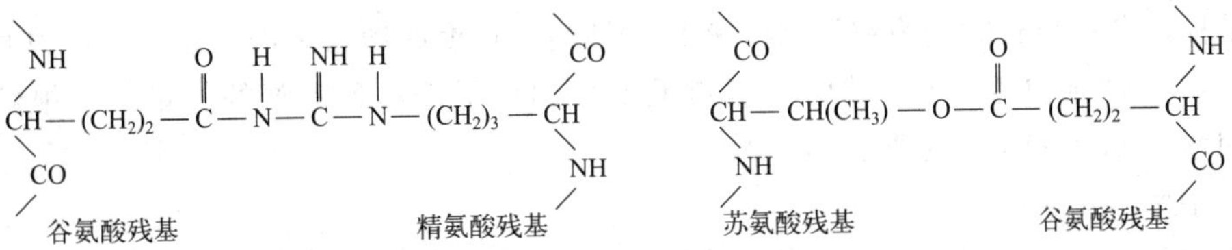

(a)酰胺键结构图　　　　　　　　　　　(b)酯键结构图

图 2-4　氨基酸之间的酰胺键与酯键结构图

（4）离子键

在多肽链的侧链间存在着许多氨基（带正电）和羧基（带负电），它们相互之间因静电吸引而成键，即离子键。如赖氨酸或精氨酸带正电荷的氨基和天冬氨酸或谷氨酸带负电荷的羧基之间，由于静电作用形成离子键。

（5）氢键

氢键是蛋白质中常见的一种二级结构，肽链主链绕假想的中心轴盘绕成 α-螺旋结构，螺旋是靠链内氢键维持的。每个氨基酸残基（第 n 个）的羰基氧与多肽链 C 端方向的第 4 个残基（第 $n+4$ 个）的酰胺的氮原子形成氢键。

毛发角蛋白分子之间形成的氢键有两种情况：

① 主链的肽键之间形成的；

② 侧链与侧链间或侧链与主链间形成的。

由于在一条多肽链中可存在很多氢键，所以它们是多肽结构上一个重要的稳定因素。

除上述几种键之外，多肽链间还有范德华力等分子间作用力，因为作用力不强，通常可以忽略。

三、毛发的理化性质与生长周期

（一）毛发的物理性质

毛发的物理性质与其化学组成有关。将毛发浸泡在水中，很快就会膨胀，膨胀后的质量比未浸泡前干重高 40％左右，这种遇水膨胀现象说明头发中几乎纯粹是蛋白质成分，而脂质含量很少。毛发具有强的双向性，这是由于细胞中细丝的排列与头发长轴平行。

（1）毛发的吸水性

毛发吸收水分的能力为吸水性。一般正常头发中含水量约为 11％。将毛发放置在空气中，毛发会吸收或放出水分以达到与水蒸气保持平衡的状态。这种平衡受环境湿度影响很大，相对湿度高时毛发的水分含量也增加。正常的毛发在湿度为70%时，含水量占其重量的12%左右，当头发潮湿时，会吸收水分达重量的30%左右，且长度会略微增长约15%。下雨时常常有发型散乱的情况，这是由于毛发吸收一定的水分后，毛发中的氢键被切断，发型返回原初状态。在冬季梳头时，毛发的含水量约在10%以下，属于干燥头发，会发生静电而有闪光等毛发黏连的情况，这是由于天气干燥常常引起毛发中水分流失。由此可见湿度的变化对毛发的影响特别明显，水分过量毛发会失去支撑力；水分过少会使毛发变得散乱。毛发的长度和直径变化也与相对湿度有关，在相对湿度增大时，毛发长度所增加的幅度小，而直径增加的幅度大些，变粗约15%。

（2）毛发的弹性与张力

毛发的弹性是指头发能拉到最长程度且能恢复其原状的能力。一根毛发约可拉长40%~60%，此伸缩率取决于皮质层。构成毛发纤维的角蛋白多肽主链的空间构型在通常状态下为α-螺旋结构，在被拉长时变为锯齿状的β-折叠结构，长度约增长2倍，在撤销拉力时又返回原来长度的α-螺旋构型。毛发的张力是指毛发拉到极限而不致断裂的力量。一根健康的毛发大约可承受100~150g的质量。

（3）毛发的颜色

毛发的颜色由皮质层中所含黑色素数量的多少而定，黑色素越多，则发色越黑，随着黑色素含量的减少，发色由深褐色变成浅褐色、棕色、金黄色等。

黑色素由毛发的黑素体产生，黑素体主要存在于毛皮质中，毛髓质中也有少量存在。毛发本身的自然颜色与黑色素的种类有关，即真黑素和褐黑素。真黑素是指在生物体内所合成的黑褐色色素，褐黑素是黄色或红色的色素。两者都是在酪氨酸酶的作用下，经一系列反应由酪氨酸生成的。黑素细胞是散布在表皮基底层或毛球毛基质的色素细胞，在黑色素细胞内的黑素体位于真皮树突尖端部位，然后随黑色素产生转移到新生成的角质细胞中。这些黑素体呈椭圆形或棒状（长0.8~1.8μm，宽0.3~0.4μm）。毛发越黑，黑素体越大。黑种人的黑素体比白种人大而多。

毛发变灰白的过程包括发干色素的损失和毛球酪氨酸酶活性的逐渐下降。白发可认为是毛发正常的老化，白种人平均在34岁两鬓出现白发，50岁左右时最少有50%的白发。

（4）毛发与pH的关系

毛发本身是没有酸碱度的，这里所说的酸碱度是指毛发周围分泌物的酸碱度。头发的pH值在4.5~5.5之间是优等健康状态。

头发遇碱性表皮层会张开、分裂，变得粗糙且呈多孔性；遇酸表皮层合拢。因此，头发保持pH值为4.5~5.5，头发质感佳、有光泽。

（5）其他性质

① 形状。头发各种形状的形成，主要依赖于构成头发的成分组合的内因作用。毛发的卷曲，一般认为是和它的角化过程有关。人的毛发随人种的不同可分为直发、波浪卷曲发、天然卷曲发三种。直发的横切面是圆形，波浪卷曲发横切面是椭圆形，天然卷曲发横切面是扁形。凡卷曲的毛发，根鞘在它的一侧厚，而在其另一侧薄。靠近薄根鞘的这一面，毛表皮和毛皮质细胞角化开始得早；而靠近厚根鞘这一面的角化开始得晚。角化过程有碍毛发的生长，因此，角化早的这一半稍短于另一半，结果造成毛发向角化早的这一侧卷曲。

② 多孔性。毛发的多孔性是指毛发吸收水分的多少，染发、烫发均与毛发的多孔性有

关。当毛发呈多孔性时，表示表皮层受损伤水分容易流失，头发干燥，相对容易吸收外来的水分，容易烫卷或拉直，也容易染色和褪色。

③ 耐热性。毛发的耐热性与毛发的性质有密切的关系，一般加热到100℃，毛发开始有极端变化，最后炭化溶解。

（二）毛发的化学性质

毛发的主要成分是角蛋白，约占97%，其中50%的蛋白质呈螺旋状结构。在 α-螺旋结构内，分子中的亲水基团大部分分布在螺旋周围，可以形成氢键、二硫键、离子键等。比起别的蛋白质，毛发是比较不活泼的，但是毛发对沸水、酸、碱、氧化剂和还原剂等还是比较灵敏的，可发生某些化学变化，控制不好会损坏毛发。但在一定条件下，可以利用这些变化来改变毛发的性质，达到美发、护发等目的。

（1）毛发中氢键的破坏

在角蛋白分子中，长链分子上含有很多各式各样的亲水性基团（如—NH_2、—COOH、—OH、—CONH—等），能和水分子形成氢键，且此氢键的键能大于水分子之间氢键的键能，在主链肽键之间，或侧链与主链、侧链与侧链之间也可以形成氢键。但酸、碱或如LiBr的水溶液可以使某些氢键断裂，而且溶液温度越高，越多的氢键发生断裂，这虽然不会导致分子链间完全分开与拉直，但毛发纤维的强度稍有下降，断裂伸长率增加。当纤维变干后氢键仍然重新形成。

（2）毛发中离子键受酸碱的影响

毛发纤维对无机酸稀溶液有一定的稳定性，在一般情况下，弱酸或低浓度的强酸对毛发纤维无显著的破坏作用，仅仅是离子键间发生变化，使纤维很易伸长。当毛发浸在0.1mol/L HCl溶液中，离子键将按反应式（2-2）进行。

$$R\overset{+}{-}NH_3^-OOC—R^1+HCl \longrightarrow R—NH_3ClHOOC—R^1 \qquad (2\text{-}2)$$

假如用水将酸洗掉，键恢复到原来样子，但在高浓度的强酸和在高温下，就有显著的破坏作用，其破坏程度与溶液的pH值有关。

碱对毛发纤维的作用剧烈而又复杂。在碱溶液条件下，除了使主链发生断裂外，还能使横向连接发生变化，使二硫键和离子键等断裂形成新键。离子键的反应如式（2-3）所示。

$$R\overset{+}{-}NH_3^-OOCR^1+NaOH \longrightarrow R—NH_2NaOOC—R^1+H_2O \qquad (2\text{-}3)$$

这时纤维更容易伸长。当加NaOH时，反应牵涉到二硫键而更为复杂。

（3）毛发中二硫键的反应

① 热水解反应。当毛发在水中加热至100℃的高温并有压力时，毛发中二硫键断裂，胱氨酸被分解成巯基和亚磺酸基，如式（2-4）：

$$R—S—S—R'+H_2O \xrightarrow[\text{压力}]{\text{高温}} RSH+R'SOH \qquad (2\text{-}4)$$

② 氧化反应。氧化剂对毛发纤维的影响比较显著，其损害程度取决于氧化剂溶液的浓度、温度及pH值等。一般用的氧化剂为 H_2O_2，可以氧化二硫键，但必须注意调节反应条件。氧化剂可使毛发中的二硫键氧化成磺酸基，且产物不再能还原成巯基或二硫键，毛发不能恢复原状，以致毛发纤维强度下降、手感粗糙、缺乏光泽和弹性、易断等。氧化产生的结构很难分析，因为在分析过程中用酸水解时，它的结构也变了，如胱氨酸残基被氧化成两个磺基丙氨酸残基，其反应式见式（2-5）。

$$\underset{\substack{|\\NH}}{\overset{\substack{CO\\|}}{CHCH_2}}\text{—S—S—}\underset{\substack{|\\NH}}{\overset{\substack{CO\\|}}{CH_2CH}} \xrightarrow{[O]} 2\ \underset{\substack{|\\NH}}{\overset{\substack{CO\\|}}{CHCH_2}}\text{—SO}_3\text{H} \tag{2-5}$$

但当双氧水浓度不高时,对毛发损伤较小,因此可用低浓度的双氧水溶液对毛发进行漂白脱色处理。用双氧水漂白毛发,金属铁与铬具有强烈的催化作用,应予以注意。

③ 碱的作用。当溶液碱性较强时,二硫键易于断裂。如煮沸的氢氧化钠溶液,且浓度在 3% 以上,就可使羊毛纤维全部溶解。碱与二硫键反应的结果是损失 S。如用 NaOH 溶液处理羊毛,在 70℃、pH 值为 10 时,就开始失去 S;温度越高,pH 值越高,处理时间越长,损失 S 就越多。其反应如式(2-6) 和式(2-7):

$$\underset{\substack{|\\OC}}{\overset{\substack{HN\\|}}{CHCH_2}}\text{—S—S—}\underset{\substack{|\\NH}}{\overset{\substack{CO\\|}}{CH_2CH}} \xrightarrow[\text{OH}^-]{\text{H}_2\text{O}} \underset{\substack{|\\CO}}{\overset{\substack{NH\\|}}{CHCH_2}}\text{—SH} + \underset{\substack{|\\NH}}{\overset{\substack{CO\\|}}{CHCH_2}}\text{—SOH} \tag{2-6}$$

$$\underset{\substack{|\\NH}}{\overset{\substack{CO\\|}}{CHCH_2}}\text{—SOH} \longrightarrow \underset{\substack{|\\NH}}{\overset{\substack{CO\\|}}{C}}\text{=CH}_2 + \text{H}_2\text{O} + \text{S} \tag{2-7}$$

④ 还原反应。还原剂的作用较氧化剂弱,主要破坏角蛋白中的二硫键,其破坏程度与还原剂溶液的 pH 值密切相关。溶液的 pH 值在 10 以上时,纤维膨胀,二硫键受到破坏,生成巯基。

二硫键对还原剂很灵敏,如以亚硫酸钠还原二硫键时,反应如式(2-8):

$$\text{R—S—S—R} + \text{Na}_2\text{SO}_3 \longrightarrow \text{RS—SO}_3 + \text{RS}^- + 2\text{Na}^+ \tag{2-8}$$

如巯基乙酸、巯基乙酸盐与甲醛可以还原破坏二硫键。以巯基化合物(如巯基乙醇)还原二硫键时,反应如式(2-9):

$$\text{R—S—S—R} + 2\text{HS—R}' \longrightarrow 2\text{RSH} + \text{R}'\text{—S—S—R}' \tag{2-9}$$

⑤ 主链多肽键的破坏。显然,破坏主链多肽键的反应,将使纤维强度减弱。HCl 破坏主肽键而不破坏二硫键,二硫键完整无损地留在胱氨酸内;而如用碱溶液煮沸将破坏二硫键;强氧化剂(如 H_2O_2)与强还原剂(如 Na_2S)在剧烈条件下将破坏多肽键而使毛发完全溶解。

另外,紫外线对毛发角蛋白分子的主肽键也会有破坏作用。毛发角蛋白分子中的主链是由众多酰胺键(肽键)连接起来的,而肽键的离解能比较低,约为 306kJ/mol,日光下波长小于 400nm 的紫外光线的能量就足以使它发生断裂;另外主链中的羰基(C=O)对波长为 280~320nm 的光线有强的吸收。毛发主链中的酰胺链在日光中紫外线的作用下显得很不稳定。日光的照射还能引起角蛋白分子中二硫键的断裂。

因此,毛发纤维受到持久强烈的日光照射时,能引起性质的变化,毛发变得粗硬、强度降低、缺少光泽、易断等。

⑥ 其他反应。除上述反应外,其他有化学活性的支链也可以起反应,最重要的如酪氨酸。酪氨酸侧链的酚基可以与碘单质反应生成一碘或二碘化物,也可以与浓硫酸生成磺酸替代物,在毛发中引进这些官能团,将使纤维的染色性质显著改变。

在碱性条件下,碘与酪氨酸的反应是取代反应,其反应式如式(2-10):

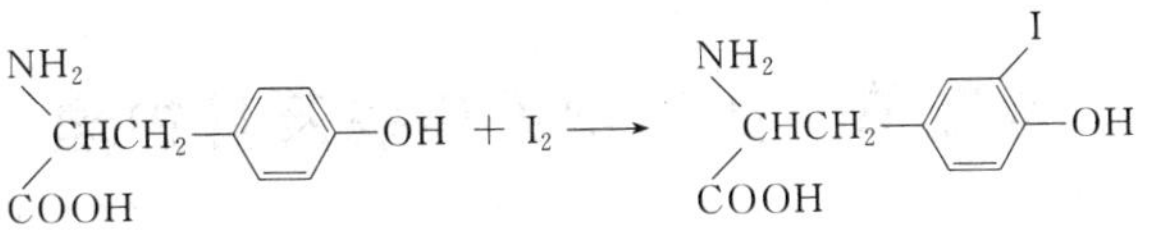

$$\underset{\substack{|\\ COOH}}{\overset{\substack{NH_2\\ |}}{CHCH_2}}\!\!-\!\!\bigcirc\!\!-\!\!OH + I_2 \longrightarrow \underset{\substack{|\\ COOH}}{\overset{\substack{NH_2\\ |}}{CHCH_2}}\!\!-\!\!\bigcirc\!\!-\!\!OH \tag{2-10}$$

另外，与重氮化的对氨基苯磺酸反应，生成一种橘黄色产物，结构式如图 2-5。

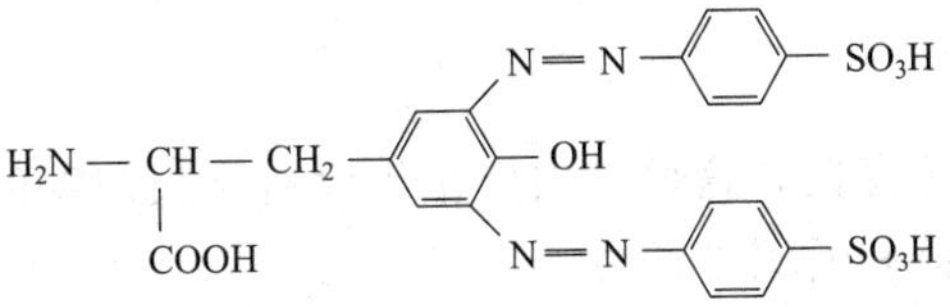

图 2-5　产物结构式

（三）头发的生长周期

人体的毛发的生长过程是毛母细胞变成角质细胞的过程。毛发反复地生长、脱落和新生，生长周期分为生长期、静止期和脱落期三个阶段，不同的生长阶段特点如下。

（1）生长期

生长期也称成长型活动期。生长期可持续 5～6 年，甚至更长。毛发的毛乳头内分布有两种细胞，即黑素细胞和毛母细胞。在生长期，毛发呈活跃状态，毛母细胞的不断分裂增殖，毛球下部细胞分裂加快，毛球上部细胞分化出毛皮质、毛表皮。毛乳头增大，细胞分裂加快，数目增多，使毛发得以生长。各个毛母细胞的角质方向是不变的，均经过毛球、毛皮质、毛髓质等，完成复杂而有特色的角质化过程，并以完整毛发的形状出现于体表。原不活跃的黑素细胞长出树枝状突起，开始合成黑素体，形成黑色素。

毛发每天生长 0.2～0.5mm。各季节、昼夜生长速度不同。长毛的寿命 2～3 年；短毛寿命只有 4～9 个月；脱落期的毛发因新一代的生长期的毛发的伸长而被顶出，自然脱落。

（2）静止期

静止期也称萎缩期或退化期，静止期约数周，这时头发停止生长，形成杵状毛，其下端为嗜酸性均质性物质，周围呈现出竹木棒状。内毛根鞘消失，外毛根鞘逐渐角化，毛球变平，不呈凹陷，毛乳头逐渐缩小，细胞数目减少。黑素细胞退去树枝状突起，又呈圆形，而无活性。

（3）脱落期

脱落期又称休止期或休息期，为期约 2～3 个月。在此阶段，毛囊渐渐萎缩，在已经衰老的毛囊附近重新形成 1 个生长期毛球，最后旧头发由于新一代的生长期的头发的伸长而被顶出，自然脱落。同时，新长出的毛发进入生长期及其他周期。在头皮部有 9%～14% 的头发处于休止期，仅 1% 处于静止期。

人的头皮部约有头发 10 万根，不会同时或按季节地生长或脱落，而是在不同时期分散地脱落和再生。正常人每日可脱落约 70～100 根头发，同时也有等量的头发再生，因此少量脱发是正常现象。

人头发在正常健康情况下，每天生长 0.27～0.40mm，每月平均 1.9cm。男性头发生长一般较女性快；15～30 岁期间生长得最快，老年时头发生长减慢；夏季生长较快。成人男子估计有 500 万个毛囊，其中 100 万个在头部，约有 10 万个在头皮部。

第二节　头发常见疾病及其护理

一、头发常见疾病

（一）白发

白发指头发部分或全部变白，这里的白发是指没有到长白发的年龄而出现头发全部或部分变白。白发可分为先天性和后天性两种。

先天性白发往往有家族遗传史，以局限性白发较常见，多见于发际部。先天性白发也可见于白化病人，全身毛发变成白色，但临床较少见。

后天性白发有老年性白发和少年性白发两种。老年性白发属正常生理现象，有的年迈体弱而白发，多自 40～50 岁开始，通常先起于两鬓，逐渐波及全头，随后胡须亦变白。这是由于身体各组织器官的功能日益衰退，黑素细胞的生成逐渐减慢或停止，头发的颜色也逐渐发生变化，由黑转灰，进而发展为白发。

少年性白发发生于儿童及青少年，常常是因为家族中有遗传，除白发增多外，不影响身体健康。精神紧张、忧愁伤感、焦虑不安、恐慌惊吓等都是造成少白头的原因。青春时期骤然发生的白发，其发病的原因有：营养障碍（如缺乏铜、钴、铁等微量元素及维生素 B 等）；精神状态（如情绪激动、精神抑郁等）；疾病的影响（如早老症、白癜风、结核病等）；等等。不良的精神因素，会造成供应毛发营养的血管发生痉挛，使毛乳头、毛球部的黑素细胞分泌黑色素的功能发生障碍，影响黑素体的形成和运送，从而导致白发。所以年轻人应该保持健康的心态，这样不仅仅可以预防黑发变白，而且有助于身体健康。

白发的发病机理还不清楚，可能是由于某些因素的作用，毛球部黑素细胞代谢失常，大大减少或停止产生黑色素。

① 白发的形成主要与头发的毛皮质、髓质中含有黑素体的多少有关，黑素体多则发黑且有光泽，黑素体少则发白且无光泽。

② 未到老年的早期白发常有家族史，表现为常染色体显性遗传。恶性贫血、甲状腺功能亢进、心血管疾病等，易导致灰发。严重的情绪影响，导致毛发营养的血管发生痉挛，使黑素细胞分泌黑色素的功能减退，从而影响黑素体的合成，使头发变白。长期患结核、恶性肿瘤、胃肠病、糖尿病也可使白发提前出现。

③ 营养不调、蛋白质缺乏也可导致毛发色素减退，变为褐色或灰色。缺少必需的脂肪酸，也可使发色变淡。缺维生素 B_{12}、叶酸、对安息香酸等，可使毛发变灰白。缺乏微量元素铜、钴、铁等也可导致白发。食糖过多，可使毛发枯黄。性腺功能减退可引起早白发。

④ 青壮年人，血气方刚，易于激动，肝火旺盛，耗伤肝阴，造成阴血不足；中年以后所思不遂，肝气郁结、横逆犯脾，脾之运化失司，气血生化不足；或先天肾之精气不足；或久病、年老体虚，耗伤精气，精虚不能化生阴血，肝血不足，都能导致毛发失去滋养，头发早白。

以上就是引起白发的原因，在治疗白发的时候应该根据引起白发的原因对症治疗，这样才会有好的治疗效果。

有了白发的人要注意保持精神愉快，避免过分紧张和抑郁；加强营养、多食微量元素含量高的食物，如动物的肝、心和蛋类，以及菠菜（铁的重要来源）、茶叶（锰的重要来源）、海带（含有丰富的碘）。另外可经常使用含有维生素类的护发化妆品，亦可采用染发剂染黑头发。

（二）斑秃与早秃

（1）斑秃

斑秃主要指突然发生的斑状脱发，从而形成局部或全身的毛发丢失。斑秃亦称圆形脱发，俗称鬼剃头。这种病多突然发生，患处无炎症，患者无任何自觉症状。斑秃一般分为三种类型，最常见的是灶性斑秃，还有全秃、假性斑秃。全部头发出现脱落，脱落以后，只剩下眉毛、鼻毛、体毛，称为全秃。假性斑秃可能是一种原因不明的独立疾病，也可能是继发于一些引起萎缩性瘢痕性脱发的皮肤病。

斑秃大多数与大脑高级神经中枢的功能障碍有关，其导致自主神经功能紊乱，也与自身免疫、内分泌障碍及肠道寄生虫感染有关。

内分泌出现异常的甲状腺病人中斑秃者比较多，这与甲状腺素较为亢奋有密切关联。许多因人体免疫功能不高而导致的病症，如白斑病、糖尿病、恶性贫血、红斑狼疮、溃疡性结肠炎、甲状腺素低下等，常伴随斑秃的产生。此病发病原因尚不明了，可能是在精神刺激、内分泌障碍、感染、中毒或者其他内脏疾病等因素的影响下，血管运动中枢神经系统机能紊乱，引起患处的毛细血管持久性萎缩，毛乳头部供血不足，造成头发营养不良，时间长了毛发就要脱落，也有认为与遗传因素有关。

一般病情轻者预后较佳，病人可以逐渐（或迅速）长出黄白色纤细柔软的毳毛，以后逐渐粗黑，最终恢复正常。一般地，枕部1～2片斑秃者，无明显发展者易自愈，病情重者预后较差；发生于儿童的全秃者较难恢复，但也有经20～30年而自己恢复的。约半数病例复发，尤以儿童居多，也易发展为全秃。

治疗方法可内服肾上腺皮质激素，或试服胱氨酸、维生素B等，也可外涂含有激素的软膏。另外刺激头皮、改善血液循环，可促进毛发再生，如用辣椒酊、鲜姜、水杨酸等，市售生发水即属此例。也可采用局部按摩、紫外线照射等物理疗法。

（2）早秃

早秃，又称为男性脱发，一般是指患者在年轻的时候发生头发脱落，导致早秃的一类病症。此病常出现于20～30岁的成人，仅头发受侵，脱发先从额部两侧开始，逐渐向上扩展，之后头顶部头发逐渐稀少，终而大部分或全部脱落，枕部及两侧颞部仍保留正常的头发。脱发处皮肤光滑或遗留少许毳毛，无自觉症状或仅有微痒。

早秃是一种常染色体显性遗传病，发病的原因可能与遗传和雄激素的影响有关，体内雄激素分泌过多或者雄激素受体敏感，使二氢睾酮含量过高，对毛囊的生长产生下调作用，此外，遗传因素以及不良的生活方式和饮食习惯都可能会影响体内雄激素的分泌，导致早秃。

最早可察觉的变化是毛囊结缔组织中的毛板鞘下部出现变性，伴血管周围嗜碱性变化。毛囊逐渐萎缩、变小，终于被毳毛所代替，之后许多毳毛、毛囊消失，毛囊逐渐留下一束硬化的玻璃纤维样结缔组织。最后脱发区的毛囊生长期缩短，休止期毛囊百分比增高，其毛发松动易掉，表皮菲薄。表皮突变平，表皮下毛细血管几乎消失。脱发速度和范围因人而异，不同病人的脱发形式及脱发速度不同，但大多病程缓慢，可伴有脂溢性皮炎或皮脂溢出。有的较轻病人仅表现为两鬓角处脱发，头顶部毛发稀疏。

本病目前尚无有效疗法，一般可按斑秃处理，但用药刺激性不宜过大。

（三）脂溢性脱发

脂溢性脱发是一种发生于青春期和青春期后的毛发进行性减少性疾病，是在皮脂溢出的基础上引起的一种脱发现象，多为青壮年（20～40岁）男性患者，也称为男性型脱发，主要表现为前额发际后移和（或）头顶部毛发进行性减少和变细，头发往往油腻发光，或有大量头皮屑，自觉瘙痒，患部皮肤光滑发亮。脂溢性脱发在女性上少部分表现为弥漫性头发变稀、发际线不后移，称为女性型脱发。

脂溢性脱发有三种类型，即干性脂溢性脱发、湿性脂溢性脱发和混合性脂溢性脱发。

干性脂溢性脱发最明显的表现形式是先从两额角、前额和头顶中间开始，继而弥漫于整个头部。同时头油量较少，伴有头皮屑。由于头皮屑过多，加之瘙痒而不断搔抓，时日长久，患部头发多稀疏脱落。少部分患者可能会出现乏力、失眠、多梦等症状，且一般由血热引起，如不加以治疗，严重者将造成永久性脱发。

湿性脂溢性脱发表现为前额和头顶头发会渐渐脱落，头发会变得细软且越来越短，同时头油较多，但头皮屑较少。发病原因是雄性激素水平增高，导致皮脂分泌过多，毛囊口角化过度，形成栓塞，影响毛囊营养，使毛囊逐渐萎缩毁坏，引起脱发。有时整个头顶头发会全部脱落，但头部四周头发不会过多脱落，部分症状严重的患者脱发区会变得油光发亮，剩余的头发变得细软而枯黄。

混合性脂溢性脱发表现为头顶的头发和前额的头发逐渐脱落，同时头发出油比较多，而且头屑也会比较多。大部分患者没有全身的症状，少部分混合性脂溢性脱发的患者可能会有多梦、纳差、乏力、失眠等症状。

脂溢性脱发的发病原因可能是性激素平衡失调，此外，遗传因素、代谢障碍、神经精神因素、内分泌失调、缺乏维生素B等，以及卫生不良、汗液及油脂污垢腐败分解、微生物感染（如：卵圆形的糠秕马拉色菌、痤疮丙酸杆菌类等）或滥用清洁剂（如碱性过高、刺激性过大、脱脂力过强等）洗头等，对本病的发生和发展均可能有一定的影响。

对脂溢性脱发的治疗，主要是消除诱因，选择局部或全身药物治疗。根据病人的具体情况，决定治疗方案。若单纯服用药物治疗，可内服维生素B_6、维生素B_2，注射胎盘浸出液，必要时可服用雌性激素，并且要持续用药。而进行毛发移植手术，6～8个月即可治愈。

饮食方面多吃含蛋白质和维生素丰富的食物，如奶类、蛋类、瘦肉与豆制品、海产品；多食富含纤维素的食品、杂粮，多吃蔬菜及富含维生素B的食物；要限制脂肪的摄入，如肥肉、猪油、动物内脏；少吃糖类食物，不要吃辛辣、刺激性的食物。

外部治疗则根据不同情况分别对待：对于湿性脂溢性脱发，宜着重清除皮脂，避免皮脂在毛囊内淤积形成栓塞，可用肥皂等洗头清除皮脂；对于干性脂溢性脱发，则需给以去屑、止痒、杀菌、消炎等药物，如硫黄、水杨酸、樟脑等。目前市场上销售的各种去屑止痒香波，内含吡啶硫酮锌、二唑酮等去屑止痒剂，对干性脂溢性脱发有一定的缓解、去除和预防作用。

二、头发的保养与护理

头发不仅保护着头皮，而且影响着美观。清洁、健康的头发和美丽的发型，可增加人的魅力，使人精神焕发。但如果护理不当，或者由于各种因素影响，可能会出现白发、脱发等早期衰老现象。因此，必须注意日常护理，使头发保持清洁、健康、美观的状态。头发的保养与护理主要有以下几个方面。

（1）根据自己的发质选择洗发水

① 每个人发质都是有差别的，了解自己的发质类型（干性、中性、油性），从而选择适合自己的洗发水、护发素。如果不了解自己的发质，随便选择护发品，效果会适得其反。比如说，头发烫发、染发次数多者，可选择偏酸性的洗发水，这样的洗发水可以帮助修复头发的保护膜，还有防止头发掉色的功能；如果头发分泌油脂多，选择碱性的洗发水就比较合适。

② 洗头最好选用洗发香波，避免或少用碱性高的皂类（如肥皂等）洗发。这是因为皂类不仅脱脂力强，能将对头皮和头发有一定保护作用的皮脂洗掉，而且由于碱的刺激，头皮会干燥和发痒，缩短头发寿命。同时由于皂类易和水中的钙、镁离子作用，生成难溶于水的钙盐和镁盐。这是一种黏稠的絮状物，它黏附在头发上，就会使头发发黏，不易梳理。

③ 洗发产品的品牌要经常换着用，这样的护发效果会更好。

（2）注意合理洗发与护发

头部汗液和皮脂分泌较多，是易脏的部位。头皮上除脱落的角质层、分泌的汗液和皮脂外，还有变得干硬的化妆料，以及尘土和微生物等。头皮上堆积的污垢过多，不仅影响美观，而且会堵塞汗腺和皮脂腺，使其排泄不畅，头皮发痒，细菌也将乘虚而入在头部繁殖，使皮脂腺肿大发炎，最终导致头发断裂或脱落。因此，必须经常通过洗发、护发对头发进行清洁护理。

① 一般来说，洗发的时候要选择温水，这样才不会伤害头皮。洗发水打出泡沫再洗发，每隔两天洗一次比较好。

② 洗头前先梳顺头发，打结的地方可以适当用水，避免洗头的时候因为扯到而掉发，也能更好地洗掉发丝上的污垢。

③ 掌握洗头技巧，应正确地洗头。洗发最好仰着头洗，多按摩头皮，促进血液循环。经常低头洗，头皮往下拉，对面部皮肤也不好，时间久了，产生皱纹。

④ 洗完头之后可以抹上护发素，让头发充分吸收，再洗去护发素，然后用干毛巾轻轻擦拭，吸干头发上的水滴，再用吹风机吹至半干后自然风干。洗完后让湿漉漉的头发自然干和直接用吹风机吹至全干，对头皮和发质都不利。吹头发时，最适当的距离为 10～15cm，勿让热风太靠近。

⑤ 洗头的频率不要过多，每周 1～2 次。如果洗头次数过多，会将具有滋润头皮和毛发、抑制细菌生长繁殖的皮脂洗去，使头发变得干燥、缺少光泽、易断等，所以洗发后应搽用护发用品，以有效地保护头发。

⑥ 减少染发、烫发。烫发、染发对发质的损害相当大，不当的染发可以导致癌症。另外，头发经漂白、染发、烫发后，由于化学药物的作用，头发的油脂膜损失严重，而且头发也受到一定程度的损伤，毛鳞片翘起，所以敷用发油、发乳、护发膏等护发化妆品，补充头发油分和水分的不足，维护头发的光亮、柔软和弹性，是非常必要的。

（3）经常头皮按摩

头皮上神经末梢丰富，经常进行头皮按摩，能促进头皮的血液循环，调节皮脂腺分泌，加强毛囊营养，促进头皮新陈代谢，令头发维持亮泽柔软，防止头发过早变白、脱落；同时可以松弛神经，消除疲劳，甚至延缓衰老。

平时起床后或者睡觉前可以按摩一下头皮，也可以用按摩类梳子多梳一会，每次坚持10～15 分钟即可。这样有利于头发的生长和保持头发清洁、整齐、光滑、润泽和弹性，给人以健康和美观。

（4）正常作息，均衡营养，保持良好的精神状态

从外观上看，头发是没有生命力的，但它会不断地生成，这是因为头发中的毛乳头可以吸收血液中的营养，供给发根。人体饮食一旦出了问题（如偏食、营养不良、节食等），头发将难以呈现健康的色泽。想要拥有一头乌黑、亮丽、有弹性的头发，日常均衡的饮食相当重要。同时，也要保持正确的生活习惯，不熬夜，多运动，避免过度的精神压力，保持心情舒畅，保障有一个健康的作息和身体。

保持饮食营养均衡，多吃有利于头发健康的食品，多吃黑色产品如黑豆、黑芝麻，以及富含维生素、矿物质、蛋白质的食品；多吃水果、蔬菜补充维生素，以及鱼、鸡、牛、羊肉等。

第三章　牙齿科学

　　牙齿是人体重要的咀嚼食物的器官，是整个消化系统的重要组成部分，是人类身体最坚硬的器官，一般呈白色，正常人略带黄色。牙齿的各种形状使其适用于多种用途，包括撕裂、磨碎食物。牙齿咀嚼食物时，产生压力和触觉，这种触觉的反射，可以传达至胃和肠，引起消化腺的分泌，帮助促进胃肠蠕动，以完成消化的任务。另外，牙齿还有帮助发音和端正面形等功能。人类语言发音与口中前排上下的牙齿密切相关，如果缺失前牙，会导致发音不清晰。由于牙齿和牙槽骨的支持、牙弓形态和咬合关系的正常，人的面部和唇部、颊部显得丰满。如果牙弓发育不正常，牙齿排列紊乱、参差不齐，面容就会显得不协调。如果牙齿全部缺失，会使唇部、颊部失去支持，面部凹陷，皱纹增加，显得苍老。所以，人们常把牙齿作为衡量健康美观的重要标志之一。

第一节　牙齿概述

一、牙齿的结构

　　牙齿是人体中最坚硬的器官，整个牙齿由牙冠、牙根及牙颈三部分组成。在口腔里能看到的部分就是牙冠，它是发挥咀嚼功能的主要部分。牙根固定在牙槽窝内，它是牙体的支持部分，其形态与数目也因功能的不同而有差异，可分为单根牙和多根牙。牙冠与牙根交界处叫牙颈。如图 3-1 所示。

（一）牙体组织

　　牙齿又称牙体，由牙釉质（珐琅质）、牙本质（象牙质）、牙骨质三层硬组织，以及最里层的一种牙髓软组织构成。

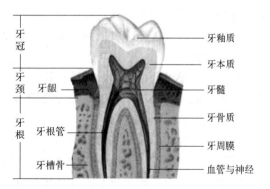

图 3-1　牙齿的结构图

（1）牙釉质

　　牙釉质，亦称珐琅质，是牙冠外层呈白色半透明且钙化程度最高的坚硬组织，其硬度仅次于金刚石。其中无机物约占 96% 以上，有机物很少，能耐受强大的嚼力。

　　牙釉质由釉柱和极少量的间质构成，釉柱从与牙本质交界处向牙冠表面呈放射状紧密排列。釉柱呈棱柱状，主要成分为羟基磷灰石 $[Ca_{10}(PO_4)_6(OH)_2]$ 的结晶，约占 90%，其他如碳酸钙、磷酸镁和氟化钙，另有少量的钠、钾、铁、铅等元素。牙釉质中的有机物和水分仅约占 4%，其中所含的有机物仅占 0.4%～0.8%，主要是一种类似角质的糖蛋白复合体，称为角蛋白。

釉质的厚度因部位不同而有差异，在切牙的切缘处厚约 2mm，在磨牙的牙尖处厚约 2.5mm，牙颈部最薄。牙釉质是人体中最硬的组织，成熟的牙釉质的莫氏硬度为 6～7，差不多与水晶及石英同样硬。在牙釉质和牙本质交界处（特别是牙颈）附近，硬度较小。牙釉质的平均密度为 3.0g/mL，抗压强度为 774kg/cm²。

釉质内没有血管和神经，能保护牙齿不受外界的冷、热、酸、甜及各种机械性刺激。

（2）牙本质

牙本质是一种高度矿化的特殊组织，是构成牙齿的主体，呈淡黄色。牙本质位于牙釉质和牙骨质的内层，也是牙髓腔及牙根管的侧壁，大约含有 30% 的有机物和水、70% 的无机物，莫氏硬度不如牙釉质，为 5～6。其中无机物主要为羟基磷灰石微晶，也含磷酸钙等，故较牙骨质更坚硬。有机物含量约为 19%～21%，主要是胶原蛋白，另有少量不溶性蛋白和脂类等。

牙本质主要由牙本质小管与间质构成，是牙齿营养的通道，其中有不少极微细的神经末梢。所以，当牙本质暴露后，能感受外界冷、热、酸、甜等刺激，而引起疼痛，这就是牙本质过敏症。牙本质小管从牙髓腔面向周围呈放射线状分布，愈向周边愈细，且有分支。牙本质小管之间为间质。牙本质的内表面有一层成牙质细胞，其突起伸入牙本质小管，称牙本质纤维。牙本质周边有一些钙化不全的部分，在牙磨片中呈现为不规则的球间隙（牙冠部），或斑点状的颗粒层（牙根部）。

（3）牙骨质

牙骨质是覆盖在牙根表面、牙本质外面的一种很薄的钙化组织，呈浅黄色，硬度不如牙本质而和骨组织相似，其组成及结构与骨组织相似，具有不断新生的特点，近牙颈部的牙骨质较薄，无骨细胞。

牙骨质含无机物约 45%～50%，有机物和水约 50%～55%。无机物中主要是羟基磷灰石，有机物主要为胶原蛋白，其营养主要来自牙周膜，并借牙周膜纤维与牙槽骨紧密相接。由于牙根部炎症的刺激，牙骨质可以发生吸收或再生，甚至与周围骨组织呈骨性黏连。由于其硬度不高且较薄，当牙骨质暴露时，容易受到机械性的损伤，引起过敏性疼痛。

（4）牙髓

牙髓位于髓腔及根管内，主要由结缔组织、血管和神经构成。牙髓被牙本质所包围，牙髓与牙本质间有一层排列整齐的成牙质细胞，感觉神经末梢包绕成牙质细胞并有极少量细胞进入牙本质小管。

牙髓为牙体提供抗感染防御机制，并维持牙体的营养代谢，如果牙髓坏死，则牙釉质和牙本质因失去主要营养来源而变得脆弱，牙釉质失去光泽且容易折裂。

牙髓中的血管、淋巴管和神经纤维经牙根孔进入。牙髓的血管来自颌骨中的牙槽动脉分支，它们经过牙根孔进入牙髓，称为牙髓动脉。牙髓神经来自牙槽神经，伴同血管自根尖孔进入牙髓，然后分成很多细的分支，神经末梢最后进入成牙本质细胞层中。

老年人的牙髓组织，也和机体其他器官一样，发生衰老性变化，如钙盐沉积、纤维增多、牙髓内的血管脆性增加、牙髓腔变窄等，这些都会影响牙髓对外界刺激的反应力。

（二）牙周组织

牙周组织由牙周膜、牙槽骨和牙龈（俗称牙花肉）三部分组成，它的主要功能是支持、固定和营养牙齿。

（1）牙周膜

牙周膜是位于牙根与牙槽骨之间的纤维性致密结缔组织，由细胞、纤维和基质所组成。多数纤维排列成束，纤维的一端埋于牙骨质内，另一端则埋于牙槽骨里，使牙齿固定于牙槽窝内，并可调节牙齿所承受的咀嚼压力以及缓冲外来压力，使其不直接作用于牙槽骨，即使用力咀嚼，脑也不致受震荡。牙周膜具有韧带作用，故又称为牙周韧带。

在牙周膜内分布着血管、淋巴管及神经等。牙髓的神经、血管通过根尖孔与牙槽骨和牙周膜的血管、神经相连接。营养物质通过血液供给牙髓，营养牙齿，而且在病理情况下，牙周膜中的牙骨质细胞和成骨细胞，能重建牙槽骨和牙骨质。

牙周膜的厚度和它的功能大小有密切关系。在近牙槽嵴顶处最厚，在近牙根端1/3处最薄。未萌出牙齿的牙周膜薄，萌出后具有咀嚼功能时，牙周膜才增厚。在同一体上切牙比磨牙的牙周膜厚。牙周膜一旦受到损害，无论牙体如何完整，也无法维持其正常功能。

（2）牙槽骨

牙槽骨是指包围在牙根周围的颌骨的突起部分，又称为牙槽突，通过牙周膜与牙根紧密相连，牙根所在的容纳牙齿的凹窝称牙槽窝，游离端称为牙槽嵴顶。

牙槽骨随着牙齿的发育而增长，而牙齿缺失时，牙槽骨也就随之萎缩。牙槽骨和牙周膜都有支持和固定牙齿的作用。牙槽骨是骨骼中变化最活跃的部分，它的变化与牙齿的发育和萌出、乳牙的脱换、恒牙移动和咀嚼功能等均有关系。牙根直立牙槽窝中使牙齿和牙槽骨紧紧地连接在一起，不易松动，便于咀嚼。在牙齿萌出和移动的过程中，受压力侧的牙槽骨吸收；而牵引侧的牙槽骨质新生。临床上即利用这一原理进行牙齿畸形的矫正治疗。

（3）牙龈

牙龈是覆盖在牙颈和牙槽突部的黏膜组织，边缘呈弧形，称为龈缘。龈缘与牙颈之间的小沟称龈沟，正常龈沟深约1～2mm。两牙之间的牙龈突起呈楔形，称为牙龈乳头。

牙龈是口腔黏膜的一部分，由上皮层和固有层组成。其作用是保护基础组织，由于牢固地附着在牙齿上，构成一个重要屏障，可防止细菌感染。

正常的牙龈为粉红色，质韧，微有弹性，故能调节咀嚼压力，耐受食物的摩擦。

二、牙齿的生长发育

人类牙齿的生长发育是一个长期复杂的过程，经历了乳牙列期、混合牙列期、恒牙列期三个阶段，先后拥有乳牙和恒牙两副牙齿。乳牙共有20颗，从出生后4～10个月开始萌出，乳牙萌出顺序一般为下颌先于上颌、自前向后，约于两岁半乳牙出齐。一直到六岁口内只有乳牙，所以这个阶段叫作乳牙列期。如果出现12个月后还未萌出第一颗乳牙则为乳牙萌出延迟。恒牙共28颗。6岁左右萌出第一颗恒牙（第一颗恒磨牙，在第二乳磨牙之后，又称六龄齿）；6～12岁阶段乳牙逐个被同位恒牙替换，其中第1、2前磨牙代替第1、2乳磨牙，在这期间，口内既有乳牙又有恒牙所以叫作混合牙列期。乳牙全部被替换后叫作恒牙列期。12岁萌出第二颗恒磨牙；约在18岁以后，还会长出四颗磨牙，俗称智齿，到这个时候人的32颗牙就完全就位了。

牙齿生长发育的整个时期都和机体的内外环境有密切关系，其中食物营养对牙齿的健康有相当重要的影响。例如缺乏蛋白质、纤维素和矿物质，以及代谢不平衡、神经系统的调节紊乱，或者患有某些传染病等，都会使牙齿的生长发育以及萌出过程出现障碍。在牙齿萌出前的发育阶段，若营养缺乏或者不平衡，则会影响牙齿的结构、形态、生长时间以及牙齿对龋病的抵抗力。

牙齿萌出的时间受全身和局部因素的影响，如营养缺乏（特别是维生素 D）和内分泌紊乱均可使牙齿延迟萌出。乳牙和恒牙大部分都是在出生以后陆续钙化的。因此，要促进牙齿的健康，在妊娠期和出生后的婴幼儿时期都应该加以重视。牙齿萌出之前，食物中的氟、钙、磷、维生素 A、维生素 C、维生素 D 等都有作用。因此保护牙齿应从发育期开始，加强营养，消灭传染病等，都对牙齿保健有十分重要的意义。

第二节　牙齿的疾病

牙齿的健康标准有多种说法，世界卫生组织对牙齿健康的定义是：牙齿整洁，无龋齿，无痛感，牙齿颜色正常，无出血现象。一般牙齿健康的主要标准就是：第一，没有龋病，或者有龋病已经经过了完善的治疗；第二，没有牙周病，牙齿不松动、不红肿；第三，口腔中余留的牙齿足够多，能够满足咀嚼的需要。

从生物学和医学方面来说，健康的牙齿要满足这几个方面的要求：

① 牙齿的形态、大小正常，排列整齐。

② 牙齿之间的邻接正常，上下牙弓的宽度合适、形态和长度合理，牙齿中线对齐。

③ 口腔周围及面部周围肌肉发育正常。

④ 下颌的结构和功能正常。

⑤ 上下颌骨的形态、大小位置关系正常。

⑥ 上下牙齿咬合关系正常，并且覆合、覆盖正常。

⑦ 下颌运动时口颌系统达到平衡，闭口时为正中关系。

但常常由于护理不当或其他方面的影响，牙齿出现疾病。常见牙齿疾病主要包括龋病、牙周病和牙本质过敏症等。

牙病发生的原因有全身和局部的因素，全身因素包括营养缺乏、内分泌和代谢障碍等；局部因素主要是附着在牙面上的沉积物对牙齿、牙龈和牙周组织的作用。

牙面沉积物概括起来有软、硬两种。软的是牙菌斑和软垢；硬的是钙化了的牙结石。牙菌斑、软垢、牙结石与龋齿、牙周病的发生和发展有较密切的关系，因此首先介绍这些沉积物的结构和来源。

一、牙菌斑

牙菌斑是指黏附在牙齿表面或口腔其他软组织上的微生物群，由大量细菌、细胞间物质、少量白细胞、脱落上皮细胞和食物残屑等组成，是一种致密的、非钙化的、胶质样的膜状细菌团，一般多分布在点隙、裂沟、邻接面和牙颈部等不易清洁的部位，而且因其较紧密地附着于牙面，不易被唾液冲洗掉或在咀嚼时被除去。

当牙菌斑量较少时，肉眼是很难观察到的，通常用菌斑指示剂可以很好地显示。牙菌斑不能用漱口或用水冲洗的方法把它去除。因此，现在把牙菌斑看成是细菌附着在牙石上的一种复杂的生态结构，其与龋病和牙周病的发生有密切的关系。

（一）牙菌斑形成原因

引起牙菌斑的原因复杂，公认的理论有以下三个阶段：

（1）获得性膜形成阶段

口腔中的唾液糖蛋白是唾液中的一种物质，当它与牙齿接触时，可附着在牙釉质表面，形成膜样物质，这种膜被称为获得性膜。它为口腔细菌初期黏附提供了基质，为牙菌斑的形成创造了条件。因此，获得性膜的主体由唾液蛋白质所构成，其形成机制是蛋白质的选择性吸附。

（2）细菌附着阶段

获得性膜对细菌附着具有重要作用。观察发现，当牙面获得性膜形成，很快就有细菌附着上去，说明附着速度很快。细菌在获得性膜的表面生长，并能产酸，使糖蛋白沉积。大量研究资料证实，最先附着在牙面的细菌为溶血性链球菌和唾液链球菌。溶血性链球菌和变形链球菌能合成葡聚糖，与沉积的糖蛋白一起构成牙菌斑基质，为牙菌斑的形成提供了基础。开始 4h 内，形成的唾液获得性膜是无菌的；8h 后，逐渐有各种类型的细菌附着；24h 内，牙面几乎全部被微生物所覆盖。

（3）成熟阶段

细菌在获得性膜上生长、发育、繁殖和衰亡，并在其中进行复杂的代谢活动。有资料认为成熟的牙菌斑的细菌比例是：兼性厌氧类链球菌 27%，消化链球菌 13%，奈瑟菌 3%，韦荣氏球菌 6%，兼性类白喉杆菌 23%，厌氧类白喉杆菌 18%，拟杆菌 4%，梭状芽孢杆菌 4%，弧菌 2%。各种微生物嵌入到有机基质中，在牙面形成一种不定形的微生物团块即牙菌斑。成熟牙菌斑中致龋性菌为变形链球菌、放线菌、乳杆菌等。

（二）牙菌斑的种类

牙菌斑是一种经常会在牙齿表面形成的无色的细菌薄膜。根据牙菌斑所在部位不同，具体有以下几种类型：

① 龈上菌斑：位于牙龈缘之上的牙面，主要由革兰氏阳性球菌和杆菌所组成，随着菌斑的生长，革兰氏阳性球菌、革兰氏阳性杆菌和丝状菌逐渐增多。

② 龈下菌斑：位于龈下，为牙龈所覆盖，其中含有多种细菌，表面有较多丝状菌和螺旋体。

牙菌斑由细菌和基质所组成。菌斑基质由有机质和无机质组成。有机质的主要成分为多糖、蛋白质和脂肪。无机质主要为钙和磷，另有少量的氟和镁。牙菌斑基质是由唾液、食物和细菌代谢产物而来。口腔卫生不良和常吃易黏附的食物与蔗糖者，容易形成牙菌斑。

二、牙软垢

牙软垢，又称白垢，是疏松地附着在牙面、修复体表面、牙石和龈缘处的软而黏的软性沉积物，其一般由食物碎屑、微生物、脱落的上皮细胞、白细胞、唾液中的黏液、唾液蛋白、脂类等混合组成，呈白色、浅黄色或浅灰色，附着不如菌斑紧密，质软而易被刷牙漱口去除。它通常沉积在牙颈部 1/3 区域，或在邻面及错位牙不易清洁的区域，不需涂布显示液，肉眼直接可见。

三、牙石

（一）牙石的主要症状

牙石由牙菌斑矿化后形成，通常存在于唾液腺开口处的牙齿表面和牙颈部，以及口腔黏膜运动不到的牙齿表面等处。例如：下颌前牙的舌侧表面，上颌后牙的颊侧表面。牙石的形成因唾液量、唾液成分不同而异，在口腔内不同的部位，形成的量也有所不同。牙菌斑中的钙盐主要由唾液而来，初时呈可溶性钙盐，日久转变成不溶性钙盐，即为牙石。它的形成受到唾液成分、饮食习惯和口腔卫生习惯的影响，最快可形成于洁牙后的 48 小时，其外观呈棕色或黑色。

此外，失去咀嚼功能的牙齿，如错位牙、单侧无咀嚼功能的牙齿都容易沉积牙石。牙石附着牢固，质地坚硬，较难除去。

牙石开始时是软的，会因逐渐地钙化而变硬。牙结石中无机物含量达 75%～83%，其中主要是羟基磷灰石，另有微量的铜、银、钠、锡、锌、铝、钡、铬、铁等。有机物成分包括角蛋白、黏蛋白、核蛋白、糖胺聚糖、脂肪及数种氨基酸，并呈现出黄色、棕色或者黑色。据研究，牙石中磷的含量比牙菌斑中高 3 倍，钙含量也较多。菌斑的矿化最初是沿着牙菌斑附着牙面侧发生，矿化不断进行，大约几个月后达到高峰。

（二）牙石形成的机理

牙石形成的机理，目前尚不完全清楚，一般认为与下面的一些因素有关：

（1）与唾液有关

唾液中含有可溶性的酸式碳酸钙和酸式磷酸钙，当唾液分泌到口腔，二氧化碳逸出使唾液呈碱性，菌斑、软垢的周围环境随之碱化，pH 值升高，最终可溶性钙盐转变成不溶性的碳酸钙和磷酸钙而沉淀出来。又如，菌斑和软垢成分中的细菌，能使唾液中的尿素和氨基酸分解成氨，使唾液碱化，pH 升高，在唾液腺导管口附近的牙面上沉积最多不溶性钙盐。

（2）与磷酸酯酶升高有关

正常牙龈结缔组织中含有磷酸酶，当遇炎症或外伤时，酶含量增加。牙菌斑和脱落的细胞也能分解出磷酸酶，此酶可引起唾液内的磷酸盐沉积。还有一种碳酸酐酶，使唾液放出二氧化碳，促使不溶性钙盐沉积。

（3）与钙化核心的存在有关

矿化物沉积必须存在钙化的核心，菌斑中的细菌、上皮细胞和细胞间质可能成为主要的核心物质。菌斑细胞间的蛋白多糖复合物可以与钙盐配合成为钙化中心，如纤毛菌属和放线菌属构成支架，吸附钙盐沉积于牙面上。

（4）与胶样蛋白质有关

唾液中含有一种胶样蛋白质，能黏合钙、磷离子，使唾液中的磷酸盐维持过饱和状态。当唾液停滞于牙面，胶体沉降，过饱和状态不能维持，磷酸钙盐则沉积出来。

（5）其他因素

牙石的形成与机体代谢有关，如有的人很注意口腔卫生，但牙石仍较易沉积。缺乏口腔卫生习惯，常吃软性细腻食物，牙面粗糙或牙齿排列不整齐，有不易清洁的修复体都有利于牙石的沉积。据调查，40 岁以上的成年人，几乎全部都有程度不等的牙石。

牙石对口腔而言是一种异物体，它会不断刺激牙周组织，并会压迫牙龈，影响血液循环，造成牙周组织的病菌感染，引起牙龈发炎萎缩，形成牙周囊袋。此时，更易使食物残渣、牙菌斑和牙石等堆积，这种新的堆积又更进一步地破坏更深处的牙周膜，如此不断地恶性循环，终至牙周组织全部破坏殆尽，而使牙齿最终拔除。

四、龋齿

龋齿俗称虫牙、蛀牙，是硬组织发生慢性进行性破坏的一种细菌性疾病，如不及时治疗，可以继发牙髓炎和根尖周炎，甚至能引起牙槽骨和颌骨炎症。病变继续发展，形成龋洞，然后牙冠完全破坏消失，最终结果是牙齿丧失。

龋齿是近代人类比较普遍的疾病之一，不分性别、年龄、种族和地区，在世界范围内广泛流行，世界卫生组织已将其与肿瘤和心血管疾病并列为人类三大重点防治疾病。

（一）龋齿的发展过程

龋齿发生病变时，首先是变浊变软，其次为色素沉着，最终发生崩解，形成龋洞。此时牙组织失去原有的光泽和透明度。当牙釉质发生龋齿时，组织内发生脱矿现象，将牙釉质内的羟基磷灰石结晶破坏，晶体的排列变得紊乱，造成折射率的改变，牙釉质呈灰白色。此时的初期，脱矿现象发生在牙釉质表层下，牙齿表面仍然完整，继而在咀嚼压力和其他因素的影响下，出现牙体的破坏和崩解。由于牙釉质硬度大，富含矿物质，此时病程进展缓慢。

当龋齿发展到牙本质时，沿牙釉质向牙本质界面横向扩大，同时向深处发展，牙本质因脱矿而透明度减低、变软。由于牙本质内的有机物含量较多，此时病程进展较快。由于外界的色素物质通过裂缝和小孔进入牙釉质内的损害区，早期牙釉质为褐色。当病变进入牙本质，牙体内矿物质溶解、蛋白质发生破坏和分解，产生色素沉着，加上外界的和细菌产生的色素物质浸入牙本质，使其变为褐色、黑褐色，甚至黑色。

当龋齿加重时，病变部位就会发生崩解，形成龋洞。初期为隐匿龋，咬合面的点隙沟裂会发生病变，呈现出外窄内宽的损害。到达牙本质时会继续向深处及四周发展，但牙齿表面仍然完整。后因表面牙釉质失去支持，稍受力就会断裂，变为开放性损害。

总的来看，龋齿的发展过程是由浅入深地逐渐发展，病变先破坏牙釉质，然后逐步破坏牙本质，最后崩解后形成龋洞。临床上常按龋坏的程度分为浅龋、中龋、深龋三个阶段。

（1）浅龋

龋坏限于牙釉质或牙骨质，检查时可见牙面脱钙而失去固有色泽，常呈灰白色，后因色素物质成为黄褐色或黑色。探查时有粗糙感，或有浅层龋洞形成。但未达到牙本质，一般无临床症状，因而常常得不到及时治疗。

（2）中龋

龋坏发展到牙本质浅层，检查时可见有龋洞形成，洞内有黄褐色的软化牙本质，一般无自觉症状，有时对冷热酸甜都比较敏感，但除去刺激，症状即消失。牙本质龋的发展比牙釉质龋快。

（3）深龋

龋坏发展到牙本质深层，龋洞较深，接近牙髓腔，一般对冷热酸甜刺激极为敏感，若食物嵌入龋洞中也出现疼痛，但除去刺激，疼痛即刻消失，无自发性疼痛。如龋齿的发展缓慢，由于牙髓内有修复性牙本质形成，也可能不出现症状。

（二）龋齿的病因病理

龋齿的病因及病理经过长期研究，现已基本明了，龋齿是由多种因素复合作用所致的。早期的理论有蛋白质溶解学说、蛋白质溶解-螯合学说等。1962年凯斯提出了龋齿发病的三联因素，即细菌、食物和宿主，只有在这三种因素同时存在并相互作用的条件下，才会形成龋齿。

目前公认的龋齿病因学说是四联因素学说，主要包括细菌、食物、宿主和时间，其基本点为：致龋性食物（特别是蔗糖和精制碳水化合物）紧紧贴附于牙面的获得性膜（由唾液蛋白形成）上，在这种牙齿表面形成的致龋性食物，不仅能牢固地附着于牙面，并可以在适宜温度下，经过较长的时间，在牙菌斑深层产酸，侵蚀牙齿，使之脱矿，并破坏有机质，产生龋洞。

（1）细菌

大量研究表明，细菌的存在是龋齿发生的主要条件。口腔内的细菌种类非常多，但并非所有的细菌都能致龋。一般认为致龋菌有两种类型，一种是产酸菌属，其中主要为变形链球菌、放线菌、乳杆菌等，可使碳水化合物分解产酸，导致牙齿的无机质进行脱矿；另一种是革兰氏阳性球菌，可破坏有机质，经过长期作用可使牙齿形成龋洞。

大多数细菌只有在形成牙菌斑后才能起到致龋作用。牙菌斑在形成的过程中，紧附在牙面上，随着细菌和基质逐渐增加，其代谢产物如乳酸及醋酸等，使牙菌斑内 pH 值下降。且由于牙菌斑致密的基质结构，酸不易扩散出牙菌斑，同时又阻止唾液对牙菌斑中酸的稀释和中和作用。若牙面长期处在低 pH 值中，牙齿就逐渐受到酸的溶解而被破坏进而出现龋齿。

（2）食物

口腔是牙齿的外环境，与龋齿的发生密切相关，其中起主导作用的主要是食物和唾液。

食物中的碳水化合物是龋齿发生的重要因素，它对牙齿的局部作用最为重要。碳水化合物的局部作用与摄入的次数、物理性质和化学性质有关。它既与牙菌斑基质的形成有关，也是菌斑中细菌的主要能源。尤其是蔗糖，它能迅速弥散进入菌斑，菌斑内致龋菌能很快地将部分蔗糖转化成不溶性胞外多糖，促进细菌在牙面的黏附和积聚，形成菌斑基质。部分蔗糖被细菌酶解为葡萄糖和果糖，供给细菌代谢，其代谢产物为有机酸（如乳酸、甲酸、乙酸、丙酸、丁酸、琥珀酸等，其中乳酸量较多），使菌斑内 pH 值下降，有利于耐酸菌的生长，也有利于牙体硬组织的脱矿。

正常情况下，唾液有机械清洗作用，减少细菌的积聚，抑制牙菌斑在牙面的附着；所含碳酸氢盐类等物质对菌斑内的酸性物质起中和作用；通过所含钙、磷、氟等增强牙齿抗酸能力，降低酸溶解度。

当唾液的量和质发生变化时，均可影响龋患率。临床可见，口干症或有唾液分泌的患者，其龋患率明显增加。颌面部放射治疗患者可能因唾液腺被破坏而有多个龋齿。此外，当唾液中乳酸量增加，或碳酸氢盐含量减少时，也有利于龋的发生。

（3）宿主

宿主对龋齿的敏感性涉及多方面因素，如牙齿的形态与结构、机体的全身状况等。牙齿是龋齿的靶器官，牙齿的形态、矿化程度和组织结构与龋齿发生有直接关系，如牙齿的窝沟处和矿化不良的牙较易患龋，而矿化程度较好、组织内含氟量适当的牙抗龋力较强。牙齿的结构与机体有密切关系，尤其是在发育中，不仅影响到牙齿的发育和结构，而且对唾液的流量、流速及其组成也有很大影响，因而也是龋齿发生的重要环节。

（4）时间

龋齿的发生是一个较长的过程，从初期龋到形成龋洞一般需 1.5～2 年，因此即使致龋细菌、适宜的环境和易感宿主同时存在，龋病也不会立即发生，只有上述三个因素同时存在相当长的时间，才可能产生龋坏，所以时间因素在龋齿发生中具有重要意义。

（三）龋齿的预防

龋齿的预防应针对上述因素进行，具体来讲：

① 消除有关致龋因素，改善口腔环境。牙菌斑是引起龋齿的主要因素，因此控制菌斑，是预防龋齿的重要方法之一，其方法有机械法和化学法。机械法主要有刷牙、牙间洁净；化学法主要是利用化学杀菌剂，如 0.2% 葡萄糖酸洗必泰溶液含漱剂，或酶制剂，如葡萄糖酶抑制剂干扰菌斑的形成。

② 提高牙齿抗龋能力。主要是利用氟能抑制致龋菌生长，减少菌斑内酸的形成，降低牙齿酸溶解度和促进牙齿的再矿化等作用。应用方式有：

a. 氟化水源，将低氟供水系统氟含量提高到适当浓度，通过口服氟片，预防龋病。

b. 可以使用含氟类凝胶，该凝胶的特点是静止时呈凝胶状，加压时便成液状，用托盘将其置于牙间轻轻咬住，能与牙面充分接触，且延长接触时间。

c. 用氟化物溶液漱口，或应用口内氟素释放装置。利用一种氟素控释系统（附于双侧上颌磨牙或义齿基板上），能长期使唾液氟浓度升高，而无不良反应。

③ 隔绝致龋因素对牙齿的侵袭。利用窝沟封闭剂，封闭牙齿的点隙裂沟。

④ 控制致龋菌产酸的原料。限制蔗糖及其制品的摄入，或在食品中加入糖代品（甜味剂），可减少龋齿的发生。

五、牙周病

牙周病一般是指发生于牙周组织的各种病理情况，主要包括牙龈病和牙周炎以及咬合创伤和牙周萎缩等。狭义的牙周病是指牙周组织破坏的牙周炎。在口腔疾病中，牙周病与龋齿一样，是人类的一种多发病和常见病，据统计，牙周病的发病率可达 80%～90%。

牙龈病是局限于牙龈组织的疾病，包括牙龈组织的炎症及全身疾病在牙龈处的肿大表现。在牙龈病中，以慢性边缘性龈炎最为常见，一般不侵犯深层牙周组织。自觉症状不明显，部分患者牙龈有痒胀感；多数患者当牙龈受到机械刺激，如刷牙、咀嚼食物、说话、吮吸时，牙龈出血；也有少数患者在睡觉时发生自发性出血。早期治疗，不仅效果好，还可以预防细菌聚集在牙龈和牙齿的空穴中，引起出血、发炎、感染和潜在的提前掉牙。

牙周炎是累及牙体组织和牙周组织（牙龈、牙周膜、牙槽骨和牙骨质）的慢性感染性疾病，往往引发牙周组织的炎性破坏。牙周炎的主要临床特点为形成牙周袋，即牙周组织与牙体分离，伴有慢性炎症和不同程度的化脓性病变，导致牙龈红肿出血，在化脓性细菌作用下，牙周袋溢脓，最终导致牙齿松动，牙龈退缩，牙根暴露，出现牙齿敏感症状。

牙周病的病因很多，主要的致病因素有：

（1）细菌和菌斑

牙菌斑是指黏附于牙齿表面的微生物群，不能用漱口、水冲洗等去除。在形成牙菌斑的过程中，牙菌斑逐渐增厚，数日之内就可发生牙龈炎。患牙龈炎时，不仅牙菌斑量逐渐增加，而且牙菌斑内细菌的数目、组成和比例亦有变化，其中革兰氏阳性菌，如放线菌占优势，其次为革兰氏阴性菌如梭形杆菌等。因此，牙菌斑是牙周病的始动因子，是引起牙周病的主要致病因素。

（2）牙石和软垢

在形成软垢的情况下，软垢的微生物及其产物可以刺激牙龈引起炎症。牙石形成后就不易去除，构成了牙菌斑附着和细菌滋生的良好环境，更有利于细菌的繁殖，并且加速了牙菌斑的形成，对牙龈组织形成刺激，使牙龈组织局部营养代谢发生障碍，抵抗力下降。牙石本身妨碍了口腔卫生的维护而引发炎症。

（3）创伤性咬合

在咬合时，咬合关系不正、修复体不适、咬合力过大或方向异常，超越了牙周组织所能承受的合力，致使牙周组织发生损伤的咬合，称为创伤性咬合。创伤性咬合包括咬合时的早接触、牙合干扰、夜间磨牙等。结果是造成咬合力与牙周支持力之间的不平衡，引起牙周组织的改变，甚至部分牙齿脱落，导致牙周炎的发生。

（4）其他

食物嵌塞、不良修复物、口呼吸等因素也引起牙周组织的炎症。咀嚼食物时，将食物碎块或纤维挤压到牙齿间隙中，此种现象称为食物嵌塞。可引起牙龈乳头发炎、牙龈脓肿，甚至可使深层牙周组织破坏。

此外，全身因素可以降低或改变牙周组织对外来刺激的抵抗力，使之易于患病，并可促进牙龈炎和牙周炎的发展。全身因素包括有：内分泌失调，如性激素、肾上腺皮质激素、甲状腺素等的分泌量异常；饮食和营养方面，如维生素 C 的缺乏、维生素 D 和钙、磷的缺乏或不平衡及营养不良等。

总之，牙周病的病因比较复杂，减少和防止牙菌斑、牙石和软垢的形成，避免细菌感染是防治牙周病的关键。在治疗时不仅要注意局部因素的消除，也要考虑到全身的状态，以便获得较好的治疗效果。

六、牙本质过敏症

牙本质过敏症又称牙本质过敏、过敏性牙本质，是牙齿受到外界刺激，如温度（冷、热）、化学物质（酸、甜）以及机械作用（摩擦、咬硬物）等引起酸痛的一种牙病，国内外患此病的成年人比例都很大，也是一种常见病。

牙本质过敏症并非一种独立的疾病，而是很多种牙体疾病的共有症状，如龋坏、磨损、楔状缺损、外伤牙折、釉质发育不全、酸蚀等，使牙本质暴露，可产生该症。它发作迅速、疼痛尖锐、时间短暂，是由釉质的完整性受到破坏，牙本质暴露所致，有的牙本质并未暴露也会出现上述症状，如更年期妇女、妇女月经期、头颈部放射治疗等，牙本质并未暴露，但全口牙齿出现敏感症状。

从临床医学角度来看，牙本质过敏症的治疗方法是：对小而深的敏感点，可作充填或调节牙合；对敏感部位行脱敏治疗，并注意检查和调磨咬合过高的牙尖。牙颈部敏感区的脱敏应注意避免脱敏剂烧伤牙龈，应选用无腐蚀性的脱敏剂（如 75% 的氟化钠甘油糊剂）；对多个牙敏感，尤其位于牙颈部，可考虑用激光或直流电离子导入法脱敏；对脱敏无效或激光法脱敏疼痛明显者，特别是伴有较严重的磨损，可作牙髓治疗。

此外，避免龋齿的发生，堵塞牙本质小管、降低牙体硬组织的渗透性，提高牙体组织的缓冲作用等，均可有效地防止牙本质敏感症的发生。

七、牙病的预防

加强各种常见牙病的预防，才能避免牙病的发生。了解牙齿常见病（如龋齿和牙周病）的基本知识，虽然不能改变牙齿的健康状况，但是可以早预防、早采取措施保证牙齿的健康，因此保护牙齿应以预防为主。

（1）注意口腔卫生，养成正确的刷牙习惯

早晚刷牙，饭后漱口。每次刷牙的时间不少于 2 分钟，刷牙时的力气不能用得过大。经常剔除牙垢和牙缝里的食物残渣，不要让其停留，以免发酵而损害牙齿或周围组织。

（2）采用正确的刷牙方法

错误的刷牙方法会给口腔和牙齿造成不必要的伤害。正确的刷牙方法是竖刷法，切忌"拉锯样"横刷。竖刷法即上牙从上往下刷，下牙从下往上刷，咬合面来回刷，里里外外都刷到，每次刷牙 3 分钟左右，最后再轻刷舌面两三次帮助去除口腔异味。电动牙刷是近年来新兴起的一场口腔革命，其设计更利于清除牙菌斑，清洁效果比手动牙刷提高 30％以上。此外，电动牙刷对牙龈有较好的按摩作用，对预防龋齿、牙石、牙龈炎等都很有帮助。

（3）选择正确的口腔护理产品

① 多用含氟产品。建议每天使用含氟牙膏刷牙。大量临床实验证明，采用含氟的牙膏不仅能帮助防止浅龋，而且能显著降低深龋的发生率。

② 选用头小毛软的保健牙刷，牙刷使用后应将牙刷头向上，在通风干燥处放置。因牙刷易有细菌生长，一般牙刷使用最多 6 个月。生病后应调换新的牙刷。

（4）牙病早治、牙缺早补

牙齿不适应该及时去医院就诊。龋齿早期龋洞小，若及时填补，就有可能治好；龋齿后期损坏大了，也应及时治疗，以免引起牙根和牙槽骨及其他的疾病。牙掉了要及时安装上假牙，防止患上新的牙病。

（5）注意饮食和营养

增加营养，多食含维生素 C 和维生素 E 的食物等。饮用含氟水，不偏食，不单侧咀嚼，不咬手指与铅笔，以及养成"慢吃细嚼"的习惯。因为这样能活跃牙槽骨、牙髓和牙龈的血液循环，从而增进牙齿、牙龈和牙槽骨的强壮，增强咀嚼功能，有利于牙颌体系的正常发育，减少牙病。

（6）其他

每年至少要到专业牙医诊所进行一次口腔检查，及时发现问题，及时获得专业牙医的治疗；少吸烟，少饮酒，以免有毒物质刺激；牙缝塞进东西，要用水漱出或轻轻剔出，不要损伤牙龈乳头。还要加强体育锻炼，增强体质，提高抗病能力，减少某些全身因素对牙齿的影响。

第四章　胶体与大分子溶液

第一节　分散体系

一、分散体系概述

分散体系是指一种或几种物质分散在另一种物质中所形成的体系。在分散体系中，被分散的物质称为分散相，分散相所在的介质称为分散介质。分散程度是表征分散体系特性的重要依据，所以通常按分散程度的不同把分散体系分成三类：粗分散体系（乳状液和悬浊液）、胶体分散体系（溶胶）和小分子或小离子分散体系（真溶液）。这三类体系的主要特性见表4-1。

表 4-1　分散体系的分类及主要特性

类型	粒子大小/m	主要特性
粗分散体系（乳状液和悬浊液）	$>10^{-7}$	多相体系,粒子不能透过滤纸,不扩散,在普通显微镜下可看到,如牛奶
胶体分散体系（溶胶）	$10^{-9} \sim 10^{-7}$	多相体系,粒子能透过滤纸,但不能透过半透膜,扩散速度慢,在普通显微镜下看不见,但在超显微镜下可分辨,如 AgI 溶胶
小分子或小离子分散体系（真溶液）	$<10^{-9}$	单相体系,粒子能透过滤纸和半透膜,扩散速度快,普通或超显微镜均看不见,如 NaCl 和蔗糖水溶液

上述三类分散体系中，真溶液因为粒子小，是单相体系，不存在界面，它与胶体分散体系有着本质的差别，可以认为其不是分子分散体系，而是一种溶液。

如果分散介质是液态的，称为液态分散体系，在化学反应中此类分散体系最为常见和重要，水溶液、悬浊液和乳状液都属液态分散体系。一般地说，分散相粒子的半径小于 10^{-9} m 时是分子（离子）分散体系，粒子实际上处于分子、离子或水合分子、水合离子的状态。分散相的粒子的半径在 $10^{-9} \sim 10^{-7}$ m 之间的是胶体分散体系，如一些有机物的水溶液，淀粉溶液。分散相的粒子的半径大于 10^{-7} m 的是粗分散体系，如悬浊液、乳状液。

在前面所述的三类分散体系中，胶体分散体系分散程度较高，具有明显的物理分界面，即为多相，因此，它的许多性质与其他分散体系有所不同。胶体分散体系在生物和非生物领域普遍存在，在实际生活和生产中占有重要的地位，在化妆品中也有非常广泛的应用。据统计，90%以上的化妆品为胶体分散体系，因此胶体理论对化妆品学非常重要。

二、胶体分散体系

"胶体"一词是英国科学家格雷阿姆于 1861 年首次提出来的。为了研究不同物质在水中的扩散速度，他用羊皮纸作半透膜进行渗透实验，发现有些物质如糖、无机盐等扩散速度快，能透过羊皮纸；另一些物质如明胶、蛋白质等扩散慢，不能或极难透过羊皮纸。当溶剂蒸发后，前一类物质呈晶体析出，后一类物质呈黏稠状。于是，格雷阿姆把物质分为两大类，前一类称为晶体，后一类称为胶体。

胶体分散体系，即胶体颗粒分散在成分不同的连续相里所形成的体系。在胶体分散体系中的分散颗粒或"运动单元"可以是细小的固体颗粒、大分子、小液滴或小气泡，称为分散相。分散这些单元的物质可以是固体、液体或气体，称为连续相，又称分散介质。胶体分散体系可以按分散相和分散介质的聚集状态进行分类，比如：

① 按照分散介质状态不同分为：气溶胶、液溶胶、固溶胶。

气溶胶——以气体作为分散介质的分散体系，其分散相可以是液态或固态。

液溶胶——以液体作为分散介质的分散体系，其分散相可以是气态、液态或固态。

固溶胶——以固体作为分散介质的分散体系，其分散相可以是气态、液态或固态。

② 按分散相的不同可分为：粒子胶体、分子胶体。

如：烟、云、雾是气溶胶，烟水晶、有色玻璃是固溶胶，蛋白质溶液、淀粉溶液、$Fe(OH)_3$ 胶体是液溶胶。淀粉溶液、蛋白质溶液是分子胶体，土壤是粒子胶体。胶体分散体系的分类见表 4-2。

表 4-2　胶体分散体系的分类

分散相	分散介质	名称	实例
液体 固体	气体	气溶胶	雾、云、喷雾香水 烟、尘
气体 液体 固体	固体	固溶胶	泡沫塑料、浮石、馒头、面包 珍珠 某些合金、有色玻璃、照片、香粉
气体 液体 固体	液体	液溶胶	泡沫，如洗衣粉泡沫、摩丝、香波泡沫 乳状液，如牛奶 溶胶，如金溶胶；悬浮液，如泥浆、牙膏、粉蜜、油漆

如果分散相的颗粒很小，以至于在相当长的时间内不沉降，这种分散体系称为憎液溶胶或溶胶。如果分散相的颗粒较大，沉降较快，这种分散体系称为悬浮液。溶胶与悬浊液之间没有明确的界限。一般来说，粒子在溶剂中的粒径为 1～100nm 的为胶体，大于 100nm 的为悬浊液。

对胶体分散体系按粒子大小的划分不是绝对的，表 4-2 中所列的泡沫和乳状液按粒子大小划分时，已属于粗分散体系。但是，由于它们的许多性质，特别是表面性质与胶体分散体系有着密切的关系，所以通常也把它们归并在胶体分散体系中来讨论。

分散相为固体的液溶胶，通常简称为溶胶。其粒子大小一般在 $10^{-9}～10^{-7}$ m 范围内，它们比普通的单个分子大很多，并且是众多分子或离子的集合体。分散相（胶体粒子）与分散介质存在着相界面，胶体分散体系是高度分散的多相体系；因为它们具有很大的比表面积和很高的表面自由能，故胶体粒子具有自动聚结的趋势，是热力学的不稳定体系。胶粒的大小不同，即组成胶粒的分子数或原子数不相等。

可见，溶胶与真溶液的性质不同。溶胶具有热力学上的不稳定性、多相不均匀性、高分散性、结构和组成的不确定性等特征。溶胶与大分子溶液也不同。

第二节　溶胶的性质

一、光学性质

通过溶胶的光学性质，可以解释溶胶体系的一些光学现象，也可以观察胶体粒子的运动，研究它们的大小、形状等。

（一）丁铎尔效应

当强光线通过溶胶时，从侧面可见到圆锥形光束，称为丁铎尔效应。

当光线照射到一溶胶时，一部分光线能通过，其余部分被吸收、反射或散射。光的吸收主要取决于体系的化学组成，而光的反射和散射的强弱与分散体系的分散程度有关。当光线照射到粒子时，如果粒子远大于入射光波长，则发生光的反射。如果粒子小于入射光波长，按照光的电磁理论，微粒中原子的价电子受到入射光的作用，将引起振动，从而导致此微粒的周期性极化；极化所用的能量被微粒瞬时保留，随后粒子恢复到其原来状态，并向各个方向发射光波，即发生光的散射。这时观察到的是光波环绕微粒而向其四周放射的光，称为散射光。丁铎尔效应就是光的散射现象。

由于溶胶粒子直径为 $1\sim100nm$，小于可见光波长 $400\sim700nm$。因此，当可见光透过溶胶时会产生明显的散射作用而出现丁铎尔效应。而对于真溶液，虽然分子或离子的粒子直径更小，一般不超过 $1nm$，但是因散射光的强度随散射粒子体积的减小而明显减弱，因此，真溶液对光的散射作用很微弱。此外，散射光的强度还随分散体系中粒子浓度增大而增强。这就是为什么溶胶能有丁铎尔现象，而真溶液几乎没有。因此，可以采用丁铎尔现象来区分溶胶和真溶液。但要注意：对于粗分散体系，乳状液、悬浊液中有光线通过时也会出现光路，但由于悬浊液中的颗粒对光线的阻碍过大，产生的光路很短。

大分子溶液虽然粒子大小与溶胶粒子大小相近，但由于它是均相体系，分散相与分散介质间的折射率相差很小，因此，大分子溶液的丁铎尔现象比憎液溶胶（非均相）要弱得多。

（二）瑞利公式

英国学者瑞利研究发现，假设粒子的尺寸远小于入射光的波长时，可把粒子视为点光源，可以不考虑各个粒子散射光之间的相互作用。当入射光为非偏振光时，单位体积的溶胶的散射光强度 I 可近似地用式(4-1) 表示：

$$I = \frac{9\pi^2 \rho c V^2}{2\lambda^4 r^2}\left(\frac{n^2 - n_0^2}{n^2 + 2n_0^2}\right)^2 I_0(1 + \cos^2\theta) \tag{4-1}$$

式中，I_0 为入射光的强度；V 为每个分散相粒子的体积；r 为观察者与散射中心的距离；θ 为散射角，即观察的方向与入射光方向间的夹角；ρ 为粒子的数密度，即分散体系单位体积中的粒子数；λ 为入射光的波长；n、n_0 分别为分散相、分散介质的折射率。

式(4-1) 称为瑞利光散射公式。此公式适用于粒子不导电并且半径小于 $\lambda/20$ 的稀溶胶体系。从该公式可得到如下规律：

① 散射光的强度与入射光波长的四次方成反比，即入射光的波长 λ 越小，散射光强度 I 越大。

若入射光为白光（如太阳光），则其中可见光区的波长较短的紫色和蓝色光散射作用最强，而波长较长的红色光散射最弱，大部分会透过溶胶。这可以解释为什么当白光照射有适当分散程度的溶胶时，从侧面即垂直于入射光方向观察到的散射光呈蓝紫色，而透过的光呈现出橙红色。

② 散射光的强度与粒子体积的平方成正比，即散射光强度与粒子的分散程度或大小有关。

小分子溶液的粒子太小，虽然有散射光，但却很微弱，看不见光柱。而溶胶粒子大小合适，有明显的光柱产生。实验证明，当粒子大于 100nm 时，散射光也很弱，主要是反射和折射。因此，可用丁铎尔效应来鉴别溶胶和小分子溶液。

③ 分散相与分散介质折射率相差越大，散射光越强；折射率相差越小，散射越弱。

④ 散射光强度与粒子的数密度成正比。粒子的数密度越大，散射光强度越大。分散体系的光散射能力也常用浊度表示，利用这个性质制成一种测定胶体溶液浓度的仪器，称为浊度计。

⑤ 散射光强度与入射光强度成正比。入射光强度越大，散射光强度越大。

二、电学性质

由于溶胶具有双电层结构而带电荷，可以带正电荷，也可以带电负荷。因此，溶胶表现出各种电学性质，并影响溶胶的稳定性等许多性质。

（一）溶胶粒子表面电荷的来源

溶胶本身不带电，胶粒带电。这是因为胶粒具有较大表面积，吸附能力强，吸附离子和它紧密结合难以分离，因此，溶胶中带电荷的胶粒能稳定存在。而胶粒再吸附带相反电荷离子的能力相对较小，吸附的离子容易分离。胶团是电中性的。所以说胶粒是带电的，而溶胶则是电中性的。

溶胶的胶粒表面带有电荷的原因主要有：

（1）吸附

胶体分散体系比表面积大、表面能高，因此，很容易产生吸附作用。在溶胶中存在的微粒准确地说是胶团，溶胶就是由胶团组成的。胶团是由胶核、吸附层、扩散层构成的。胶核是由许多分子或其他微粒聚集而成的，它具有强吸附能力，在胶核的外围存在着一个双电层，即吸附层和扩散层。

溶液中有少量电解质存在，溶胶粒子就会吸附离子。凡是与溶胶粒子的组成相同的离子则优先被吸附。具体来说，胶核吸附了带某种电荷的离子后，形成胶粒，带电荷的胶粒又可进一步吸附带相反电荷的离子。其中胶粒中的离子层被称为吸附层，由胶粒再吸附的离子层被称为扩散层。

例如，当用 $AgNO_3$ 和 KI 制备 AgI 溶胶时，若 KI 过量，则 AgI 的胶粒会优先吸附过量的 I^- 而带负电荷；若 $AgNO_3$ 过量，AgI 胶粒会优先吸附过量的 Ag^+ 而带正电荷。又如用 $FeCl_3$ 水解反应制备 $Fe(OH)_3$ 溶胶时，除了得到 $Fe(OH)_3$ 颗粒之外，还有 FeO^+ 和

Cl^- 的存在，而 $Fe(OH)_3$ 颗粒表面将会选择性地吸附 FeO^+，结果使 $Fe(OH)_3$ 溶胶带正电荷。

（2）电离

胶粒带电可以是吸附作用，也可以是电离作用的结果。当分散相固体颗粒与液体介质接触后，若固体颗粒表面上的基团发生解离，使其中一种离子进入液相，残留的异性离子则留在颗粒表面，从而使粒子带电荷。

例如，硅酸溶胶中胶体粒子是由许多硅酸分子缩合而成的，是 SiO_2 的聚集体，粒子表面上的 SiO_2 分子与水分子作用生成弱电解质 H_2SiO_3，后者有一部分在水中电离，生成 H^+ 和 $HSiO_3^-$ 或 SiO_3^{2-}，H^+ 进入水中，使硅酸胶粒带负电荷。

又如，蛋白质分子的羧基或氨基在水中会解离成—COO^- 或形成—NH_3^+，使整个大分子带负电荷或正电荷。当介质的 pH 值较低时，—NH_3^+ 的量大于—COO^- 的量，使蛋白质颗粒带正电荷；当 pH 较高时，—COO^- 居多，则带负电荷；若两者的量相等，蛋白质分子所带的净电荷为零，此时介质的 pH 值称为蛋白质的等电点。

（二）电动现象

由电场作用所引起胶体粒子或分散介质的运动，称为电动现象，如电泳、电渗、流动电势和沉降电势。

（1）电泳

在外电场的作用下，溶胶粒子在分散介质中向正极或负极作定向移动，称为电泳。研究电泳现象的实验方法有多种，如显微电泳法、界面移动法和区域电泳法等。其中区域电泳法具有实验简便易行、分离效率高、试样用量少的特点，已成为蛋白质分析、分离的基本方法。

多种溶胶的电泳实验结果说明，在外加电场作用下溶胶发生定向移动，表明胶粒带电荷。一般来说，金属氢氧化物、金属氧化物的胶粒吸附阳离子，带正电荷，如 $Fe(OH)_3$ 溶胶和 $Al(OH)_3$ 溶胶的胶粒。非金属氧化物、金属硫化物胶粒吸附阴离子，带负电荷，如 As_2S_3 溶胶、H_2SiO_3 溶胶的胶粒。当然，溶胶中胶粒带电的电荷种类可能与其他因素有关。

固溶胶不发生电泳现象，胶粒带电荷的液溶胶可发生电泳现象，气溶胶在高压电的条件也能发生电泳现象。

影响电泳的因素有很多：带电粒子的大小和形状、粒子表面的电荷量、溶剂中电解质种类、外加电势梯度、溶液的离子强度及 pH 值、温度、介质黏度等。其中，电场强度、溶液的 pH 和离子强度影响较为明显。电场强度是指单位长度的电位降；溶液的 pH 决定被分离物质的解离程度和质点的带电性质及所带净电荷量；电泳液中的离子强度增加时会引起质点迁移率的降低。

设电势梯度为 E，两电极间施加的电压 U，两电极间的距离 L，则 $E=U/L$，溶胶粒子所带的电荷为 q，电场作用于粒子的力为 F_1，则有：

$$F_1 = qE \tag{4-2}$$

在电场作用下胶粒的定向移动受到介质摩擦阻力的作用，通常阻力 F_2 和运动速度 v 成比，即：

$$F_2 = fv \tag{4-3}$$

式中，f 为摩擦阻力系数。

类似于沉降平衡，设胶粒为球形，其体积为 $V = \dfrac{4}{3}\pi r^2$，由斯托克斯定律，可得到：

$$f = 6\pi\eta r \tag{4-4}$$

式中，η 为介质黏度；r 为粒子半径。

将式（4-4）代入式（4-3）可得到式（4-5）：

$$F_2 = 6\pi\eta rv \tag{4-5}$$

当粒子匀速运动时，作用力与阻力相等，$F_1 = F_2$，则有电泳速度的计算公式：

$$v = \frac{qE}{6\pi\eta r} \tag{4-6}$$

（2）电渗

在外加电场作用下，固体胶粒不动而液体分散介质发生向负极或正极定向移动的现象称为电渗。

在电场中，把溶胶充满于多孔的支持物（如多孔膜、多孔塞、毛细管、凝胶等），并在多孔性物质两侧施加电压后，可以观察到液体向一定方向运动。如果胶粒带正电荷而介质（液相）带负电荷，则液体介质向正极一侧移动；反之亦然。实验表明，同电泳一样，在溶胶体系中外加电解质对电渗速度有很大影响，随电解质浓度的增加，电渗速度降低，甚至会改变液体流动的方向。

在工业中，电渗应用于增强微流道内的流体混合、去除产品中的水分、制备多孔介质材料、控制生物芯片中的液体薄膜移动等。

（3）流动电势

在外力（如增大压力）作用下，迫使液体流经毛细管、多孔膜或多孔塞时，液体将带走扩散层中的离子，液体介质相对于静止带电表面流动而产生的电势差，称为流动电势，它是电渗作用的伴随现象。

（4）沉降电势

液体介质在外力作用下（如重力或离心力），分散相粒子在分散介质中快速沉降，此时会在液体的表面层与内层之间产生电势差，称为沉降电势，它是电泳作用的伴随现象。

电泳、电渗、流动电势和沉降电势等电学性质都与固相（胶粒）和液相（介质）间的相对位移有关，统称为电动现象。其中因电而动的是电泳和电渗，因动而电的是流动电势和沉降电势。电动现象中较为重要的是电泳和电渗。通过研究电动现象，可以确定胶粒所带电荷的种类，进一步了解胶体粒子的结构、外加电解质对溶胶稳定性的影响等。

（三）溶胶粒子的双电层及其模型

溶胶粒子表面因吸附某种离子或电离出离子，使固（电极）液两相带有不同种类的电荷，而整个溶胶一定保持电中性，因此分散介质必然带有电性相反的电荷，这样在固相与液相界面上形成了双电层。把使固相表面带电的离子称为电势决定离子，把与电势决定离子电荷相反的离子称为反离子。与电极-溶液界面处相似，溶胶粒子周围也会形成双电层，其反离子层由紧密层与分散层两部分构成。紧密层中反离子被束缚在粒子的周围，若处于电场之中，会随着粒子一起向某一电极移动；分散层中反离子虽受到溶胶粒子静电引力的影响，但可脱离溶胶粒子而移动，若处于电场中，则会与溶胶粒子反向而朝另一电极移动。

有关双电层的内部结构，主要有以下几种模型。

（1）亥姆霍兹平板双电层模型

平板双电层模型是 1879 年由亥姆霍兹最早提出的，这种模型强调离子环境的稳定性，把固体表面上的过量电荷与溶液中的反电荷的分布状态视为平板电容器，固体表面构成双电层的一层，反离子平行排列在介质（溶液）中构成双电层的另一层，如图 4-1(a)。正负离子整齐地排列于界面层的两侧；两层间距 δ 与离子半径相当；外电场作用下，带电质点和反离子分别向相反方向运动。在双电层内，电势直线下降［参见图 4-1(b)］。

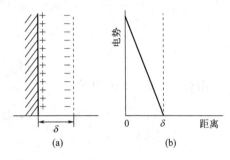

图 4-1 平板双电层模型

这种模型虽然对电动现象进行了解释，但比较简单，其忽略了由于离子的热运动，反离子不可能整齐地排列着，仅适用于描述金属和高溶解度的盐类电解质溶液系统。该模型的缺点是不能解释电解质对 ζ 电势（固、液两相发生相对运动的边界处与液体内部的电势差）的影响，也不能解释表面电势 φ_0（带电质点表面与液体的电势差）与 ζ 电势的区别。

（2）古依-查普曼扩散双电层模型

在亥姆霍兹模型的基础上，古依和查普曼分别于 1910 年和 1913 年提出了扩散双电层模型。受到固体表面电荷的静电吸引，介质中使反离子趋向表面；又因为离子本身的热运动，反离子均匀分布，结果是反离子呈扩散状态分布。

由于这两种相反作用，数目较多的反离子紧密地排列在固体表面上（约 1～2 个离子的厚度），其余的反离子与固体表面的距离可以从紧密层一直分散到本体溶液之中；随着离固体表面距离的增大，数目逐渐减少。这样，固相与液相间形成了一个扩散双电层，如图 4-2 所示。当发生电动现象时，固相和液相发生相对移动的切动面为 AB 面（见图 4-2）。

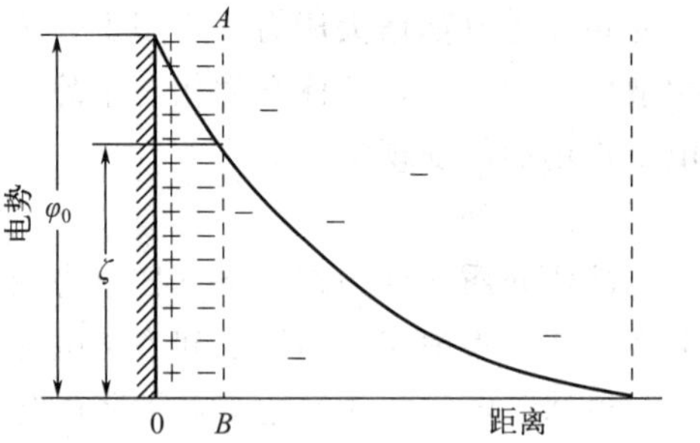

古依和查普曼给出距表面 x 处的电势 φ 与表面电势 φ_0 的关系：

$$\varphi = \varphi_0 e^{-KT} \qquad (4-7)$$

图 4-2 扩散双电层模型

式中，K 的倒数 $1/K$ 具有双电层厚度的意义。

古依-查普曼模型正确反映了反离子在扩散层中分布的情况及相应电势的变化。但其缺点是把离子视为点电荷，没有考虑离子的溶剂化；没有考虑固体表面上的固定吸附层。

（3）斯特恩双电层模型

1924 年斯特恩在以上两种双电层模型的基础上，提出了斯特恩双电层模型，该模型较为实际地反映了双电层的真实结构，得到了广泛的应用。

该模型认为溶液中的双电层分为两部分，由内层和外层组成。第一部分紧密吸附在固体表面，电荷层为双电层的内层，其厚度约有 1～2 个分子层厚（约等于水合离子的半径），称为紧密层，后来又称为斯特恩层。在紧密层中，反离子电性中心构成的面称为斯特恩平面。在斯特恩层内电势的变化与亥姆霍兹的平板模型一样，电势直线下降，直到斯特恩平面。内层中决定矿物表面电荷或电位的离子称为定位离子。溶液中被表面吸附的，起电平衡作用的反离子称为配衡离子。配衡离子存在的液层称为配衡离子层，即第二部分双电层的外层。如同古依-查普曼模型的外层一样，被称为扩散层。紧密层中的离子同一定数量的溶剂分子结合，在外电场作用下，和固体粒子作为一个整体一起移动，固体和液体在电场中发生错动的位置称为相对滑动面，一般认为该面在斯特恩平面以外约1～2个液体分子厚度的距离。可见，相对滑动面内有少量扩散层中的反离子，如图 4-3 所示。

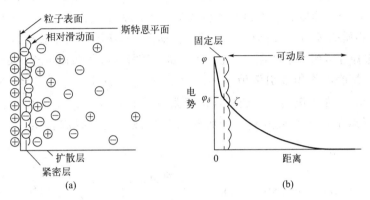

图 4-3　斯特恩双电层模型

斯特恩模型能解释较多的事实，如电动现象，它更接近于实际情况，但它的定量计算较困难，故通常的理论处理仍然可以采用古依-查普曼的处理方法。

（四）热力学电势、斯特恩电势和电动电势

从分散相固体表面到溶液本体之间存在着三种电势。

（1）热力学电势 φ

热力学电势即分散相固体表面与溶液本体之间的电势差，是双电层的总电势，又称质点的表面电势。热力学电势的值取决于固体表面上的电荷密度或溶液中与固体成平衡的离子的浓度。

（2）斯特恩电势 φ_δ

斯特恩平面处与溶液内部的电势差称为斯特恩电势，它是紧密层与扩散层分界处的电势。

（3）电动电势（ζ 电势）

在电动现象中，斯特恩层与固体表面结合在一起运动，它的外缘构成两相之间的滑动面，该滑动面与溶液内部的电位差则称为电动电势（ζ 电势）。

ζ 电势与斯特恩层中的离子种类、浓度以及扩散层厚度有关，少量外加电解质对 ζ 电势的数值有显著的影响，随着外加电解质浓度的增加，ζ 电势的数值减小，甚至可以改变其符号。少量外加电解质对热力学电势几乎没有影响。从图 4-3 可以看出，斯特恩电势通常小于热力学电势，而电动电势又常略低于斯特恩电势，即 $\varphi > \varphi_\delta > \zeta$，大多数体系的 ζ 电势小于几十毫伏。

溶胶的电泳或电渗速度与热力学电势无直接关系，而与电动电势直接有关。电泳速度和电动电势的定量关系为：

$$\zeta = \frac{1.5 \eta v}{\varepsilon_0 \varepsilon E} \tag{4-8}$$

式中，ζ 为电动电势，V；η 为介质的黏度，Pa·s；v 为电泳速度，m/s；E 为电势梯

度，V/m；ε_0 为真空中的介电常数，$\varepsilon_0 = 8.85 \times 10^{-12} C^2/(N \cdot m^2)$；$\varepsilon$ 为介质的相对介电常数。

（五）溶胶胶团的结构

溶胶的电泳、电渗实验和双电层结构理论，可以帮助人们了解和推断溶胶粒子的结构。

以 $AgNO_3$ 和 KI 溶液制备 AgI 溶胶为例，见图 4-4 碘化银胶团的构造示意图。m 个 AgI 分子（约 10^3 个）形成非常小的不溶性微粒，称为胶核，用 $(AgI)_m$ 表示。如果在制备时，加入的 KI 物质的量小于 $AgNO_3$，则其结构如图 4-4 所示。由于胶核是固相，有很大的比表面积，有选择性吸附离子的能力，且 KI 少量，胶核选择性吸附 n 个 Ag^+，所以，胶核表面带正电荷，靠静电作用吸引溶液中的反离子 NO_3^-，其中 $(n-x)$ 个 NO_3^- 进入紧密层，其余 x 个 NO_3^- 在扩散层中。胶核连同吸附在其上的 Ag^+ 以及在电场中能被带着一起运动的紧密层反离子共同组成胶粒，而胶粒层与扩散层共同组成胶团，整个胶团保持电中性。

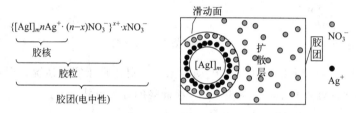

图 4-4　碘化银胶团的构造示意

在溶胶中胶粒是独立的运动单位。通常所说的溶胶带正电或负电，是针对胶粒而言。胶团的直径和质量并不是固定的，即同一溶液中不同胶粒间的 m 值不是一个固定的数值，n 值、x 值也如此。因此，胶粒所带的电荷也不是固定的值，该值由被胶核吸附离子所带电荷的总量与紧密层中反离子电荷总量之差决定。很明显，ζ 电势值取决于胶粒所带的电量。

此外，由于离子是溶剂化的，因此，胶粒和胶团都是溶剂化的。

如果以 $AgNO_3$ 和 KI 溶液制备 AgI 溶胶，加入过量的 KI，则胶核选择性吸附 I^- 而带负电荷，反离子 K^+ 一部分进入紧密层，另一部分在扩散层，胶团结构可用如下的胶团表示式。

$$\left[(AgI)_m \cdot nI^- \cdot (n-x)K^+\right]^{x+} \cdot xK^+$$

常见的 $Fe(OH)_3$、As_2S_3、硅酸溶胶的胶团表示式如下。

$$\left\{\left[Fe(OH)_3\right]_m \cdot nFeO^+ \cdot (n-x)Cl^-\right\}^{x+} \cdot xCl^-$$

$$\left[(As_2S_3)_m \cdot nHS^- \cdot (n-x)H^+\right]^{x-} \cdot xH^+$$

$$\left[(SiO_2)_m \cdot nSiO_3^{2-} \cdot 2(n-x)H^+\right]^{2x-} \cdot 2xH^+$$

三、动力学性质

（一）布朗运动

溶胶中的胶粒在分散介质中有不规则的运动，这种运动称为布朗运动。这种运动是由于胶粒受溶剂水分子不规则地撞击产生的。这是 1827 年英国植物学家布朗用显微镜观察到悬浮在水中的花粉时发现的，后来布朗又发现许多其他物质如煤、金属等粉末也都有类似的现象。

若粒子较大，某瞬间液体分子从各方向对粒子的撞击可彼此抵消。这是因为粒子的布朗运动是分子固有的热运动，不消耗能量。如果液体介质中固体粒子的体积比溶胶粒子大得多，则该固体粒子在每一时刻都会受到来自周围分子千百次不同方向的撞击，这些不同方向的撞击力基本上可相互抵消；另一方面粒子质量较大，可能使粒子的运动不显著，或者没有运动。

当粒子较小（胶粒），撞击是不均衡的，每一时刻受到周围分子或粒子撞击的次数少得多，所受到的撞击力不会相互抵消，加上粒子自身的热运动，这种质量不大的溶胶粒子就没有固定方向地做无规则的运动。例如：某瞬间，小粒子从某方向得到的冲量多些，该粒子向某方向运动；另一时刻，从另一方向得到较多的冲量，该粒子又向另一方向运动。

1903 年布朗用超显微镜观察某一个溶胶粒子的运动轨迹。如果每隔一段时间记录粒子运动的位置，可以得到类似于图 4-5 所示的粒子不规则"之"字形的连续运动轨迹。实验结果表明，粒子越小，布朗运动越剧烈；运动的剧烈程度和时间无关，而是随着温度升高而增加，随介质黏度的增大而减小。

(a)　　　　(b)

图 4-5　布朗运动示意

1905 年左右，爱因斯坦用概率的概念和分子运动论的一些基本概念和公式，并假设胶体粒子是球形的，创立了布朗运动的理论，推导出爱因斯坦-布朗运动公式：

$$\bar{x} = \sqrt{\frac{RT}{L} \times \frac{t}{3\pi\eta r}} \tag{4-9}$$

式中，$\bar{x}$ 为在观察时间 t 内粒子沿 x 轴方向的平均位移，m；t 为时间，s；r 为粒子的半径，m；η 为介质的黏度，Pa·s；R、L 分别为摩尔气体常数和阿伏伽德罗常数。

式(4-9)把粒子的平均位移与粒子的大小、介质的黏度、温度及观察的时间联系起来。许多实验结果都证实了上式的正确性。

（二）扩散与渗透压

（1）扩散

有浓度梯度存在时，物质粒子因热运动，发生宏观上的定向迁移现象。在溶胶系统中，溶胶粒子因布朗运动由高"浓度"向低"浓度"的定向迁移过程，就是溶胶粒子的扩散。

不过溶胶粒子比普通分子大很多，热运动较慢，因此，扩散的速率小得多。与真溶液中的粒子一样，可用菲克第一定律来描述胶粒的运动。

$$\frac{\mathrm{d}m}{\mathrm{d}t} = -DA\frac{\mathrm{d}c}{\mathrm{d}t} \tag{4-10}$$

式中，m 为通过某截面积 A 的扩散质量；c 为粒子的浓度；t 为时间；D 为扩散系数，指单位浓度梯度下 $\left(\frac{\mathrm{d}c}{\mathrm{d}t}=1\right)$，单位时间通过单位截面积的物质的质量。

上式的意义为单位时间内通过某截面的扩散速率 $\mathrm{d}m/\mathrm{d}t$ 与该截面面积 A 及浓度梯度成正比。D 称为扩散系数，其大小可衡量扩散速率，其值与粒子的半径 r、介质黏度 η 及温度 T 有关。式中的负号表示扩散的方向是浓度降低的方向。

假设粒子为球形，爱因斯坦推导出粒子的扩散系数 D 与时间 t 的平均位移 $\bar{x}$ 的关系式。

$$\bar{x}^2 = 2Dt \tag{4-11}$$

由式(4-9)及式(4-11)可得出：

$$D = \frac{RT}{6\pi\eta rL} \tag{4-12}$$

式(4-12)说明，粒子的半径越小、介质的黏度越小、温度越高、扩散系数越大，粒子就越容易扩散。可由式(4-11)及式(4-12)来计算粒子的半径。

（2）渗透压

将溶液和水置于如图 4-6 所示的装置中，中间放置一个半透膜，以隔开水和溶液，可以

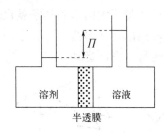

图 4-6　渗透压示意

见到水通过半透膜往溶液一端跑，即溶剂分子穿过半透膜进入溶液，这种现象称为渗透。在一定温度下，在单位时间内由溶剂一侧通过半透膜进入溶液的溶剂分子数要比由溶液一侧进入溶剂中的溶剂分子数要多。当渗透达到平衡时，溶液一侧的液面会升高，由此产生的额外压力称为渗透压，用 Π 表示。

Π 大小是由分散相粒子的数目决定的，而与其大小、形状无关；温度 T 升高，渗透压增大。渗透压可用渗透计测定，或用渗透平衡时高出水面的溶液对下部产生的静水压力表示，也可用范特霍夫渗透压公式求出。

$$\Pi = \frac{n}{V}RT = cRT \tag{4-13}$$

式中，n 为体积为 V 的溶液中所含溶质的物质的量，mol；R 为摩尔气体常数。

上式中常数 R 的数值与 Π 和 V 的单位有关，当 Π 的单位为 kPa、V 的单位为 L 时，R 值为 8.31kPa·L/(K·mol)。

在一般溶胶中，粒子数目都比较少，粒子浓度很稀，故渗透压很小。例如，在 273K 时，质量分数 $w = 7.46\times10^{-3}$ 的硫化砷溶胶，设粒子为球形，半径 $r = 1\times10^{-8}$ m，粒子的密度为 2.8×10^{3} kg/m³ 时，$c = 1.1\times10^{-3}$ mol/L，其渗透压为 2.4Pa。在实验中不易测定或测准如此小的数值。对于溶解度较大的大分子溶液，渗透压可以测定，并用于测定分子量。

（三）沉降和沉降平衡

胶体粒子在外力场（如重力场、离心力场）中的定向运动，称为沉降运动。在重力场作用下，沉降的结果是溶胶上部浓度降低，下部的浓度增加，破坏了浓度的均匀性；而扩散运动则使粒子在分散介质中均匀分布。这两种相反的作用构成了体系的动力学稳定状态。

影响胶体分散体系动力学稳定性的主要因素有粒子的大小和外力场等。溶胶是高度分散体系，当粒子较大或重力场强很强时，胶粒主要受到重力吸引而下降，主要为沉降运动；当粒子很小、力场较弱时，由于布朗运动，浓度趋于均一，呈现出扩散作用。当扩散与沉降作用的强弱相近时，粒子的分布达到平衡，这种平衡称为沉降平衡。

一般来说，外力场分为重力场和离心力场两种。因此，可将沉降运动分为两种情况。

（1）重力沉降

胶粒受到重力的作用而下沉的过程称为重力沉降。因分散介质对分散相产生浮力，其方向与沉降方向相反，故净重力：

$$F_G = \frac{4}{3}\pi r^3(\rho - \rho_0)g \tag{4-14}$$

上式中假设粒子为半径 r 的球体，ρ、ρ_0 分别为粒子和介质的密度，g 为重力加速度。

当质点与介质的密度不相等时，悬浮在介质中的质点在重力场中将受到一个净重力 F_G 的作用。由于 ρ 和 ρ_0 的相对大小不同，在该力作用下，质点可能做下沉或上浮加速运动。

在沉降过程中粒子将与介质产生摩擦作用，摩擦阻力 F 可表示为：

$$F = fv = 6\pi\eta rv \tag{4-15}$$

式中，f 为摩擦阻力系数；v 为胶粒的运动速度；η 为介质黏度；r 为粒子半径。

对于同一个粒子，ρ、ρ_0、g 不变，即沉降运动的净重力不变。随着胶粒运动速度的加快，阻力 F 随之增大，因此，在速度为某个值时，净重力和阻力相等，即 $F_G = F$，粒子做匀速运动，由 (4-14)、(4-15) 式，可得：

$$v = \frac{2}{9} \frac{(\rho - \rho_0)g}{\eta} \times r^2 \tag{4-16}$$

式(4-16) 即为重力场中粒子的沉降速度公式。此式说明，沉降速度 v 与 r^2 成正比，即粒子的大小对沉降速度的影响很大。大粒子比小粒子沉降快。当粒子很小时，由于受扩散和对流影响，基本上不沉降。

由式(4-16)，若已知密度 ρ 和 ρ_0 及黏度 η，则可以从测定粒子沉降的速度来计算粒子的半径；或者若已知粒子的大小，可从测定的一定时间内下降的距离而计算出溶液的黏度 η。

利用重力沉降的原理，可设计出测量和估算粗分散体系中粒子半径分布的仪器，沉降天平即为其中之一（图 4-7）。这种天平的一个臂浸入正在沉降的粗分散体系中，通过测量浸入小盘中质量的大小随时间增加的变化曲线，利用式(4-16)可得颗粒半径。如果是多分散体系，还可测定颗粒大小分布。这种测定方法称为"沉降分析"，已应用于黏土等物质的粒度分布测定。

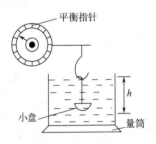

图 4-7 沉降天平

（2）超离心力场中的沉降

利用重力场中的沉降进行沉降分级或者测定颗粒大小分布，实际上适用于粗分散体系，这种方法能够测定粒子半径最小极限为 $0.085\mu m$，因为在沉降过程中还受到外界条件的影响，如温度（对流）、机械振动、粒子的扩散作用等。对于质点很小的分散体系（$< 0.1\mu m$），由于质点的扩散作用，重力沉降法无法应用。

由于胶体分散体系分散相的粒子一般小于 $1\mu m$，体积较小，因此，在重力场中沉降速度很慢，以致无法测定某些溶胶的沉降速度。例如，半径为 $0.1\mu m$ 的金溶胶沉降 1cm 的距离需 7h 左右。若将胶体分散体系置于转速达 $1\times10^5 \sim 6\times10^5$ r/min 的超离心机中，其离心力可达地心引力的 1×10^6 倍，大大加快胶粒的沉降，并且质点的大小仍可用沉降方法来测定。超离心机已应用于测定溶胶胶团的摩尔质量、大分子的摩尔质量，以及进行蛋白质的分离和提纯等。

用超离心机测定质点大小时，常用的有沉降平衡和沉降速度两种方法。

① 沉降平衡法。采用的离心力场约为重力场的 10^4 倍。质点在离心力的作用下向沉降池的底部移动，因而形成浓度梯度。体系中出现浓度梯度时则已发生扩散，而且方向与沉降相反。当扩散与沉降达到平衡后，沉降池中各处的浓度不再随时间而变。可根据式(4-17)或式(4-18)计算单个质点的质量 m 或高分子的分子量 M：

$$m = \frac{2kT\ln(c_2/c_1)}{(1-v\times\rho)\omega^2(x_2^2-x_1^2)} \tag{4-17}$$

$$M = \frac{2RT\ln(c_2/c_1)}{(1-v\times\rho)\omega^2(x_2^2-x_1^2)} \tag{4-18}$$

式中，k 和 R 分别为玻尔兹曼常数和气体常数；T 为热力学温度；v 为质点的偏微比容；ρ 为介质的密度；ω 为转动角速度；x 为沉降池中某一位置离转轴的距离；c_1 和 c_2 分别为 x_1 和 x_2 处的浓度。

因此，只要在沉降达到平衡后测定沉降池中不同位置的浓度，即可算出质点大小。

② 沉降速度法。若离心力场强度增至重力场的 $10^5 \sim 10^6$ 倍，则扩散作用完全可以忽略，质点在离心力的作用下运动。当质点所受净的离心力与黏滞阻力达到平衡时，从理论上可导出：

$$m = \frac{kTS}{D(1-v\rho)} \tag{4-19}$$

$$M = \frac{RTS}{D(1-v\rho)} \tag{4-20}$$

式中，D 为扩散系数；S 为沉降系数，物理意义是单位离心力作用下的沉降速度，即：

$$S = \frac{\dfrac{\mathrm{d}x}{\mathrm{d}t}}{\omega^2 x} \tag{4-21}$$

式中，$\dfrac{\mathrm{d}x}{\mathrm{d}t}$ 为在沉降池中 x 处质点的沉降速度。将式(4-21)进行积分，则得：

$$S = \frac{\ln(x_2/x_1)}{\omega^2(t_2-t_1)} \tag{4-22}$$

式中，x_1 和 x_2 为时间 t_1 和 t_2 时质点在沉降池中位置，实际上也是介质与胶体体系的界面在 t_1 和 t_2 时的位置。因此，只要测定不同时间界面移动的位置即可求出 S。但要求出质点的大小则还需要体系扩散的数据。

在推导式(4-19)和式(4-20)的过程中，未考虑质点移动时的互相干扰。因此，两式中的 D 和 S 均应是无限稀释时的扩散系数和沉降系数。为此，应先求出 D、S 与浓度的关系，然后通过外推方法求出浓度趋近于零时的 D 和 S。

（3）沉降-扩散平衡

在胶体分散体系中，当粒子的沉降速率和扩散速率相等时，粒子的沉降与扩散达到了动态平衡，称为沉降-扩散平衡，又称沉降平衡。

① 沉降与扩散建立平衡的过程。在胶体分散体系中，如图 4-8，取一截面积为 A 的体积单元，通过此截面的扩散流量 J_d 和沉降流量 J_s 分别为：

$$J_d = -D\frac{\mathrm{d}c}{\mathrm{d}x} \tag{4-23}$$

$$J_s = c\frac{\mathrm{d}x}{\mathrm{d}t} \tag{4-24}$$

质点在外力场的作用下，胶粒向上扩散的扩散流量 J_d 与向下沉降的沉降流量 J_s 相等时，分散体系就形成浓度梯度，扩散与沉降达到平衡后，沉降池中各处的浓度不再随时间而变。

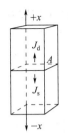

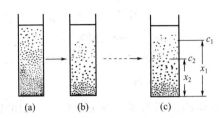

图 4-8　粒子通过截面积为 A 的截面的 J_d 与 J_A 图　　　图 4-9　均分散体系的沉降与扩散建立平衡过程图

建立动态平衡的过程如图 4-9。在刚开始时不存在浓度梯度 dc/dx，$J_s \gg J_d$，以沉降为主；随沉降发生，dc/dx 增加，而 c 降低，J_s/J_d 减少，直至 $J_s/J_d = 1$，达平衡状态。如果开始的状态是将粒子放于筒底，然后从上面小心缓缓地加入分散介质，此时 $J_s = 0$，而 J_d 却很大，以扩散为主，但随扩散发生，dc/dx 降低，相反的沉降过程开始发生，直至 $J_s/J_d = 1$，也达到平衡状态。

② 高度分布定律。在沉降、扩散达到动态平衡后，溶胶浓度随高度的分布可用高度分布定律来描述。在平衡状态下，各水平面内粒子浓度保持不变，但从容器底部向上形成浓度梯度。容器底部的浓度最高，随高度的上升，浓度逐渐降低。

若一个圆柱形容器，如图 4-10 所示，设其截面积为 A，容器内盛某种溶胶，设其粒子为球形，半径为 r，粒子与介质的密度分别为 ρ 和 ρ_0，在高度 x 处，粒子的浓度为 c，在高度 $(x+dx)$ 处的浓度为 $(c-dc)$，在厚度为 dr 的一层溶胶中，它的总扩散力为 $AdII$，由渗透压公式得：

$$A d\Pi = ART dc \tag{4-25}$$

即

$$d\Pi = RT dc \tag{4-26}$$

在体积 Adx 内的粒子总数为 $cLAdx$（L 为阿伏伽德罗常数），每个粒子向上的扩散力应为 $\dfrac{RT}{Lc} \times \dfrac{dc}{dx}$，在溶胶中使每个粒子下降的重力为

图 4-10　沉降平衡

$\dfrac{4}{3}\pi r^3 (\rho - \rho_0)g$，当达到平衡时，重力和扩散力大小相等，即

$$\frac{4}{3}\pi r^3 (\rho - \rho_0)g = -\frac{RT}{Lc} \times \frac{dc}{dx} \tag{4-27}$$

式中的负号表示浓度随高度的升高而降低。

将式(4-27)积分得式(4-28)，称为贝林公式。

$$\ln \frac{c_2}{c_1} = \frac{4}{3}\pi r^3 (\rho - \rho_0)(x_2 - x_1)g \frac{L}{RT} \tag{4-28}$$

用上述方法计算在离心力场中有关物理量的优点是只需要浓度的相对值，不必另外测定扩散系数，而不足是溶胶达到平衡的时间很长，有的需要几天，并且要求离心机保持转速不变。超离心机在测定溶胶粒子的摩尔质量和大分子化合物的分子量以及在化妆品乳状液沉降速度等方面都有广泛的应用。

四、胶体的稳定性和聚沉

胶体是多相分散体系，固相表面有很大的比表面积和表面能，是热力学不稳定系统，主

要表现为有聚结不稳定性和动力不稳定性。然而在一定条件下,许多溶胶却能稳定存在很长时间,甚至几年、几十年。这是由于胶粒表面电荷产生静电斥力、胶粒荷电所形成的水化膜,都增加了溶胶的聚结稳定性。此外,虽然由于重力作用,胶粒产生沉降,但又因为胶粒的布朗运动,其沉降速度变得极慢,增加了动力稳定性。

(一) DLVO 理论

胶体的稳定与聚沉取决于胶粒之间的排斥和吸引作用。20 世纪 40 年代,苏联学者捷亚金 (Deijaguin) 和兰道 (Landau) 与荷兰学者维韦 (Verwey) 和欧弗比克 (Overbeek) 分别提出了溶胶稳定性理论,简称 DLVO 理论。该理论的主要内容是胶体粒子之间因为范德华作用而相互吸引,又因为粒子间的双电层的交联而产生排斥作用,这是目前对胶体稳定性以及电解质的影响解释得比较完善的理论。该理论以溶胶粒子间相互吸引力与双电层排斥力为基础,计算并得到了两粒子间的势能曲面,同时指出胶体的稳定性取决于这两种相互对抗的作用能量的相对大小,以及从理论得到了各种形状胶体粒子的范德华吸引能和双电层排斥能的定量表达式。

DLVO 理论的基本要点如下:

① 在胶团之间,既存在着斥力势能,又存在着引力势能;两胶团扩散层重叠后,破坏了扩散层中反离子的平衡分布,使重叠区反离子向未重叠区扩散,导致渗透性斥力产生;同时也破坏了双电层的静电平衡,导致静电斥力产生。在溶胶中分散相微粒间存在的吸引力本质上仍具有范德华吸引力的性质,但这种吸引力的作用范围要比一般分子的大千百倍之多,故称其为远程范德华力。远程范德华力势能可能与粒子间距离的一次方或二次方成正比,也可能是其他更复杂的关系。

② 胶体系统的相对稳定或聚沉取决于斥力势能和吸力势能的相对大小。

a. 粒子间的引力势能 E_A。任何两个粒子之间都存在范德华引力,该力是粒子间引力作用的主要来源。

设两个体积相等的球形粒子,当两球的表面之间的距离 H 比粒子半径 r 小得多时,两粒子之间相互吸引的引力势能 E_A 的近似值为:

$$E_A = \frac{A}{12} \times \frac{r}{H} \tag{4-29}$$

式中,A 为哈马克常数。

哈马克常数与粒子性质(如单位体积内的原子数、极化率、电离能等)有关,其值约在 $10^{-20} \sim 10^{-19}$ J 之间。

b. 粒子间的斥力势能 E_R。同一溶胶中的胶粒带相同的电荷,它们之间的相互斥力势能大小取决于粒子电荷数量和相互间距离。对于两个半径为 r 的球形粒子,球面间的最小距离为 H_0,假设表面电势较低,其相斥势能 E_R 的近似表达式为:

$$E_R \approx \frac{1}{2} \varepsilon r \varphi_0^2 e^{-\kappa H_0} \tag{4-30}$$

式中,ε 为介质的介电常数;φ_0 为胶粒表面的电势;κ 为德拜-休克尔公式中离子氛半径的倒数,$1/\kappa$ 是长度单位,通常用它来代表扩散双电层的厚度。

由上式可以看出,相斥势能随粒子半径 r 的增大而升高,而随粒子间距离的增大而呈指数下降。

当粒子间斥力势能在数值上大于吸力势能,而且足以阻止布朗运动使粒子相互碰撞而黏结时，胶体处于相对稳定状态；当吸力势能在数值上大于斥力势能，粒子将相互靠拢而发生聚沉。调整两者的相对大小，可以改变胶体系统的稳定性。

③ 斥力势能、吸力势能以及总势能都随粒子间距离的变化而变化，且在某一距离范围吸力势能占优势，而在另一距离范围斥力势能占优势。

以粒子间斥力势能 E_R、吸力势能 E_A 和总势能 E（$E = E_R + E_A$）对粒子间距离 x 作图，得到如图 4-11 所示的势能曲线。

a. 当粒子间距离较远，即 x 很大时，其双电层并未重叠，排斥力不起作用，而吸引力在起作用，总势能为负值。

b. 当粒子靠近至双电层，部分地重叠时，随着 x 缩小，先出现极小值 a，此时发生粒子的聚集称为聚沉（可逆）。

c. x 继续缩小，则出现极大值 E_{max}（势垒），此时离子将从高浓度处向低浓度处扩散，使粒子间发生相互排斥。这时排斥力起主要作用，总势能为正值。一般粒子的热运动无法克服它，溶胶处于相对稳定状态。

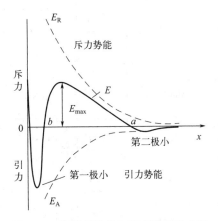

图 4-11　分子间势能与距离的关系曲线

d. 随距离 x 的缩短，粒子间的吸引力增大，当粒子间距离缩短到一定程度后，吸引力又占优势，总势能随之下降。

e. 如果粒子要相互聚集在一起，必须要越过一个势能峰 E_{max}。因此，在一定的条件下，溶胶粒子不易相互聚结，能够稳定存在。虽然布朗运动会使粒子相互碰撞，但是，当粒子靠近到双电层重叠而发生排斥作用时又会使其离开，即布朗运动不足以使其越过势能峰 E_{max}，也就不会引起粒子聚结。当两胶粒通过热运动积聚的动能超过 $15kT$ 时才有可能超过此能量值，进而出现极小值 b，在此处发生粒子间的聚沉（永久性）。

④ 加入电解质对吸力势能影响不大，但对斥力势能的影响却十分显著。电解质的加入会导致系统的总势能发生很大的变化，适当调整电解质浓度，可以得到相对稳定的胶体。

（二）影响溶胶的稳定的因素

溶胶稳定性受多方面因素的影响，胶体能稳定存在的主要原因有具有动力学稳定性的布朗运动、胶体溶液的双电层结构、离子溶剂化、溶胶的温度和浓度、电解质与溶胶体系的相互作用等。其中布朗运动、双电层结构等前面已介绍，下面主要介绍电解质的聚沉作用。

（1）电解质的聚沉作用

少量电解质的存在对溶胶起稳定作用；过量的电解质的存在对溶胶起破坏作用（聚沉）。

胶体分散体系中，如果由于某些原因，如加入电解质等，吸引作用足以抵消排斥作用，胶粒的 ζ 电势降低，双电层厚度变小，这时布朗运动产生的碰撞将引起粒子发生聚结而变大，体系的分散程度降低，最后粒子聚结变大到一定程度，就要沉降析出，此过程称为聚沉作用。溶胶聚沉过程在外观上一般表现为体系颜色的变化、出现浑浊、产生沉淀。溶胶对电解质是敏感的，电解质对溶胶的聚沉能力通常用聚沉值来表示。

聚沉值是使一定量的溶胶在一定时间内发生明显聚沉所需电解质的最低浓度。聚沉值的倒数定义为聚沉能力。聚沉值越小，电解质使溶胶聚沉的能力越强。表 4-3 列出了一些电解质对几种溶胶的聚沉值。

表 4-3 不同电解质对溶胶的聚沉值 单位：mmol/L

As_2S_3（负溶胶）		AgI（负溶胶）		$Fe(OH)_3$（正溶胶）		Al_2O_3（正溶胶）	
LiCl	58	$LiNO_3$	165	NaCl	9.25	NaCl	43.5
NaCl	51	$NaNO_3$	140	KCl	9.0	KCl	46
KCl	49.5	KNO_3	136	KBr	12.5	KNO_3	60
KNO_3	50	$RbNO_3$	126	KI	16	KCNS	67
$CaCl_2$	0.65	$Ca(NO_3)_2$	2.40	KSO_4	0.205	KSO_4	0.30
$MgCl_2$	0.72	$Mg(NO_3)_2$	2.60	$K_2Cr_2O_7$	0.159	$K_2Cr_2O_7$	0.63
$MgSO_4$	0.81	$Pb(NO_3)_2$	2.43	$K_2C_2O_4$	0.22	$K_2C_2O_4$	0.69
$AlCl_3$	0.093	$Al(NO_3)_3$	0.067			$K_3[Fe(CN)_6]$	0.08
$\frac{1}{2}Al_2(SO_4)_3$	0.096	$La(NO_3)_3$	0.069			$K_4[Fe(CN)_6]$	0.05
$Th(NO_3)_4$	0.009	$Ce(NO_3)$	0.069				
氯化吗啡	0.42					苦味酸钠	4.7
苯胺硝酸盐	0.09						

电解质聚沉作用的规律：

① 反离子的价数。电解质的聚沉能力主要取决于与胶粒带相反电荷的离子（即反离子）的价数。一价反离子的聚沉值约在 $50\sim150$ mmol/L 之间，二价反离子约在 $0.2\sim2$ mmol/L 之间，三价反离子约在 $0.01\sim0.1$ mmol/L 之间，一、二、三价反离子的聚沉值比例大约为 $100:1.6:0.14$，或者写成 $\left(\frac{1}{1}\right)^6:\left(\frac{1}{2}\right)^6:\left(\frac{1}{3}\right)^6$，这说明了聚沉值与反离子价数的六次方成反比，这一规律称为舒尔策-哈代规则。

例如，对带负电的 As_2S_3，溶胶起聚沉作用的是电解质的阳离子，KCl、$MgCl_2$、$AlCl_3$ 的聚沉值分别为 49.5、0.72、0.093mmol/L，若以 K^+ 为比较标准，其聚沉能力有如下关系，即 $Me^+:Me^{2+}:Me^{3+}=1:68.75:532$；一般可近似表示为反离子价数的 6 次方之比，即 $Me^+:Me^{2+}:Me^{3+}=1^6:2^6:3^6=1:64:729$。

② 同价反离子。同价离子的聚沉能力虽接近，但也有差别。对于同价正离子，由于正离子水化能力很强，且离子半径较小，水化能力愈强，水化层愈厚，被吸附的能力愈小，因此其进入斯特恩层的数量减少，而使聚沉值增大。对于同价负离子，由于负离子水化能力很弱，所以负离子的半径愈小，吸附能力愈强，聚沉值愈小，聚沉能力越大。

例如，一价阳离子的硝酸盐对负电性溶胶的聚沉能力的大小次序为：

$$H^+>Cs^+>Rb^+>NH_4^+>K^+>Na^+>Li^+$$

而不同的一价阴离子的钾盐聚沉正溶胶时，其聚沉能力的大小次序为：

$$F^->Cl^->Br^->NO_3^->I^->SCN^->OH^-$$

这种将带有相同电荷的离子按聚沉能力大小排列的顺序，称为感胶离子序，这一顺序与水合离子半径的次序相反。

③ 同种电荷的离子。与胶粒具有同种电荷的离子也影响溶胶的聚沉。当反离子相同时，

通常相同电荷离子价数越高，聚沉能力越小。

④ 有机物离子。这类离子都具有很强的聚沉能力。这可能是与有机离子具有较强的吸附能力有关。

⑤ 不规则聚沉。在溶胶中加入少量的电解质可以使溶胶聚沉，电解质浓度稍高，沉淀又重新分散而成溶胶，并使胶粒所带电荷改变符号。如果电解质的浓度再升高，可以使新形成的溶胶再次沉淀。不规则聚沉是胶体粒子对高价异号离子的强烈吸附的结果。

（2）溶胶体系的相互作用

将两种电荷相反的溶胶适量混合，也会发生聚沉，称为相互聚沉。这种聚沉作用的条件是：两种电荷相反的溶胶的用量应该刚好使其所带的正电荷量与负电荷量相等。只有这样才会完全聚沉，否则可能不完全聚沉，甚至不聚沉。表 4-4 为含 0.56mg Sb_2S_3 呈负电性的硫化锑溶胶和不同数量的正电性的氢氧化铁溶胶作用时观察到的结果。

表 4-4　硫化锑溶胶与氢氧化铁溶胶的聚沉结果

所加 $Fe(OH)_3$ 的质量/mg	结果	溶胶混合物的电荷
0.8	不聚沉	—
3.2	微呈浑浊	—
4.8	高度浑浊	—
6.1	完全聚沉	0
8.0	局部聚沉	+
12.8	微呈浑浊	+
20.8	不聚沉	+

第三节　大分子溶液

大分子化合物是指分子量大于 10^4 的化合物，通常为 $10^4 \sim 10^6$，又称高分子化合物，包括各种天然和人工合成有机物质。按其来源，可将大分子化合物分为天然大分子和合成大分子两大类。淀粉、蛋白质、核酸、纤维素和天然橡胶等，都是天然大分子化合物，此类大分子化合物中有的是化妆品的原料，如动植物胶、明胶、淀粉、甲基纤维素等。因此，学习了解大分子化合物的结构和性质十分必要。

大多数大分子化合物是由特定的结构单元通过共价键多次重复连接而成的，每个结构单位称为链节，链节重复的次数叫聚合度，以 n 表示。例如纤维素、淀粉、糖原或高分子右旋糖酐的分子都是由许多个葡萄糖单位（$C_6H_{10}O_5$）连接而成，通式可写成 $(C_6H_{10}O_5)_n$。大多数大分子化合物是长链型即线型结构，有些是支链型即在主链上带有支链，还有的是体型的呈网状结构。大分子化合物的性质取决于链节的种类、数量、连接的次序等。支链型和体型结构的大分子化合物很难溶解，形成大分子溶液的主要是线形大分子。

一、大分子溶液的界定

将大分子化合物溶解于水或其他溶剂中所得到的溶液称为大分子溶液。大分子化合物与水分子有很强的亲和力，分子周围形成一层水合膜，这是大分子化合物溶液具有稳定性的主要原因。如表 4-5 中比较了大分子溶液、溶胶及小分子溶液性质上的异同。

表 4-5　大分子溶液、溶胶、小分子溶液性质比较

大分子溶液	溶胶	小分子溶液
溶质分子尺寸为 $1nm \sim 0.1\mu m$，通常分子量不均一	分散相粒子的粒径为 $1nm \sim 0.1\mu m$，通常粒子分子量不均一	溶质分子尺寸小于 $1nm$，分子量是单一的
为多分散体系，不能透过半透膜	为多分散体系，不能透过半透膜	为单分散体系，能透过半透膜
均相体系，分散相为单个大分子或数个大分子组成的束状物	多相体系，分散相为多个小分子或原子的聚集体	均相体系，分散相为单个的小分子
热力学稳定体系	热力学不稳定体系	热力学稳定体系
制备过程吉布斯自由能降低，为自发过程，平衡体系	制备过程吉布斯自由能升高，非自发，非平衡体系	制备过程吉布斯自由能降低，为自发过程，平衡体系
丁铎尔效应较弱	丁铎尔效应强	丁铎尔效应弱
黏度大，扩散比较缓慢	黏度较小，扩散比较缓慢	黏度小，扩散快
对外加电解质不太敏感	对外加电解质敏感	对外加电解质不敏感

大分子溶液与溶胶的共同点：

大分子溶液的溶质分子与溶胶分散相颗粒大小相当，均在 $1nm \sim 0.1\mu m$ 之间；其某些物理化学性质与溶胶类似，如扩散速率小、不能透过半透膜等。

大分子溶液与溶胶的不同点：

① 热力学稳定性不同：大分子化合物是以分子或离子状态均匀地分布在溶液中，是分子分散体系，在分散相与分散介质之间无相界面存在，是均匀分布的真溶液，属于热力学稳定的均相体系；而溶胶中分散介质与分散相之间有相界面和相当大的界面能，溶胶为热力学不稳定的多相体系。

② 分散方式和形成机理不同：大分子溶液是将大分子化合物置于溶剂中，通过溶解于溶剂中自发形成的；而溶胶形成需要借助外力的作用并采用适当的分散方法形成，不会自发分散于分散介质中。

③ 丁铎尔效应强弱不同：大分子溶液为均相体系，丁铎尔效应较弱；而溶胶为多相体系，丁铎尔效应较强。

（一）溶解和溶胀

大分子化合物的溶解过程通常要经历两个阶段。

（1）溶胀

溶剂小分子钻到大分子化合物分子间的空隙中去，导致大分子链间产生松动、大分子链之间的距离增加，从而出现体积膨胀的过程称为溶胀。溶胀所形成的体系叫凝胶。

① 有限溶胀：若溶胀进行到一定程度就不再继续进行下去，则称为有限溶胀。

② 无限溶胀：溶胀不断地进行下去，直至大分子物质完全溶解成大分子溶液，这种溶胀称为无限溶胀。

（2）溶解

溶胀后溶剂分子不断扩散，并渗入到大分子链之间，使更多的大分子链间作用力逐渐减弱，体积成倍甚至数十倍地增长，从而削弱了链间的作用力，导致大分子链扩散到溶剂中形成溶液，此即溶解阶段。

溶胀可以看成是溶解的第一阶段，溶解是溶胀的继续，达到完全溶解也就是无限溶胀。溶解一定经过溶胀，但是能溶胀并不一定会溶解。有的大分子在溶剂中仅能吸收部分溶剂而溶胀，但不溶解。还有的大分子既不能溶胀也不能溶解。

大分子化合物的溶解特性：

① 在一定的 T 和 p 下，大分子化合物的溶解度随着分子量的增大而减小，分子量愈大，大分子自身的内聚力愈大，溶解性愈差；当聚合度大的部分达到饱和时，聚合度小的部分还未达到饱和，仍能继续溶解；大分子化合物在一定温度下并无固定的溶解度。

② 大分子化合物在溶剂中的溶解规律遵从"相似相溶"的规则。

③ 在分子大小不同的大分子溶液中加入沉淀剂，分子量大的首先沉淀出来，随着沉淀剂用量的增加，各个大分子化合物按分子量由大到小的顺序先后沉淀出来。

(二) 盐析

溶胶对外加电解质很敏感，加入少量的电解质就可使胶粒聚沉；但大分子溶液对外加电解质并不敏感，加入少量电解质对其溶解度和溶液的稳定性影响不大。例如，浓度达 $1.3\sim2.5mol/L$ 的硫酸铵才能使血浆中各种蛋白质沉淀出来。在大分子溶液中加入大量电解质，使大分子化合物因溶解度降低而从溶液中析出的过程，称为盐析。

用同一种电解质使各种分子量的大分子从混合溶液中先后盐析的过程，像蛋白质的盐析一样，也可叫作分段盐析。大分子溶液的抗盐析能力与溶质的分子量大小和离子种类有关。当溶质的化学组成相似时，分子量较小的大分子抗盐析能力强，且其盐析能力大小受离子电荷数的影响不大。

实验表明，电解质对蛋白质溶液的盐析，起主要作用的是阴离子，盐析能力和阴离子的种类有关。一些钠盐对蛋白质的盐析能力的次序为：

$$柠檬酸钠 > 酒石酸钠 > SO_4^{2-} > CH_3COO^- \gg NO_3^- > I^- > CNS^-$$

盐析的机理包括电荷的中和与去溶剂化作用两个方面，其中去溶剂化作用显得更重要。盐析作用是因为当加入足够量的电解质后，盐的离子发生溶剂化作用，使溶剂中的自由水分子减少，造成盐离子与大分子争夺水分子而使大分子物质发生去溶剂化，导致大分子化合物溶解的数量下降而沉淀。故加入离子的水化能力越强，其盐析能力越强。可见，电解质对大分子的盐析作用与其对溶胶的聚沉作用不同。

二、大分子化合物对溶胶的作用

在憎液溶胶中加入某些大分子溶液，若加入的量不同，会出现两种情况：保护作用和敏化作用。

(一) 保护作用

在溶胶中加入一定量的大分子物质，或缔合胶体，能显著提高溶胶对电解质的稳定性，再加少量电解质也不致聚沉，这种现象称为保护作用或大分子物质的稳定作用，又称为空间稳定性。此类保护作用的产生主要是由于胶粒表面上吸附的大分子层对聚结的阻碍，具有稳定作用的大分子化合物称为大分子稳定剂。这类稳定剂必须带有两种基团，一种是能稳定地在胶粒界面被吸附的基团，另一种是溶剂化作用很强的基团。例如，明胶、蛋白质、淀粉、动物胶等均为大分子稳定剂。

当加入大分子溶液的量足够多时，会保护溶胶不聚沉，常用金值来表示大分子溶液对溶胶的保护能力。

齐格蒙第提出的金值含义：为了保护 $10mL$ 0.006% 的金溶胶，在加入 $1mL$ 10% NaCl 溶液后不致聚沉，所需高分子的最小质量称为金值，一般用 mg 表示。金值越小，表明大分子稳定剂的能力越强。

在溶胶中加入一定量的大分子化合物，溶胶被保护以后，其电泳、对电解质的敏感性等会发生显著的变化，显示出其具有抗电解质影响、抗老化、耐热等优良性质。

近年来，大分子稳定剂被广泛应用于食品、农药、涂料、化妆品等行业中。

(二) 敏化作用

在溶胶中加入某些大分子化合物，不但起不到稳定作用，反而使溶胶不稳定。这种加入少量某种大分子溶液，明显破坏溶胶的稳定性，促使溶胶的聚沉，使电解质的聚沉值减小的作用，称为敏化作用。当加入的大分子物质的量不足时，憎液溶胶的胶粒黏附在大分子上，大分子起了一个桥梁作用，把胶粒联系在一起，使之更容易聚沉。

例如，对 SiO_2 进行重量分析时，在 SiO_2 的溶胶中加入少量明胶，使 SiO_2 的胶粒黏附在明胶上，便于聚沉后过滤，减少损失，使分析更准确。

(三) 絮凝作用

在溶胶内加入极少量的可溶性大分子化合物，可导致溶胶迅速沉淀，沉淀呈疏松的棉絮状，这类沉淀称为絮凝物，这种现象称为絮凝作用，又称桥联作用。具有絮凝能力的大分子物质称为大分子絮凝剂。

(1) 絮凝作用的特点

大分子对胶粒的絮凝作用与电解质的聚沉作用完全不同：由电解质所引起的聚沉过程比较缓慢，所得到的沉淀颗粒紧密、体积小，这是由电解质压缩了溶胶粒子的扩散双电层所引起的；高分子的絮凝作用则是由于吸附了溶胶粒子以后，高分子化合物本身的链段旋转和运动，将固体粒子聚集在一起而产生沉淀。

絮凝作用具有迅速、彻底、沉淀疏松、过滤快、絮凝剂用量少等优点，特别是对颗粒较大的悬浮体尤为有效。这对污水处理、钻井泥浆、选择性选矿以及化工生产流程的沉淀、过滤、洗涤等操作都有极重要的作用。

大分子化合物絮凝作用的特点：

① 具有絮凝作用的大分子化合物一般要具有链状结构。

② 任何絮凝剂的加入量都有一最佳值。

③ 大分子的分子量越大，絮凝效率也越高。

④ 大分子化合物基团的性质对絮凝效果有十分重要的影响。

⑤ 絮凝过程与絮凝物的大小、结构、搅拌的速率和强度等都有关系。

(2) 絮凝作用的机理

溶胶因电位降低或消除，从而失去稳定性的过程称为脱稳。脱稳后的胶粒形成细小絮体的过程称为凝聚，凝聚过程产生的脱稳或未完全脱稳的微粒相互碰撞，进一步集聚为较大颗粒絮体的过程称为絮凝。在实际过程中，两种过程很难截然分开，往往是同时发生的。不同的化学药剂能使溶胶以不同的方式脱稳、凝聚或絮凝。归纳起来有以下四种絮凝机理，即压缩双电层、吸附电中和、吸附架桥和沉淀物网捕机理。

① 压缩双电层。有些絮凝剂与胶粒之间的相互作用纯属静电性质，脱稳是由不同于胶体所带电荷的离子所引起的，与胶粒所带原始电荷符号相同的离子被排斥，抗衡离子（异电荷离子）则被吸引，抗衡离子通过压缩环绕的胶粒周围的扩散层而实现脱稳。溶液中的电解质浓度越高，相应的扩散层中抗衡离子的浓度也越高，为维持电中和所要求的扩散层体积因而就减小，活化能垒就消失。

② 吸附电中和机理。吸附电中和作用指胶粒表面对异号离子、异号胶粒或链状分子带异号电荷的部位有强烈的吸附作用，由于这种吸附作用中和了它的部分电荷，减少了静电斥

力，因而容易与其他颗粒接近而相互吸附，此时静电引力是这种作用的主要方面。因而当胶粒吸附了过多的反离子时，原来带的负电荷转变成带正电荷，胶粒会发生再稳现象，这是与压缩扩散层不同的地方。

③ 吸附架桥机理。此机理主要是指链状大分子化合物在静电引力、范德华力和氢键作用下，通过活性部位与胶粒或细微悬浮物等发生吸附桥连的过程。

大分子絮凝剂具有线型结构，他们具有能与胶粒表面某些部位起作用的化学基团，当其与胶粒接触时，基团能与胶粒表面产生特殊的反应而相互吸附，而大分子化合物的其余部分则伸展在溶液中可以与另一个表面有空位的胶粒吸附，这样大分子化合物就起到了架桥连接作用。加入胶粒少，大分子化合物伸展部分吸附不到第二个胶粒，则这个胶粒迟早要被原先的胶粒吸附在其他部位上，这个大分子化合物就起不了架桥作用，胶粒又处于稳定状态；大分子絮凝剂投加量过大时，会使胶粒表面饱和产生再稳现象。已经架桥絮凝的胶粒，如受到剧烈的长时间的搅拌，架桥大分子化合物可能从另一胶粒表面脱开，又回到原来胶粒所在表面，造成再稳状态。

对于带负电的溶胶溶液，阳离子型大分子絮凝剂可以同时起到降低溶胶电位和吸附架桥作用，故有良好的絮凝作用。

④ 沉淀物网捕机理。当金属盐（如硫酸铝和氯化铁）或金属氧化物和氢氧化物作为絮凝剂时，若投入量足以迅速沉淀金属氢氧化物或金属碳酸盐，则水中的胶粒可在这些沉淀物形成时被网捕。此外，水中胶粒本身作为这些金属氢氧化物形成的核心，所以凝聚效果最佳投放量与被去除物质的浓度成反比。

(3) 絮凝能力的影响因素

大分子化合物的絮凝能力大小主要与下列因素有关。

① 大分子的结构。大分子絮凝剂一般是线型长链结构，且长链上有多个吸附于胶粒界面的基团，例如，$-COONa$、$-CONH_2$、$-OH$、$-SO_3Na$ 等。

② 大分子的分子量。线型大分子的分子量越大，其链越长，絮凝能力越强。一般来说，大分子絮凝剂分子量在 $3 \times 10^6 \sim 5 \times 10^6$ 范围内为宜。

③ 大分子的浓度。通常，当大分子在固体粒子表面上的吸附量为其饱和吸附量的一半时，其搭桥效果最好，絮凝能力最强。浓度过大或太小，都不利于絮凝。

絮凝作用受溶胶浓度、温度、电解质性质（如交换性阳离子的价数、水化度和阴离子种类）等因素的影响。根据絮凝速度不同，可分为慢絮凝区和快絮凝区。根据絮凝速度与电解质性质的关系，可分为只受动电电位影响的非专性絮凝和与电解质性质有关的专性絮凝。带有相反电荷的胶体物质的相互作用也可引起絮凝作用。

近几十年来，大分子絮凝剂已广泛应用于污水处理、造纸和食品等工业领域。这类絮凝剂中有天然大分子及衍生物，例如，动物胶、蛋白质、淀粉、糊精等；人工合成的大分子絮凝剂有聚丙烯酰胺、聚氧乙烯、聚乙烯醇、聚乙二醇、聚丙烯酸钠等，其中聚丙烯酰胺絮凝剂牌号最多，这类絮凝剂约占各种絮凝剂总量的 70%。

三、大分子溶液的黏度

大分子溶液的黏度是大分子溶液的特性之一。在溶液中，大分子化合物长链之间有相互作用，使溶液流动时的内摩擦力较大，因而大分子溶液的黏度比溶胶大得多。大分子化合物溶液的黏度与大分子的大小、性质、温度、浓度、溶剂的性质等因素有关，在温度、溶剂、大分子化合物一定的情况下，黏度与大分子化合物的分子量和大分子化合物的大小有关。由于各种因素对黏度的贡献不同，因此，黏度的定义也有不同。

设某大分子化合物溶液 η 和 η_0 分别是溶液和溶剂黏度，c 为大分子化合物溶液的浓度，相对黏度 η_r、增比黏度 η_{sp}、比浓黏度 η_{sp}/c、特性黏度 $[\eta]$ 等四种黏度表示方法见表4-6。

表 4-6 大分子溶液黏度的表示方法

名称	符号	数学表达式	物理意义
相对黏度	η_r	η/η_0	溶液黏度 η 与溶剂黏度 η_0 的比值
增比黏度	η_{sp}	$(\eta-\eta_0)\eta_0=\eta_r-1$	溶液的黏度比溶剂黏度增加的倍数
比浓黏度	η_{sp}/c	η_{sp}/c	单位浓度大分子溶质对溶液黏度的贡献
特性黏度	$[\eta]$	$\lim\limits_{c\to0}(\eta_{sp}/c)=\lim\limits_{c\to0}(\eta_r/c)$	单位质量（或数量）大分子溶质对溶液黏度的贡献

在溶液浓度很稀时，浓度与比浓黏度、相对黏度、特性黏度之间有以下经验公式。

$$\frac{\eta_{sp}}{c}=[\eta]+k'[\eta]^2c \tag{4-31}$$

$$\frac{\ln\eta_r}{c}=[\eta]-\beta'[\eta]^2c \tag{4-32}$$

式中，k'、β 为常数。

根据式(4-31) 和式(4-32) 这两个经验公式作图，以 η_{sp}/c 对 c 或 $\ln\eta_{sp}/c$ 对 c 作图分别得到一直线，再外推至 $c=0$，即从稀溶液向无限稀溶液外推，由纵轴上的截距可求得特性黏度 $[\eta]$。图 4-12 为298K 时聚氯乙烯在环己烷溶液中 η_{sp}/c 或 $\ln\eta_{sp}/c$ 对 c 关系图。

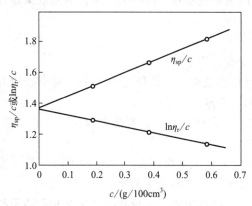

图 4-12　298K 时聚氯乙烯在环己烷溶液中 $\eta_{sp}/c\text{-}c$ 和 $\ln\eta_{sp}/c\text{-}c$ 关系图

特性黏度 $[\eta]$ 与大分子分子量 M 的经验公式如下。

$$[\eta]=KM^\alpha \tag{4-33}$$

式中，K 为比例常数；α 为经验常数，一般在 $0.5\sim1.0$ 之间。

上式中 K 和 α 是与温度、溶剂和大分子化合物种类有关的常数。α 值能反映大分子在溶液中的形态，若溶液中大分子的无规线团十分卷曲，链收缩成线团，则 α 值较小，为 $0.5\sim0.8$；在良溶剂中，大分子链比较舒展，α 值较大，$\alpha=0.8\sim1.0$；对于硬棒状的刚性大分子的链，$1<\alpha\leqslant2$。对一定的大分子溶剂体系，在一定温度下，K 和 α 值是一定的，可从有关手册中查到它们的值。表 4-7 列出了几种大分子-溶剂体系的 K 和 α 值。

表 4-7　几种大分子-溶剂体系的 K、α 值

大分子化合物	溶剂	温度/K	K/(mL/kg)	α
聚苯乙烯	苯	298	9.5×10^{-6}	0.74
天然橡胶	甲苯	298	5.0×10^{-5}	0.67
聚乙烯醇	水	298	2.0×10^{-5}	0.76
聚丙烯酰胺	1.0mol/L NaNO$_3$ 水溶液	303	3.73×10^{-5}	0.66
醋酸纤维直链淀粉	0.33mol/L KCl 水溶液	298	1.13×10^{-4}	0.50
	丙酮	298	9.0×10^{-6}	0.90

对于 K 和 α 均已知的大分子溶剂体系，在一定温度由实验测出其 $[\eta]$（如用乌氏黏度计或奥氏黏度计测定，详见第七章），可计算大分子化合物的分子量，实际上此法求出的是平均分子量，称为黏均摩尔质量。

由式(4-33)可以知道，大分子溶液的黏度还与大分子自身的结构形状有关。一般体型大分子溶液比线型大分子溶液黏度要小得多；体型大分子溶液的黏度受浓度变化的影响很小，而线型大分子溶液浓度增大，其黏度剧增。

四、凝胶

在一定条件下，大分子（如琼脂、明胶等）的溶液或溶胶[如 $Fe(OH)_3$ 溶胶等]的分散相颗粒在某些部位上相互联结，构成一定的空间网状结构。在网状结构的空隙中充满液体（或气体），整个体系失去了流动性，这种体系称为凝胶。

凝胶是胶体的一种存在形式，由凝胶骨架和充斥其中的液体介质两相构成，是处于固态和液态之间的一种中间状态。它有固体和液体的某些特点，但又与两者不完全相同。物质的凝胶状态的存在也相当普遍，如流体豆浆变成的豆腐即是凝胶；硅酸盐水溶液（水玻璃）加入适量酸，得到硅胶（凝胶）；化妆品中的抗水性保护膜、染发胶、面膜、指甲油等也是凝胶状产品。

根据分散相颗粒刚性或柔性，可将凝胶分为刚性凝胶和弹性凝胶。多数无机凝胶如 $Fe(OH)_3$、SiO_2、TiO_2 等凝胶是刚性凝胶。柔性的线型大分子所形成的凝胶如明胶、琼脂等凝胶属于弹性凝胶，弹性凝胶的颗粒本身具有柔性。含液体量很多的弹性胶体又称冻胶或软胶，如琼脂软胶，含水可达 99% 以上。

制备凝胶的方法有两种。一是把固体（干胶）浸到合适的液体介质中，吸收液体后膨胀即可得到凝胶，该方法称为溶胀法，适用于大分子物质。另一种方法是由大分子溶液（或溶胶）通过降低其溶解度（或稳定性），使其分散相粒子析出，并相互联结成网状骨架而形成凝胶，此过程称为胶凝。

影响胶凝过程的因素有多种。大分子的形状对称性越差、分散相的浓度越大、温度越低，越有利于形成凝胶。把电解质加到大分子溶液或溶胶中，也能引起或抑制胶凝。蛋白质水溶液在等电点时有利于胶凝。

化妆品中经常加入一些大分子物质起增稠作用或其他功用，为防止低温下发生胶凝，需注意大分子化合物的浓度。

凝胶和液体一样可作为介质，使许多物理和化学过程在其中进行。凝胶浓度低时，小分子物质在其中的扩散速率和在纯溶剂中相近。因此，在电化学实验中，常用含氯化钾的琼脂凝胶制作盐桥。随着凝胶浓度的增大，扩散速率和电导都下降。凝胶骨架的网状结构中有许多空隙，类似于分子筛，能分离大小不同的分子。利用凝胶的这种性质而发展起来的分离、分析技术有凝胶色谱法、凝胶电泳法、毛细管凝胶电泳法以及凝胶膜分离法等，在相关课程中有介绍，此处不再作详细论述。

第五章　表面现象与界面吸附

第一节　表面、界面现象

一、表面、界面与表面张力

（一）表面与界面

界面是指物质密切接触的两相之间（约几个分子厚度）的过渡区，若其中一相为气体，这种界面通常称为表面。严格地讲，表面应是液体和固体与其饱和蒸气之间的界面，但习惯上把液体或固体与空气的界面称为液体或固体的表面，其他的称为界面。

常见的界面有：气-液界面、气-固界面、液-液界面、液-固界面、固-固界面。这五种界面会出现在不同类型的化妆品中，例如气溶胶制品（为气-液界面）、香粉制品（气-固界面）、乳液制品（液-液界面）、含粉体的乳液制品（液-固界面）、块状的粉饼（固-固界面）等。

（二）界面现象的本质

表面层的分子与内部分子相比，它们所处的环境不同。同一相的内部分子所受四周邻近相同分子的作用力是对称的，各个方向的力彼此抵消；但是处在界面层的分子，一方面受到同一相内的相同物质分子的作用，另一方面受到另一相中分子的作用，其作用力是不对称的，不一定能相互抵消，因此，界面层会显示出一些独特的性质，如表面张力、表面吸附、毛细现象、过饱和状态等。

对于单组分体系，这种独特的性质主要是由于同一物质在不同相中的密度不同；对于多组分体系，这种特性是由于界面层的组成与任一相的组成均不相同。

例如，在气-液表面，因为气、液两相密度差别较大，表面分子受到来自液相分子的吸引力较大，而气体分子对表面分子的引力很小，甚至可以忽略不计，其结果是表面层的分子要受到指向液体内部的拉力，导致表面层的分子有向液体内部迁移和液体表面积自动收缩的倾向，如图 5-1 所示。如果想扩大液体的表面积，即把一些分子从液体内部移到表面上，就必须克服液体内部分子间的作用力。

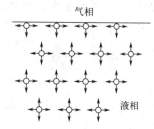

图 5-1　分子在液体内部和在表面的受力

（三）表面张力

（1）表面张力的定义

在两相（特别是气-液）界面上，处处存在着一种张力，它垂直于表面的边界，指向液体方向并与表面相切。如果在金属线框中间系一个线圈，一起浸入肥皂液中，然后取出，上面形成一层液膜。由于以线圈为边界的内外两侧表面张力大小相等方向相反，所以线圈成任意形状可在液膜上移动，见图5-2(a)。如果刺破线圈中央的液膜，线圈内侧张力消失，外侧表面张力立即将线圈绷成一个圆形，见图5-2(b)，清楚地显示出表面张力的存在。

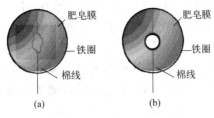

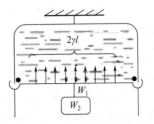

图5-2　表面张力示意图　　　　　　　图5-3　液膜的表面张力

把作用于单位边界线上的这种力称为表面张力，用 γ 表示，单位是 N/m。

将一含有一个活动边框的金属线框架放在肥皂液中，然后取出悬挂，活动边在下面（如图5-3）。由于金属框上的肥皂膜的表面张力作用，可滑动的边会被向上拉，直至顶部。

如果在活动边框上挂一个重物，使重物质量 m_2 与边框质量 m_1 所产生的重力 $F = (m_1 + m_2)g$ 与总的表面张力大小相等，方向相反，则金属丝不再滑动。此时

$$F = 2\gamma l \tag{5-1}$$

式中，l 为滑动金属边的长度，因膜有两个面，所以边界总长度为 $2l$；γ 为作用于单位边界上的表面张力。

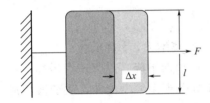

图5-4　表面张力试验受力图

若作用力 F 做功 W' 使液体表面增大（如图5-4），则

$$-W' = \gamma A = F\Delta x \tag{5-2}$$

式中，A 为增加的表面积（两个面），$A = 2\Delta x l$。故

$$F\Delta x = -W' = \gamma A = \gamma 2\Delta x l \tag{5-3}$$

$$\gamma = \frac{F}{2l} \tag{5-4}$$

表面张力 γ 可以理解为：在相表面的切面上，垂直作用于表面任意单位边界长度上的收缩力。

如果从分子的相互作用来看，增大液体表面所作的功就是将分子从液体内部移至其表面所需的功，这个功是为了克服周围分子的吸引力。可见，表面张力也是粒子（分子、原子或离子）间吸引力强弱的一种量度。大多数情况下，温度升高，物质的表面张力降低。一些物质的表面、界面张力数据见表5-1。

表 5-1　一些物质的表面、界面张力

界面	液体	温度 T/K	σ/(N/m)	界面	液体	温度 T/K	σ/(N/m)
液体-水界面	正丁醇	293	0.0018	液体-水界面	苯	293	0.0350
	乙酸乙酯	293	0.0068		四氯化碳	293	0.0450
液体-蒸气界面	H_2O	293	0.07288	液体-蒸气界面	甲醇	293	0.02250
	H_2O	298	0.07214		乙醇	293	0.02239
	H_2O	303	0.07140		乙醇	303	0.02155
	N_2	75	0.00941		丙酮	293	0.02332
	O_2	77	0.01648		丁酸	293	0.02651
	Hg	293	0.4865		苯	293	0.02888
	$NaNO_3$	581	0.1166		苯	303	0.02756
	四氯化碳	293	0.02695		甲苯	293	0.02852
	正己烷	293	0.01843		乙酸丁酯	293	0.02509

测定表面张力的方法有毛细管高度法、最大压力气泡法、滴体积（重）法、吊环法、吊片法、停滴（泡）法、悬滴法等，其中毛细管高度法常被用作标准方法。

（2）影响表面张力的因素

表面张力是液体（包括固体）表面的一种强度性质，在一定温度、压力条件下，纯液体的表面张力是一个定值。但是环境变化时，表面张力会发生变化。溶液的表面张力与温度、压力、溶液种类和溶液浓度有关。

① 溶液种类对界面张力的影响。界面张力与物质本身的性质有关，受分子间相互作用力的影响。对纯液体或纯固体，表面张力取决于分子间形成的化学键能的大小，一般化学键越强，表面张力越大。一般对于气-液界面有：$\gamma_{(金属键)} > \gamma_{(离子键)} > \gamma_{(极性共价键)} > \gamma_{(非极性共价键)}$。两种液体间的界面张力，介于两种液体表面张力之间。

固体分子间的相互作用力远远大于液体，所以固体物质要比液体物质具有更高的表面张力。两种互不混溶的液体形成液-液界面时，界面层的分子所处力场取决于两种液体。所以不同液-液界面的界面张力不同。

② 温度对界面张力的影响。随着温度上升，物质体积膨胀，相互作用减弱，一般液体的表面张力都降低。因为温度升高时，分子间距离增大，吸引力减小。当温度升高至接近临界温度时，液-气界面消失，表面张力必趋于零。极限情况：$T \to T_c$ 时，$\gamma \to 0$。纯液体表面张力与温度的关系式为式(5-5)：

$$\gamma = \gamma_0 \left(1 - \frac{T}{T_c}\right)^n \tag{5-5}$$

式中，γ_0 与 n 均为经验常数，与液体性质有关。一般说，$n > 1$。

因此，温度升高时，气相中分子密度降低，液相中分子距离增大，γ 降低。

③ 压力对表面张力的影响。表面张力一般随着压力的增加而下降。因为压力增加，气相密度增加，表面分子受力不均匀性略有好转，同时气体分子更多溶于液体，改变液相成分，这些因素都使表面张力下降。

通常每增加 1MPa（约 10 大气压）的压力，表面张力约降低 1mN/m。

④ 溶液浓度对表面张力的影响

a. 水溶液的表面张力随溶液浓度的增加而增大（近似直线关系）。如图 5-5 中曲线 1。这类溶质有 NaCl、KNO_3 等无机盐，难挥发性的酸或碱，蔗糖、甘露醇等多羟基有机物等。这些物质与水发生强烈的水合作用而把水分子拉入溶液内部，此时增加单位表面积所做功中，还要包括克服静电引力所消耗的功，因此表面张力升高。这类物质被称为非表面活性物质。

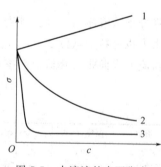

图 5-5 水溶液的表面张力
与浓度的关系

b. 物质在稀溶液中能明显地降低水溶液的表面张力。在浓度较稀时，降低较快；随浓度增加此趋势减小，见图 5-5 中曲线 2。这类物质有短链醇、醛、酮、酸、醚、酯和胺等极性有机物。例如乙醇是由较小的非极性基团与极性基团或离子组成的，它们和水的作用较强，很容易吸附到表面，从而使溶液的表面张力下降，$\Delta G < 0$，体系更稳定。

c. 很少量的溶质就能显著地降低溶液的表面张力，到一定浓度之后，再增大用量，表面张力不再有明显改变，见图 5-5 中曲线 3。这类物质有碳原子数大于或等于 8 的长直链有机酸的碱金属盐、磺酸盐、硫酸盐、苯磺酸盐、有机胺盐等，如 $CH_3(CH_2)_{11}OSO_3Na$（十二烷基硫酸钠），以及常用的肥皂、洗涤剂等，这类物质被称为表面活性物质或表面活性剂。

二、吉布斯吸附公式

溶液看起来非常均匀，实际上并非如此。对于一定浓度的溶液，无论用什么方法使溶液混匀，但其溶质的表面浓度与溶液内部浓度是不同的，这种现象叫溶液的表面吸附。溶液表面的吸附作用导致表面浓度与内部（即体相）浓度的差别，这种差别则称为表面过剩。

吉布斯从另一角度定义了表面相，他将表面相理想化为一无厚度的几何平面，即将表面层与本体相的差别，都归结于发生在此平面内。根据这个假设，吉布斯用热力学方法从相平衡推导出了一定温度下溶液的浓度 c、表面张力 γ 和吸附量 Γ 之间的定量关系，即吉布斯吸附公式，如式(5-6)。

$$\Gamma = -\frac{c}{RT}\left(\frac{\partial \gamma}{\partial c}\right)_T \tag{5-6}$$

式中，c 为吸附平衡时溶液中溶质的浓度，mol/L；γ 为溶液的表面张力，N/m；Γ 为表面相中单位面积的吸附质过剩量（表面过剩量或表面超量），mol/m，它的物理意义是：在单位面积的表面层中，所含溶质的物质的量与具有相同数量溶剂的本体溶液中所含溶质的物质的量之差。

由吉布斯吸附公式可知存在如下两种情况。

① 若 $\left(\dfrac{\partial \gamma}{\partial c}\right)_T < 0$，则 $\Gamma > 0$，说明溶液的表面张力随溶质的加入而降低，Γ 为正值，称为正吸附。此时表面层中溶质浓度高于本体溶液中的浓度，表面活性物质就属于这种情况。

② 若 $\left(\dfrac{\partial \gamma}{\partial c}\right)_T > 0$，则 $\Gamma < 0$，说明溶液的表面张力随溶质的加入而升高，Γ 为负值，称为负吸附。此时表面层中溶质浓度低于本体溶液中的浓度，非表面活性物质就属于这种情况。

吉布斯吸附等温式的推导过程中并未附加任何限制条件，因此，原则上适用于任何两相体系。

三、大分子的定向排列

由于表面活性剂分子具有两亲的特殊结构，其在溶液表面采取憎水尾在空气中而亲水头在水中的特殊定位方式。这一设想为实验所证实。图 5-6 是十二烷基硫酸钠的表面吸附量随浓度变化的情况，属于典型的朗缪尔型吸附等温线。

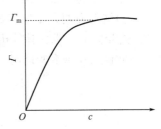

图 5-6　吸附量与浓度的关系

从图 5-6 以看出，当浓度很小时，表面吸附量 Γ 和浓度 c 几乎呈直线关系。当浓度增大时，表面吸附量 Γ 随着浓度的增大而增大；当浓度足够大时，表面吸附量趋向一个极大值 Γ_m，此时若再增大浓度，表面吸附量不再增加，说明吸附已达到饱和，表面吸附量不再改变。Γ_m 为一定值，与浓度无关。因此，称 Γ_m 为饱和吸附量。

表面吸附量与浓度的关系如式(5-7)：

$$\Gamma = \frac{K_c}{a+c} \tag{5-7}$$

① 当浓度很低时，$c \ll a$，c 可忽略，式(5-7) 变为式(5-8)：

$$\Gamma = K'_c \tag{5-8}$$

表面吸附量与浓度成正比。

$$K'_c = \frac{b\gamma}{RTa} \tag{5-9}$$

式中，b 为同系物的共性常数；a 为同系物的特性常数，不同的化合物，a 值不同，所以 Γ 不同。

② 当浓度较大时，$c \ll a$，a 可忽略。

$$\Gamma_\infty = K = \frac{b\gamma}{RT} \tag{5-10}$$

表面吸附达到饱和，吸附量不随浓度而变化。由式(5-10) 还可以看出，Γ_∞ 只与共性常数 b 有关，而与 a 无关，因此，同系物中不同的化合物的饱和吸附量是相同的。

图 5-7 为十二烷基硫酸钠表面活性剂的分子结构及在表面层上的状态。表面活性物质分子的一端是非极性的 8～20 个碳原子的长直链，憎水性较强，在水溶液中使非极性基团离开水相而指向气相；在另一端则是亲水的极性基团，它指向水中。当浓度较高时，溶质分子在溶液表面层吸附达到饱和 [图 5-7(c)]，此时表面活性物质在表面层中的浓度大于体相内的浓度，并且在表面层定向排列成单分子膜。

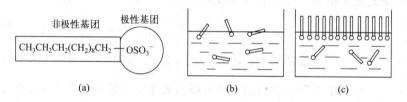

图 5-7 表面活性剂十二烷基硫酸钠分子结构及在表面层上的状态

当表面活性物质在表面层的吸附达到饱和时，其饱和吸附量可视为表面层上溶质的总量。若单位表面积上溶质的总量用 Γ_m 表示，每个表面活性物质分子定向排列在表面层时所占据的面积，即分子的截面面积用 A_m 表示，则有

$$A_m = \frac{1}{L\Gamma_m} \tag{5-11}$$

式中，L 为阿伏伽德罗常数。

实验结果表明，碳原子数为 2～8 之间的直链脂肪酸的 Γ_m 值与碳链长度无关，即它们的 Γ_m 是相同的。据此计算出脂肪酸同系物的分子截面积相同，均为 $0.30 nm^2$，与链长短无关，由此证明在饱和吸附时，表面层上吸附的分子是垂直于液面定向排列的。

第二节 界面吸附

吸附是指流体（气体或液体）与固体多孔物质接触时，流体中的一种或多种组分传递到多孔物质外表面和微孔内表面，并富集在物质表面形成单分子层或多分子层的过程。

一、气-固界面吸附

和液体一样，固体表面上的分子的力场也是不平衡的，邻近分子对它的作用力不对称，使表面具有过剩的能量，即有表面张力和表面能。因此，固体表面有吸附其他物质而降低其表面能的倾向，这种吸附现象是自发进行的。具有吸附作用的物质称为吸附剂，被吸附的物质称为吸附质。对于气-固体系，吸附作用发生在固体表面，则固体为吸附剂，气体为吸附质。由于固体分子或原子不能自由移动，因此它表现出以下的特点：

① 固体表面分子（原子）移动困难。固体表面不像液体那样易于收缩和变形，因此，固体表面张力的直接测定比较困难，但可以用降低表面张力的方法来降低表面能，这也是固体表面能产生吸附作用的根本原因。

② 固体的表面是不均匀的。从原子水平上看，固体的表面是不规整的，存在多种位置，有附加原子、台阶附加原子、扭结原子等。这些表面原子的差异，主要有配位数不同、化学行为不相同，以及吸附热和催化活性也有很大差异。

③ 固体表面层的组成不同于体相内部。固体表面除在原子排布及电子能级上与体相有明显不同外，其表面化学组成也存在很大的差异。

总之，固体表面结构和组成的变化直接影响到它的使用性能、吸附行为和催化作用等。

（一）吸附的类型

按固体表面和被吸附分子作用力性质的不同，可将吸附分为化学吸附和物理吸附。

（1）化学吸附

化学吸附，是指吸附剂与吸附质之间发生化学作用，生成化学键引起的吸附，在吸附过程中不仅有引力，还运用化学键的力，因此吸附能较大，要解吸出被吸附的物质需要较高的温度，而且被吸附的物质即使被解吸出，也已经产生了化学变化，不再是原来的物质了。一般催化剂都是以这种吸附方式起作用的。

（2）物理吸附

物理吸附也称为范德华吸附，它是吸附质和吸附剂以分子间作用力为主的吸附。它的严格定义是某个组分在相界层区域的富集。物理吸附的作用力是固体表面与气体分子之间，以及已被吸附分子与气体分子间的范德华引力，包括静电力、诱导力和色散力。

物理吸附过程不产生化学反应，不发生电子转移、原子重排及化学键的破坏与生成。由于分子间引力的作用比较弱，吸附质分子的结构变化很小。在吸附过程中物质不改变原来的性质，因此吸附能小，被吸附的物质很容易再脱离，如用活性炭吸附气体，只要升高温度，就可以使被吸附的气体脱离活性炭表面。化学吸附和物理吸附的比较见表 5-2。

表 5-2　物理吸附与化学吸附的比较

吸附性质	物理吸附	化学吸附
作用力	范德华力	化学键力
吸附稳定性	不稳定,易解吸	比较稳定,不易解吸
吸附热	较小,接近液化热	较大,接近化学反应热
选择性	无	有
吸附温度	低温,低于吸附质的临界温度	高温,高于吸附质的沸点
吸附层数	单分子层或多分子层	单分子层
吸附速率	较快,几乎不受湿度影响	较慢,升高湿度速率加快
活化能	较小或为零	较大

化学吸附和物理吸附并不是孤立的，往往相伴发生。在污水处理技术中，大部分的吸附

往往是几种吸附综合作用的结果。由于吸附质、吸附剂及其他因素的影响，可能某种吸附是起主导作用的。

此外，还有一类交换吸附，这类吸附主要依靠静电引力的作用，表面能降低，靠吸附质离子与吸附剂表面带电点上的静电引力聚集在吸附剂表面，同时放出等当量的同号离子。

（二）吸附平衡

在气-固吸附体系中，气相中的分子可被吸附到固体表面上，而已被吸附的分子也会逃离，即脱附（或称解吸附）再回到气相。在一定条件下，溶液中吸附质的浓度和吸附剂单位吸附量不再发生变化，即吸附速率和脱附速率相等时，也就达到了吸附平衡状态。此时吸附在固体表面上的气体量不随时间而变化。

（1）吸附量与吸附热

吸附量是指在一定温度下单位质量的固体吸附剂所吸附气体溶质的物质的量或气体的体积（通常换算成标准状况下的体积），如式(5-12) 或式(5-13)。

$$\Gamma = n/m \tag{5-12}$$

式中，Γ 为吸附量，mol/kg；n 为被吸附气体的物质的量，mol；m 为吸附剂的质量，kg。

$$\Gamma = V/m \tag{5-13}$$

式中，Γ 为吸附量，m^3/kg；V 为被吸附气体的体积，m^3；m 为吸附剂的质量，kg。

吸附量可由实验直接测定。由于吸附过程是自发进行的，所以，吸附过程中体系的吉布斯自由能减少，即 $\Delta G < 0$。当气体分子在固体表面上被吸附后，气体分子的运动从原来的三维空间的自由运动变为局限于表面层上的二维运动，运动的自由度降低，因此，熵值减少，即 $\Delta S < 0$。在定温定压时，由热力学公式：

$$\Delta G = \Delta H - T\Delta S \tag{5-14}$$

则有：

$$\Delta H = \Delta G + T\Delta S < 0 \tag{5-15}$$

由该公式可知通常吸附都是放热过程。吸附热可以用来衡量吸附的强弱程度。吸附热越大，吸附越强。吸附热可直接用量热计测定，也可以用吸附曲线的等量线来计算。

（2）吸附曲线

实验表明，对于一定的吸附剂和吸附质，气体在固体表面上的吸附量 Γ 与气体和固体的性质、表面状态及大小、吸附平衡时温度 T、气体的分压 p 等因素有关，可用式(5-16) 表示。

$$\Gamma = f(T, p) \tag{5-16}$$

① 吸附等温线。在一定温度下，溶质分子在两相界面上进行吸附过程达到平衡时，反映吸附量 Γ 与吸附质平衡分压 p 之间的关系式称为吸附等温式，此时，Γ 与 p 的关系曲线则为吸附等温线。

吸附质与吸附剂之间作用的强弱、吸附界面上吸附分子的存在状态，以及吸附层可能存在的结构，均由吸附等温线的形状和变化规律进行判定。常见的吸附等温线大致可分为六种类型，如图 5-8 所示。

吸附等温线的形状不同，说明吸附体系性质的差异。例如，吸附剂表面性质有所不同、孔分布性质以及吸附质和吸附剂的相互作用不同等，因此，由吸附等温线的形状可以了解一些吸附体系性质的相关信息。

② 吸附等压线。在固体表面进行气相吸附时，平衡吸附量是温度、压力的函数。将恒

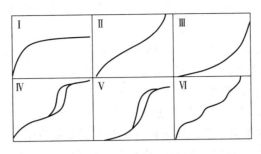

图 5-8　吸附等温线类型

压下的平衡吸附量与温度的关系式称为吸附等压式，在此恒压 p 条件下，反映 T 与 Γ 关系的曲线称为吸附等压线。等压线可用于判别吸附的类型，图 5-9 为吸附等温线和对应的吸附等压线。

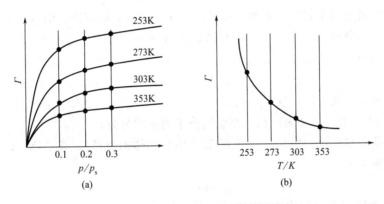

图 5-9　吸附等温线（a）和吸附等压线（b）

由图可见，无论是物理吸附或是化学吸附，在一定温度范围内吸附量均随着温度升高而下降。但是，若气体在固体表面上低温进行物理吸附，高温又发生化学吸附，等压线可能出现转折，形成最高点和最低点。如图 5-10 为氢在金属镍表面上的吸附等压线，在此曲线最低点前进行物理吸附，最高点后进行化学吸附，最低点与最高点间为物理吸附向化学吸附的转变区域，为非平衡吸附。

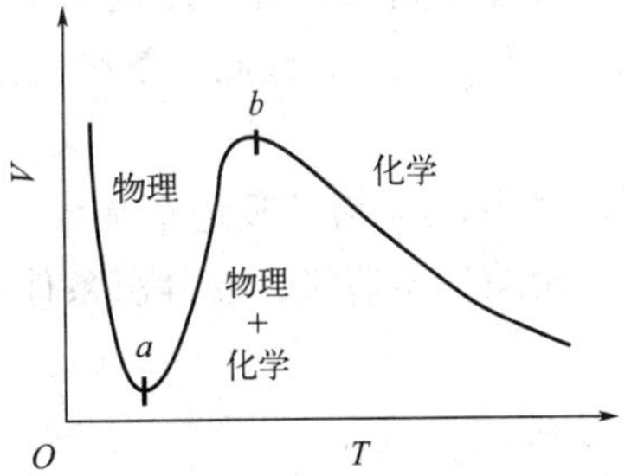

③ 吸附等量线。吸附量 Γ 一定时，反映吸附温度 T 与吸附质平衡分压 p 之间的关系式称为吸附等量式，在此条件下，反映 T 与 p 关系的曲线称为吸附等量线。根据吸附等量线，由 T 与 p 的关系可求算摩尔吸附热 $\Delta_{ads}H_m$。

图 5-10　氢在金属镍表面上的吸附等压线

$$\left(\frac{\partial \ln p}{\partial T}\right)_\Gamma = -\frac{\Delta_{ads}H_m}{RT^2} \tag{5-17}$$

式中，$\Delta_{ads}H_m < 0$，为负值。上式类似于气-液平衡的克拉佩龙方程。

吸附热是研究吸附现象的重要参数之一，其大小常被看作吸附作用强弱的一种标志。

（三）吸附理论

（1）朗缪尔单分子层吸附模型

在 1918 年，朗缪尔（Langmuir）提出了第一个气-固吸附理论，即单分子层吸附理论，并从动力学的观点提出了单分子层吸附等温式。

在等温吸附时，Langmuir 单分子层吸附模型所持的四个基本假设：

① 单分子层吸附。每个吸附中心只能被一个吸附分子占据（气体分子只有碰撞到固体的空白表面上才能被吸附），形成不移动的吸附层。

② 理想的均匀表面，被吸附的分子之间互不影响。各个吸附中心都具有相等的吸附能，并在各中心均匀分布，吸附分子从固体表面解吸时不受其他吸附分子的影响。

③ 局部吸附。吸附剂固体的表面有一定数量的吸附中心，形成局部吸附，各吸附中心互相独立，各吸附中心的吸附或解吸与周围相邻的吸附中心是否为其他分子所占据无关。

④ 一定条件下，吸附和脱附可以建立动态平衡。

该模型是和吸附量或覆盖率无关的理想模型。气体分子在固体催化剂表面上的化学吸附速率取决于单位表面上的气体分子碰撞数、吸附活化能和表面覆盖率三种因素。

气体分子的碰撞频率越高，吸附速率越大，根据分子运动理论，单位表面上气体分子的碰撞数与该组分的分压成正比。碰撞在固体表面的分子只有能量超过 E_a 的才可能被吸附，这类分子的量只占分子总数的一部分，其分率为 $\exp(-E_a/RT)$。碰撞在固体表面上的分子，活化能超过 E_a 的那部分中，只有碰撞在空白的活性中心上才能被吸附。

表面覆盖率是指在一定温度下，被吸附分子覆盖的固体表面积占表面的总面积的分数，用 θ 表示，则 $1-\theta$ 表示固体表面尚未被吸附分子覆盖的分数。

根据第一条基本假设，由于气体的吸附速率与气体的分压 p 成正比，即与 $1-\theta$ 成正比，所以吸附速率 r_{ads} 为：

$$r_{ads} = k_1(1-\theta)p \tag{5-18}$$

式中，k_1 为吸附速率常数。

固体催化剂表面吸附态组分脱附的速率取决于吸附量和脱附活化能 E_d。吸附量越大，表面覆盖率越大，脱附的量也越大；被吸附的分子中活化能高于 E_d 的才能脱附，其分率为 $\exp(-E_d/RT)$。因此，解吸脱附速率 r_d 应与覆盖率 θ 成正比，即：

$$r_d = k_2\theta \tag{5-19}$$

式中，k_2 为解吸速率常数。

由第四条假设，在等温条件下，当吸附达到平衡时，吸附速率等于解吸速率，故：

$$k_1(1-\theta)p = k_2\theta \tag{5-20}$$

则得到：

$$\theta = \frac{k_1 p}{k_2 + k_1 p} \tag{5-21}$$

设 $b = \dfrac{k_1}{k_2}$，则：

$$\theta = \frac{bp}{1+bp} \tag{5-22}$$

若用 Γ_m 表示饱和吸附量，即单位质量固体表面全部吸附一层气体分子的量；Γ 表示吸附量，则可得到：

$$\theta = \frac{\Gamma}{\Gamma_m} \tag{5-23}$$

代入式(5-22)可得：

$$\Gamma = \Gamma_m\theta = \Gamma_m\frac{bp}{1+bp} \tag{5-24}$$

$$\frac{p}{\Gamma} = \frac{1}{\Gamma_m b} + \frac{b}{\Gamma_m} \tag{5-25}$$

式(5-24)中 b 是吸附平衡常数，其大小表示固体表面吸附气体能力的强弱。在一定温度下，对一定的吸附剂和吸附质来说，b 和 T 都是常数。式(5-21)～式(5-25)均为朗缪尔吸附等温式。

分析式(5-24)可以得到如下结论。

① 当气体分压很低时，$bp \ll 1$，得式(5-26)，说明吸附量 Γ 与气体平衡分压成正比。

$$\Gamma \approx \Gamma_m bp \tag{5-26}$$

② 当气体分压相当大时，$bp \gg 1$，得式(5-27)，说明吸附达到饱和，若再提高气体分压，吸附量亦不能再增加。

$$\Gamma \approx \Gamma_m \tag{5-27}$$

Langmuir 吸附等温式的缺点：

① 假设吸附是单分子层的，与事实不符。

② 假设表面是均匀的，其实大部分表面是不均匀的。

③ 在覆盖率 θ 较大时，Langmuir 吸附等温式不适用。

Langmuir 吸附理论意味着吸附热与覆盖率无关，适用于覆盖率不太大的情况。Langmuir 公式只适用于固体表面的单分子层吸附，适用于图 5-8 中Ⅰ型等温线的气体吸附，能较好地说明化学吸附或气-固吸附力很强的物理吸附，因此被广泛地应用。

（2）弗罗因德利希吸附模型

弗罗因德利希模型主要假设为：固体吸附表面是不均匀的，吸附活化能和脱附活化能随表面覆盖率呈对数变化。表示为式(5-28)。

$$E_a = E_a^0 + \mu\ln\theta \tag{5-28}$$

$$E_d = E_d^0 - \gamma\ln\theta \tag{5-29}$$

类似朗缪尔吸附等温式的推导，假定在非均匀表面上发生吸附，弗罗因德利希从经典统计力学理论推导出一个经验公式，如式(5-30)，被称为弗罗因德利希吸附等温式。

$$\Gamma = kp^{\frac{1}{n}} \tag{5-30}$$

式中，p 为气体的平衡分压；Γ 为气体的吸附量；k、n 为常数，n 反映了吸附作用的强度，k 与吸附相互作用、吸附量有关。常数 k 和 n 依赖于吸附剂、吸附质的种类和吸附温度。一般 $n > 1$。

将上式取对数，则得式(5-31)。

$$\lg\Gamma = \frac{1}{n}\lg p + \lg k \tag{5-31}$$

以 $\lg\Gamma$ 对 $\lg p$ 作图，得到的直线截距为 $\lg k$，斜率为 $\frac{1}{n}$，由此可求出 k 和 n 值。

弗罗因德利希等温式还可用于固体吸附剂从溶液中吸附溶质的计算，此时将压力 p 换成浓度 c，即式(5-32)。

$$\lg\Gamma = \frac{1}{n}\lg c + \lg k \tag{5-32}$$

弗罗因德利希等温式在中等压力范围内能较好地适用，如图 5-9 的等温线。虽然该等温式只是近似地概括了一部分实验事实，但由于其简单方便，得到广泛应用。

（3）焦姆金（Temkin）吸附模型

焦姆金模型的基本假设为：

① 固体吸附表面是不均匀的，被吸附的分子之间存在着相互作用，其结果为吸附活化能随着表面覆盖率线性增加，脱附活化能随表面覆盖率线性下降，表示为：

$$E_a = E_a^0 + \beta\theta \tag{5-33}$$

$$E_d = E_d^0 - \gamma\theta \tag{5-34}$$

② 单层吸附，并仅考虑固体表面为中等覆盖率的情况，即固体表面最活泼的活性中心已被吸附，不活泼的活性中心基本空白，$\theta_{max} = 0.5$。

③ 在一定情况下，吸附和脱附可建立动态平衡。

同样，类似朗缪尔吸附等温式的推导，假定在非均匀表面上发生吸附，焦姆金推导出一个经验公式，过程如下：

$$r_a = k_a e^{-\beta\theta} p(1-\theta) \approx k_a p e^{-\beta\theta} \tag{5-35}$$

$$r_d = k_d e^{\gamma\theta}\theta \approx k_d e^{\gamma\theta} \tag{5-36}$$

$$r = r_a - r_d = k_a p e^{-\beta\theta} - k_d e^{\gamma\theta} \tag{5-37}$$

平衡时：

$$\frac{k_a p}{k_d} = e^{(\gamma+\beta)\theta} \tag{5-38}$$

$$\ln k_p = f\theta \tag{5-39}$$

线性化：

$$\Gamma = \frac{\Gamma_m}{f}\ln p + \frac{r_m}{f}\ln K \tag{5-40}$$

式中，f 与 K 为经验常数，与温度和吸附体系的性质有关。NH_3 在铁上的化学吸附符合焦姆金吸附平衡式。

（4）BET 吸附模型——多分子层吸附理论

① BET 公式。为了解释多分子层吸附等温线，在 1938 年 Brunauer、Emmett、Teller 三人在朗缪尔单分子层吸附理论基础上提出了多分子层理论，简称 BET 理论，并推导出 BET 公式。

BET 吸附理论同意 Langmuir 理论中关于固体表面是均匀的这一观点，但认为吸附是多分子层的。在原先被吸附的分子上面仍可吸附另外的分子，而且不一定等第一层吸满后再吸附第二层。

当然第一层吸附与第二层吸附不同，第一层吸附是靠吸附剂与吸附质间的分子引力，而第二层以后靠吸附质分子间的引力。因为相互作用的对象不同，因而吸附热也不同，第二层及以后各层的吸附热接近于凝聚热。总吸附量等于各层吸附量之和。

依据上述观点，推导出定温下吸附平衡时的 BET 公式为式(5-41)：

$$\Gamma = \frac{\Gamma_m c p}{(p_s - p)\left[1+(C-1)\dfrac{p}{p_s}\right]} \tag{5-41}$$

式中，Γ 为气体分压为 p 时的吸附量；Γ_m 为吸附剂表面被覆盖满单分子层时的吸附量；p_s 为实验温度下气体的饱和蒸气压；C 为与吸附热有关的常数。

② BET 吸附二常数公式。式(5-41) 为吸附层无限的 BET 吸附等温式。根据被吸附的气体吸附量与体积的关系，式(5-41) 可以转换成式(5-42)。

$$V = V_m \frac{c_p}{(p_s - p)\left[1 + \frac{(c-1)p}{p_s}\right]} \tag{5-42}$$

式中，c 为与吸附第一层气体的吸附热及该气体的液化热有关的常数；V 为被吸附气体的体积；p 为被吸附气体的平衡压力；p_s 为同温度下被吸附气体的饱和蒸气压；V_m 为单分子层饱和吸附时被吸附物的体积。

式(5-42) 中，包含两个常数 c 和 V_m，所以又称为 BET 的二常数公式。

压力比太低，建立不起多分子层物理吸附；压力比过高，容易发生毛细凝聚，使结果偏高。为了计算方便起见，二常数公式较常用，对比压力一般控制在 0.05～0.35 之间。

BET 吸附公式既适用于单分子层，又适用于多分子层吸附，常用于图 5-8 中 II 型、III 型等温线。

将式(5-42) 改写为式(5-43)，即：

$$\frac{p}{V(p_s - p)} = \frac{1}{V_m C} + \frac{C-1}{V_m C} \times \frac{p}{p_s} \tag{5-43}$$

用 $\frac{p}{V(p_s - p)}$ 对 $\frac{p}{p_s}$ 作图，得一条直线。直线斜率 a 为 $\frac{C-1}{V_m C}$，截距 b 为 $\frac{1}{V_m C}$，由 a 和 b 可得到式(5-44)。

$$V_m = \frac{1}{a+b} \tag{5-44}$$

从 V_m 可以计算出铺满单分子层时所需的分子个数，若已知每个分子的截面积，就可求出吸附剂的总表面积 S 和比表面：

$$S = A_m L n \tag{5-45}$$

$$S = \frac{S_m L V_m}{22.4} \tag{5-46}$$

式中，A_m 为吸附质分子的横截面积；L 为阿伏伽德罗常数；n 为吸附质的物质的量；V_m 为 STP 下气体的摩尔体积（$22.4 \times 10^{-3} \, \text{m}^3/\text{mol}$）。若 V_m 用 cm^3 表示，则 $n = \frac{V_m}{22400 \text{cm}^3/\text{mol}}$。

固体吸附剂的比表面积 $S_比$ 为：

$$S_比 = \left(\frac{V_m L}{22400 \text{cm}^3/\text{mol}}\right) \times \frac{A_m}{W} \tag{5-47}$$

式中，W 为固体吸附剂的质量。

③ BET 吸附三常数公式。如果吸附层不是无限的，而是有一定的限制，例如在吸附剂孔道内，至多只能吸附 n 层，则 BET 公式修正为三常数公式，如式(5-48)：

$$V = V_m \frac{C_p}{(p_s - p)} \left[\frac{1 - (n+1)\left(\frac{p}{p_s}\right)^n + n\left(\frac{p}{p_s}\right)^{n+1}}{1 + (C-1)\frac{p}{p_s} - C\left(\frac{p}{p_s}\right)^{n+1}} \right] \tag{5-48}$$

若 $n=1$，为单分子层吸附，上式可以简化为 Langmuir 公式；若 $n=\infty$，$(p/p_s)^\infty\rightarrow0$，上式可转化为二常数公式。三常数公式一般适用于对比压力在 $0.35\sim0.60$ 之间的吸附。

BET 吸附等温式常用来测定固体物质的比表面积、孔结构、孔形状和孔分布。

由于固体吸附剂和催化剂的比表面积是吸附性能和催化性能研究和应用中最重要的参数之一，所以，测定固体比表面积很有实际意义，目前公认最好的方法之一是利用实验测定的数据，再用 BET 公式进行计算，其相对误差一般在 10％左右。

二、液-固界面吸附

当液体与固体表面接触时，由于固体表面分子对液体的作用力大于液体分子间的作用力，液体分子向固-液界面密集（变浓）同时降低了固-液界面能。这种密集作用即发生了吸附。若液体为两种或两种以上物质构成的溶液，其各组分在固-液界面上的吸附量不同，因而在液相中的浓度也将发生相应的变化。

（一）固-液界面吸附的特点

（1）成分复杂

固体在溶液中的吸附也是常见的吸附现象之一，这一类吸附较为复杂，主要是因为吸附剂除了吸附溶质之外还可能吸附溶剂。溶液吸附必涉及溶质、溶剂和吸附剂三者间错综复杂的作用，溶液等温线的描述大多有一定的经验性质，且不能完全表述各种成分的性质。

（2）吸附量仅指表观吸附量

溶液吸附的吸附量大多根据溶液中某组分在吸附平衡前后浓度的变化确定。由此确定的吸附量实际是表观吸附量，忽略了溶剂影响，对于稀溶液，表观吸附量与真实吸附量近似相等，但对于浓溶液，这种影响将带来较大的误差。

（3）杂质的影响

溶剂杂质可能对吸附剂的可溶性造成影响。例如：硅胶自干燥的苯和未经干燥的苯中吸附硝基苯所得吸附等温线形状完全不同（图 5-11）。

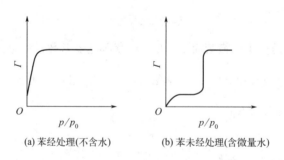

（a）苯经处理（不含水）　（b）苯未经处理（含微量水）

图 5-11　干燥苯和未经干燥苯中硅胶的吸附等温线

（4）平衡时间长，并需要采取帮助扩散的措施

与气相在固体上的吸附不同，液相吸附时，液体分子量较大，且存在着各种分子间相互作用，影响它们的扩散。对于多孔性固体，特别是微孔固体，欲达到平衡需很长时间，并需采用搅拌、振荡、超声等方法在保证不改变各组分和吸附剂的性质和结构的前提下，促进吸附进行，帮助扩散。

（5）液相吸附类型

液相吸附可以是物理吸附，也可以是化学吸附，一般以物理吸附居多。溶液中溶剂与溶质在固体表面吸附的难易取决于它们表面作用力的强弱。一般来说，和固体表面性质相近的组分易被吸附。

（二）稀溶液中的吸附

稀溶液是由溶剂和具有一定溶解度的溶质组成的溶液，吸附过程中溶剂的浓度基本不变，所以测得的吸附量基本由溶质的吸附引起。固体在稀溶液中的吸附等温线的形状与固-气吸附相似，通常气体吸附中的公式也可用于稀溶液吸附。

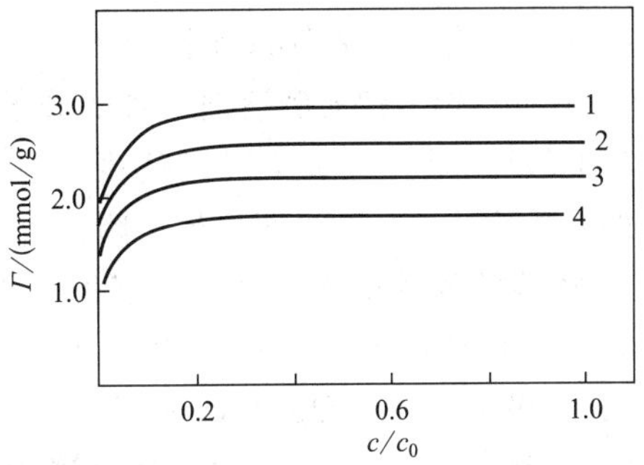

（1）吸附等温式

固体在稀溶液中的吸附等温线，大致有三种类型：第一种是单分子层吸附等温线，如图 5-12；第二种是指数型的吸附等温线，如图 5-13；第三种是多分子层吸附等温线，如图 5-14。

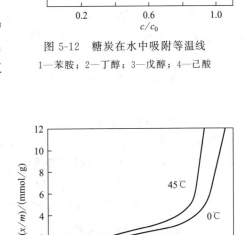

图 5-12 糖炭在水中吸附等温线
1—苯胺；2—丁醇；3—戊醇；4—己酸

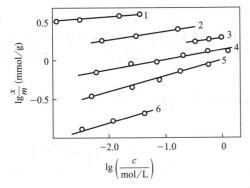

图 5-13 糖炭在水中的吸附等温线
1—溴；2—异戊醇；3—酚；4—琥珀酸；
5—苯甲酸；6—苦味酸乙醇

图 5-14 硅胶自己溶液中吸附水等温线

第一种吸附等温式为式（5-49）。

$$\Gamma=\frac{x}{m}=\frac{\Gamma_{\mathrm{m}}bc}{1+bc} \tag{5-49}$$

第二种吸附等温线常常可以用 Freundlich 吸附方程，即式（5-50）来描述。

$$\Gamma=\frac{x}{m}=kc^{\frac{1}{n}} \tag{5-50}$$

式（5-50）是经验公式，式中 k 和 n 都是经验常数，c 是吸附平衡时溶液本体相的浓度，x/m 为吸附量。

式（5-50）取对数得式（5-51）。

$$\lg\Gamma=\lg\frac{x}{m}=\lg k+\frac{1}{n}\lg c \tag{5-51}$$

以 $\lg\frac{x}{m}$ 对 $\lg c$ 作图，得到图 5-13 所示直线。从直线的截距和斜率可求得常数 k 和 n。

第三种吸附等温线常常可借用 BET 公式来描述。其中相对浓度 $\dfrac{c}{c_0}$，相当于固-气吸附的相对压力 $\dfrac{p}{p_0}$，此处 c_0 为饱和溶液的浓度。要注意的是，在多分子层中会同时存在着溶质和溶剂。

（2）影响吸附平衡的因素

① 吸附剂、溶质和溶剂三者的分子极性的影响。极性物易溶于极性溶剂，非极性物易溶于非极性溶剂。因此，从溶解度角度来看，极性的溶质易从非极性的溶剂中被吸附，非极性的溶质易从极性的溶剂中被吸附。

② 溶解度的影响。吸附与溶解可以看作是两个相反的过程，因此，溶质的溶解度越小，就越容易从溶液中被吸附。例如，苯甲酸在四氯化碳、苯和乙醇中溶解度分别是 $4.2\mathrm{g}/100\mathrm{cm}^3$、$12.23\mathrm{g}/100\mathrm{cm}^3$ 和 $36.9\mathrm{g}/100\mathrm{cm}^3$。以糖炭（一种将蔗糖炭化后再经活化而制得的活性炭）或硅胶自这三种溶液中吸附苯甲酸时，吸附量大小次序均是：四氯化碳＞苯＞乙醇。

应用此规则时，其他条件应相同或相近。若两种溶剂对吸附剂的亲和力差别很大，则不符合此规则。

③ 温度的影响。与固-气吸附一样，固体自溶液中的吸附是放热过程，因此温度升高，吸附量减少。但 Polanyi 指出，对于溶解度不高的体系，还得考虑其溶解度与温度的关系。温度升高，溶解度增大，故饱和溶液浓度增大。该因素引起的吸附量增加，超过了温度升高而使吸附量减少。总结果是吸附量随温度升高而增加。

另外，吸附剂孔的大小及表面化学性质、混合溶剂、加入的盐等因素也影响吸附平衡。

（三）溶液中吸附量的测定

通常将一定量的固体吸附剂与一定量已知浓度的溶液混合，在一定温度下振荡使其达到吸附平衡，澄清或过滤后分析溶液的成分，从吸附前后溶液浓度的改变可以求出单位质量的固体所吸附的溶质的数量 Γ，用公式可表示为式（5-52）。

$$\Gamma=\frac{x}{m}=\frac{V(c_0-c)}{m} \tag{5-52}$$

式中，m 为吸附剂的质量，kg；x 为被一定质量的吸附剂所吸附溶质的物质的量，mol；V 为溶液的体积，L；c_0、c 分别为吸附前与吸附平衡时溶液的浓度，mol/L。

用上式计算的吸附量并未考虑溶剂的吸附，通常称为表观吸附量或相对吸附量。实际上，吸附剂除了吸附溶质以外，还会吸附溶剂。

三、电解质溶液中离子的吸附

固体自电解质溶液中的吸附可分为两类：一类是离子选择性吸附，即电解质的正、负离子都被吸附，如离子晶体对溶液中电解质的吸附；另一类是离子交换吸附，如离子交换树脂、黏土、沸石和分子筛等在电解质溶液中的吸附。

（一）选择性吸附

离子晶体对溶液中电解质离子的吸附是选择性吸附。固体在电解质溶液中，能较多地或有选择地吸附某种正离子或负离子，而使固体带正、负电荷，这种现象被称为离子选择性吸附。一般来说，晶体表面将选择吸附可形成难溶盐或难电离的化合物的离子。

例如，在由 AgNO$_3$ 和 KBr 溶液反应制备 AgBr 时，若 KBr 过量，则 AgBr 晶体表面将选择吸附 Br$^-$ 而使 AgBr 晶体带负电；若 AgNO$_3$ 过量，则 AgBr 晶体会优先选择吸附 Ag$^+$ 使 AgBr 晶体带正电。显然，在这种情况下化学作用力起主要作用。

但有些情况是静电引力起主要作用，例如，电解质溶液对胶体的聚沉作用，胶体粒子对离子的吸附强弱将随其价电子数的增加而增强。

静电吸引与化学作用两者都起作用的情况：离子在固体表面上的吸附是 Langmuir 型吸附，即单离（分）子层的吸附。

（二）离子交换吸附

与选择性吸附不同，离子交换吸附是指某些吸附剂在电解质溶液中吸附某种离子时，不是固体直接从溶液中吸附离子，而是在固体吸附剂上可交换的离子与溶液中相同电性的离子进行化学计量的交换反应，也就是固体吸附剂在溶液中吸附了某种离子的同时，将另一种相同电荷的离子释放到溶液中去，所以它与固体的吸附或吸收现象不同。若可交换的是阳离子，称为阳离子交换剂，若可交换的是阴离子，称为阴离子交换剂。这种交换是按化学计量反应进行的。

例如，各种离子交换树脂、沸石、分子筛、黏土等在电解质溶液中都会产生离子交换吸附。一些饮用纯净水、化妆品工业生产中使用的去离子水都是用离子交换树脂制备的。

阳离子交换剂：
$$2NaX(s)+CaCl_2(aq)\Longrightarrow CaX_2(s)+2NaCl(aq) \tag{5-53}$$

阴离子交换剂：
$$2XCl(s)+Na_2SO_4(aq)\Longrightarrow X_2SO_4(s)+2NaCl(aq) \tag{5-54}$$

式中，X 表示离子交换剂的结构单位，可以是阴离子，也可以是阳离子；aq 表示水溶液。

第三节 表面活性剂

一、表面活性剂概述

当一种物质以低浓度存在于某一体系中时，能被吸附在该体系的表面或界面上，并能显著地降低这些表面或界面的自由能，这种物质被称为表面活性剂。这类物质具有固定的亲水亲油基团，在溶液的表面能定向排列。表面活性剂广泛地应用于石油、纺织、医药、采矿、食品、洗涤、化妆品等许多领域中。

（一）表面活性剂结构与分类

（1）表面活性剂结构

从结构看，表面活性剂分子一般总是由非极性的亲油（疏水）的碳氢链部分和极性的亲水（疏油）的基团共同构成的，它们分别位于表面活性剂分子的两端，形成不对称的分子结构，故又称它为两性化合物。表面活性剂分子结构如图 5-15 所示。

但事实上，并非所有的两性分子都是表面活性剂，只有碳氢链为 8～20 个碳原子的两性分子才能作为表面活性剂。碳氢链太短亲油性差，太长则亲水性差，因此均不适宜作为表面

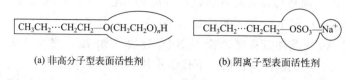

(a) 非高分子型表面活性剂　　　　　　(b) 阴离子型表面活性剂

图 5-15　表面活性剂分子示意

活性剂的疏水链。

（2）表面活性剂的分类

表面活性剂的分类方法很多，根据疏水基的结构进行分类，分直链、支链、芳香链、含氟长链等；根据亲水基进行分类，分为羧酸盐、硫酸酯盐、季铵盐、PEO 衍生物、内酯等；根据其分子构成的离子性分成离子型、非离子型等。此外，还有根据其水溶性、化学结构特征、原料来源等各种分类方法。

目前较常用的方法是以表面活性剂的极性基团是否为离子为依据，分为离子型和非离子型两大类。在离子型中又按其亲水基团离子所带电荷分为阴离子型、阳离子型和两性离子型，见表 5-3。

表 5-3　表面活性剂的分类

类型		实例
离子型表面活性剂	阴离子型	羧酸盐 $RCOO^- M^+$，硫酸酯盐 $ROSO_3^- M^+$，磺酸盐 $RSO_3^- M^+$，磷酸酯盐 $ROPO_3^- M^+$
	阳离子型	季铵盐 $RN^+(CH_3)_3 X^-$，吡啶盐 $\langle\!\!\!\bigcirc\!\!\!\rangle NR^+X^-$，高级脂肪酸盐 $RNH_3^+ X^-$
	两性离子型	氨基酸型 $RN^+H_2CH_2CH_2COO^-$，甜菜碱型 $RN^+(CH_3)_2CH_2COO^-$
非离子型表面活性剂		脂肪醇聚氧乙烯醚 $RO(CH_2CH_2O)_nH$，脂肪酸聚氧乙烯酯 $RCOO(CH_2CH_2O)_nH$，脂肪酸多元醇酯 $RCOOCH_2C(CH_2OH)_3$

注：R 通常表示烃基，为 $C_8 \sim C_{10}$；M^+ 为金属离子或简单的阳离子，如 Na^+、K^+ 或 NH_4^+；X^- 为简单阴离子，如 Cl^-、Ac^- 等。

① 阴离子型表面活性剂

a. 肥皂类。高级脂肪酸的盐，通式为 $(RCOO^-)_n M^+$；R 一般是由 11～17 个碳原子组成的长碳链。常见有硬脂酸、油酸、月桂酸。根据 M 代表的物质不同，又可分为碱金属皂、碱土金属皂和有机胺皂。它们均有良好的乳化性能和分散作用。但碱金属皂类还可被钙、镁盐破坏，电解质亦可使之盐析。

b. 硫酸化物。通式为 $ROSO_3^- M^+$，主要有硫酸化油和高级脂肪醇硫酸酯类。脂肪烃链 R 在 12～18 个碳之间。硫酸化油的代表物是硫酸化蓖麻油，俗称土耳其红油。高级脂肪醇硫酸酯类有十二烷基硫酸钠（SDS、月桂醇硫酸钠），其乳化性很强，且较稳定，较耐酸和钙、镁盐。

c. 磺化物。通式为 $RSO_3^- M^+$，主要有脂肪族磺化物、烷基芳基磺化物和烷基萘磺化物。它们的水溶性以及耐酸和耐钙、镁盐性比硫酸化物稍差，但在酸性溶液中不易水解。常用品种有二辛基琥珀酸磺酸钠（阿洛索-OT）、十二烷基苯磺酸钠、甘胆酸钠。

② 阳离子型表面活性剂。该类表面活性剂起作用的部分是阳离子，因此称为阳性皂。其分子结构主要部分是一个五价氮原子，也称为季铵化合物。其特点是水溶性大，在酸性与碱性溶液中较稳定，具有良好的表面活性作用和杀菌作用。常用品种有苯扎氯铵（洁尔灭）和苯扎溴铵（新洁尔灭）等。

③ 两性离子型表面活性剂。两性离子型表面活性剂的分子结构中同时具有正、负电荷基团，在不同 pH 值介质中可表现出阳离子或阴离子型表面活性剂的性质。如卵磷脂，它是制备注射用乳剂及脂质微粒制剂的主要辅料；氨基酸型，通式为 $RN^+H_2CH_2CH_2COO^-$；甜菜碱型，通式为 $RN^+(CH_3)_2CH_2COO^-$。

两性离子型表面活性剂在碱性水溶液中呈阴离子表面活性剂的性质，具有很好的起泡、去污作用；在酸性溶液中则呈阳离子表面活性剂的性质，具有很强的杀菌能力。

④ 非离子型表面活性剂。此类表面活性剂在水溶液中不电离，其亲水基团是由具有一定数量的含氧基团（醚基、羟基）构成的。种类主要有：脂肪酸甘油酯，如单硬脂酸甘油酯，HLB 为 3～4，主要用作 W/O 型乳剂辅助乳化剂；多元醇；蔗糖酯，HLB 为 5～13，主要用于 O/W 乳化剂、分散剂；脱水山梨醇脂肪酸酯（司盘），用于 W/O 乳化剂；聚氧乙烯脱水山梨醇脂肪酸酯（吐温），用于 O/W 乳化剂。

但是各种分类方法都有其局限性，很难将表面活性剂合适定位，并在概念内涵上不发生重复。因此，可以采用一种综合分类法，以表面活性剂的离子性划分，同时将一些属于某种离子类型但具有其显著的化学结构特征，且已发展成表面活性剂一个独立分支的品种单独列出。这种方法在基本不破坏分类系统性的前提下，使得分类更明确，并对表面活性剂各个近代发展分支有较为清晰的了解。

通过化学键将两个或两个以上的同一或几乎同一的表面活性剂单体，在亲水基或亲水基的附近用连接基团将其连接在一起，形成的表面活性剂称为双子表面活性剂。该类表面活性剂有阴离子型、非离子型、阳离子型、两性离子型及阴-非离子型、阳-非离子型等。

双子表面活性剂的结构特点有以下几个方面：

① 双子表面活性剂都具有两个疏水链和亲水基。

② 连接基可以是短链基团，也可以是长链基团；可以是刚性基团，也可以是柔性基团；可以是亲水基团，也可以是疏水基团。

③ 亲水基是阴离子的，如磺酸盐、羧酸盐等；也可以是阳离子的，如铵盐；还可以是非离子的，如糖苷、聚醚等。

④ 双子表面活性剂大部分是对称的结构，少数为不对称结构。

（二）临界胶束浓度（CMC）

（1）胶束与临界胶束浓度

当浓度极低时，表面活性剂主要是以单个分子的形式分布于溶液的表面，同时也有少数的分子存在于溶液内（参见图 5-16），此时水的表面张力几乎没变。

当表面活性剂浓度稍有增加时，溶液表面层单个分子逐渐增多，引起表面层中水分子数量的减少，从而使表面张力急剧下降。与此同时，水中的表面活性剂分子也三三两两地聚集到一起，随着浓度的逐渐增大，水溶液表面聚集了足够量的表面活性剂分子，并密集地定向排列在液面上形成单分子膜，此时空气与水完全隔绝，如再提高浓度，则水溶液中的胶体电

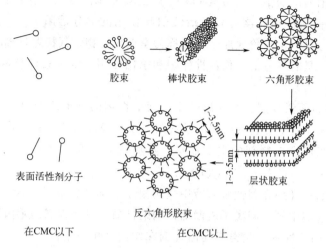

图 5-16 在 CMC 附近水介质中表面活性剂胶束的几种形状

解质分子就几十几百地聚集在一起，排列成如图 5-16 所示的胶束。

形成胶束时表面活性剂的最低浓度称为临界胶束浓度（简称 CMC）。CMC 时，溶液的表面张力降至最低点；若继续增大表面活性剂浓度，表面张力不再降低。胶束的形状可以呈球形、棒状或层状，与形成胶束的表面活性剂的浓度有关；胶束的大小与形成胶束的表面活性剂分子的数目，即聚集数有关。

例如，十二烷基硫酸钠（SDS）水溶液在其临界胶束浓度（约 0.008mol/L）时，胶束呈球形，聚集数为 73；当其浓度为 CMC 的 10 倍时，胶束为棒状；浓度再增加时，棒状胶束会聚集成六角形胶束，最后形成层状胶束（见图 5-16）。表面活性剂聚集数可以从几十至几千甚至上万。表面活性剂的临界胶束浓度一般在 $0.001 \sim 0.02$ mol/L（约 $0.02\% \sim 0.4\%$）。

表面活性剂分子浓度增加，其结构会从单分子转变为球状、棒状和层状胶束。通常认为

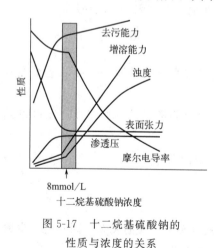

图 5-17 十二烷基硫酸钠的
性质与浓度的关系

形成球形胶束时的浓度为第一临界胶束浓度（CMC），球形胶束转变为棒状胶束时的浓度为第二临界胶束浓度。在达到第一 CMC 的狭窄范围内，不仅溶液的表面能有显著的变化，而且其他的物理性质，如去污能力、增溶作用、浊度、表面张力、渗透压、摩尔电导率等也有转折性的变化，如图 5-17 所示。

对于不同类型的表面活性剂，其溶液性质变化的解释如下：

离子型表面活性剂的表面活性离子形成的胶束带有很高的电荷，由于静电引力的作用，在胶束周围将吸引一些相反电荷的小离子，这就相当于有一部分正、负电荷互相抵消，因此溶液的电导率在 CMC 之后随浓度的增加而迅速下降。

非离子型表面活性剂在水中不发生电离，没有像离子型表面活性剂水溶液那样的特殊导电性。但非离子型表面活性剂水溶液的表面张力和浓度的关系也有转折点，这意味着也形成了胶束，存在 CMC 值。

临界胶束浓度是表面活性剂应用性能中最重要的物理量之一。表 5-4 列出了一些表面活性剂的临界胶束浓度。

表 5-4 一些表面活性剂的临界胶束浓度

表面活性剂	温度/℃	CMC/(mol/L)	表面活性剂	温度/℃	CMC/(mol/L)
$C_8H_{17}SO_4Na$	40	0.14	$C_{14}H_{29}O(EO)_8H$	25	9.0×10^{-6}
$C_{10}H_{21}SO_4Na$	40	0.033	$C_{15}H_{31}O(EO)_8H$	25	3.5×10^{-6}
$C_{12}H_{25}SO_4Na$	40	0.0086	$C_{16}H_{33}O(EO)_6H$	25	1×10^{-6}
$C_{14}H_{29}SO_4Na$	40	0.0024	$C_5F_{11}COOK$		0.5
$C_{16}H_{33}SO_4Na$	40	5.8×10^{-4}	$C_9F_{19}COOK$		9×10^{-4}
$C_8H_{17}O(EO)_6H$	25	0.0099	$CHF_2(CF_2)_9COONH$		0.009
$C_{10}H_{21}O(EO)_6H$	25	9×10^{-4}	$C_{12}H_{25}COOK$	40	0.0125
$C_{12}H_{25}O(EO)_2H$	25	3.3×10^{-5}	$C_{12}H_{25}SO_3Na$	40	0.014
$C_{12}H_{25}O(EO)_4H$	25	6.4×10^{-5}	$C_{12}H_{25}SO_4Na$	40	0.0086
$C_{12}H_{25}O(EO)_6H$	20	8.7×10^{-5}	$C_{12}H_{25}NH_2\cdot HCl$	40	0.014
$C_{12}H_{25}O(EO)_7H$	55	2×10^{-5}	$C_{12}H_{25}N(CH_3)_3Br$	25	0.016
$C_{12}H_{25}O(EO)_8H$	25	1.1×10^{-4}	$C_{12}H_{25}C_5H_5NCl$	25	0.017
$C_{12}H_{25}O(EO)_{12}H$	23	1.4×10^{-4}	$C_{12}H_{25}C_5H_5NBr$	25	0.011
$C_{13}H_{27}O(EO)_8H$	25	2.7×10^{-5}	$C_{12}H_{25}SO_4Li$	25	0.0088
$C_{14}H_{29}O(EO)_6H$	25	1×10^{-5}	$C_{12}H_{25}SO_4Na$	25	0.0082

注：EO 表示 CH_2-CH_2-O。

（2）CMC 的影响因素

表面活性剂临界胶束浓度主要受其自身分子结构的影响。温度、电解质和有机物的存在等外界条件对 CMC 也有影响。

① 表面活性剂分子结构的影响。表面活性剂分子结构对 CMC 的影响主要有亲油基的碳原子数和结构（支链化程度和饱和度等）以及反离子的种类等。

a. 分子的极性对 CMC 的影响。与相同碳原子数的直链烷基相比，烷基中支链或双键的存在都会使表面活性剂的亲油性降低，从而导致 CMC 值增大（见表 5-4）。

在亲油基的链上引入极性取代基如—O—、—OH、—NH₂ 等，会使 CMC 增大；链上有苯基时，一个苯基对临界胶束浓度的影响大约相当于少 3.5 个直链—CH₂—；碳链上 H 被 F 取代，特别是碳链上的 H 全部被 F 取代后，由于 C—F 具有很强的疏水性，这样的表面活性剂具有很高的表面活性，其 CMC 值比相同碳原子数的未取代的表面活性剂低。但是，氟在两端位置的碳原子上取代后，其 CMC 反而升高。

b. 碳原子数对临界胶束浓度的影响。同系物中，疏水链中碳原子数增加，CMC 浓度下降；在离子型和非离子型表面活性剂中，对于亲油基为直链的烷基，在其他基团相同时，一般烷基碳原子数增加，CMC 降低。离子型表面活性剂碳原子数在 8 至 16 的范围内，每增加一个碳原子，CMC 下降约一半。非离子型表面活性剂中每增加两个碳原子，CMC 约下降至 1/10。

可见，对于非离子型表面活性剂来说，碳原子数目对 CMC 的影响较大。在常见的一些直链烷基的表面活性剂的同系物中，亲油基的碳原子数与临界胶束浓度的关系可用下列经验公式表示，如式(5-55)。

$$\lg CMC = A - B \times n \tag{5-55}$$

式中，n 为直链烷基中碳原子的数目；A、B 均为经验常数。

已总结出一些表面活性剂的直链烷基同系物中的 A 和 B 值，见表 5-5。

表 5-5 一些表面活性剂同系物的 A 和 B 值

表面活性剂同系物	温度 $T/℃$	A	B
正构烷基三甲基氯化铵(0.1mol/L 氯化钠)	25	1.23	0.33
正构烷基吡啶溴化物	30	1.72	0.31
脂肪醇聚氧乙烯(3)醚	25	2.32	0.55
正构烷基二甲基氧化胺	27	3.3	0.5
烷基葡萄糖苷	25	2.64	0.53
脂肪酸钠盐(肥皂)	20	1.85	0.30
脂肪酸钾盐(肥皂)	25	1.92	0.29
正构烷基-1-硫酸钠(钾)或磺酸钠(钾)	25	1.51	0.30
正构链烷-1-磺酸钠	40	1.59	0.29
正构烷基-1-硫酸钠	60	1.35	0.28
正构烷基-2-硫酸钠	55	1.28	0.27
对-正构烷基苯磺酸钠	55	1.68	0.29
对-正构烷基苯磺酸钠	70	1.33	0.27
正构烷基氯化铵	25	1.25	0.27
正构烷基氯化铵	45	1.79	0.30
正构烷基三甲基溴化铵	25	1.72	0.30

从表 5-5 中数据可知，离子型表面活性剂的 $A = 1.2 \sim 1.9$，$B = 0.26 \sim 0.30$；非离子型表面活性剂中 $A = 1.8 \sim 3.3$，$B = 0.49 \sim 0.55$。

c. 亲水基对临界胶束浓度的影响。当分子中疏水部分相同时，离子型表面活性剂的 CMC 浓度比非离子型表面活性剂的 CMC 浓度大。

亲水基团的水合能力较强，易溶于水，因此，离子型表面活性剂 CMC 远比非离子型的大。当亲油基团相同时，前者的临界胶束浓度大约为后者的 100 倍。

两性离子型表面活性剂的 CMC 比相同碳原子数的亲油基的离子型表面活性剂略低。当亲油部分相同时，几种亲水基的 CMC 值的大小顺序为羧基≥磺基＞硫酸酯基，但差别不大。另外，相同长度的烷基直链，亲水部分相同（如硫酸酯基），在直链上发生取代的位置越靠近中间时，其临界胶束浓度越大。

对于聚氧乙烯基类非离子型表面活性剂，亲油基相同时，聚氧乙烯基中聚氧乙烯基单元（EO）的数目越大，聚氧乙烯链越长，临界胶束浓度亦越大，其经验关系式为

$$\lg CMC = a + b \times n \tag{5-56}$$

式中，n 为 EO 单元数；a、b 均为经验常数。

例如，$n\text{-}C_{12}H_{25}(OCH_2CH_2)_n OH$ 系列，在 23℃时，$a = -4.4$，$b = 0.046$。

d. 氧化数对阴离子型表面活性剂的影响。阴离子型表面活性剂组成中，金属离子对临界胶束浓度的影响主要取决于其氧化数。其他条件相同时，金属离子氧化数高，其 CMC 值低。氧化数相同时，金属离子的种类对临界胶束浓度的影响很小。

阳离子型表面活性剂中的阴离子种类对 CMC 的影响较显著，CMC 值的顺序：$Cl^- >$

$Br^- > I^-$、NO_3^-。

② 电解质的影响。在离子型表面活性剂的水溶液中，加入无机电解质会使临界胶束浓度显著降低。离子型表面活性剂在疏水基相同时，反离子变换影响较小，但若反离子由一价变为二价，则表面性剂的浓度下降约一个数量级。

电解质的存在对不同类型表面活性剂的影响顺序为：离子型表面活性剂＞两性离子型表面活性剂＞非离子型表面活性剂。

③ 温度和压力的影响。温度对表面活性剂水溶液的影响较复杂。随着温度升高，离子型表面活性剂影响较小；非离子型表面活性剂随温度上升 CMC 下降，有时会出现最低点。

另外，当压力变化不大时，压力对临界胶束浓度的影响很小。

（3）CMC 的测定方法

CMC 的值由实验得到，其测定方法主要有表面张力法、电导率法、染料法、浓度法和光散射法等。

① 表面张力法。用表面张力与浓度的对数作图，在表面吸附达到饱和时，曲线出现转折点，该点的浓度即为临界胶束浓度。表面活性剂水溶液的表面张力开始时随溶液浓度增加而急剧下降，到达一定浓度（即 CMC）后则变化缓慢或不再变化。因此常用表面张力-浓度对数图确定 CMC。

具体做法：测定一系列不同浓度表面活性剂溶液的表面张力，作出 γ-$\lg c$ 曲线，将曲线转折点两侧的直线部分外延，相交点的浓度即为此体系中表面活性剂的 CMC。

这种方法可以同时求出表面活性剂的 CMC 和表面吸附等温线。优点是简单方便，对各类表面活性剂普遍适用，灵敏度不受表面活性剂类型、活性高低、浓度高低、是否有无机盐等因素的影响。一般认为表面张力法是测定表面活性剂 CMC 的标准方法。

② 电导率法（测定 CMC 的经典方法）。用电导率与浓度的对数作图，在表面吸附达到饱和时，曲线出现转折点，该点的浓度即为临界胶束浓度。优点是简便；局限性是只限于测定离子型表面活性剂。

具体做法：测定一系列不同浓度表面活性剂的电导率或摩尔电导率，以电导率对浓度或摩尔电导率对浓度的平方根作图，转折点的浓度即为 CMC。

③ 染料法。利用某些染料在水中和胶团中的颜色有明显差别的性质，采用滴定的方法测定 CMC。

具体方法：先在较高浓度（＞CMC）的表面活性剂溶液中加入少量染料，此染料加溶于胶团中，呈现某种颜色；再用滴定的方法，用水将此溶液稀释，直至颜色发生显著变化，此时溶液的浓度即为 CMC。

只要找到合适的染料，此法非常简便；但有时颜色变化不够明显，使 CMC 不易准确测定，此时可以采用光谱仪代替目测，以提高准确性。

④ 浊度法。非极性有机物如烃类在表面活性剂稀溶液（＜CMC）中一般不溶解，体系为混浊状。当表面活性剂浓度超过 CMC 后，溶解度剧增，体系变清。这是胶团形成后对烃起到了增溶作用的结果。

观测加入适量烃的表面活性剂溶液的浊度随表面活性剂浓度变化情况，浊度突变点的浓度即为表面活性剂的 CMC。实验时可以使用目测或浊度计判断终点。这种方法存在的问题是：增溶物影响表面活性剂 CMC 的大小，一般是使 CMC 降低，降低程度随所用烃的类型而异。若用苯作增溶物，有时 CMC 可降低 30%。

⑤ 光散射法。胶团为几十个或更多的表面活性剂分子或离子的缔合体，其尺寸进入光波波长范围，而具有较强的光散射，利用散射光强度-溶液浓度曲线中的突变点可以测定 CMC。

此法除测定 CMC 外，还可以测定胶团的聚集数、胶团的形状和大小。要求溶液非常干净，任何尘埃质点都对测定有显著影响。

（三）HLB 值

表面活性剂的种类繁多、性能各异，为一个指定体系选择合适的表面活性剂较为复杂和困难。一般认为，表面活性剂的水溶性或油溶性是体现表面活性剂应用性能的重要物理化学参数，也是合理选择表面活性剂的重要依据。

（1）表面活性剂的性质对亲水亲油性影响

表面活性剂的性质对其亲水亲油性影响较大，主要有以下几个方面：

① 表面活性剂的溶解度。表面活性剂在水中的溶解度越大，其亲水性越强，而亲油性就差。反之，在水中的溶解度小，则亲油性相对强。

② 表面活性剂的临界胶束浓度。一般来说，表面活性剂的亲水性越强，它在水中的 CMC 越大，因此，表面活性剂的亲水亲油性可用相应的 CMC 的大小来判断。

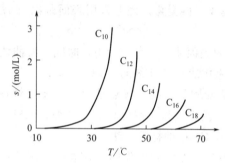

图 5-18 烷基硫酸盐的溶解度 s
与温度 T 的关系

③ 离子型表面活性剂的 Krafft 点。离子型表面活性剂在水中的溶解度，在低温时随着温度的升高而缓慢增加，但是，当温度升高到某一值之后，溶解度迅速增大，如图 5-18 所示。发生这一转折的温度称为 Krafft 点（简称 KP）。

实验结果表明，在 Krafft 点，离子型表面活性剂的浓度即是该温度下的 CMC。由图 5-18 可见，对于表面活性剂的同系物，碳链长度越长，则 Krafft 点的温度越高，其亲油性越好，亲水性就差。反之，Krafft 点低，亲水性好，亲油性差。

④ 非离子型表面活性剂的浊点。温度对非离子型表面活性剂的溶解度的影响同离子型表面活性剂的情形恰好相反。温度升高会使非离子型表面活性剂的溶解度降低。

加热透明的非离子型表面活性剂溶液，经常会出现浑浊的现象。缓慢加热非离子型表面活性剂的透明水溶液，当表面活性剂开始析出时，即溶液呈现浑浊时的温度称为非离子型表面活性剂的浊点。加热后出现浊点，说明温度升高非离子型表面活性剂的亲水性下降，溶解度变小。

因此，非离子型表面活性剂往往具有在浊点以下溶于水，浊点以上不溶于水的特性。通常亲水性越强，其浊点就越高。故可利用浊点来衡量非离子型表面活性剂的亲水亲油性。

（2）亲水亲油平衡值 HLB

格里芬在大量实验结果的基础上提出了用亲水亲油平衡值，即 HLB 值来表示表面活性剂的亲水性。他提出 HLB 值是指表面活性剂分子中亲水基的亲水性与亲油基的亲油性之比，它决定了表面活性剂的性质和用途，是表面活性剂亲水性和亲油性比较的一个重要参数。

实际上，HLB 值是由表面活性剂分子的化学结构、极性的强弱或者是分子中的水合作用决定的。亲水亲油平衡值是一个相对值，在 1~40 范围内变化。HLB 值小，表示表面活性剂的亲油性强；HLB 值大，则亲水性强。

一般说来，HLB 值小于 10，亲油性好；大于 10，亲水性好。阴离子型和阳离子型表面活性剂的 HLB 值在 1~40 之间；油酸 HLB 值为 1.0；油酸钾 HLB 值为 20，十二烷基硫酸钠（K_{12}）的 HLB 值为 40。非离子型表面活性剂的 HLB 值在 1～20 之间，Span 85 的 HLB 值为 1.8。一些表面活性剂的 HLB 值列于表 5-6 中。

表 5-6　一些表面活性剂的 HLB 值

表面活性剂名称	商品名	类别	HLB 值
油酸	—	阴离子	1.0
脱水山梨醇三油酸酯	Span 85	非离子	1.8
脱水山梨醇三硬脂酸酯	Span 65	非离子	2.1
乙二醇脂肪酸酯	Emcol EO-50	非离子	2.7
丙二醇单硬脂酸酯	BPMS	非离子	3.4
脱水山梨醇倍半油酸酯	Arlacel83	非离子	3.7
单硬脂酸甘油酯（非自乳化型）	"Pure"，Tegin515，Aldo33	非离子	3.8
脱水山梨醇单油酸酯	Span 80	非离子	4.3
脱水山梨醇单硬脂酸酯	Span 60	非离子	4.7
二甘醇单硬脂酸酯	Atlas G-2146	非离子	4.7
聚氧乙烯(2)油醇醚	Ameroxol OE-2	非离子	5.0
单硬脂酸甘油酯（自乳化型）	Tegin，Aldo 28	非离子	5.5
二甘醇单月桂酸酯	Atlas G-2124	非离子	6.1
脱水山梨醇单棕榈酸酯	Span 40	非离子	6.7
四甘醇单硬脂酸酯	Atlas G-2147	非离子	7.7
脱水山梨醇单月桂酸酯	Span 20	非离子	8.6
聚氧乙烯(4)脱水山梨醇单硬脂酸酯	Tween 61	非离子	9.6
聚氧乙烯(5)脱水山梨醇单油酸酯	Tween 81	非离子	10.0
聚氧乙烯(20)脱水山梨醇三硬脂酸酯	Tween 65	非离子	10.5
聚氧乙烯(20)脱水山梨醇三油酸酯	Tween 85	非离子	11.0
烷基芳基磺酸盐	Atlas G-3300	阴离子	11.7
油酸三乙醇胺盐	—	阴离子	12.0
辛基酚聚氧乙烯(9)醚	Igepal CA-630	非离子	12.8
壬基酚聚氧乙烯(9)醚		非离子	13.0
聚氧乙烯(4)脱水山梨醇单月桂酸酯	Tween 21	非离子	13.3
聚氧乙烯(10)异辛基苯基醚	Triton X-100	非离子	13.5
聚氧乙烯(20)脱水山梨醇单硬脂酸酯	Tween 60	非离子	14.9
聚氧乙烯(20)脱水山梨醇单油酸酯	Tween 80	非离子	15.0
聚氧乙烯(20)十八烷醇	Atlas G-3720	非离子	15.3
聚氧乙烯(20)脱水山梨醇单棕榈酸酯	Tween 40	非离子	15.6
聚氧乙烯(30)单硬脂酸酯	—	非离子	16.0
聚氧乙烯(20)脱水山梨醇单月桂酸酯	Tween 20	非离子	16.7
聚氧乙烯(40)单硬脂酸酯	—	非离子	16.9
聚氧乙烯(50)单硬脂酸酯	—	非离子	17.9
油酸钠	—	阴离子	18.0
聚氧乙烯(100)硬脂酸酯	—	非离子	18.8
油酸钾	—	阴离子	20.0
N-十六烷基-N-乙基吗啉基乙基硫酸盐	Atlas G-263	阳离子	25～30
月桂醇硫酸酯三乙醇胺盐	—	阴离子	34
月桂醇硫酸钠（十二烷基硫酸钠）	K_{12}	阴离子	40

许多工作者经过多年来的研究，已提出了几种方法，使此概念定量化，即通过一定的方法给每一个表面活性剂一个数字，从这个数字可以知道它宜于作何用途。

表 5-7 表示各种体系所要求的 HLB 值范围。

表 5-7　HLB 范围及其应用

HLB 值的范围	应用领域	HLB 值的范围	应用领域
1.0~3.0	消泡剂	12~18	O/W 型乳化剂
2~6	W/O 型乳化剂	12~14	洗涤剂 } O/W 乳化剂
8~10	润湿剂	16~18	增溶剂 }

（3）HLB 值的计算

表面活性剂的 HLB 值可以由实验确定，如格里芬法、色谱法、核磁共振法等。工业上重要的表面活性剂的 HLB 值可以在一些专著或手册中查到。此外，还可以由实验估算其 HLB 值，以及由经验公式进行近似计算。下面分别讨论：

① 非离子型表面活性剂 HLB 值的计算。格里芬提出了某些非离子型表面活性剂的 HLB 经验关系式，用于计算不同结构的表面活性剂的 HLB 值。

a. 对于聚氧乙烯基（即聚乙二醇基、多元醇基、聚环氧乙烷基等）非离子型表面活性剂来说，其 HLB 值的计算可用式(5-57)。

$$HLB = \frac{亲水基摩尔质量}{表面活性剂摩尔质量} \times \frac{100}{5} = \frac{亲水基摩尔质量}{亲油基摩尔质量 + 亲水基摩尔质量} \times 20 \quad (5-57)$$

b. 对于某些非离子表面活性剂如甘油的酯类以及 Span、Tween 系列表面活性剂，其计算值与文献值相差不大，结果也不错。对于其他类型的表面活性剂，式(5-57) 不能适用。对于大多数多元醇的脂肪酸酯表面活性剂，HLB 值的经验公式为：

$$HLB = 20 \times \left(1 - \frac{S}{A}\right) \quad (5-58)$$

式中，S 为酯的皂化值；A 为脂肪酸的酸值。

c. 对于皂化值不易测定的或酸值不易得到的脂肪酸酯（如 Tween 类、松香酸酯、妥尔油、蜂蜡酯、羊毛脂等），不能应用式(5-58)。此时可用式(5-59)计算 HLB 值。

$$HLB = (E + P)/5\% \quad (5-59)$$

式中，E 为氧化乙烯含量，%；P 为多元醇的含量，%。

或者可用式(5-60)计算 HLB 值。

$$HLB = \frac{W_E + W_P}{\%} \quad (5-60)$$

式中，W_E 为聚氧乙烯基即 —$(CH_2CH_2O)_n$ 的质量分数；W_P 为多元醇基的质量分数。

d. 对于亲水基只含聚氧乙烯基，亲油基是脂肪醇类（不含多元醇基）的表面活性剂，式(5-60) 中 $W_P = 0$，则

$$HLB = \frac{W_E}{0.05} \quad (5-61)$$

e. 对于聚氧乙烯基非离子型表面活性剂，还可以用日本的川上先生提出的公式(5-62) 计算 HLB。

$$HLB = 7.0 + 11.7 \lg \frac{M_W}{M_O} \quad (5-62)$$

式中，M_W 为亲水基的摩尔质量；M_O 为亲油基的摩尔质量。

从上面的 HLB 值的计算公式可知，非离子型表面活性剂的亲水基的摩尔质量越大，亲油基的摩尔质量越小，其 HLB 值越大，水溶性越好；反之，HLB 值小，油溶性好。

② 离子型表面活性剂 HLB 值的计算

a. 用 CMC 估算 HLB 值。对于阴离子型和阳离子型表面活性剂，可根据相应的临界胶束浓度值（CMC）来估算 HLB 值，其经验公式也是由川上八十太先生提出的。

$$HLB = 7.0 - 4.02 \lg \frac{CMC}{mol/L} \tag{5-63}$$

式中，CMC 为离子型表面活性剂的临界胶束浓度，mol/L。

b. 利用基团数计算 HLB 值。HLB 值可以用实验方法测定，但测定需要时间长且麻烦的实验。1957 年 J. T. Davies 根据表面活性剂的 HLB 实验值计算出各种基团的 HLB 数值，称其为基团的 HLB 值，Davies 将 HLB 值作为结构因子的总和来处理，把乳化剂结构分解为一些基团，根据每个基团对 HLB 值的贡献大小，来计算这种乳化剂的 HLB 值［如式(5-64)］。常见基团的 HLB 值列于表 5-8 中（亲水基团数为正，亲油基团数值为负）。

$$HLB = \sum(亲水基团\ HLB\ 值) + \sum(亲油基团\ HLB\ 值) + 7 \tag{5-64}$$

表 5-8　常见基团的 HLB 值

亲水基团	HLB 值	亲油基团	HLB 值
—SO₄Na	+38.7	—CH₃	−0.475
—COOK	+21.1	—CH₂—	−0.475
—COONa	+19.1	—CH—	−0.475
—SO₃Na	+11.0	=C—	−0.475
—N(叔胺)	+9.4	CH₂—CH(CH₃)—O—(环氧丙烷基)	−0.15
脱水山梨醇酯基	+6.8	—[(CH₃)CH—CH₂—O]—	−0.15
游离酯基	+2.4	—[CH₂CH₂—CH₂—O]—	−0.15
—COOH	+2.1	苯基	−1.662
—OH(游离)	+1.9	—CF₃	−0.87
—O—(醚键)	+1.3	—CF₂—	−0.87
—CH₂—CH₂—O—	+0.33		
—OH(脱水山梨醇环上)	+0.5		

③ 由溶解性状估计 HLB 值。根据各种表面活性剂在水中的溶解性状，也可估计其 HLB 值。其方法是：取几毫升的表面活性剂置于试管中，加入 4 倍容积的冷水或热水（视表面活性剂为液体或蜡状而定），搅拌后观测其在水中的溶解性，其 HLB 值范围如表 5-9 所示。

表 5-9　各种表面活性剂在水中的溶解性状与 HLB 值范围

加入水后的性状	HLB 值的范围	加入水后的性状	HLB 值的范围
透明溶液	13 以上	不稳定乳状分散体系	6~8
半透明至透明分散体	10~13	分散得不好	4~6
稳定乳色分散体	8~10	不分散	1~4

④ HLB 值具有加和性。为了获得较理想的使用效果（如乳化），常常使用两种或更多的表面活性剂。表面活性剂的 HLB 值具有加合性，可用质量平均法求出表面活性剂的 HLB

值。如 A、B 两种乳化剂混合之后的 HLB 值可由下式求得：

$$\text{HLB}_{AB} = \frac{W_A \times \text{HLB}_A + W_B \times \text{HLB}_B}{W_A + W_B} \tag{5-65}$$

式中，W_A、W_B 分别是混合乳化剂中乳化剂 A 和 B 的量；HLB_A、HLB_B 分别是乳化剂 A 和 B 的 HLB 值。

例如，3 份 HLB 值为 8 的乳化剂 A 与 1 份 HLB 值为 16 的乳化剂 B 混合后的 HLB 值为：

$$\text{HLB} = \frac{3 \times 8 + 1 \times 16}{1 + 3} = \frac{40}{4} = 10 \tag{5-66}$$

对于未知结构的表面活性剂，还要通过实验法测定其 HLB 值，而对于已知结构的，则可用上述一些经验公式计算出 HLB 值。

二、表面活性剂的作用

表面活性剂具有固定的亲水亲油基团，在溶液的表面能定向排列。表面活性剂分子的结构一般总是由非极性的、亲油（疏水）的碳氢链部分和极性的、亲水（疏油）的基团共同构成的，是两亲性化合物，不仅具有很高的活性，即在溶液（主要应用于水溶液中）加入量很少，而且还具有润湿和反润湿（防油、防水）、乳化和破乳、发泡和消泡、洗涤、渗透、分散与絮凝、增溶、抗静电、润滑等应用特性。因此，表面活性剂已被广泛地应用于石油、纺织、医药、采矿、食品、洗涤、化妆品等许多领域中。在化妆品中表面活性剂作为乳化剂，其作用是极为重要的。

（一）乳化作用与分散作用

（1）乳化作用

当加入一些表面活性剂时，由于表面活性剂的作用，本来不能混合到一起的两种液体能够混到一起的现象称为乳化现象，表面活性剂具有的作用称为乳化作用。凡是能提高乳状液稳定性，具有乳化作用的表面活性剂称为乳化剂。表面活性剂能够提高乳状液稳定性的原因在于其具有降低界面张力的内在性质。

乳化机理：加入表面活性剂后，由于表面活性剂的两亲性质，其易于在油-水界面上吸附并富集，降低了界面张力，改变了界面状态，因此本来不能混合在一起的"油"和"水"两种液体能够混合到一起，其中一相液体离散为许多微粒分散于另一相液体中，成为乳状液。界面张力是影响乳状液稳定性的一个主要因素。乳状液的形成必然使体系界面积大幅度增加，也就是对体系要做功，从而增加了体系的界面能，这就是体系不稳定的来源。因此减少其界面张力，使总的界面能下降，就可以增加体系的稳定性，

例如白油与纯水，如果不做任何处理放入同一个容器中，会自然地分成两层，相对密度小的白油在上层而相对密度大的水在下层。如果加以搅拌或振动，虽然油能变成液滴分散在水中，但两者的接触面积增加，表面能增加，从能量最低原理来看是一种很不稳定的体系，较小的油滴在相互碰撞时有自动聚结成较大油滴而减少其表面能的倾向，以致一旦停止搅拌或振荡，不需要静置多久，便又重新分为两层。

但是如果向体系中加入烷基苯磺酸钠（阴离子表面活性剂），并且进行剧烈搅拌，乳化剂在油-水界面上产生定向吸附，亲水基伸向水，亲油基伸向油，把两相联系起来使体系的界面能下降。在降低界面张力的同时，乳化剂分子紧密地吸附在油滴周围，形成具有一定机械强度的吸附膜。当油滴碰撞时，吸附膜能阻止油滴的聚集，白油就被分散在水中，乳化形

成白色的乳状液。表面活性剂在这里起到了乳化作用，在它的作用下油被分散在水中，形成稳定的乳液，可以长期保持不变。

在化妆品工业中都希望得到稳定的乳状液，制造出来的膏霜乳液类化妆品都要求至少有两年以上的稳定期。实际上，从热力学观点来看，在重力或其他外力作用下，液珠将上浮或下沉；乳状液的液珠也可以聚集成团，即发生絮凝，形成液珠而可能分层，使乳状液不稳定。乳状液的不稳定性表现为分层、变型和破乳。只有正确地选择和使用表面活性剂才能提高乳状液的稳定性。要得到比较稳定的乳状液，首先应考虑乳化剂在界面上的吸附性质，吸附作用愈强，表面活性剂分子在界面的吸附量也愈大，界面表面张力则降低得愈低，界面膜强度愈高。

（2）分散作用

固体粉末以微粒状固体均匀地分散在某一种液体中的现象，称为分散。粉碎好的固体粉末混入液体后往往会聚结而下沉，加入某些表面活性剂后便能使颗粒稳定地悬浮在溶液中，这种作用称为表面活性剂的分散作用。分散形成的溶液称为悬浮液；起分散作用的表面活性剂称为分散剂，如还原染料悬浮体染色。

在化妆品的生产和使用过程中经常涉及固体微粒分散的问题，必须将大量不溶解在液相中的固体微粒分散到液体中，形成稳定的悬浮液，满足某种特定的使用功能。

固体粒子在化妆品制造过程中的分散过程主要是由表面活性剂来实现的。一般分为三个阶段：

① 固体粉末的润湿。润湿是固体粒子分散的最基本条件，若要把固体粒子均匀地分散在介质中，首先必须使每个固体微粒或粒子团能被介质充分地润湿。

表面活性剂所起的作用：一是在气-液界面的定向吸附，当介质为水时，以亲水基伸入水相，而亲油基朝向气相定向排列，使表面张力降低；二是表面活性剂在液-固界面上的吸附，疏水链吸附于固体粒子表面，亲水基伸入水相定向排列，使表面张力降低，液体铺展在固体表面，实现对固体粒子的完全润湿。

② 粒子团的分散或碎裂。微小的固体颗粒往往以粒子团的形式存在，粒子团中往往存在缝隙。可以把这些微缝隙看作毛细管，在这些毛细管中发生渗透现象。因此，粒子团的分散与碎裂可看作毛细渗透。表面活性剂可以减小液体在固体表面的接触角，促使液体沿着微缝隙（毛细管）向前运动，使粒子团分散或碎裂。

③ 阻止固体微粒的重新聚集。固体微粒分散在液体中得到的是一个均匀的分散体系。但是被分散的固体颗粒有可能在液体中重新聚集起来，所以分散体系稳定与否取决于固体微粒能否重新聚集。由于表面活性剂吸附在固体表面，形成一层结实的溶剂化膜，增加了防止微粒重新聚集的能量屏障，降低了固-液界面的界面张力，增加热力学稳定性，降低粒子聚集的倾向，因此分散体系稳定。

（二）增溶作用与润湿作用

（1）增溶作用

表面活性剂浓度超过临界胶束浓度时，在水溶液中形成胶束（或称胶团），其水溶液能使不溶或微溶于水的有机化合物的溶解度显著提高，形成热力学稳定的、各向同性的均匀溶液，这种现象称为表面活性剂的增溶作用。具有较明显增溶作用的表面活性剂称为增溶剂或加溶剂，被增加溶解度的有机物称为被增溶物。

利用表面活性剂的增溶作用，使不溶或难溶于水的有机物在水中的溶解度增加，已广泛地应用于各个工业领域中。在大多数化妆品和盥洗用品的配方中，大部分原料难溶或不溶于水，需要利用增溶作用使之混合成透明或半透明的产品。如，利用增溶作用将香精和精油制成花露水、古龙香水和化妆水，配制凝胶状（即啫喱型）透明的整发、护发、洁肤、护肤和沐浴产品。

① 增溶作用的特点

a. 增溶作用与表面活性剂在水溶液中形成胶束有关，只有在表面活性剂浓度高于 CMC 时，才形成大量胶束。此时，微溶物的溶解度剧增，增溶作用就会明显表现出来，而且表面活性剂浓度越大，胶束越多，增溶作用效果越明显。

b. 增溶作用不同于水溶助长作用。水溶助长作用是利用水溶助长剂（如丁酸钠、水杨酸钠等分子量较小的低碳醇或酸和芳香基磺酸盐、尿素、乙酰胺等）与被增溶物之间形成加合物，大幅度地改进增溶物与溶剂的亲和作用，使溶解度增大。例如，大量乙醇（或乙酸）加入苯-水溶液中，可使苯的溶解度增加，原因是大量的乙醇（或乙酸）的加入大大改变了溶剂的性质和作用。而表面活性剂用量相当少，溶剂性质也无明显的变化。

c. 增溶作用不同于一般的溶解作用。通常的溶解得到的水溶液与纯水相比，溶液的依数性（如冰点下降、渗透压等）有很大的改变，但是，碳氢化合物被增溶后，溶液的依数性基本不变。这说明在被增溶时，溶质并未分散成分子或离子，而是整个分子团分散在胶束之中，所以，溶液中质点总数没有增多，只是胶束体积增大。

d. 增溶作用不同于乳化作用。增溶后溶液为透明单相体系，热力学上是稳定的。而乳化作用产生的乳液在热力学上是不稳定的、多相的体系，某些情况下为各向异性的，其颗粒或液滴的粒径 100～400nm。增溶作用是一个可逆的平衡过程，一般是热力学自发过程，使体系更稳定。表面活性剂的胶束与增溶物之间存在着可逆的相互作用，增溶后产生的溶液一般为透明或半透明的溶液，其颗粒或液滴的粒径为 10～100nm。

② 增溶作用的方式。增溶作用通常有以下四种方式，如图 5-19 所示。

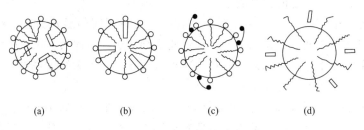

(a) (b) (c) (d)

图 5-19　几种增溶作用方式

a. 非极性分子增溶于胶团的内核。非极性分子或不易极化的有机化合物一般会被增溶于胶束内部碳氢链"溶剂"之中［图 5-19(a)］。如饱和烷烃、脂环烃、芳香烃等非极性分子或不易极化的分子，在水溶液中的增溶作用属于这一类型。在这类增溶作用下，随着增溶量的增加，胶束变大。

b. "栅栏"插入式增溶。表面活性剂的极性亲水基和构成胶束核心的亲油基的末端几个碳原子（靠近亲水基）之间区域称为胶束的"栅栏"。这部分区域是胶束极性部分，它如"栅栏"般阻止极性分子完全渗透入胶束的核心内。如长链醇、胺、脂肪酸等极性的有机物，其极性头混合于表面活性剂极性亲水基之间，非极性碳氢链插入胶束内部，通过氢键或偶极子相互作用，形成混合胶束。增溶物渗透入"栅栏"的深度［图 5-19(b)］取决于分子中极性结构与非极性结构的比例，长链、极性较低的化合物比短链和极性高的化合物渗透得更深。

c. 胶束表面吸附增溶。某些小的极性分子，如对苯二甲酸二甲酯（不溶于水，也不溶于非极性烃）以及一些染料在增溶时，易吸附于胶束表面区域，或分子"栅栏"靠近胶束表面的区域［图 5-19(c)］，这种方式的增溶作用的增溶量较少，几乎呈一定值。

d. 增溶于聚氧乙烯链等极性基团之间。对于非离子型表面活性剂，如果是只含有聚氧乙烯（PDE）链的非离子型表面活性剂，胶束体积的大部分是在"栅栏"区域，但由于POE 链体积较大，呈卷曲状，核心部位附近的"栅栏"区的整个空间挤满 POE 链，链间的一些小空隙，供水合离子或暂时停留的分子使用。一般说来，被增溶物在聚氧乙烯链的胶束表面定向排列时增溶量最大，见图 5-19(d)。

被增溶物的增溶方式不是唯一的，对于较易极化的碳氢化合物，如短链芳香烃类（苯、乙苯等），开始增溶时可能吸附于胶束-水的界面处，按图 5-19(c) 方式增溶；增溶量增大后，可能插入表面活性剂分子"栅栏"中，如按图 5-19(b) 方式增溶；甚至可能进入胶束内核，如按图 5-19(a) 方式增溶。在图 5-19 中，这四种方式的增溶量大小依次为：(d)＞(b)＞(a)＞(c)。

③ 增溶作用的影响因素。影响增溶作用的因素很多，例如表面活性剂的结构、被增溶物的结构和性质、电解质、有机添加剂、温度等。

a. 表面活性剂的结构。表面活性剂结构影响到增溶作用的主要有：表面活性剂的类型、疏水基链长、反离子及疏水基的结构和不饱和性，下面分别介绍。

从表面活性剂的类型来看，具有相同亲油基的各类表面活性剂，在胶束中排列的紧密程度不同，在不破坏原有结构的条件下能容纳外加分子的量不同。对烃类及极性有机物的增溶作用顺序是：

非离子表面活性剂＞阳离子表面活性剂＞阴离子表面活性剂

在疏水基链长方面，烃类和长链极性有机物，主要被增溶于胶束内部或"栅栏"层的深部，随着胶束增大或其聚集数的增加，增溶量增大。因此，形成胶束的长的疏水基碳氢链的增溶作用要比短的强，即随着碳原子数的增加，增溶作用增强。例如：在一定温度下，随碳氢链的增长和聚氧乙烯链的缩短，聚氧乙烯类非离子水溶液对脂肪烃的增溶量增大。

从疏水基的结构和不饱和性方面考虑，分子中的疏水基含有支链或不饱和结构时增溶作用降低。疏水基带支链的表面活性剂，由于空间结构的限制，增溶剂分子较难进入，其增溶作用较直链弱。当分子中的疏水基中含双键时，增溶作用下降。例如，在 50℃ 时，对二甲氨基偶氮苯的增溶作用，油酸钾低于硬脂酸钾；但对芳香族或极性化合物，油酸钾的增溶作用比硬脂酸钾的强。

b. 被增溶物分子结构和性质的影响。在某表面活性剂的增溶体系中，被增溶物的结构、分子大小、支链化、极性、组成原子的电负性对增溶作用都有较大的影响。

从被增溶物的结构来看，脂肪烃与烷基芳烃的溶解量的大小随其碳原子数的增加而减少，随其不饱和程度及环化程度的增加而增加。对于直链烃同系物和苯、甲苯、乙苯、萘、菲、蒽类芳香族系列化合物，其最大溶解量与其摩尔体积近似成反比。对于支链化合物与直链化合物，增溶作用相差不大，但其溶解度随增溶物的极性增大而增大。例如正庚烷的一个氢原子被—OH 基取代而形成庚醇，此时其溶解度就增加很多。

c. 电解质的影响。离子型表面活性剂水溶液中加入中性电解质后，烃类等非极性有机物的增溶作用增强，极性有机物的增溶作用减弱。这主要是因为中性电解质的加入，大大降低离子型表面活性剂的CMC，并且使胶束变大、聚集数增加，其结果是增加了碳氢化合物的溶解量。但是，中性电解质的加入，使"栅栏"分子胶束间的静电斥力减弱，胶束排列得更加紧密，从而阻止了极性化合物溶解进入，使极性化合物增溶作用下降。

d. 有机添加剂的影响。一方面，被增溶的非极性有机物（如烃类）在表面活性剂的胶束内存在，引起胶束溶胀增大，有可能使更多的极性有机物插入"栅栏"层，极性有机物的增溶作用增强。另一方面，当溶液中增溶了极性有机物后，非极性有机物的增溶作用同样会增加。但增溶了一种极性有机物时，会使另一种极性有机物的增溶作用减弱，这是两种极性有机化合物争夺胶束"栅栏"位置的结果。极性有机物的碳链越长、极性越低，形成氢键的能力越弱，烃类的增溶作用越强。带有不同官能团的有机物，因极性不同，增加烃的增溶能力亦不同，如增溶能力的顺序：$RSH > RNH_2 > ROH$。

e. 温度的影响。温度对增溶作用的影响，主要有两方面：一方面，温度变化使胶束的形状、大小、临界胶束浓度甚至带电量发生改变，从而影响其增溶作用；另一方面，温度变化改变溶剂与溶质的相互作用和溶解性质。

一般说来，对于离子型表面活性剂，温度升高，对极性与非极性物的增溶量增加。对于聚氧乙烯型非离子表面活性剂，温度增加对增溶作用的影响与增溶物的性质有关。温度升高时，非极性的烃类、卤代烷、油溶性染料的增溶程度有很大提高，特别是当温度升至接近表面活性剂的浊点时，溶解度剧增。极性物的增溶则有不同情况，到达浊点以前，增溶量往往随温度上升而出现一个最大值。再升高温度时，加剧聚氧乙烯基的脱水，使聚氧乙烯链卷曲得更紧，减少了"栅栏"层可进入的空间，极性有机物的增溶作用降低。对于短链极性有机物，在温度升高到浊点后，此种增溶作用的降低更加显著。

（2）润湿作用

化妆品主要使用在人体皮肤上，要使其在皮肤上分散开来并且牢固地黏附在皮肤上发挥作用，润湿非常关键。表面活性剂的乳化作用、渗透作用、分散作用和增溶作用等与润湿作用密切相关。

润湿是指当液体与固体接触时，固体表面的气体或液体被另一种液体代替的过程，通常润湿是指用水或水溶液将液体或固体表面上的空气取代，能增强这一取代能力的物质称为润湿剂。由于液体和固体自身表面性质及液-固界面性质的不同，液体对固体的润湿情况亦不同。

① 杨氏方程。润湿作用是一种表面和界面过程，因而润湿程度的大小与表面活性剂密切相关。将液体滴在固体表面，或者液体在固体表面铺展开来，或者形成一个半圆形的液滴停留于固体表面上，极端的情况是以圆珠的形式在固体表面上滚动。例如，当液体与固体接触时，液体在固体表面上铺开使原来的气-固界面被液-固界面所代替。若在固、液、气三相交点处作气-液界面的切线，此切线与固-液交界线之间的夹角即称为接触角 θ。当液体在固体表面上形成液珠，且达到平衡时，液珠呈现一定的形状，如图 5-20 所示。

液体对固体表面能否润湿取决于其表面张力的大小。表面张力大的液体倾向于往中心收缩，接触角 θ 增大，在固体表面形成液珠。当加入少量表面活性剂以后，多相表面或者界面的张力显著降低，液体往中心收缩力被抵消，减小接触角 θ，液体在固体的表面铺展开来，即实现了润湿。

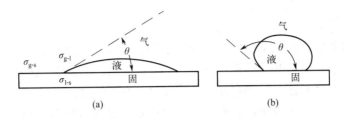

图 5-20　润湿作用与液珠的形状

由图 5-20(a) 可以看出，当 3 个表面张力（或界面张力）达到平衡时，有如下的平衡方程式，即著名的杨氏方程。

$$\gamma_{g\text{-}s} - \gamma_{l\text{-}s} - \gamma_{g\text{-}l}\cos\theta = 0 \tag{5-67}$$

式中，$\gamma_{g\text{-}s}$、$\gamma_{l\text{-}s}$、$\gamma_{g\text{-}l}$ 分别为气-固、液-固、气-液界面的界面张力。

根据杨氏方程，由 θ 的大小，可以度量润湿程度的高低。

当 $\theta < 90°$，$\gamma_{g\text{-}s} > \gamma_{g\text{-}s}$，液滴被拉开，沿固体表面展开，固体表面被润湿，表现为亲水。

当 $\theta > 90°$，$\gamma_{g\text{-}s} < \gamma_{g\text{-}l}$，液滴收缩，沿固体表面聚集成珠状，固体表面不易被润湿，表现为疏水。

$\theta = 90°$，$\cos\theta = 0$，规定为疏水表面与亲水表面的分界线。

当 $\theta = 0$，$\cos\theta = 1$，固体被液体完全润湿。

当 $\theta = 180°$，$\cos\theta = -1$，液滴对固体完全不润湿。

人体的皮肤表面或多或少存在有油性的分泌物，接触角较大，不容易黏附和分散，使用受到影响，要利用润湿作用减少乳状液与皮肤之间的接触角，增加亲和性，化妆品就很容易在皮肤表面铺展开，起到润肤以及美白、祛斑、抗皱纹、防晒等护肤作用。

② 表面活性剂的润湿作用的影响因素。使液体能润湿或加速润湿固体的表面活性剂称为润湿剂。润湿剂主要作用有两方面：一是通过表面活性剂在固体表面的吸附，从而有效地改变固体表面的润湿性质；二是提高液体介质的润湿能力。

a. 亲水基的位置及支链化程度。支链表面活性剂的疏水基与直链异构体的疏水基相比较，其在水中的尺寸大小相对要小些，因此能迅速渗透到内部表面定向排列。

b. 直链型表面活性剂的长度。直链型表面活性剂的分子尺寸愈小，扩散系数愈大，润湿时间愈短。在计算疏水链的有效长度时，通常支链上的一个碳原子相当于主链的 2/3 个碳原子；亲水离子基团与极性基团间的一个碳原子约相当于主链的 1/2 个碳原子；一个苯环则相当于 3.5 个直链型—CH_2—结构，酯键的存在对疏水链有效长度无影响。

c. 表面活性剂浓度的影响。当表面活性剂的浓度足够低时，疏水链较长的同系物表现出更好的润湿性能。随着浓度升高，表面活性剂分子的扩散速率增大，当浓度达足够高时，表面活性剂的润湿时间降至最短，其中短链的表面活性剂降低幅度最大，具有比长链更短的最短润湿时间。

d. 聚氧乙烯醚非离子型表面活性剂。对于聚氧乙烯醚非离子型表面活性剂，当其分子中乙氧基的数目增加时，表面活性剂的润湿时间先降低到最小值，然后会逐渐增大；当表面活性剂的浊点正好高于润湿试验的温度时，则该表面活性剂此时的润湿时间最短。聚醚的润湿时间随聚氧丙烯（POP）链增长而增加，随聚氧乙烯（POE）链的减少而降低，其前提是在该温度下聚醚在水中完全溶解。

（三）泡沫与消泡

泡沫是指气体被连续相的液体（或固体）分割开来后形成的许多气泡，是一种气-液分散体系。泡沫以气体为分散相，以固相或液相为分散介质，前者称为固体泡沫，后者为常见的泡沫，即由少量液体构成的液膜隔开气体形成的气泡聚集物。

在日常生活中，泡沫用途很广，例如泡沫灭火器、泡沫材料等；相反，有时需要消泡，如：溶液过滤、蒸馏、发酵、生产低泡洗涤剂等。在化妆品中，毛发用品、浴用品和牙膏等都有泡沫产生，泡沫能改善化妆品的感观性质，增加其商品价值和应用功能。

（1）泡沫的形成与分类

泡沫有两种聚集态，一种是气体以小的球状均匀分散在较黏稠的液体中，气泡间的相互作用力弱，这种泡沫称为稀泡，由于其外观类似乳状液，有时称之为"气体乳状液"。另一种泡沫是密集的，气泡间只被极薄的一层液膜隔开，气泡堆积起来后呈多面体，类似蜂巢状的结构，这种泡沫称为浓泡，就是通常所说的泡沫。

① 泡沫的形成。由于气体与液体的密度相差很大，故在液体中的气泡会很快上升至液面，以少量液体构成液膜形成隔开气体的泡沫。

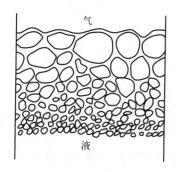

气

液

图 5-21　泡沫结构图

根据重力作用，液面上形成的泡沫分为两种结构形态：一是下面部分的气泡，呈球状，分隔液体量较多；二是上面部分的气泡，为多面体状，越靠近顶部，分割液体量越少，气泡越大，如图 5-21 所示。

② 泡沫的分类。泡沫可分为三种：

a. 按泡沫寿命划分为"短暂泡沫"（寿命几秒）和"持久泡沫"（在无干扰条件下能维持几天不破）；

b. 按产生泡沫的力和破坏泡沫之间的平衡可以分为不断接近平衡状态的"不稳定性泡沫"和平衡过程受阻的"稳定性泡沫"；

c. 按聚集状态分为液多气少的"气泡分散体系"和气多液少的"泡沫"。

泡沫产生的条件有两个：一是必须要有气、液接触，只有当气体与液体连续充分地接触时才有可能产生泡沫，这是泡沫产生的必要条件；二是产生泡沫比泡沫破坏的速度要快。

一种纯液体要形成稳定的泡沫是很困难的。例如纯水，搅动后虽然有气泡浮起，但因为泡沫的液膜是水膜，很不稳定，极易破裂，寿命在 0.5s 之内。所以，要使液膜稳定，必须加入表面活性剂或大分子化合物。对泡沫起稳定作用的物质称为起泡剂。表面活性剂是最常用的起泡剂，蛋白质、明胶、大分子化合物（如聚乙烯醇、甲基纤维素、皂素）等也是很好的起泡剂。

（2）泡沫稳定性的影响因素

泡沫破坏的过程，是指泡沫的液膜由厚变薄，直至破裂的过程。因此，泡沫的稳定性主要取决于排液快慢和液膜的强度。影响泡沫稳定性的主要因素包括液膜的表面黏度、表面张力、界面膜的弹性、表面张力的修复作用、表面电荷、表面活性剂的分子结构等。

① 表面黏度。决定泡沫稳定性的关键因素为液膜强度，而液膜强度的一个重要性质是液膜的表面黏度。表面黏度是指液体表面上单分子层内的黏度，不是液体内部的黏度，通常由表面活性分子在表面上所构成的单分子层产生。表面黏度可用来度量液膜强度的大小，表

面黏度越高，液膜强度越大，泡沫越稳定。表面黏度适中，液膜内的液体不易流失，能减缓气泡内气体的扩散速度，从而增加了泡沫的稳定性。表面膜的强度与表面吸附分子间的相互作用有关，相互作用大时强度大。在起泡剂中加入少量极性有机物作为稳泡剂，往往能形成表面黏度很大的混合膜，提高泡沫的稳定性。一般亲油基中分支较多的表面活性剂，分子间相互作用较直链表面活性剂差，因而溶液的表面黏度较小，泡沫稳定性差。

② 表面张力。泡沫生成时，伴随液体表面积增加，体系的能量（表面能）也相应增加。泡沫破坏时，体系的能量也相应下降，因此，表面张力对泡沫的影响非常明显。若液体的表面张力较低，则泡沫形成时体系能量增加相对较少，而泡沫破坏时体系的能量下降也较少。因此，液体的表面张力低有利于泡沫的形成及其稳定。低表面张力对泡沫的形成较为有利，因为生成一定总表面积的泡沫时，可以少做功，但是，不能保证生成的泡沫有良好的稳定性。只有当液体表面能形成有一定强度的表面膜时，低表面张力才有助于泡沫的稳定。

③ 液体黏度。液体本身黏度较大，则液膜中液体不易排出，液膜厚度变小的速度较慢，因而延缓了液膜破裂时间，增加了液膜的稳定性。液体本体黏度是泡沫稳定的辅助因素，若没有表面膜的形成，溶液本体黏度再大，也无助于泡沫稳定性的提高。

④ 表面张力的修复作用。表面张力的"修复"作用是指当液膜局部受力而伸展、变薄时，吸附于液膜上的表面活性剂分子通过在液膜上的迁移，使液膜厚度复原和表面张力复原的过程，又称为吉布斯-马兰戈尼效应（Gibbs-Marangoni 效应）。

泡沫形成时，泡沫的液膜必须具有一定形式的弹性，以便缓冲液膜局部受力而伸展、变薄，起到防止液膜破裂的作用。例如：将一小针刺入肥皂膜，肥皂膜可能不破；将一小铅粒穿过膜后，肥皂膜也不会破裂。这表明肥皂膜有自动修复作用，这种修复就是 Gibbs-Marangoni 效应的结果。对于表面活性剂吸附于表面的液膜，扩大其表面积将降低表面吸附分子的密度，同时表面张力增大，于是进一步扩大表面需要做更大的功。

Marangoni 认为，当泡沫表面受到外界扰动时，液膜局部地方会变薄。变薄处液膜被拉伸使液膜面积增大，界面上吸附的分子（如表面活性剂）的浓度降低，从而引起此处的表面张力暂时升高，在图 5-22 中表面张力 $\gamma_A > \gamma_B$。由于 B 处表面活性剂的浓度高于 A 处的浓度，因此，表面活性分子会从 B 处迁移到 A 处，使 A 处的表面活性剂浓度得到恢复。

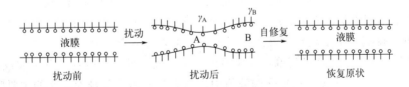

图 5-22　表面活性剂的自修复作用

同时，表面活性剂分子也会携带邻近的液体一起迁移，结果使变薄的 A 处液膜也恢复到原来的厚度。这种自修复作用称为 Gibbs-Marangoni 效应。

液膜表面积的收缩，则将增加表面吸附分子的密度，同时表面张力降低，于是不利于进一步地收缩。因此，表面活性剂吸附于表面的液膜，有反抗表面扩张或收缩的能力，即表面张力的"修复"作用。

⑤ 表面电荷。液膜表面带有电荷，有利于液膜保持一定的厚度，从而有利于泡沫稳定。以离子型表面活性剂作为起泡剂时，泡沫的液膜表面会带有相同的电荷，因此两表面将互相排斥，以防止液膜变薄乃至破裂。由于表面吸附，表面活性离子会富集于表面，组成了表面

双电层。当液膜变薄至一定程度时，两个双电层发生重叠，产生静电斥力，有利于液膜保持一定的厚度，所以对泡沫的稳定性有利。

如 $C_{12}H_{25}SO_4Na$，即形成一层带负电荷的表面，反离子 Na^+ 则分布于液膜溶液中，组成了表面双电层。当泡沫液膜变薄，小于 200nm 时，液膜带的同种电荷之间的排斥力作用就会阻止液膜排液和液膜进一步变薄，从而使泡沫稳定。

⑥ 气体的透过性。气体的透过性，是指气泡中的气体通过液膜扩散至空气中或者邻近的较大气泡中的过程。气体透过性低者表面黏度高，泡沫稳定性亦较好。气体透过性与表面吸附膜的紧密程度有相当大关系，表面吸附分子越紧密，则气体越难透过；表面黏度越高，则气体越难透过。一般形成的泡沫中，气泡大小总是不均匀的，小泡中气体的压力比大泡高。当气体自高压的小泡中透过液膜扩散至低压的大泡时，造成小泡变小、大泡变大，最终泡沫破坏。

⑦ 表面活性剂的分子结构。表面活性剂的分子结构对泡沫的稳定性影响较大：直链的阴离子型表面活性剂有很好的稳定作用；而非离子型表面活性剂则不易形成稳定的泡沫；疏水基直碳链的碳原子数为 C_{12} 和 C_{14} 时泡沫的稳定性好；稳泡剂分子中含有羟基、氨基和酰胺基等有利于泡沫稳定。

（3）消泡作用

① 泡沫的危害。在实际生产中，泡沫也常常带来危害。如：在减压蒸馏、过滤、炼油、制糖、发酵和印染等工艺中，泡沫的存在会引起操作不便及影响产品质量等一系列问题。还会影响仪表操作，不利于准确计量；浪费设备容量；降低结合强度；限制生产力；造成原料和产品的浪费；延长了反应周期；影响产品品质；污染环境；引起事故；等等。又如，在化妆品工业中，泡沫在乳化过程、混合和固体分散工艺过程中都会影响产品的质量和稳定性，如染发油膏中气泡的存在能加速染料中间体的氧化，降低其寿命。

② 泡沫的破坏机制。泡沫是气体分散在液体中的粗分散体系。由于体系内有很大的气-液界面，因此，它属于热力学不稳定体系。泡沫破坏的主要机制是液膜的排液变薄和泡内气体的扩散。

a. 泡沫液膜的排液变薄。泡沫的存在是因为气泡间有气泡的液膜。泡沫液膜中的液体因流失而使液膜变薄，这个过程称为液膜排液。当液膜变薄达到临界厚度（5～10nm）时，液膜自发破裂。液膜的排液主要是由重力排液和表面张力排液两种作用力产生的。

（ⅰ）重力排液。由于液相密度比气相密度大得多，因此，在地心引力作用下液膜就会产生向下的排液现象，使液膜变薄，当变薄到一定程度，外界的扰动使其破裂或造成气泡聚集。在较厚的液膜中，重力排液是液膜排液变薄的主要影响因素。

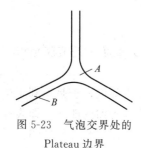

图 5-23 气泡交界处的 Plateau 边界

（ⅱ）表面张力排液。由于阻力的存在，膜达到一定的厚度时可能暂时平衡。从曲面压力看，膜之间夹角为 120° 时，泡沫最稳定。泡沫是由多面体气泡的堆积而成的，因此在几个气泡的交界处形成了如图 5-23 所示的形状。

图 5-23 中，B 为在两个气泡的交界处，气-液界面比较平坦；A 为三个气泡的交界处，界面是弯曲的。弯曲界面上附加压力 Δp 与界面张力 γ 的关系，用杨-拉普拉斯公式表示。

$$\Delta p = \gamma \left(\frac{1}{r_1} + \frac{1}{r_2} \right) \tag{5-68}$$

式中，Δp 为弯曲界面上的附加压力，即曲面上的压力差；γ 为界面张力；r_1、r_2 分别为曲面的两个相互垂直的曲率半径，对于球面，$r_1 = r_2$；对于平面，r_1 和 $r_2 = \infty$。

b. 气泡内气体的扩散。若泡沫中的气泡大小不同，则两个气泡内的气体压力不同，其压力差 $\Delta p'$ 为

$$\Delta p' = 2\gamma \left(\frac{1}{r_1} - \frac{1}{r_2} \right) \tag{5-69}$$

可见，半径小（r_1）的气泡内的气体压力大于半径大（r_2）的气泡内气体的压力，这样小气泡内的气体透过液膜向大气泡里扩散，结果小气泡越来越小直至消失，大气泡逐渐变大并使液膜渐渐变薄，直至破坏。此外，对于浮在液面或泡沫表面的气泡，因其内部气体压力大于大气压，气体会通过液膜直接向大气扩散，最后导致气泡的破裂。

③ 消泡。泡沫的破坏方法可分为两大类，物理方法和化学方法。物理方法是利用搅动、加热和冷却的交替、加压与减压、过滤、离心或超声波处理等方法进行消泡。化学方法消泡可分为两方面：防止泡沫形成（抑泡）和消除已生成的泡沫（消泡）。通常利用加入泡沫抑制剂和消泡剂的方法来实现。凡是加入少量物质能使泡沫很快消失的物质称为消泡剂。

化学消泡的基本原理是，用化学方法降低泡沫的稳定性。常常是加入少量具有表面活性而又不能形成坚固保护膜的物质，或者加入一种与起泡剂发生反应的物质，使其失去起泡能力。消泡机理有以下几个方面：

a. 降低泡沫液膜局部表面张力。因消泡剂微滴的表面张力比泡沫液膜的表面张力低。消泡剂浸入气泡液膜，顶替了原来液膜表面上的稳泡剂，使其此处的表面张力降低，而存在着稳泡剂的液膜表面的表面张力高，将产生收缩力，从而使低表面张力的液膜伸长而变薄最后破裂使气泡消除。

b. 破坏液膜弹性。消泡剂的作用就是破坏泡膜的弹性。当消泡剂添加到泡沫体系中，会向气-液界面扩散，使具有稳泡作用的表面活性剂难以发挥恢复膜弹性的能力。

c. 降低液膜黏度加快排液速度。泡沫液膜的表面黏度高会增加液膜的强度、减缓液膜的排液速度、降低液膜的透气性、阻止泡内气体扩散等，延长了泡沫的寿命而起到稳定泡沫的作用。泡沫排液的速率可以反映泡沫的稳定性，添加一种加速泡沫排液的物质（消泡剂），也可以起到消泡作用。

d. 消泡剂的其他作用机理。扩展作用产生的冲击：泡膜受到一定程度的冲击，即会破裂；加入的消泡剂在泡膜上产生的冲击，也可以使泡膜破裂。

增溶助泡表面活性剂：某些能与溶液充分混合的低分子物质不仅可以使表面活性剂被增溶，从而降低有效浓度，而且还会溶入表面活性剂吸附层，降低其密合程度。通过以上两方面的作用，减弱了泡沫稳定性。因此，通常表面活性剂在混合溶剂中比在纯溶剂中表面活性低。

电解质瓦解表面活性剂双电层：对于借助泡沫的表面活性剂双电层相互排斥产生良好的稳泡性的起泡液，加入一些普通的电解质，即可瓦解表面活性剂的双电层，从而起到消泡作用。

在化妆品生产中，常用于消泡的物理方法有减压法（如真空乳化）和过滤法等。常用的消泡剂种类主要为油脂、脂肪酸酯、醇类和聚二甲基硅氧烷等。这些化合物属于多功能原料。

（四）洗涤作用

（1）洗涤过程

将浸在某种介质中的固体表面的污垢去除的过程称为洗涤过程。在此过程中，借助于某些化学物质（表面活性剂）以减弱污物与固体表面的黏附作用，并施以机械力搅动，使污垢与固体表面分离而悬浮于液体介质中，最后将污物洗净、冲走。

洗涤过程的步骤分四步，首先是洗涤剂对油污及纤维表面吸附作用；其次是洗涤液对污垢的润湿和渗透；再次是污垢从纤维上脱落（此时表面张力降低及污垢与纤维结合力减弱）；最后是脱落的污垢在介质中乳化分散成稳定的体系，并进入洗涤剂的胶束中。

表面活性剂的洗涤作用囊括了表面活性剂的润湿作用、渗透作用、乳化作用、分散作用、增溶作用和发泡作用等几乎全部基本特性，洗涤性是表面活性剂综合性能的表现。

在完成了洗涤过程后，污垢还有可能再沉积于物品表面。这就是说，若洗涤剂性能较差（使污垢与物品表面分离的能力差，或者是分散、悬浮污垢的能力差，易于再沉积），则洗涤过程不能很好完成。洗涤物品与被洗污垢种类不同，污垢的去除机理也不同。

（2）污垢的去除

一般污垢可分为液体污垢及固体污垢两类，前者包括一般的皮脂、动植物油及矿物油（如原油、燃料油、煤焦油等），后者主要为尘埃、黏土、砂、铁锈、灰、炭黑等。液体污垢和固体污垢经常出现在一起，构成混合污垢，往往是液体包住固体微粒，黏附于物品表面。不同性质的表面与不同性质的污垢有不同的黏附，有通过机械力结合的黏附（如固体尘土），也有通过静电力结合的黏附（如极性脂肪物质、粉尘、黏土），还有通过化学吸附产生的化学结合力与固体表面的黏附，包括通过分子间力黏附，如分子间范德华力（包括氢键）。不同性质的表面与不同性质的污垢，有不同的黏附强度。

液体污垢是指黏着在织物表面上，仍然以液体状态存在的污垢，如衣物、餐具上的动植物油。这种污垢在常温下不易挥发，亦不能凝固，而且是成点或成片地黏污在织物上。

① 污垢洗涤的过程。第一步是洗涤液润湿表面。水在一般天然纤维上的润湿性较好（如在棉、毛纤维上），但在人造纤维（如聚丙烯、聚酯及聚丙烯腈等）上的润湿性则较差。未经适当处理（清洗、脱脂）的天然纤维，表面上总有一些蜡及油脂，于是水在上面的接触角就相当大。

第二步就是油污的去除。液体油污去除是通过油污的"卷缩"机理而实现的。

② "卷缩"机理。在洗涤之前油污一般以铺展状态存在于物品表面。此时，在固（s）、液（l）、气（g）三相界面上油污的接触角近于 0°。将物品置于洗涤液后，油污由处于固、油、气三相界面上变为处于固、油、水三相的界面上，其界面张力由原来的 γ_{s-g}（气-固）、γ_{o-g}（油-气）和 γ_{s-o}（固-油），变为 γ_{s-w}（固-水）、γ_{s-o}（固-油）和 γ_{o-w}（油-水），于是在洗涤剂的作用下，三个张力发生变化，开始对铺展的油污进行"卷缩"。

"卷缩"同时发生在固、油、水三相界面上，黏附有油污的固体浸入水中时，固、油、水三相平衡。当加入水溶性洗涤剂后，由于洗涤剂在固-水界面以疏水基吸附于固体表面、亲水基伸入水中的吸附状态在固-水界面作定向排列使 γ_{s-w} 下降；在油-水界面上以疏水基伸进油相、亲水基伸入水相的吸附状态在油-水界面作定向排列降低了 γ_{o-w}；在固-油界面上由于水溶性洗涤剂不溶于油而不能吸附于固-油界面，因此 γ_{s-o} 不会发生改变。由于三相界面上的张力发生变化，为了使杨氏方程达成新的平衡，$\gamma_{o-w}\cos\theta$ 必须增大，因此 θ_w 必须减少，油污就会逐渐地被卷缩。

固体污垢是指在常温下以固体形态附着在织物表面上的污垢，如尘土、泥、灰、铁锈、炭黑等。固体污垢往往被包住、黏附在织物表面。

固体污垢不是铺展在纤维表面上的，主要通过分子间的范德华力和静电力黏附于固体表面。通过分子间作用力以点与纤维表面接触黏附，黏附强度随时间增加而提高，随空气温度提高而增强，但在水中时黏附力显著低于在空气中的黏附力。

兰格（Lange）提出的固体污垢分段去除过程：

① 洗涤液在固体表面和污垢表面吸附、渗透和润湿的过程；

② 洗涤液在固体表面与固体污垢的固-固界面上的铺展；

③ 使固体污垢悬浮于洗涤液中。

污垢的去除机理的差异来自两种污垢与固体表面黏附性质的不同。对于液体污垢，黏附强度可以很清楚地定量表示为固-液界面的黏附自由能。固体污垢的黏附复杂得多。在固体表面上，固体污物的黏附不像液体扩大成一片，而往往仅是一些点与表面接触、黏附。

一般固体（如炭黑）或纤维表面以及大多数质点在水中皆带负电荷，因此，在一般情形中，加入阴离子表面活性剂往往提高质点与固体表面的界面电势，从而减弱了它们之间的黏附力，有利于质点自表面的去除；同时，也使分离了的质点不易再沉积于表面。非离子表面活性剂不能明显地改变界面电势，其去除表面黏附质点的能力将低于阴离子表面活性剂，但对防止污垢质点的再沉积有利。因此，非离子表面活性剂用于洗涤作用的效果不错。阳离子表面活性剂一般不能用作洗涤剂，一方面，经济上不合算；另一方面，而且是更重要的一方面，是阳离子表面活性剂使界面电势降低或消除，于洗涤作用不利。

此外，质点大小与固体污垢的去除有很大的关系，污垢质点越大，则越容易去除，小于 $0.1\mu m$ 的质点，很难从纺织物上洗掉。对于固体污垢，即使有表面活性剂存在，如果不加机械作用，也很难除去，这是因为固体黏附质点不是流体，溶液很难渗入质点与表面之间，所以必须加机械力以助溶液渗透，从而自表面除去固体污垢。质点越大，则在洗涤过程中承受水力的冲击越厉害，越靠近固体表面，液流速度越小（在表面处速度为零），而离开表面较远处，则流速较大。因此，大质点不但因为截面积大而承受水的较大冲击力，也因离表面较远处的液流速度更高而承受水的更大冲击力。

（3）影响洗涤的因素

① 表面张力。液体的表面张力来源于物质的分子或原子间的范德华力，表面张力是由表面分子和液体内部分子所处的环境不一样形成的。表面张力是表面活性剂水溶液的一种重要的物理化学性质，而表面活性剂又是洗涤液中的必需成分。洗涤液具有较低的表面张力，有利于污垢的脱除，因此表面活性剂的表面张力越低，越有利于洗涤。较低的表面张力还有利于液体油污的乳化和分散，防止油污再沉积于洗涤物表面，提高了洗涤效率。

具有较低的表面张力的洗涤剂水溶液能对固体表面进行充分的润湿，从而才有可能进一步起洗涤作用；较低的表面张力有利于液体油污的"卷缩"去除，也有利于去除下来的油污进一步乳化、分散到洗涤液中而有利于洗涤作用。

② 增溶作用。表面活性剂胶束对油污的增溶，是自固体表面去除少量液体污垢的最重要的机理。在局部集中使用较大量的洗涤剂时，不溶于水的物质性质各异而增溶于胶束的不同部位，形成透明、稳定的溶液。非极性油污增溶于胶束的非极性内核中；极性油污则根据其极性大小及分子结构形式不同而增溶于胶团外壳的极性基团区域。或者油污分子的极性基"锚"于胶束"表面"，而非极性碳氢链插入胶束内核中。去除油污的增溶作用，实际上就是

油污溶解于洗涤液中，使得油污不可能再沉积于固体表面，大大提高了洗涤效果。

③ 吸附作用。表面活性剂在污垢及洗涤物品表面上的吸附，对洗涤作用有重要的影响。这一影响主要是由于吸附将使界面在电、化学、机械等方面的性质发生变化。洗涤剂在油污界面上的吸附将导致界面张力的降低，使界面润湿得到调节，有利于油污的去除。界面张力的降低，有利于分散度较大的乳状液的形成；同时形成带电的界面膜具有较大的强度，使乳状液具有较高的稳定性，不再沉积于洗涤物表面。洗涤剂在固体表面上的吸附很复杂，与质点污垢表面的性质、表面活性剂种类和结构关系密切。

当表面活性剂以疏水基吸附在固-液界面上，极性头伸入水相的吸附状态时，能够提高固体表面的润湿性，有利于洗涤过程进行。在各类表面活性剂中，阴离子型的洗涤性最好，非离子型次之，阳离子型则不宜用作洗涤剂。近 20 年发展起来的两性离子型表面活性剂具有耐硬水性好，对皮肤和眼睛的刺激性低，生物降解性、抗静电性和杀菌性优异等优点，故常用作洗涤剂。

④ 表面活性剂的种类与结构。洗涤过程中，固体质点表面一般带负电，不易吸附阴离子型表面活性剂。若质点的非极性较强，则可通过质点与表面活性剂碳氢链之间的范德华力而发生吸附。

阴离子型表面活性剂吸附时，污垢表面的负电荷密度增加，于是污垢和污垢之间、污垢与被污染的固体表面之间同种电荷的斥力增加，从而洗涤效果提高。当水溶液中有阳离子型表面活性剂时，很容易通过离子交换吸附或离子对吸附，牢固地吸附在固体表面（易带负电荷）形成亲水基向内、亲油基向外的吸附层，不易被水润湿，容易发生再沉积，对稳定性不利，故不能作为有效的洗涤剂。当非离子型表面活性剂在固体表面上吸附时，多以非极性的碳氢链与固体接触为主，亲水基大部分伸向水中，形成较厚的质点水化保护层，使分散物质的稳定性提高，达到良好的洗涤效果。

对于聚氧乙烯基型非离子表面活性剂，则无上述电荷相互作用的限制，而且由于大亲水基团的空间阻碍效应，一般情况下，其洗涤作用优于离子型表面活性剂。聚氧乙烯链中氧乙烯数的增加会降低表面活性剂在许多材料表面上的吸附，有时会导致其洗涤作用下降。

⑤ 乳化作用与起泡。不管油污多少，表面活性剂的乳化作用，在洗涤过程中是相当重要的。要使乳化作用顺利进行，一定要使用高表面活性的表面活性剂，最大限度地降低界面张力。这样，只需用最小的机械功（略做搅拌），就可使乳液更加稳定，油污不会再沉积于表面。在降低界面张力的同时，伴随界面吸附发生，形成有一定强度的界面膜，防止油珠聚结，有利于乳状液的稳定，油污质点也不易再沉积于固体表面。然而，仅仅是油污的乳化、分散，尚不足以有效地完成洗涤过程，还需要根据具体情况，考虑前面讨论过的各种因素的影响。

至于起泡作用与洗涤作用的关系，人们总是误认为洗涤作用取决于其起泡作用。实际上并非如此，二者之间并没有直接相应的关系。在很多场合中，采用低泡型的表面活性剂水溶液进行洗涤有很好的效果。但这并不是说泡沫在洗涤中没有任何作用，在某些场合泡沫还是有助于去除污垢的。例如，洗涤液形成的泡沫可以把从玻璃表面洗下来的油滴带走；擦洗地毯时，泡沫有助于带走尘土污垢。此外，泡沫的存在，有时的确可以作为洗涤液尚有效的标志，因为脂肪性油污往往对洗涤剂的起泡力有抑制的作用。

第六章　乳化理论与乳状液

化妆品的使用范围是相当广泛的，它涉及人体表面的每一个部分，从洗涤用到美容用，从毛发用到口腔用，从儿童用到老人用，从男用到女用。市场上人们熟悉的各种香波、霜、蜜、冷烫液、眉笔、香水、香粉、唇膏、指甲油等，这些制品都是由某种载体所形成的，包括水溶液、非水溶液、乳状液、悬浮体、疏松或压紧的粉剂、糊状物和固体。其中乳状液的应用范围最广，可以制成从水样的流体到黏稠的膏霜的一系列化妆品。

本章主要从理论上阐述各类乳化机理，介绍乳化剂的类型和作用、乳状液的性质、乳状液类型及其影响因素、乳状液稳定性的测定；最后介绍多重乳状液和微乳液。

第一节　乳化理论与乳化剂

一、乳化理论

在制备乳状液时，将分散相以细小的液滴分散于连续相中，这两个互不相溶的液相所形成的乳状液是不稳定的，而通过加入少量的乳化剂则能得到稳定的乳状液。下面从不同角度列举乳化理论。

（一）定向楔理论

定向楔理论是 1929 年哈金斯（Harkins）提出的乳状液稳定理论。他认为在界面上乳化剂的密度最大，乳化剂分子以横截面较大的一端定向地指向分散介质，即乳化剂总是以"大头朝外，小头朝里"的方式在小液滴的外面形成保护膜，形成的乳状液相对稳定。

乳化剂为一价金属皂液时，其在油-水界面上作定向排列，具有较大极性的基团伸向水相，非极性的碳氢键伸入油相，这时不仅降低了界面张力，而且也形成了一层保护膜。由于一价金属皂的极性部分的横截面比非极性碳氢键的横截面大，于是横截面大的一端排在外圈，这样外相水就把内相（油相）完全包围起来，形成稳定的 O/W 型乳状液。当乳化剂为二价金属皂液时，由于非极性碳氢键的横截面比极性基团的横截面大，于是非极性碳氢键（大头）部分位于外圈，外相是油相，这样就形成了稳定的 W/O 型乳状液。在这种形成乳状液的方式中，乳化剂分子在界面上的排列就像木楔插入内相一样，故称为"定向楔"理论。

此理论虽能定性地解释不同类型乳状液形成的原因，但是也有不能用它解释的实例。理论不足：它只是从几何结构来考虑乳状液的稳定性，未全面考虑影响乳状液稳定的因素。

（二）界面张力理论

界面张力理论认为界面张力是影响乳状液稳定性的一个主要因素。乳状液的形成使体系界面面积大大增加，从而增加了体系的界面能，使体系不稳定。因此，为了增加体系稳定性，可通过降低界面张力，使总的界面能下降。

凡能降低界面张力的添加物都有利于乳状液的形成及稳定。随着碳链的增长，界面张力的降低逐渐增大，乳化效应也逐渐增强，越易形成较高稳定性的乳状液。但是，低的界面张力并不是决定乳状液稳定性的唯一因素，有些低碳醇能将油-水界面张力降至很低，但却不能形成稳定的乳状液；有些大分子的表面活性并不高，但却是很好的乳化剂。因此，降低界面张力虽使乳状液易于形成，但单靠界面张力的降低还不足以保证乳状液的稳定性。因此，界面张力的高低主要表明了乳状液形成难易，但并不是乳状液稳定性的衡量标志。

（三）界面膜理论

在体系中加入表面活性剂作为乳化剂后，在界面张力降低的同时，表面活性剂必然在界面发生吸附，形成一层界面膜。界面膜对分散相液滴具有保护作用，使其不因布朗运动中的相互碰撞而聚结。液滴聚结的前提条件：界面膜的破裂。因此，界面膜的机械强度是决定乳状液稳定的主要因素之一。

与表面吸附膜的情形相似，当乳化剂浓度较低时，界面上吸附的分子较少，界面膜的强度较差，形成的乳状液不稳定。乳化剂浓度增大至一定程度后，界面膜则由比较紧密排列的定向吸附的分子组成，这样形成的界面膜强度高，大大提高了乳状液的稳定性。

此结论与高强度的界面膜是乳状液稳定的主要原因的解释相一致。如果使用适当的混合乳化剂有可能形成更致密的"界面复合膜"，甚至形成带电膜，从而增加乳状液的稳定性。如在乳状液中加入一些水溶性的乳化剂时，油溶性的乳化剂能与它在界面上发生作用，形成更致密的界面复合膜。由此可以看出，使用混合乳化剂，可使形成的界面膜有较大的强度，进而提高乳化效率，增加乳状液的稳定性。

因此，界面膜理论的主要结论是：降低体系的界面张力，是使乳状液体系稳定的必要条件；而形成较牢固的界面膜，是使乳状液稳定的充分条件。

（四）电效应理论

对乳状液来说，若乳化剂是离子型的表面活性剂，则在界面上由于电离和吸附等作用，乳状液的液滴带有电荷，其电荷大小依电离强度而定；而对非离子型表面活性剂，则主要由于吸附和摩擦等作用，液滴带有电荷，其电荷大小与外相离子浓度及介电常数和摩擦系数有关。带电的液滴相互靠近时，产生排斥力，所以难以聚结，因而提高了乳状液的稳定性。乳状液的带电液滴在界面的两侧构成双电层结构，双电层的排斥作用对乳状液的稳定有很大的意义。

双电层之间的排斥能取决于液滴大小及双电层厚度和 ζ 电势（或表面电势 φ_0）。当无电解质表面活性剂存在时，虽然界面两侧的电势差 ΔV 很大，但界面电势 φ_0 却很小，所以液滴能相互靠拢而发生聚沉，这对乳状液很不利。当有电解质表面活性剂存在时，令液滴带电。O/W 型的乳状液多带负电荷；而 W/O 型的多带正电荷。这时活性剂离子吸附在界面上并定向排列，以带电端指向水相，进而将反离子吸引过来形成扩散双电层。双电层具有较高的 φ_0 且较厚，因此使乳状液稳定。若在上面的乳状液中加入大量的电解质盐，则水相中反离子的浓度增加，一方面会压缩双电层，使其厚度变薄；另一方面它会进入表面活性剂的吸附层中，形成一层很薄的等电势层，此时，尽管电势差值不低，但是 φ_0 减小，双电层的厚度也变薄，因而乳状液的稳定性下降。

（五）固体微粒理论

固体微粒可以作为乳状液稳定的重要因素，许多固体微粒，如碳酸钙、黏土、炭黑、金属的碱式硫酸盐、金属氧化物及硫化物等，可以作为乳化剂起到稳定乳状液的作用。

显然，固体微粒只有存在于油-水界面上才能起到乳化剂的作用。固体微粒是存在于油相、水相还是在它们的界面上，取决于油、水对固体微粒润湿性的相对大小。若固体微粒完全被水润湿，则在水中悬浮；若微粒完全被油润湿，则在油中悬浮。只有当固体微粒既能被水润湿也能被油所润湿，才会停留在油-水界面上，形成牢固的界面层（膜），而起到稳定作用。这种界面膜愈牢固，乳状液愈稳定。

二、乳化剂

乳化剂从来源上可分为天然物和人工合成品两大类。而按其在两相中所形成乳化体系性质又可分为水包油（O/W）型和油包水（W/O）型两类。

衡量乳化性能最常用的指标是亲水亲油平衡值（HLB 值）。HLB 值低，表示乳化剂的亲油性强，易形成油包水（W/O）型体系；HLB 值高，表示亲水性强，易形成水包油（O/W）型体系。HLB 值有一定的加和性，因此利用这一特性，可制备出不同系列 HLB 值的乳状液。

（一）乳化剂类型

乳化剂分子中有亲水和亲油两个部分。根据它们亲水部分的特征，乳化剂可以分为三种类型。

（1）阴离子型乳化剂

阴离子型乳化剂主要是指阴离子型表面活性剂，为在水中电离生成带有烷基或芳基的负离子亲水基团的乳化剂，如羧酸盐、硫酸酯盐和磺酸盐等。这类乳化剂最常用，产量最大，常见的有：硬脂酸钠（$C_{17}H_{35}CO_2Na$）、十二烷基硫酸钠（$C_{12}H_{25}OSO_3Na$）和十二烷基苯磺酸钙等。阴离子型乳化剂要求在碱性或中性条件下使用，不能在酸性条件下使用。在使用多种乳化剂配制乳状液时，阴离子型乳化剂可以互相混合使用，也可与非离子型乳化剂混配使用。但阴离子型和阳离子型乳化剂不能同时使用在一个乳状液中，如果混合使用会破坏乳状液的稳定性。

（2）阳离子型乳化剂

阳离子型乳化剂指阳离子型表面活性剂，为在水中电离生成带有烷基或芳基的正离子亲水基团。这类乳化剂的品种较少，都是胺的衍生物，例如 N,N-二甲基十二烷基胺。

（3）非离子型乳化剂

非离子型乳化剂指非离子型表面活性剂，为一类新型的乳化剂，其特点是在水中不电离。它的亲水部分是各种极性基团，常见有聚氧乙烯醚类和聚氧丙烯醚类基团；亲油部分（烷基或芳基）直接与氧乙烯醚键结合。典型产品有辛基苯酚聚氧乙烯醚。非离子型乳化剂的聚醚链上的氧原子可以与水产生氢键缔合，因而可以溶解在水中。它既可在酸性条件下使用，也可在碱性条件下使用，且乳化效果很好，广泛用于化工、纺织行业，尤其是农药、石油和乳胶等的生产。

（二）乳化剂的作用

（1）降低表面张力和界面张力

加入乳化剂（表面活性剂）后，乳化剂被吸附在油-水界面上，亲水的极性基团浸入水中，而亲油的非极性基团伸向油相，从而降低了油-水的界面张力，分散的液珠聚结困难，使乳状液较为稳定。

（2）在分散相表面形成保护膜

当有乳化剂存在时，在搅拌作用下形成的分散相液滴外面吸附了一层乳化剂，在静电斥力作用下小的液滴难以聚结，于是形成了稳定的乳状体系，这就是乳化剂的乳化作用。

（3）形成胶束

乳化剂是一种表面活性剂，能显著降低表面张力，其疏水基相互靠拢、整齐排列，当其浓度达到 CMC 时，能形成疏水基朝里、亲水基朝外指向水相的各类胶束。若再提高浓度，则水溶液中的胶束就几十、几百个聚集在一起，呈球形、棒状或层状。

第二节　乳状液

乳状液是一种或几种液体以小液珠的形式分散于另一种与其互不相溶的液体中，形成具有相当稳定性的多相分散体系。由于外观上常呈乳状，即呈不透明或半透明的乳白色，因此，称为乳状液或乳化液。乳状液中小液珠直径一般在 $0.1\sim10\mu m$ 范围内，用显微镜可以清楚地观察到。

乳状液通常是油和水的乳化体，含有油和水。在化妆品制品的载体中乳状液的应用范围最广，可以制成从水一样的流体至黏稠的膏霜，其用途从清洁皮肤、护肤，到美容、发用化妆品等。可见，乳化作用在化妆品制备中占有重要的地位。

一、乳状液的性质

乳状液的类型、内相液珠大小和数量以及制备方法等都是决定乳状液性质的主要因素。

（一）液珠的外观

（1）液珠的大小

乳状液中液珠的大小并不都是相同的，其直径在较大范围内变化，并呈一定的分布。分散相是直径是 $0.1\sim10\mu m$ 的液珠，大部分直径大于 $0.25\mu m$，最大的比此值约高 100 倍。即使在相同乳状液中，液珠的直径也相差很大。从液珠直径的变化范围来看，乳状液的大部分属于粗分散体系，少部分属于胶体分散体系，但都是多相分散体系，也都是热力学的不稳定体系。在其他条件相同时，在乳状液中，小半径的液珠越多，乳状液越稳定。

一般乳状液的外观常呈乳白色不透明液体，这和乳状液中分散相质点的大小有密切关系。液珠大小不同，它们对光的吸收、反射和散射不一样，因而具有不同的外观，两者关系见表 6-1。

表 6-1　乳状液液珠大小与外观的关系

液珠大小/μm	外观
≫1 大液珠	可分辨出两相存在
>1	乳白色乳状液
0.1~1	蓝白色乳状液
0.05~0.1	灰色半透明液
<0.05	透明液

（2）液珠大小的测定

测定乳状液颗粒大小的方法有很多，主要有以下四种：

① 浊度法。用测定光直接透过被测溶液时，透过光的强度的大小来测定颗粒的大小。

② 计数法。让乳状液流过一个窄孔，孔的两边装有测电导用的电极。因为油和水的电导差别很大，所以当 O/W 型乳状液流过小孔时，每流过一个液珠，电导就会改变，将其记录下来，电导改变的多少与液珠的大小成正比。若准确地知道相体积，就可以把质点浓度变换成平均质点大小。但此法要求外相导电，故对 W/O 型乳状液不适用。

③ 光散射法。用光学原理测定颗粒大小的方法有两类：一种是透射法，此法测定光直接透过被测溶液时强度的衰减（浊度法和散射浊度法）；另一种是光散射法，通过测定在与光成某确定的角度（通常为 90°）的散射光来测定颗粒大小。

④ 显微镜法。这是最常用的方法，简便、可靠。显微镜法有两种，一种是在带有标尺的显微镜中直接读数的方法，在装有测微目镜的显微镜下（最好用一载玻片来观察乳状液），可以得到在不同大小范围内的液珠数，由此即可绘出分布曲线；另一种是用显微照相的方法，从照片上读数，测定出颗粒大小（为了得到 95% 的可信度，一般需要数 300～500 个粒子，才能算出较准确的平均值）。

⑤ 沉降法。若是乳状液的分层速率不是小到不能测定，则测定单位时间内分层的量即可以绘出分布曲线。如图 6-1 所示。

将乳状液置于大管中，在毛细管中充满外相，发生分层，大管上端密度即改变，支管中的液面即移动，可得的结果如式(6-1)。

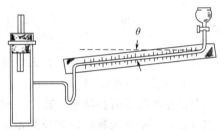

图 6-1　沉降法测定颗粒大小
分布仪器示意图

$$m=\frac{\rho_1\times\rho_2}{\rho_1-\rho_2}(A\sin\theta+S)(a-b) \tag{6-1}$$

式中，m 是在大管中经过支管平面的分散相质量；ρ_1、ρ_2 分别代表连续及分散相的密度；A 和 S 分别代表大管及毛细管的横切面积；θ 是毛细管与水平面的夹角；a 和 b 分别为最初和时间 t 时毛细管中液面的位置。以 m 对 t 作图即得累积曲线，图解微分即得分布曲线。

（二）光学性质

由于乳状液颗粒大小不一，折射率也不同，因此对光的照射同样也会发生反射、折射和散射。与溶胶体系一样，当液珠的直径大于入射光的波长时，主要发生光的反射；当液珠的直径远小于入射光的波长，光线可以完全通过，或部分被吸收，体系呈透明状；当液珠直径略小于入射光的波长时，则发生光散射现象，体系呈现灰蓝色的半透明状。

可见光的波长为 400～800nm 范围内，而乳状液液珠直径在 0.1～10μm 之间。因此，乳状液对光的反射比较显著，多呈不透明的乳白色。

（三）黏度

乳状液是流体，体系的黏度（流动性质）是乳状液重要性质之一，只有符合一定的黏度规格，产品才能使用。因此，化妆品的制备要求其原料、生产过程及产品均在适宜的黏度范围内。影响乳状液黏度的主要因素有分散介质黏度、分散相黏度、分散相的体积分数、液珠的大小及乳化剂的性质等。

（1）分散介质黏度（η_0）

分散介质黏度又叫外相的黏度，是决定乳状液黏度的重要因素。当分散相的浓度不大时，乳状液的黏度主要是由分散介质所决定的。分散介质的黏度越大，乳状液的黏度也越大。乳状液的黏度 η 与外相的黏度 η_0 成正比，如式(6-2)：

$$\eta = X\eta_0 \tag{6-2}$$

式中，X 代表所有影响黏度的性质的总和。在许多乳状液中，乳化剂溶于外相之中，因此 η_0 是外相溶液的黏度，而不是纯液体的黏度。

（2）分散相的黏度（η_i）

根据流体力学理论：如果分散相（即分散相，液珠）的性质是流动的，则分散相的黏度对乳状液的黏度将产生影响；如果分散相液珠的性质是不流动的，像固体一样不具流体的性质，则分散相的不流动性将使乳状液的黏度增大。

分散相黏度对乳状液黏度的影响可用式(6-3) 表示：

$$\eta = \eta_0 \times \left[1 + 2.5\phi\left(\frac{\eta_i + \frac{2}{5}\eta_0}{\eta_i + \eta_0}\right)\right] \tag{6-3}$$

式中，η_i 为分散相黏度；ϕ 为分散相体积分数；η_0 为分散介质黏度。

（3）分散相的浓度（ϕ）

分散相的浓度对乳状液的黏度影响是很大的，通常随着分散相体积分数的改变而发生明显的变化。分散相的黏度也随分散相体积分数的增大而增加。

当分散相的体积分数 $\phi < 0.02$ 时，乳状液的黏度 η 可由爱因斯坦公式计算，即式(6-4)。

$$\eta = \eta_0(1 + 2.5\phi) \tag{6-4}$$

式中，η、η_0 分别为乳状液和分散相的黏度。

应当指出，此式的应用范围很有限，当 ϕ 大于 0.02 时，此式不能适用。对于分散相浓度较大的乳状液，较为适合的公式是由 Hatschek 导出的，如式(6-5)：

$$\eta = \eta_0\left[\frac{1}{1 - (h\phi)^{\frac{1}{3}}}\right] \tag{6-5}$$

式中，h 为校正系数，又叫体积因子，取值 1.3 左右。

（4）乳化剂及界面膜的性质

两相间界面膜的存在对乳状液的黏度也将产生影响，而界面膜及其性质是由乳化剂的性质所决定的。乳化剂对乳状液的黏度影响较大，主要原因是乳化剂溶于外相之中，使外相的黏度大为增加。表示乳化剂对乳状液黏度影响的经验公式如式(6-6)：

$$\ln\eta_r = ac\phi + b \tag{6-6}$$

式中，c 为乳化剂浓度；a 和 b 为常数；ϕ 为分散相的体积分数；η_r 为相对黏度，$\eta_r = \eta/\eta_0$。

（5）液珠大小及其分布

乳状液的颗粒大小及分布受到乳化剂的存在和浓度大小的影响，从而影响乳状液的黏度，颗粒越小，越均匀，乳状液的黏度也越大。

（6）电黏度效应

乳状液颗粒的电荷效应使黏度增加。带电荷的乳状液的黏度比不带电荷的同种乳状液的黏度大，这主要是因为邻近液珠上的电荷互相影响。因此当乳状液稀释后，液珠间的距离增加，根据引力与距离的平方成反比，电荷之间的相互作用降低，电黏度效应降低。当无限稀释时，电黏度效应等于零。

（四）电性质

乳状液的一个主要电性质是电导。利用测定的电导或电导率可判别乳状液的类型，也可以用来研究乳状液的变型过程。电导性质主要取决于乳状液的外相即连续相。O/W 型乳状液能导电，而 W/O 型乳状液不能导电，所以 O/W 型乳化液的导电性比 W/O 型乳状液好。此外，如果乳状液的液珠带有电荷，在电场中会发生定向运动，即电泳现象，这也是乳状液一种重要的电性质。

二、乳状液类型及其影响因素

（一）乳状液类型的理论

当油相和水相两种不相溶的液体混合，并加入合适的乳化剂后，形成何种类型的乳状液，受多种因素的影响，如油和水两相物质的用量、乳化剂的性质等。人们提出了多种理论用于解释、说明和预测乳状液的类型，应用较普遍的理论有以下两种。

（1）定性理论-Bancroft 规则

班克罗夫特规则即界面张力理论，在 1913 年，由 Bancroft 首先提出。他认为在构成乳状液体系的油、水两相中，乳化剂溶解度大的一相为乳状液的连续相（外相）。乳化剂在某相中溶解度大，表示它与此相的相溶性好，相应地，其界面张力较低，体系有较高的稳定性。即易溶于水的乳化剂乳化形成 O/W 型乳状液；易溶于油的乳化剂形成 W/O 型乳状液。例如，碱金属皂是水溶性的，作为乳化剂时，易形成 O/W 型乳状液；而因为二价和三价金属的皂类是油溶性的，以它们作为乳化剂时，都易形成 W/O 型乳状液。

经验说明，Bancroft 规则应用的范围较广。按照 Bancroft 规则，HLB 值高的乳化剂的亲水性强，与水相的相溶性好，乳化所形成的乳状液一般为 O/W 型；而对于 HLB 值较小的乳化剂，亲油性强，与油相的相溶性好，则易形成 W/O 型乳状液。

（2）定量理论-Davies 理论

1957 年 Davies 以胶体聚沉理论为基础，提出了一个关于乳状液类型的定量的聚结速度理论。这一理论认为，当油、水和乳化剂一起振荡或搅拌时，油相和水相都会分散成液珠，搅拌停止后，油滴和水滴都会发生聚结，形成乳状液的类型取决于油滴的聚结和水滴的聚结两种竞争过程的相对速度。其中聚结速度快的相将形成连续相，聚结速度慢的为分散相。若水珠的聚结速度远大于油珠聚结速度，则水成为连续相，形成 O/W 型乳状液；水珠的聚结速度小于油珠的聚结速度，则形成 W/O 型乳状液。如果两相聚结速度相近，则体积分数大的形成连续相，体积分数小的形成分散相。

因此，根据两种液珠的相对聚结速度，能够预测乳状液的类型。由于聚结速度与油相的性质、水相的性质、乳化剂的性质等诸多因素有关，很难定量计算，Davies 理论又提供了一种预测乳状液类型的方法。先把乳化剂溶于水相（或油相）中，然后把含有乳化剂的水相（或油相）与油相（或水相）混合，得到油-水体系两相界面。分别用小注射器将油和水各一滴注于该两相界面上，测定单个水珠和油珠存在的时间（寿命），由此来比较水珠和油珠的相对聚结速度，并推断或预测形成的乳状液类型。显然，寿命短的聚结速度快，成为外相。

（二）乳状液类型

（1）油/水型乳状液

水包油乳状液是指油相在乳化剂作用及一定工艺下分散于水相得到的乳状液，如蜜类乳状液、乳液类乳状液。制备油/水型乳状液的基本条件是必须选用一种在乳状液的水相中溶解度较大的乳化剂。水包油乳状液在乳化油的时候，形成的圆球状的分散体不是致密的，这个时候若有部分的油包水乳化剂填充进来，会提高分散体的稳定性。

若采用离子型的乳化剂，在分散油相表面吸附了分子的亲油部分，亲水部分在油-水界面上，油珠表面带电荷，由于同种电荷的排斥作用，体系稳定。同时实验证明，用 1∶1 的十六烷基硫酸钠和胆甾醇混用能使表面张力降低 6×10^{-4} N/cm，而单独使用十六烷基硫酸钠只能使表面张力降低 2×10^{-4} N/cm。采用非离子型乳化剂也使体系稳定，这可能是由于乳化剂分子中亲水部分和水形成氢键。

稳定乳状液要求将每个液珠完全包裹，这就需要采用足够的乳化剂，但是增加乳化剂的浓度，乳状液液珠之间会形成更多的胶束，这样对稳定性有一定的破坏。

另外，具有相同溶解度的乳化剂也会导致乳状液不稳定，因为乳化剂既溶于连续相，也溶于分散相，在每一相中都能形成胶束，导致对分散相液珠的保护作用变得很小。

（2）水/油型乳状液

制备水/油型乳状液所使用的乳化剂应该具有以下的特性：

① 必须在油-水界面上能迅速吸附。这就要求在油相中的溶解性良好。

② 必须能降低两相界面张力。

③ 必须能形成一种无电荷的坚强界面膜，阻止分散液珠的聚结。

在水/油型乳状液中，乳化剂分子亲水基溶于分散相的水相，疏水基浸入油相。分散相的粒子是不带电的，通过由碳氢链（朝向连续相）产生的黏度保障乳状液的稳定。这类乳状液的界面膜僵硬，使分散相液珠外形呈不规则状，液珠会不断地变形。特别是高内相比时，即使用更多的油相稀释乳状液也是如此。这就要求乳状液形成的界面膜必须更坚固，才能保障乳状液的稳定。

Schulman 的研究也表明，水/油型的乳状液的稳定不是依靠内相粒子上的电荷（因为连续相的油相中内相无法形成离子而带电），而是依靠乳状液的内外两相界面膜上的电荷而稳定的。例如，长链的脂肪酰胺的环氧乙烷加成物通过水珠界面上的分子的亲水基所形成的氢键，能形成一种坚固的界面。较好的水/油型乳状液，可以使用复合乳化剂进行乳化，具有较大的稳定性。例如，多元醇油酸酯加入少量其他的乳状液，比如羊毛蜡或一种蜂蜡硼砂皂，对制备水/油型乳状液是有效的。

（3）无水乳状液

一般说来，乳状液包括水、油相。但目前也有人制备出不含油、水两相的乳状液，通常叫作无水乳状液，采用了各种多元醇和橄榄油等油类作为两相，通过乳化制成。

采用氨和 2-氨基-2-甲基-1,3-丙二醇与橄榄油中的游离脂肪酸缩合制成阴离子型乳化剂，对橄榄油、丙烯乙二醇、聚氧乙烯 400 等进行乳化制得无水乳状液。有研究表明：极少量的碱能稳定含有 58%（体积分数）橄榄油的无水乳状液，这主要是因为碱的脂肪酸缩合产物可以与橄榄油中的游离酸形成强度很高的复合界面膜，这种膜可以阻止油珠的聚结。

（4）彩色乳状液

在制备乳状液时，如果选用具有相同的折射率的油、水相进行乳化，或者在乳化过程中使分散相液珠直径小于 1/4 可见光的波长时，制备出的是一种透明乳状液。如果选用的油、水两相具有不同的折射率，那么制备出来的就是一种彩色乳状液。例如：用甘油分散在如乙酸戊酯和二苯乙醇酮类的化合物中，可得彩色乳状液。

（三）乳状液类型的测定方法

大多数乳状液可分为"水包油"（O/W）型和"油包水"（W/O）型两种。但在乳状液的制备过程中，往往利用转型来得到稳定的乳状液，即要制备 O/W 型乳状液，往往先做成 W/O 型，然后增加水量，让其转变成 O/W 型。因此利用外相的一些性质，如溶解性、荧光性、导电性等，采用以下方法来确定乳状液的类型。

（1）稀释法

稀释法又叫冲淡法。乳状液易为其外相液体所稀释，而内相很难稀释，因此可据此测定乳状液的类型。凡是性质与乳状液外相相同的液体都能稀释乳状液。将两滴乳状液滴于一玻片上，于一滴中加入一滴 A，另一滴中加入一滴 B，轻轻搅拌。易于和乳状液混溶者即是外相。在低倍显微镜下作此实验，结果可更好一些。例如牛奶能被水所稀释，而不能与植物油混合，所以牛奶是 O/W 型乳状液。

（2）染料法

加微量只溶于一相（A）而不溶于另一相（B）的染料于乳状液，将其轻轻摇动。若整个乳状液都是染料的颜色，则 A 是外相；若只有液珠呈现染料之色，则 A 是内相。比如将少量的油溶性染料如苏丹红Ⅲ等加到乳状液中，若乳状液整体带色，说明油是外相，乳状液为 W/O 型；若只是液珠带色，则为 O/W 型。若用水溶性染料，则情形相反。

（3）电导法

大多数"油"的导电性甚差，而水（一般常含有一些电解质）的导电性较好，故测定电导可以指示哪个组分是外相。导电性好的即为 O/W 型，导电性差的为 W/O 型。这种性质可用于电导（率）法区分乳状液的类型。

但有时，当 W/O 型乳状液的内相所占比例较大，或油相中离子型乳化剂含量较多时，油为外相（W/O）也可能有相当大的导电性。还有，乳状液中若分散相的相体积较大（如 60%），则其电导也可能比较大。此外，若乳状液的乳化剂是离子型的，水相的电导很高；若乳化剂是非离子型的，则电导很低，测试时要注意安全。

（4）滤纸润湿法

对于某些"重油"与"水"的乳状液可用此法，因为二者对滤纸的润湿性不同，水能把滤纸润湿，油则不能。将一滴乳状液放在滤纸上，若液体很快展开，在中心留下一小滴（油），则为油/水型乳状液；若不展开，则为水/油型。但此法对某些易在滤纸上铺展的油所形成的乳状液不能适用，如苯、甲苯、环己烷等。

（5）荧光法

许多有机物在紫外光照射下有发出荧光的现象，利用荧光显微镜下观察 1 滴乳状液就能鉴别乳状液的类型。若只有一些点发荧光，则为油/水型；若整个乳状液都发荧光，则为水/油型。

在乳状液类型的测定中，除了以上的五种方法外，还有一些其他的方法可用。如果仅使用一种方法，往往有一定的局限性，故对乳状液类型的鉴别应采用多种方法，取长补短，或者利用乳化剂的种类、分层现象也可以得到正确、可靠的结果。

（四）影响乳状液类型的因素

乳状液是一种复杂的体系，影响其类型的因素很多，很难简单地归结为某一种，下面叙述一些可能影响乳状液类型的因素。

（1）相体积

乳状液的分散相被称为内相，分散介质被称为外相。1910 年，Ostward 根据立体几何的观点提出"相体积理论"。他指出：如果分散相均为大小一致的不变形的球形液滴，根据立体几何计算，最紧密堆积的液珠体积只能占总体积的 74%，如果大于 74%，乳状液就会破坏变型。根据"相体积理论"，对于两种液体构成的乳状液，量多者不一定是连续相。在由水相和油相组成的乳状液中，若水的体积小于 26%，只能形成 W/O 型乳状液；若水的体积大于 74%，只能形成 O/W 型乳状液；若水的体积介于 26%～74% 之间，则 O/W 型和 W/O 型的两种乳状液都有可能形成。

但是，分散相液珠不一定是均匀的球，多数情况下是不均匀的，有时呈多面体状（如图6-2），因此相体积和乳状液类型的关系就不能限于上述范围，内相体积可以大大超过 74%。当然制成这种稳定的乳状液是困难的，需要相当量的合适的高效率乳化剂。

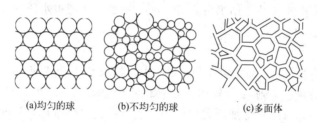

(a)均匀的球　　　(b)不均匀的球　　　(c)多面体

图 6-2　乳状液滴的形状

（2）乳化剂的分子构型

乳化剂分子的空间构型对乳状液的类型起重要作用，即分子中极性基团和非极性基团的截面积之比是乳状液类型的决定因素。

根据"定向楔"理论，乳化剂分子在油-水界面处发生单分子层定向吸附时，乳化剂就像两头大小不等的楔子，排列紧密且稳定，截面小的一头总是指向分散相，截面大的一头总是伸向分散介质，即乳化剂分子在界面的定向排列就像木楔插入内相一样。

从液珠的曲面和乳化剂定向分子的空间构型考虑，按照"定向楔"理论，有较大极性头的一价金属皂（如钠、钾等一价金属的脂肪酸盐）作为乳化剂时，容易形成水包油型乳状液；而有较大碳氢链的钙、镁等二价金属皂作为乳化剂时，易形成油包水型乳状液。

实际上"定向楔"理论也有例外，即不是所有一价金属皂液的极性头一定比非极性头粗大。例如当银皂用作乳化剂时，按照"定向楔"理论形成的乳状液应该是 O/W 型，实际上却为 W/O 型乳状液。因为银皂的亲水性比 Na^+、K^+ 等脂肪酸盐弱，其分子的非极性基（共有两个碳链）比较大，分子大部分进入油相将水滴包住，因而形成了 W/O 型乳状液。

（3）乳化剂的亲水性

经验表明，易溶于水的乳化剂易形成 O/W 型乳状液；易溶于油者则易形成 W/O 型乳状液。这一经验规律有很大的普遍性，解决了"定向楔"理论不能解释的问题，例如解释银皂为 W/O 型乳状液的乳化剂。

乳化剂就是一种表面活性剂，乳化剂的亲水性就是其 HLB 值。一般认为，乳化剂 HLB 低于 10 的是相对亲油的，易形成 W/O 型乳状液；高于 10 的相对亲水性好，易形成 O/W 型乳状液。

（4）乳化剂溶解度

将一定温度下，乳化剂在水相和油相中的溶解度之比定义为分配系数。分配系数比较大时，容易得到 O/W 型乳状液，分配系数越大，O/W 型乳状液越稳定。分配系数比较小时，则为 W/O 型乳状液，分配系数越小，W/O 型乳状液越稳定。

（5）润湿性

对于固体粉末作为乳化剂的稳定乳状液时，只有润湿固体的液体大部分在外相时，才能形成较为稳定的乳状液。根据接触角的大小来判断形成乳状液的类型。

当接触角 $\theta<90°$ 时，固体粉末大部分被水润湿，易形成 O/W 型乳状液；当 $\theta>90°$ 时，固体粉末大部分被油润湿，形成 W/O 型乳状液；当 $\theta=90°$ 时，形成不稳定的乳状液。

三、乳状液的稳定性与不稳定性

（一）乳状液的稳定性

乳状液是高度分散的热力学不稳定的多相体系，液珠之间有相互聚结、减小表面张力的倾向。但是，在实际使用中许多乳状液能保持相当长时间的稳定性。不过，乳状液的稳定是相对的和有条件的。此外，乳状液的稳定性会直接影响一些化妆品的稳定性、储存时间，故影响乳状液稳定性的因素也会影响某些化妆品的稳定性。

影响乳状液稳定性的因素比较复杂，乳化剂是其中最重要的因素，它使乳状液稳定的主要因素有以下几种。

（1）界面张力的影响

界面张力是影响乳状液稳定性的一个主要因素。因为乳状液的形成必然使体系界面面积大大增加，也就是对体系要做功，从而增加了体系的界面能，这部分能量以界面能的形式保存于体系中，是一种非自发过程，这就是体系不稳定的来源。因此，为了增加体系的稳定性，可减少其界面张力，使总的界面能下降。

乳化剂具有亲水和亲油的双重性质，溶于水中的乳化剂分子，其疏水基会受到水的排斥而力图把整个分子拉至界面（油-水界面），亲水基则力图使整个分子溶于水中，这样就在界面上形成定向排列，使界面上的不饱和力场得到某种程度上的平衡，从而降低了界面张力。例如，石蜡油对水的界面张力为 40.6×10^{-3} N/m，加入乳化剂油酸将水相变成 0.001mol/L 的油酸溶液，界面张力即降至 30.05×10^{-3} N/m，此时可形成相当稳定的乳状液；若加入油酸钠，则界面张力降至 7.2×10^{-3} N/m，此时被分散了的液珠颗粒很难再次发生聚结。

又如，橄榄油对水的界面张力是 22.9×10^{-5} N/cm，若将 10mL 此油分散成半径为 0.1μm 的油珠，产生的界面总面积是 300m^2。将这些数据代入公式 $\gamma=W/\Delta S$，即得所需之功是 6.86J。将其推广到工业规模，分散百磅（100 磅 $=45.4$kg）的橄榄油，就需要 3.387×10^4J 的功。因为这个能量以势能方式在体系中存在，这就表示在热力学上，体系是很不稳定的。但是若用 2% 合适的肥皂，即可将界面张力降低至 2×10^{-5} N/cm，界面能自 3.387×10^4J 降至 3.14×10^3J。

由此可见，界面张力的降低，有利于乳状液的形成及稳定。降低界面张力虽使乳状液易于形成，但界面张力并不是决定乳状液稳定性的唯一因素，它只是表明了乳状液形成的难易程度。

（2）界面膜的强度的影响

King 认为，决定乳状液稳定性的最主要的因素是乳状液界面膜的强度和它的紧密程度。

在油-水体系中加入乳化剂，降低了界面张力。同时，根据 Gibbs 吸附定理，乳化剂（表面活性剂）必然在界面发生吸附而定向排列，形成界面膜，该乳状液界面膜具有凝胶状结构，有一定的强度，并将液珠之间相互隔开，使液珠在碰撞过程中不易聚结而起到保护作用，乳状液体系变得稳定。

影响界面强度的因素主要有乳化剂的浓度和组成等。

① 乳化剂的浓度。乳化剂的量要足以组成一个连续的膜以将液珠包住，所以乳化剂的浓度是重要的。当乳化剂浓度较低时，界面上吸附分子较少、强度较差，所形成的乳状液的稳定性也较差；随着乳化剂浓度的增大，吸附分子定向紧密排列形成界面膜，强度较大，并将液珠包围，此时，液珠聚结时所受到的阻力比较大，形成的乳状液稳定性也较好。因此，乳化剂需要加入足够量（即达到一定浓度），才能达到最佳乳化效果。不同乳化剂，达到最佳乳化效果的浓度不同，界面膜的强度也有差别。一般来讲，吸附分子间相互作用越大，形成的界面膜的强度也越大；相互作用越小，膜强度也就越小。

② 乳化剂的组成。有研究中发现，用混合乳化剂所得的乳状液常常比用单一的乳化剂所得者更稳定，其表面活性大大增加，膜强度也大为提高（表现为表面黏度增大）。例如，经提纯的十二烷基硫酸钠 CMC 为 $8 \times 10^{-3} \, mol/L$，此浓度时表面张力约为 $38 \times 10^{-3} \, N/m$。但在工业型十二烷基硫酸钠商品中常含有十二醇，其 CMC 大为降低，表面张力可下降到 $22 \times 10^{-3} \, N/m$。而且此混合物溶液的表面张力下降、起泡力增加，但十二醇不溶于水，使乳状液中的油相黏度增大，从而使乳状液黏度增大。上述现象说明：在乳状液中混合使用多种乳化剂时，形成的界面膜更牢固，强度大大增加，不易破裂。因此，混合乳化剂所得乳状液比用单一乳化剂所得乳状液稳定。

混合乳化剂有两个特点：

a. 混合乳化剂组成中一部分是水溶性表面活性剂，另一部分是油溶性的极性有机物，其分子中一般含有能形成氢键的基团，如—OH、—NH_2、—COOH 等；

b. 混合乳化剂中的两个以上的组分在界面上吸附，然后形成定向排列较紧密的"复合物"，它是具有较高强度的界面复合膜。

（3）界面电荷的影响

大部分稳定乳状液的液珠都带有电荷，这种界面电荷的来源有三个方面，即电离、吸附和摩擦接触。

① 电离。一般离子型的乳化剂以电离为主，特别是对于 O/W 型的乳状液，界面电荷来源于界面上水溶性基团的电离。其电荷大小视电离强度而变。乳化剂为离子型表面活性剂时，分子在界面上吸附，此时碳氢链（或其他非极性基团）插入油相，极性头在水相中的无机离子部分（如 Na^+、Br^- 等）发生电离，形成扩散双电层。比如阴离子乳化剂乳化的稳定的 O/W 型乳状液中，液珠为一层负电荷所包围；阳离子乳化剂乳化的稳定的 O/W 型乳状液中，液珠被一层正电荷所包围。但用非离子乳化剂或其他非离子的物质所稳定的水/油型乳状液中，其电荷不是来自于水相中的电离，而是以吸附为主。

② 吸附。对于乳状液来说，吸附和带电往往同时存在。电离产生带电离子，带电离子形成双电层，由于电性作用力，乳状液粒子被吸附。另外，乳化剂形成的界面膜也具有吸附作用。

因此，吸附和电离的区别往往不很明显，已带电的表面常优先吸附符号相反的离子，尤其是高价离子，因此有时可能因吸附反离子较多，而使表面电荷的符号与原来的相反。对于以离子型表面活性剂为乳化剂的乳状液，表面电荷的密度必然与表面活性离子的吸附量成正比。

③ 摩擦接触。对于非离子型乳化剂或其他非离子型物质所稳定的乳状液，尤其是在 W/O 型乳状液中，液珠带电是由液珠与介质摩擦而产生的。对于非离子型乳化剂所稳定的乳状液，摩擦产生的电荷大小与外相离子浓度、摩擦及介电常数有关。柯恩规则可用来判断带电电性，即二物接触，介电常数较高的物质带正电荷。水的介电常数 76.8F/m，高于油相，故水带正电。即在 O/W 乳状液中，液珠带负电；而 W/O 乳状液，液珠带正电。

由于发生电离、吸附和摩擦接触，乳状液的液珠表面带有一定量的界面电荷。一方面，由于液珠表面所带电荷符号相同，液珠接近时相互排斥而防止聚结，提高了乳状液的稳定性；另一方面，界面电荷密度越大，界面膜分子排列越紧密、强度越大，从而提高了乳状液的稳定性。

(4) 固体粉末的稳定作用

固体粉末对水或油的润湿程度不同，可以形成不同类型的乳状液。亲水性固体如二氧化硅、蒙脱土、氢氧化铁等可作为制备 O/W 型乳状液的乳化剂；疏水性固体如石墨、松香等易为油所润湿，可制备 W/O 型乳化剂。当这些固体存在于油-水界面上时能形成保护膜，起到类似乳化剂的作用，而使乳状液稳定。

用粉末在两个不相混溶的液相（如油与水）间的分配来研究固-液界面。在此种体系中，固体的分配取决于三个界面张力间的关系，即固-水界面的张力 γ_{s-w}、固-油界面的张力 γ_{s-o}、水-油界面的张力 γ_{w-o}。

① 若 $\gamma_{s-o} > \gamma_{w-o} + \gamma_{s-w}$，固体存于水中。

② 若 $\gamma_{s-w} > \gamma_{w-o} + \gamma_{s-o}$，固体存于油中。

③ 若 $\gamma_{w-o} > \gamma_{s-w} + \gamma_{s-o}$，或三个张力中没有一个张力大于其他二者之和，则固体存于水-油界面。

根据上述三种情况，再按照界面接触角的大小来判断固体对乳状液的影响。

(5) 分散相的浓度和黏度的影响

分散相浓度对乳状液性质亦有很大影响。当分散相浓度很稀，分散度很高时，由于液珠表面带电，已具有一定稳定性，其性能与溶胶相似，此时带电是稳定的主要因素。当加入电解质后，由于电荷被中和，稳定性遭到破坏而发生聚结。要制得稳定的浓乳状液，必须加入乳化剂，使在液珠周围形成坚固的保护膜，并且降低油-水界面的界面张力，否则在很短时间内就会发生分层现象。对于分散相浓度高的乳状液，液珠电荷对稳定性已不起决定作用。

连续相的黏度对稳定性也有影响。连续相的黏度越大，液珠做布朗运动时受的阻力大，液珠的运动速率越慢，碰撞强度减弱，不容易发生聚结，有利于乳状液的稳定。因此许多能溶于连续相的高分子物质常被用作增稠剂，以提高乳状液的稳定性。

(6) 动力学稳定性

和溶胶粒子一样，乳状液的液珠也发生布朗运动，同样具有动力学稳定性，使液珠不易发生聚结。但是，由于重力作用，液珠的沉降或上升会导致内相和外相的分离，影响乳状液的稳定。同胶粒在重力场中的沉降规律一样，液珠在乳状液中的沉降速度 v 的计算同样可用斯托克斯（Stokes）定律公式，即式(6-7)。

$$v = \frac{2r^2}{9\eta}(\rho - \rho_0)g \tag{6-7}$$

式中，r 为分散相液珠半径；η 为分散介质的黏度；ρ、ρ_0 分别为分散相（液珠）、分散介质的密度；g 为重力加速度。

由式(6-7) 可知，乳状液的液珠半径越小，内相与外相密度差越小，介质的黏度越大，则液珠沉降速度越慢，乳状液越稳定。

总的说来，乳化剂的许多性质影响乳状液稳定性。所以要得到比较稳定的乳状液，应该考虑乳化剂在界面上的吸附性质、界面张力降低性质、形成界面膜强度的大小等，同时还要考虑增加膜强度及其他影响因素。

(二) 乳状液的不稳定性

(1) 分层

一般乳状液由于热力学不稳定而发生分层现象。乳状液的分层是由于上下层存在内相的浓度差。但是，分层并不意味着乳状液的真正破坏，而是分为两个浓度的乳状液，在一层中分散相比原来的多，而在另一层中则比原来的少。如牛奶经过均质化会分为两层，上层是奶油层，此层中的乳脂（分散相）约为 35%，而另一层乳脂为 8%。这是因为分散相乳脂的密度比水小，所以大部分乳脂在上层。

大多数乳状液都会发生分层现象，改进乳状液的配方和生产工艺可以减少甚至避免分层现象的发生，使乳状液不受任何影响。

根据 Stokes 定律可以看出，液珠的半径越小，分散相与分散介质密度相差越少，连续相的黏度越大，乳状液就越稳定；液珠的半径越大，与分散介质密度差别越大，分散介质黏度越小，越易分层。除了重力作用之外，还可能在静电力场和离心力场作用下发生乳状液的分层。

(2) 变型

由于某些原因，乳状液可由 O/W 型转变成 W/O 型，或由 W/O 型转变成 O/W 型。这种过程称为乳状液的变型，也称为转相。变型的实质是原来的分散相（液珠）经过聚结，转变成了连续相，原来的连续相被分裂成分散相液珠的过程。

变型也是乳状液不稳定性的一种表现形式。在前面介绍乳状液类型的相体积理论中指出，乳状液中内相的相体积大于 74% 时，乳状液将发生变型或破坏。实际上，乳状液微粒的几何形状不是刚性圆球，所以变型不会在相体积大于 74% 时发生。

① 变型的机理。一般分为三个步骤：

a. 对于 O/W 型乳状液的液珠，液珠表面带有负电荷，如在乳状液中加入高价正离子（如 Ca^{2+}、Mg^{2+} 等）后，表面电荷即被中和，液珠聚结在一起。

b. 聚结在一起的液珠，将水相包围起来，形成不规则的水珠。

c. 液珠破裂，连续相和分散相相互转变。若油相由分散相变成连续相，水相由连续相变成了分散相，这时 O/W 型乳状液即变成了 W/O 型乳状液；若油相由连续相变成分散相，水相由分散相变成了连续相，这时 W/O 型乳状液即变成了 O/W 型乳状液。

② 变型的影响因素。影响乳状液变型的主要因素如下。

a. 相的加入顺序。通常把水加到油与乳化剂组成的混合物中，易得到 W/O 型乳状液。但是，有时水相加到一定程度后，受乳化剂的 HLB 值的影响，也可能发生变型。因此，需正确把握各相的加入顺序，以防止变型发生。

b. 相体积比。根据 Ostward 相几何理论，可交替改变相体积使乳状液变型，如加水到水/油型乳状液使转变成油/水型乳状液，也可再加油至一定程度而使其发生转相来制备所需要的乳状液。

c. 体系的温度。温度变化也能发生转相。乳化剂的亲水亲油性随温度的变化而改变。当乳化剂的亲水亲油性刚好平衡时，此时的温度叫作相转变温度（PIT）。在相转变温度时迅速冷却可使乳状液稳定。

对于离子型乳化剂，油的相体积首先决定转相点；但对于非离子型乳化剂，转相点首先取决于温度，即非离子型乳化剂失去水合作用的温度。一般来说，HLB值越低，亲水链长度越短，相转变温度越低。因此，PIT可以用作选择稳定的非离子型乳化剂的一个依据。

（3）破乳

破乳是指乳状液的完全破坏，一般来说，破乳、分层、变型可以同时发生。在破乳过程中，一般经历絮凝或凝结粗化过程。破乳又可分为乳状液的自动破乳和人工破乳。

① 破乳的过程。乳状液的破乳经过两步。

第一步是絮凝。在此过程中，分散相的液珠聚集成团，此时乳状液分散相液珠直径大小和分布并不发生明显的变化，液珠之间也不合并，仍存在着界面。范德华引力引起絮凝作用，而双电层斥力阻碍液珠聚集，这两种作用力的相对大小决定了絮凝过程的速度和可逆程度，当加入电解质时，乳状液的聚集速度会发生变化。絮凝过程往往是可逆的，搅动就可以把絮凝物重新分散。

絮凝存在两个机理：

a. 电荷中和机理：当为电排斥所稳定的分散体系，碰上一个相反电荷的聚合物，异性静电吸引，电荷中和，电排斥力降低，产生絮凝。

b. 吸附架桥机理：主要是由于液珠表面活性剂分子中某些化学键段互相锚牢，或者分子间相互钩住，发生絮凝。这种絮凝与表面活性剂分子中化学键的长短、相互的亲和力的大小及吸附中心的多少有关。

第二步是聚结。当液珠浓度较大时，乳状液易于发生絮凝，使分层加速。此时，液珠颗粒若发生合并，原来小液珠的液膜被破坏，形成体积较大的液珠，此过程为聚结。聚结是一个不可逆的过程。它会导致液珠数目的减少和乳状液的彻底破坏，即导致油水分离，改变了液珠的大小分布。可见，聚结是乳状液被破坏的直接原因和结果。

絮凝、聚结是串联反应，絮凝在前，聚结在后，总的速度为慢的反应所控制。在极稀的油/水型乳化体中，絮凝速度远小于聚结速度，因此以絮凝为主要决定因素。增大浓度，絮凝速度大大增加，聚结的速度稍微提高，因此在高浓度的乳状液中，聚结速度是稳定性的决定因素。

② 自动破乳。自动发生破乳的速率受到界面膜的物理性质、液珠表面的双电层或空间障碍、连续相的黏度、液珠直径大小的分布、相体积比和温度等因素的影响。

界面膜的强度及弹性较强就不易在碰撞时聚结成大的液珠，不易发生破乳；双电层或空间障碍的存在，对破乳有阻止作用；连续相的黏度低，液珠的扩散速度快，相互碰撞的频率高，易发生聚结，因而易发生破乳；液珠直径大小分布不均匀，液珠之间半径差别较大时，易发生Ostwald陈化，小液珠合并，变成大的液珠，这种自发趋势会导致破乳；分散相体积增大，界面膜会扩张到更大或更多的液珠表面，其强度会受到影响，导致乳状液稳定性变差；温度升高，不仅会使液珠布朗运动加剧，增大液珠的碰撞频率和强度，导致絮凝速度的加快，还会使连续相和分散相的黏度降低，界面膜易于破裂，易发生破乳。

③ 人工破乳。人工破乳方法可分为物理法和化学法两大类。

物理法主要包括离心、过滤、加热、电沉降、超声波处理等方法。例如，用离心机分离牛奶中的奶油。原油脱水就是采用高压破乳的方法，在高压电场下，带电的液珠在电极附近放电，聚结成较大液珠，再沉降，从而达到水、油分离的目的。

化学法主要是改变乳状液界面膜的性质，破坏乳化剂的乳化性能，使乳状液不稳定。通常是在乳状液中加入一种或几种物质。这种能破坏乳状液的物质称为破乳剂，方法如下。

a. 加入一种新的表面活性物质置换原来的乳化剂，这种新的表面活性物质不能生成牢固界面膜，从而破坏保护膜，使乳状液失去稳定性。例如，异戊醇的表面活性大，能顶替原有的乳化剂，但因其碳氢链较短，形成的保护膜不牢固，因而能起到破乳作用。

b. 加入适量性能与原乳化剂相反的新乳化剂，使乳状液变型，在变型过程中乳状液得到破坏。例如，在 HLB 值高的乳化剂形成的乳状液中加入 HLB 值很低的另一种乳化剂，从而"中和"乳化剂的性能，使乳状液受到破坏。

c. 加入其他物质破坏乳化剂。例如，在皂类作乳化剂的体系中，如果加入无机酸就会因生成脂肪酸而析出，使乳状液失去乳化剂的稳定作用而破乳。又如加入含高价离子的无机盐，如 $Fe_2(SO_4)_3$、$FeSO_4$、水合 $AlCl_3$ 等，可使 O/W 型乳状液的液珠所带的负电荷得到中和，从而失去电荷，易聚结而破乳。类似的破乳剂还有絮凝剂聚丙烯酰胺、聚丙烯酸钠等。

（4）陈化

在乳状液中存在着大小不等的液珠，小液珠颗粒比大的液珠颗粒具有更高的化学势。乳状液在放置时间较长后，较小的液珠会发生向较大液珠的扩散迁移，结果是液珠颗粒平均半径不断增大，液珠颗粒大小的分布将随时间而变化，最后大部分液珠颗粒大小相近，这一过程称为 Ostwald 陈化，又叫 Ostwald 熟化。

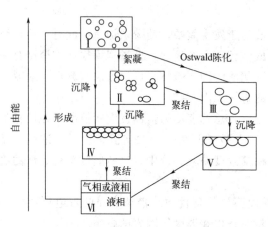

图 6-3　乳状液的几种不稳定过程

显然，液珠颗粒大小均匀的乳状液不易发生 Ostwald 陈化。Ostwald 陈化会影响乳状液的长期稳定性，例如，一些膏霜和乳液化妆品放置时间较长后，外观、黏度会发生变化。Ostwald 陈化类似于晶体沉淀的熟化过程。图 6-3 所示为乳状液的几种不稳定过程的示意。

四、乳状液的稳定性测定

一种化妆品总要有一定的储存期，它包括生产、销售及消费者使用等环节。要精确测定产品的储存期，只能通过长期存放。即使这样，也会由于储存的地区不同而产生不同的结果。对于研究或生产单位来说，要靠长期存放，那就无法工作，因此通常在实验室中使用强化自然条件的方法来测定乳状液的稳定性。

（一）加速老化法

一般将产品在 40～70℃条件下存放几天，再在 -30～-20℃条件下存放几天，或者在这两个条件下轮流存放，以观察乳状液的稳定性。也可与某一产品作对比试验。产品要保证在 45℃条件下放置 4 个月左右仍然稳定。

（二）离心法

前面讲到，一个刚性的小球在黏性液体中的沉降速度 v 可用 Stokes 定律，即式(6-7) 表示。

对于乳状液，由于液珠外面吸附了一层表面活性剂，界面黏度比较高，可以认为液珠是刚性的。因此液珠在外相中的沉降速度 v_i 也可用此式表示。

当一个圆球在离心场中时，Stokes 定律仍然适用，只要将重力加速度 g 变成与离心机形状有关的参数 $(\omega^2 R)$，即式(6-8)：

$$v^2 = \frac{2\omega^2 R r^2 (\rho_1 - \rho_2)}{9\eta} \tag{6-8}$$

式中，ω 为离心机的角速度。

$$\omega = \frac{V}{R}$$

式中，V 为离心机的线速度。

$$V = 2\pi R n$$

式中，R 为液珠与转动轴间的距离，或者说 R 是试样与转动轴间的距离，m；n 是转速，r/s。

整合可得式(6-9)。

$$v_2 = \frac{2(2\pi n)^2 R r^2 (\rho_1 - \rho_2)}{9\eta} \tag{6-9}$$

用 v_1 和 v_2 分别代表液珠在液体中受重力场和离心力场作用下的沉降速度，由这两个速度之比可以得到液珠在离心力场作用下比在重力场作用下沉降速度大多少倍，即式(6-10)：

$$\frac{v_2}{v_1} = \frac{(2\pi n)^2 R}{g} = \frac{4\pi^2 R}{g} n^2 = K = \frac{t_1}{t_2} \tag{6-10}$$

式中，t_1、t_2 分别代表液珠在重力场和离心力场作用下沉降时间，h。

当离心机选定后，K 是一定值，那么只要测出乳状液在离心机中转多少时间分层，就可计算在通常情况下可放置的天数。当然这种计算也只是近似的方法，但用来估计乳状液的稳定性（即存放时间）还是可行的。

例如：某产品在一个半径为 10cm 的离心机中，以 3600r/min 的转速转了 6h 出现分层，问该化妆品在通常情况下能存放多长时间？

解：由式(6-11)

$$t_1 = t_2 \frac{4\pi^2 R}{g} n^2 \tag{6-11}$$

式中，$t_2 = 6\text{h}$；$R = 10\text{cm} = 0.1\text{m}$；$g = 9.8\text{m/s}$；$n = 3600\text{r/min} = 60\text{r/s}$；则

$$t_1 = 6 \times \frac{4\pi^2 \times 0.1\text{m}}{9.8\text{m/s}} \times (60\text{r/s})^2 = 8692.55\text{h} = 362\text{d}$$

即在通常情况下约可存放 1 年时间。

五、多重乳状液和微乳液

（一）多重乳状液

多重乳状液又称复合乳液，简称复乳，是将一种乳状液（通常称为初级乳状液，简称初乳）分散在另外的连续相中形成的多层乳状液。

（1）结构

多重乳状液是一种 O/W 型和 W/O 型共存的乳状液复杂体系。一般都是高度分散、粒径不一的多相体系，有多种类型，以 W/O/W 和 O/W/O 两种类型最为常见。在结构上多重乳液具有独特的"两膜三相"的多隔室结构。

如 W/O/W 型乳状液，它是内部含有一个或多个小水珠的油珠被分散在水相中所形成的乳状液，它的外相是水，内相是油珠，而油珠内又含有分散的小水珠，这种多重乳状液被称为水包油包水型，是一种三相体系。与此相反的是 O/W/O 型乳状液，是水珠里含有一个或多个的油珠，这种含有油珠的水珠又被悬浮在油相中形成的多重乳状液，称为油包水包油型。

根据多重乳状液中油珠的结构，把 W/O/W 型乳状液大概分为 A、B、C 三种类型，如图 6-4 所示。A 型油珠的平均粒径为 $8\sim9\mu m$，内只含有一个较大的水珠，相当于油膜包覆的微囊；B 型的平均直径约 $2\mu m$，油珠内含有少量彼此分离的小水珠；C 型是油珠内含有数量较多的彼此接近的小水珠。一般说来，W/O/W 型多重乳状液中这三种类型会同时存在，但以一种为主要存在形式，这种存在形式的类型是由乳化剂性质所决定的。

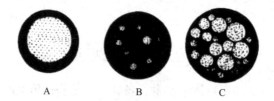

图 6-4　W/O/W 型多重乳状液的类型

正因为多重乳状液的这种特殊结构，可以将一些性质不同的物质分别溶解在不同的相中，起到隔离、保护、控制释放、靶向释放、掩藏风味等多种功能效果，因此多重乳状液在医药、食品、化妆品等领域有广阔的应用价值。

（2）制备方法

多重乳状液的制备方法大致可分为两种：一步乳化法和两步乳化法。

① 一步乳化法。一步乳化法又称为转相乳化法，是较早使用的方法，是指将水相、油相、包埋物质、亲油性和亲水性乳化剂一次混合加以乳化形成多重乳液的方法。

以制备 W/O/W 型乳状液为例。在含有亲油性乳化剂的油相中加入少量水相，再加入含有亲水性乳化剂的水相进行乳化，即得到 W/O/W 型多重乳状液。有时也可以将含有亲油乳化剂的油相和含有亲水性乳化剂的水溶液直接混合，并在机械搅拌下制备出多重乳状液。一步法比较简便，耗能少，但内外水相的比例以及活性物质的分配难以控制，所以不常用。

② 两步乳化法。采用两步乳化法制备多重乳状液，以 W/O/W 型多重乳液为例，第一步先将油溶性的乳化剂、内水相及油相混合，在高速分散乳化器中采用高强度的乳化条件制得 W/O 初乳液。再在温和的乳化条件下，用高速分散均质机把初乳液滴加到含有水溶性乳化剂的水溶液中，乳化制得 W/O/W 型多重乳状液。两步乳化法是常用且可靠的制备多重乳状液的方法，适合制取 W/O/W 型三组分体系。采用类似的方法也可制得 O/W/O 型多重乳状液。

两步乳化法中第一步制得的 W/O 型乳状液的稳定性应好，液珠的大小应适中。第二步是关键，不宜使用超声波，搅拌速度也不宜过快，否则将影响多重乳状液的稳定性。

（3）在化妆品中的应用

目前在化妆品中较广泛使用多重乳状液。它具有多重结构，在分散相的内相添加的有效成分或活性物质需经过两个界面才能释放出来，这样就降低了有效成分的释放速度，延长有效成分的作用时间，起到控制释放和延时释放的作用。

比如 W/O/W 型多重乳状液可兼备 W/O 型、O/W 型乳状液的优点。在微胶囊技术中可以利用 W/O/W 型多重乳状液溶剂蒸发法制备微胶囊。医药领域方面，利用 W/O/W 型多重乳状液具有两层液膜结构的特点，将其作为药物的载体，可有效地控制药物的扩散速率；可避免药物在胃肠道环境中被破坏，增加药物稳定性；掩盖药物的不良气味。此外，还能用于酶的固定化，并可保护敏感的生化制品，又能避免不相容的物质之间的相互反应，故多重乳状液可作为含有生物活性成分的化妆品的较理想剂型。

（二）微乳液

（1）微乳液组成与类型

微乳液是一种新的化妆品载体，是指一种液体以粒径在 10～100nm 的液珠分散在另一不相混溶的液体中形成的透明或半透明的分散体系。微乳液外观透明、容易分散，不会硬化或滴流，使用方便。形成微乳液需要油、水及乳化剂，还需加入相当量的极性有机物（一般为醇类）。这类极性有机物称为微乳液的辅助表面活性剂或辅助乳化剂。所以，微乳液是由油、水、浓度相当大的乳化剂和辅助表面活性剂等组成的。

微乳液主要有两种类型，即 O/W 型和 W/O 型，与普通乳状液类似。

（2）微乳液性质

微乳液的液珠颗粒非常小，一般在 10～100nm，是单分散体系，外观呈透明、半透明或灰色，但不是真溶液。

① 微乳液的稳定性高，是热力学稳定体系，即使长时间放置或用离心机也不分层。微乳液的界面张力很低，无法测量。

② 微乳液与普通乳状液一样，O/W 型微乳液导电性较好，而 W/O 型的导电性较差。

③ 微乳液可以与油或水在一定范围内混溶。

④ 微乳液的黏度低，比普通乳状液的黏度低得多。

从质点大小来看，微乳液是胶束溶液和普通乳状液之间的过渡分散体系。因此，它具有与它们相似的某些性质。普通乳状液、微乳液和胶束溶液的性质比较见表 6-2。

表 6-2　普通乳状液、微乳液和胶束溶液的性质比较

性质	普通乳状液	微乳液	胶束溶液
外观	不透明	透明或近乎透明	一般为透明
质点大小	大于 0.1μm，一般为多相分散体系	0.01～0.1μm，单分散体系	一般小于 0.01μm
质点形状	一般为球状	球状	稀溶液中为球状，浓溶液中为多种形状
热力学稳定性	不稳定，用离心机离心分离易分层	稳定，离心分离不分层	稳定，不分层
表面活性剂用量	少，一般无需辅助表面活性剂	多，需加辅助表面活性剂	浓度大于 CMC，适当多加
与油、水混溶性	O/W 型与水混溶，W/O 型与油混溶	与油、水在一定范围内可混溶	能增溶油或水直至达到饱和

（3）微乳液的形成

一般来说，乳状液类型的形成规律也适用于微乳液，即使用溶于水的乳化剂，水相比例大易形成 O/W 型微乳液；使用溶于油的乳化剂，油量比例大则易形成 W/O 型微乳液。

形成微乳液必须具备三个条件：

① 乳化剂的类型和在体系中的浓度必须能产生一个较稳定的负表面张力；要求乳化剂的浓度足以保证在分散相最小的液珠周围，形成一层保护膜。

② 界面膜不发生凝聚，否则不能促使形成小于 100nm 的液珠。

③ 非极性油须是能渗透界面膜并与其相互渗透结合在一起。乳化时，当液珠变小，界面张力增加，乳化剂由于吸附而减少，因此，需要大量的乳化剂才能形成微乳液。

例如，制备 O/W 型微乳液的方法和步骤如下：选择一种稍溶于油相的亲水性表面活性剂；将所选的表面活性剂溶于油相，其用量要比生成 O/W 型乳状液大；用搅拌的方法将油相分散于水相中；添加极性表面活性剂，即可产生透明的 O/W 型微乳液。

辅助表面活性剂在微乳液中起很重要的作用，主要是降低界面张力、降低界面膜的刚性、增加界面膜的流动性及调节乳化剂的 HLB 值。

（4）在化妆品中的应用

虽然在化妆品中，乳状液的应用比微乳液广泛，但是，微乳液化妆品有许多明显的优点。

① 因为微乳液是热力学稳定体系，所以制备方法较为简便。

② 由于它是光学透明的，任何不均匀性或沉淀物的存在易被发现。

③ 由于其稳定性高，可以长期贮存而不分层。

④ 由于其良好的增溶作用，可以制成含油性成分较高的化妆品。

⑤由于微乳液的颗粒比乳状液的小得多，因此，它更容易扩散和渗透进入皮肤，从而提高活性成分的利用率。

由此可见，微乳液化妆品是一类较为理想的化妆品。

在化妆品配方中，O/W 型微乳液的应用较为广泛。比如在某些化妆品中含有香精和精油，它们在水中溶解度较小，在乙醇中溶解度较高，但要求降低化妆品中乙醇的用量，此时就要考虑对香精和精油的增溶作用。又如，在疗效化妆品中，微乳液对某些活性成分和药用成分的增溶作用。当然，微乳液化妆品也有些不足之处。如微乳液中表面活性剂含量高，要注意到其刺激性和毒性等副作用。此外，微乳液的不足之处还包括黏度较低等，这些在一定程度上限制了微乳液在化妆品中的应用。

第七章　化妆品的流变学

　　流变学是研究物质流动和变形问题的一门科学，物质流变特性中最基本的性质有黏性和弹性。对某一流体即使施加极小的力，也会使其流动，此力的能量全部以液体流动的方式消耗掉，常常将这种有黏性而无弹性的流体，称为牛顿流体。对于无黏性但具有弹性的物体，在受到外力时，会使固体变形，能量不消耗而是保存起来，这种物体称为胡克固体。

　　化妆品的流变特性主要涉及化妆品的黏性、弹性、硬度、润滑性、可塑性、分散性等物理性质，这些性质影响化妆品的使用。适当的流变特性是化妆品在生产、运输、贮存和使用过程中产品质量的重要保证。因此，研究化妆品的流变特性是了解化妆品的内部结构的一个重要方法，是设计和生产化妆品的一个重要参数，也是产品质量保证的依据。

第一节　流体概述

　　在流变学研究中，常把流体分成理想流体和黏性流体。理想流体是不可压缩的、没有黏性的流体；实际流体都具有黏性，都是黏性流体。化妆品大多数是浓分散体系，它们的流变性要复杂得多。

　　黏度是由于内摩擦力而产生的流动阻力，习惯上被认为是一种最重要的特性，是流体的一个重要参数，下面介绍一些概念和流体的类型。

一、剪切应变与剪切速率

　　设想一静止的物体，长度为 l，宽度为 b，厚度为 y；其底部是静止不动的，顶部是可动的（见图 7-1）。在厚度 $\mathrm{d}y$ 的距离内，物体水平位移 $\mathrm{d}l$，水平方向的拖拉作用称为剪切应力 τ，剪切应力定义为：

$$\tau = F/A \tag{7-1}$$

　　式中，F 为作用力；A 为面积；τ 为单位面积上的剪切力，称为剪切应力，Pa。

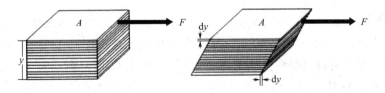

图 7-1　在剪切应力作用下的剪切应变

由于外力的作用，物体长度的相对变化被定义为剪切应变：

$$\gamma = \frac{\Delta l}{l_0} \tag{7-2}$$

式中，l_0 为原长度；Δl 为力后的长度变化；γ 为剪切应变，无量纲。

材料所受的应力和应变之比称为杨氏模量，用 G 代表，表示材料对形变的阻力。杨氏模量的单位是 N/m^2 或 Pa。

$$G = \frac{\tau}{\gamma} \tag{7-3}$$

速度梯度又称为剪切速率或切变速率，简称切速，并用符号 D 表示，单位为 s^{-1}。剪切应变沿着物体的厚度 y 变化，如果将这过程设想为层流，顶层的流速最大，底层的流速最小。如果顶层以速度 v 流动，速度梯度则为：

$$D = \frac{dv}{dy} \tag{7-4}$$

二、黏度

黏度是指流体对流动所表现的阻力。当流体（气体或液体）流动时，一部分在另一部分上面流动会受到阻力，这是流体的内摩擦力。要使流体流动，就需在流体流动方向上加一剪切应力以对抗阻力作用。

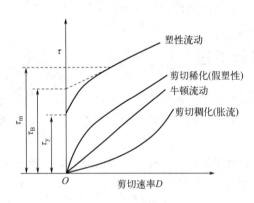

图 7-2　黏性流体的流变曲线

以剪切速率 D 为横坐标，以剪切应力 τ 为纵坐标作图，可得到一系列不同流型的流变曲线，如图 7-2 所示。通过对不同流型液体的流变曲线的研究，可知液体流动的不同特征。

根据流变曲线可将流体分为牛顿流体和非牛顿流体，其中非牛顿流体又可分为塑性流体、假塑性流体、胀性流体等几种流型。

液体流动时有速度梯度的存在，运动较慢的液层阻滞运动较快的液层，因此产生流动阻力。剪切应力 τ 的作用就是克服流动阻力，以维持一定的速度梯度而流动。对于纯液体和低分子量化合物的溶液等简单液体，在层流条件下剪切应力 τ 与速度梯度（剪切速率）D 成正比。即牛顿公式：

$$\tau = \eta \times D \tag{7-5}$$

式中，η 称为液体的黏度，亦称动态黏度或绝对黏度。

三、牛顿流体

在流变学中，凡符合牛顿公式的流体都称为牛顿流体，其特点是黏度只与温度有关，在一定温度下有定值，D 与 τ 呈线性正比关系，即流体的流变曲线为直线，其斜率为 η，且经过原点，这种流型的流体只要有微小的外力作用，就能引起液体的流动。

黏度不受 τ 或 D 的影响。对于牛顿流体，η 有时也称黏度系数，统称黏度，在 SI 制中黏度的单位是 Pa·s。

在上述体系中处于稳定状态的流动称为层流，在同一层上各点的流速相同，不随时间而改变。当流速高于某一限度时，会有不规则的或随时间而变化的漩涡产生，层流就变成了湍流，这样的流体流动就不符合牛顿公式。属于牛顿流体的体系有纯液体（如水、甘油等）、小分子的稀溶液或分散相含量很少的分散体系等。

四、非牛顿流体

非牛顿流体，是指不满足牛顿黏性实验定律的流体，即剪切应力与剪切速率之间不是线性关系的流体。在化妆品中遇到的多数乳状液、悬浮体和凝胶状等体系，其 D-τ 关系不符合牛顿公式，即 τ 与 D 的比值不再是常数，而是速度梯度 D 的函数。

（一）假塑性流体

假塑性流体是一类常见的非牛顿流体，大多数大分子化合物溶液和乳状液均属于假塑性流体。此种流型的特点是其表观黏度随剪切速率增加而下降，也即流动越快剪切越稀，最终达到恒定的最低值（图 7-3），称为剪切稀化现象。

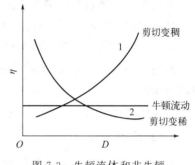

图 7-3　牛顿流体和非牛顿
流体的 η-D 关系图

非牛顿流体在流动时，表观黏度随着剪切应力或剪切速率的增大而减小的流动，称为假塑性流动，也称准塑性流动或拟塑性流动。假塑性流体无屈服应力，其黏度随剪切速率增加而减小。其特征是：剪切应力 τ 和剪切速率 D 关系的流变曲线（D-τ 曲线）通过原点，但二者不呈线性关系，D 比 τ 增加得更快，如图 7-2 中的 B 曲线。此类流型的流变曲线可用下面的流变方程表示。

$$\tau = kD^n \qquad (0 < n < 1) \tag{7-6}$$

式中，n、k 均为与体系有关的常数。

k 是流体稠度的量度，k 越大，流体越稠。n 是非牛顿性的量度，它与数值 1 相差越大，非牛顿行为越显著。用 η_a 表示 τ/D。η_a 称为非牛顿流体表观黏度。因为 $n < 1$，所以表观黏度随剪切速率的增大而变小。假塑性流体的表观黏度表示为：

$$\eta_a = \frac{\tau}{D} = kD^{n-1} \tag{7-7}$$

大多数的乳状液化妆品都表现出假塑性的流变行为。体系中高聚物分子和一些长链的有机分子多属不对称质点，在速度梯度场中会将其长轴转向流动方向，因此，降低了流动阻力，即黏度降低。另外，在剪切应力的作用下，质点溶剂化层也可以变形，同样可减少流动阻力。剪切速率越大，定向和变形的程度越严重，黏度降低越多，当剪切速率很高时，定向已趋于完全，黏度不再变化。

（二）塑性流体

塑性流体也叫 Bingham 流体，其特点是剪切应力须超过某一临界值 τ_y 后，体系才开始流动；一旦开始流动，其 D 与 τ 之间的关系跟牛顿流体一样呈线性关系。其流变方程为：

$$\tau - \tau_y = \eta_p D \tag{7-8}$$

式中，η_p 为塑性黏度；τ_y 为开始流动时的临界剪切应力，又称塑变值或屈服值

在塑性流体中，流体组成结构以对抗剪切应力 τ，只要剪切应力 $\tau < \tau_y$，流体就不流动。

对于塑性流体，塑变值 τ_y 的定义是流线在剪切应力轴上的截距。由图 7-2 可见，塑性流体曲线类似于假塑性流体的曲线，但不通过原点，而是与剪切应力轴交于 τ_y 处。只有 $\tau \geqslant \tau_y$ 时，体系才流动。塑性流动可看作具有屈服值的假塑性流动，同属于剪切变稀的范畴。在高剪切速率时，τ 与 D 呈线性关系。把开始呈现线性关系时的剪切应力称为上限屈服值 τ_m；沿线性部分直线外推至剪切应力轴，截距的剪切应力称为外推屈服值 τ_B；使流体开始流动所需最低的剪切应力称为下限屈服值或屈服值 τ_y。

在化妆品中，表现出塑性流动性质的产品包括牙膏、唇膏、棒状发蜡、无水油膏霜、湿粉、粉底霜、眉笔和胭脂等。只有当悬浮液浓度达到能使质点相互接触时才有塑性流动现象。体系静止时质点形成三维空间结构，屈服值的存在是由于体系中三维网格作用力较大，液体具有"固体"的性质，黏度很高。只有当外加剪切应力超过某一临界值时，这些网格崩溃，液体才发生流动。剪切应力消失后，体系中网格结构又重新恢复。

假塑流型和塑性流型的区别是可通过外推法求得塑变值 τ_y。在非常高的剪切应力处，塑流型和假塑流型的流体类似于牛顿型流体。当然塑变值 τ_y 对膏霜和乳状液的流变性是重要的。较低界面张力的物质，一般塑变值 τ_y 也较低。

（三）胀性流体

胀性流体是非牛顿流体的一种。胀性流动与假塑性流动相反，其黏度随剪切速度增大而变大，即剪切变稠（图 7-2）的非牛顿流体。其特征是：剪切应力 τ 和剪切速率 D 关系的流变曲线（D-τ 曲线）通过原点，但二者不呈直线关系，τ 比 D 增加得更快，流体的表观黏度随剪切速率的增加而增加，这称作剪切稠化现象。胀性流体的流变曲线（或流变方程）也可用式(7-9)表示，但 $n>1$。

$$\tau = kD^n \qquad (n>1) \qquad (7-9)$$

对胀性流动曲线的解释是：在静止时，粒子全是分散开的；搅拌时，粒子发生重排，形成了混乱的空间结构，但这种结构不牢固，只是搅在一起，却大大增加了流动阻力，使表观黏度升高；当停止搅拌时，粒子又呈分散状态，因此，黏度又降低。

胀流体的颗粒必须是分散的，而不是聚结的；分散相浓度需相当大，且应在比较狭小的范围内，这种剪切增稠区内的剪切速率范围只有一个数量级。这种流动形式在化妆品产品中很少见。

五、化妆品的流变性质

化妆品的流变性质主要有黏性、弹性、润滑性、硬度、屈服值、黏弹性、触变性等，决定化妆品的外观、使用性及效果、贮存等，也是研究产品性能、提高产品质量、研制新品种、开发新产品等的重要参数和依据。

按照化妆品的分类、剂型的不同，在表 7-1 中列出了各类化妆品大致的流变性质。

表 7-1　各类化妆品的流变特性

分类	剂型	产品	流变性
油性制品	液体	发油、婴儿用油、防晒油、化妆用油和浴油	牛顿流体
	半固体-固体	润发脂、发蜡条、膏状唇膏、无水油性膏霜和软膏基质	塑性流体、溶致液晶的网状结构

续表

分类	剂型	产品	流变性
水性制品	液体	化妆水、古龙水、花露水、香水、润发水、透明香波、发胶基质	牛顿流体、非牛顿流体
	半固体-固体	凝胶型青霜和黏液、透明剥离型面膜、珠光香波	塑性流体，流动—黏着—固化—剥离
粉末制品	粉末	香扑粉、爽身粉和丘疹粉	Bingham 流体、粉末流动、摩擦、黏附
油性＋水性制品（乳浊液）	液体	乳液、发乳、洗面奶、护发素和剃须泡沫基质	假塑性流体或塑性流体
	半固体-固体	各类膏霜	触变性，流动性由假塑性至塑性
含粉末的油性制品	液体	指甲油（粉末＋树脂＋有机溶剂）	触变性、流动和结构恢复、易涂抹、防止沉淀
	半固体-固体	口红、胭脂、指甲膏、面油膏、眉笔、睫毛膏等各种美容油膏等	塑性流体、凝胶结构
含粉末水性制品	液体	多层化妆水	塑性流体，静止下沉，振荡分散
	半固体-固体	面膜、牙膏	触变性凝胶，假塑性流动
含粉末的油性＋水性制品	液体	粉底霜（湿粉）	塑性流体，分散粒子基本结构形成
	半固体-固体	粉底霜	

实际上，多数化妆品是复杂的多相分散体系，有分散成胶态的微乳液，有以细小微粒形式分散的乳液和膏霜，也有以较大的粗粒状分散的含粉乳液和膏霜、面膜等。它们有的是液-液分散体系，也有的是液-固分散体系，还有的是液-固-液分散体系。因此，其流变性质较复杂，影响因素也很多，通常是几个因素共同作用的结果。

影响因素主要有以下几个方面：

① 分散相的体积分数、黏度、液滴或颗粒直径、粒度分布和化学结构；

② 连续相的性质和化学结构；

③ 乳化剂的化学性质和浓度、乳化剂在分散相和在连续相中的溶解度、乳化剂形成界面膜的性质及电黏度效应；

④ 其他添加物，特别是水溶性聚合物的作用等。

第二节　触变性与黏弹性

一、触变性

（一）触变性与触变性体系

触变性又称为摇变，是指物体（如油漆、涂料）受到剪切时稠度变小，停止剪切时稠度又增加或受到剪切时稠度变大，停止剪切时稠度又变小的性质。

有些体系的黏度还和剪切应力作用的时间长短有关。在一定的剪切速率下，体系剪切应力随时间而减小，这样的体系称为触变性体系。这种体系在搅动时成为流体，停止搅动并经静置后它会慢慢恢复到原来的状态（如黏度的恢复）。

触变性体系的特征主要表现在以下几方面：

① 结构可逆变化，即当流体受到外界施加力时，流体内部结构发生变化，而消除此力后，结构又能逐渐恢复。

② 从静置的物料开始剪切，物料的黏度随时间而降低。

③ 在循环剪切下，阶梯上升过程的平衡黏度高于阶梯下降过程的平衡黏度，触变性与剪切历史有关。

（二）触变性理论与触变性的测量

（1）触变性产生的原因

有理论提出，触变性的产生与体系内部结构有关。触变性流体的主要结构特点是：从搅动前一定的内部结构到搅动后这种结构遭到破坏，或者从结构的拆散到结构的恢复是一个恒温可逆过程；体系结构的这种反复转换，与时间有关。从图 7-4 触变性流体的流变曲线中可以看出，流变曲线不是从原点开始的，这是因为只有当外力超过对结构的破坏力后才会流动；并且随剪切速率的增大，表观黏度下降，这一点类似于塑性流体。

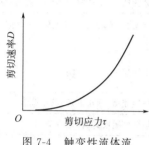

图 7-4　触变性流体流
变曲线示意图

又有理论提出，分散体系的粒子表面的电荷是产生触变性的主要原因。这种电荷使得粒子如同磁铁一样存在南北极。电荷粒子可以看作是偶极子，因而粒子的相反极面对面地定向排列。在这个时候，体系内部的一种结构形成。由于偶极子排列成直线需要一定的时间，故这种结构的形成不可能瞬间完成，而是随排列的快慢而变化。这种排列可以被搅拌打破，使粒子变得无约束，而相互扰乱。

体系的触变性与粒子的性状有关，具体地说与粒子的不均匀性和定向性有关。不定向的粒子比定向的粒子具有更大的触变，粒径不均匀粒子比均匀的粒子触变性大，较小的粒子具有较高的触变性。电解质的存在影响其触变性，但不是主要的。

有人研究颜料时，发现影响其触变性的因素有：色素的浓度；色素润湿的程度；皂的存在；水、氢离子的浓度等。

因此，产生触变性体系的因素主要有：体系内部结构、粒子表面的电荷、粒子的性状、粒子的大小、粒子定向的速度、粒子间的距离、混合物的浓度、体系的弹性、塑变值、介电常数和偶极距、电解质的存在和排斥力、介质的 pH、容器的形状等。

（2）影响触变性的因素

影响体系触变性的因素多而复杂，许多问题尚不清楚。关于触变性产生的原因，比较认同的看法是：体系内粒子靠一定方式形成网架结构，流动时内部结构被拆散，并在剪切应力作用下粒子发生定向流动，当剪切速率降低或者为零时，被拆散的粒子要靠布朗运动移动到一定的几何位置，才能重新形成原来的结构，这个过程需要一定的时间，从而呈现出对时间的依赖，即表现出触变性。

（3）触变性的测量

触变性代表一种非牛顿流型，类似塑性流型。触变流体有塑变值。当增加剪切速率时，体系结构破坏，因而在剪切速率和剪切应力的坐标图上反映出两条不能重叠的曲线（一条表示体系的形成，另一条表示体系的破坏），如图 7-5。

为了测量某一体系的触变性程度，可以用触变环法，而不用"单点"对应方法，即选择旋转黏度计测定不同的剪切速率下体系相应的剪切应力，通过得到的一系列读数，绘图得触变性滞后回路。用这种黏度计，可测定体系的破坏和再形成。

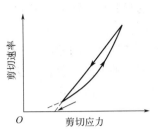

图 7-5 触变性滞后回路

如图 7-5，在得到的读数中，可以作出回路向上弯曲的曲线（体系的破坏）。具体可用黏度计使剪切速率增加，转矩刻度反映弯曲程度。在某一个剪切速率时，得到最高的剪切应力，此时转矩读数表示向上弯曲的顶点。但向下曲线（体系的形成）不能用降低剪切速率时的转矩刻度来指示弯曲程度。在一个短时间内不可能有明显的体系的形成，因而在曲线图上有一段直线。这样通过测定，得到一个滞后回路。通过图 7-5 触变性滞后回路计算回路的面积，可以知道体系触变性的程度。回路中的面积越大，触变性越大。因而，相似物质体系的触变性比较，也可以通过它们滞后回路面积的比较而得到。

二、黏弹性

黏性是指流体内部阻碍其产生相对运动的性质；弹性是指物体在除去使其产生形变的外力后即能恢复原状的性质。黏弹性是高聚物的重要力学性质，高聚物分子运动单元的多重性使其力学响应的同时表现出明显的弹性和黏性特征，其力学行为介于弹性固体和黏性液体之间，是黏性和弹性的结合，故称为黏弹性。化妆品的霜膏或粉体等在呈现黏性流动行为的同时，也具有弹性特征，这样的流体是黏弹性流体。黏弹性流体的主要特征有蠕变、应力松弛和滞后。

（1）蠕变

对于黏弹性流体，在一定的温度和较小的恒定外力作用下，一部分能量消耗于内摩擦，以热的形式释放出来；另一部分作为弹性贮存。体系的形变不像弹性体那样立即完成，而是在一定外力作用下，应变随时间的增加而逐渐增大，最后达到最大形变，这个时间过程叫蠕变。

（2）应力松弛

在恒定温度和应变保持不变的情况下，流体内部的应力开始很大，然后随时间变化，应力逐渐衰减的过程称为应力松弛。

产生应力松弛的原因：流体所承受的应力逐渐消耗于克服链段运动的内摩擦力。一般分子间有化学键交联的聚合物，由于不发生黏流形变，应力可以不松弛至零。

图 7-6 所示是某黏弹性流体的形变与时间关系曲线。在 c 点之前是施加恒定外力时物体的蠕变曲线，到了 c 点以后，是外力撤去后的形变恢复曲线。

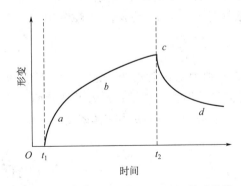

图 7-6 某黏弹性体的形变与时间关系曲线

（3）滞后

理想固体的应力-应变曲线为通过原点的直线，而且应力上升与下降对应的应力-应变曲线完全重合。而黏弹性流体的应力-应变曲线不是直线，而且其应力上升与下降对应的应力-应变曲线不重合，这种在外力作用下应变落后于应力的现象称为滞后。滞后环的面积与应变随时间的变化速率有关，即应力是应变与时间的函数。

产生滞后的原因：链段在运动时要受到内摩擦力的作用，当外力变化时，链段的运动还跟不上外力的变化，应变落后于应力，有一个相位差，相位差愈大说明链段运动愈困难，愈跟不上外力的变化。

第三节　流变性质的测定

流变性质的测定就是要测量物体流动的速度和引起流动所需力之间的关系。在牛顿流体中，当被施加大于物体能够流动所需的外力时，弹性能否表现出来，关键在于剪切速率的大小。当分散体系发生变形过大时，会发生质点分散状态的变化。因此，化妆品的全部流变性质很难进行一次性测定，但是选用适当的测定仪器和测定方法测定某化妆品的流变性质中的某一特性是完全可以完成的。

在化妆品中最常测定的流变学参数是黏度，测量黏度最大的优点是较容易和快速。但是单独测定黏度是不能揭示其流变学行为的，还应测定在一定的剪切速率下体系的剪切应力，或在不同剪切速率下测定剪切应力的改变，并绘制出流变曲线（见图7-2）。

黏度测量应考虑产品的性质和所用仪器的类型。测定黏度的方法和仪器都较多，各有其特点和适用范围，可根据产品的检验标准或生产过程选择合适的黏度计。下面介绍在化妆品研究、生产及检验中常用的流变参数测定仪器的基本原理。

一、毛细管黏度计

常用的毛细管黏度计有奥氏黏度计［图7-7(a)］和乌氏黏度计［图7-7(b)］，后者为前者的改良型。奥氏黏度计由两根管组成，乌氏黏度计由三根管组成。这两种黏度计中管B的中部为毛细管。液体从管A装入，自管B的上端将液体吸至刻度线a以上，在重力作用下任其自然流下，记录液面自刻度线a流至刻度线b所用的时间。

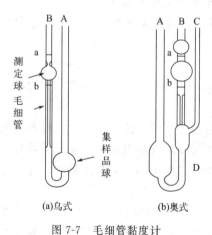

图 7-7　毛细管黏度计

毛细管黏度计主要用于测定牛顿流体的黏度。该法测定黏度 η 的依据是 Poiseuille 公式，即式(7-10)。

$$\eta = \frac{\pi r^4 pt}{8lV} \qquad p = h\rho g \qquad (7\text{-}10)$$

式中，r、l 分别为毛细管的半径和长度；V 为在时间 t 内液体所流过毛细管的体积；p 为毛细管两端的压力差；h 为等效平均液柱高；ρ 为液体密度。

由上式可得到式(7-11)：

$$\eta = \frac{\pi r^4 h\rho g t}{8lV} = k\rho t \qquad (7\text{-}11)$$

式中，k 为仪器常数，$k = \dfrac{\pi r^4 h g}{8lV}$。

在一定的测定条件下，同一支黏度计的 k 为常数。通常在定温条件下，用同一支黏度计，先测定已知黏度 η_0 和密度 ρ_0 的纯液体，即标准液体的液面从刻度线 a 自然下降至 b 所用的时间（流出时间）t_0。然后再测定待测液体（密度 ρ）在相同条件下的流出时间 t，由于使用同一支黏度计，测定条件相同，故仪器常数不变，则待测液体的黏度 η 为：

$$\eta = \frac{\rho t \eta_0}{\rho_0 t_0} \tag{7-12}$$

常用的标准液体有水和苯等。若想获得更准确的结果，可用式(7-13) 计算 η。

$$\eta = k_1 \rho t - k_2 \rho / t \tag{7-13}$$

式中，k_1 和 k_2 均为仪器常数，它们的值可用两种已知黏度和密度的标准液体按上述实验方法求出。一般情况下，用式(7-13) 就能满足精确度的要求。

在使用奥氏黏度计时，每次加入的液体试样的体积都要相同；而乌氏黏度计的测定结果与加入液体的体积无关，这类黏度计适用于测定化妆水和液体石蜡等液体制品的黏度。

二、布氏黏度计

布氏黏度计（图 7-8），属于旋转式黏度计，是一种主要测定非牛顿流动黏性液体的实用黏度计，它也是化妆品工业中使用最为广泛的、能获得较准确的黏度数据的黏度计。我国化妆品标准中使用的 NDJ-1 型旋转式黏度计即属这种类型。

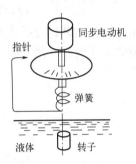

图 7-8　布氏黏度计

布氏黏度计的工作原理：把特定大小的转子放入待测黏性液体中，当电动机带动转子以一定的角速度旋转时，由弹簧测出转子所受到的液体黏性阻力转矩大小，然后换算成黏度，由刻度板指针显示，并通过系数校正就可以测定出非牛顿型液体的黏度；通过改变转子和旋转速度可在 $0.001 \sim 2000 \mathrm{Pa \cdot s}$ 这样大的范围内测量黏度。

布氏型黏度计的主要优点是价格较低，使用方便，适用于测定乳状液和指甲油等产品的黏度。

三、同轴圆筒型黏度计

同轴圆筒型黏度计构造如图 7-9 所示，主要用于测定非牛顿流体的黏度。

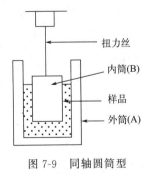

图 7-9　同轴圆筒型黏度计示意

工作原理：被测液体加入两个同心圆筒间的环形空间内，即外筒 A 和同轴的内筒 B（用扭力丝把 B 悬挂起来），外筒 A 以恒速旋转，由于流体的黏滞性会把转动力矩传递给内筒 B，同扭力丝连接的内筒 B 旋转了一个相应角度，当动力与扭力相等，即达到平衡时，内筒 B 会在一定的角度停止转动；依据牛顿定律，该转角的大小与液体的黏度成正比，于是液体黏度的测量转为内筒转角的测量，由内筒旋转角度反映在刻度盘的表针读数，通过计算进而得到液体黏度。

此类黏度计适用范围很广，既可用于测定黏度，也可以测定出剪切速率或剪切应力。

四、锥板型黏度计

此类黏度计如图 7-10 所示。在平板和圆锥体的间隙中装满待测液体。电动机带动平板

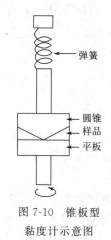

图 7-10 锥板型
黏度计示意图

旋转，用弹簧测定出圆锥的扭力。改变圆锥的大小和弹簧的弹性，可以测定从乳状液到膏霜类的样品。

这种黏度计的优点是样品用量少（小于 1g），较易清洗，并适合高黏度材料流变性质的测定，是研究非牛顿流体较理想的仪器。

除上述几种常用黏度计外，还有锐孔黏度计、落球式黏度计等，在此不再阐述。

使用黏度计进行测量的过程中，应当注意测试条件和仪器的操作规程及样品的性质等问题。黏度测量应在恒温条件下进行；被测样品应是完全均匀的，且不含有夹带的空气和外来杂质；所加的剪切应力只能使体系形成层流，而不会形成湍流；被测样品应当具有代表性，且均匀、无杂质，样品不应表现出明显的弹性，如果观察到弹性，应在十分低的剪切速率下进行黏度测量或进行弹性的测定；在仪器上读数时，应在表示的数值达到稳定后读取；使用平板和圆盘转动测定剪切应力的黏度计时，在液体和转动平板之间不应存在滑动，否则将引起剪切应力的下降，造成黏度测定较大的误差。

第八章 化妆品基质原料

化妆品的原料非常广泛，凡是对人体肤发有清洁、保护、滋养、疗效、美化作用，或为便于化妆品配制而添加的物料以及为提高产品品质而添加的物料，均为化妆品的原料。

根据化妆品原料的用途与性能，可分为基质原料和辅助原料。基质原料是组成化妆品的主体，在化妆品配方中占有较大的比重，体现化妆品的主要性质和功用。辅助原料是使化妆品成型、稳定或赋予化妆品以芬芳及其他特定作用的配合原料，一般用量不大，但其功效也是很重要的，因此，它在化妆品中也是不可缺少的组分。

化妆品用的基质原料包括油脂、蜡类等油性原料，以及粉体类、溶剂类、胶质类和载体类原料，下面分别介绍。

第一节 油性原料

按来源不同，化妆品油性原料主要包括动植物油、脂和蜡、矿物油、脂和蜡以及半合成油、脂和蜡。

油和脂的主要成分基本相同，都是甘油脂肪酸酯，在动植物界中广泛存在。油、脂在化妆品中的主要作用是使皮肤细胞柔软，防止皮肤干燥、粗糙，防止外界机械和药物对皮肤的刺激，能抑制皮肤炎症等。

蜡类原料是制造唇膏等美容化妆品的重要原料，是高碳脂肪酸与一元醇形成的酯类，其中还含有游离脂肪酸、游离醇、烃类、树脂等。按其来源分为植物性蜡、动物性蜡和矿物性蜡。主要作用：作为固化剂提高制品的性能和稳定性等；提高液态油的熔点；改善对皮肤的柔软效果；抑制表皮水分的蒸发；赋予产品光泽；改善产品成型性，便于使用；等等。

一、油、脂、蜡的化学成分

油性原料是指油溶性物质，包括动植物油、脂、蜡，矿物油和矿物蜡，半合成油、脂、蜡。流态的油性物质称为油，半固体的脂肪物质称为脂，固态的软性油料称为蜡。

油、脂、蜡的化学成分主要有以下几种：

（1）脂肪酸甘油酯

动植物体内大量存在着由不同比例的甘油和脂肪酸合成的甘油脂肪酸酯、由脂肪酸和脂肪醇或其他高级醇脱水而结合形成的酯类物质。

（2）酯类（RCOOR′）

将由羧酸和醇经脱水缩合反应而制得的酯类加入到化妆品中，能减少化妆品的油腻感，并能保护皮肤，滋润皮肤。植物油和矿物油不相溶时，酯类可以作为它们的混合剂。脂肪酸酯类还可作为香料、染料以及各种化妆品添加剂，带侧链的脂肪酸和带侧链的脂肪醇生成的酯凝固点较低，不会堵塞毛孔，使用感好，因而被大量地采用。

（3）脂肪酸（ROOH）

此处的脂肪酸是指 C_{12} 以上的羧酸。这类脂肪酸是由油脂经过水解、结晶分离（压榨法、溶剂分离法或蒸馏分离）而得的，以硬脂酸的应用最多，占 50% 以上。此外，还有用于洗面奶或剃须膏中的肉豆蔻酸、香波中的二十二烷酸、配制滑石粉类产品的十一烯酸等。

（4）高级脂肪醇（ROH）

用于化妆品的高级脂肪醇主要有三个来源：一是酯类皂化分解所得的脂肪醇；二是由脂肪酸高压加氢还原而得的还原脂肪醇；三是由石油化学合成而得的合成脂肪醇。主要有十六醇、十八醇、二十二醇等。

（5）烃类

用于化妆品的烃类有饱和烃 C_nH_{2n+2} 和不饱和烃 C_nH_{2n} 两大类，主要来源于石油，故称为矿物性原料，当然也有少数从动植物中提取的，如角鲨烷等。

在烃类原料中以液体石蜡应用最广、用量最多。此外，还有精制地蜡、石蜡、微晶蜡、凡士林等。因为这些原料都来源于石油，原料中的铅、砷等重金属以及荧光物质含量指标都有限制，特别是对致癌物质 3,4-苯并芘要进行合格的检验。角鲨烷是从深海鲨鱼体内提取的角鲨烯经加氢还原而得到的饱和烃，因其凝固点低、稳定性高，与液体石蜡相比没有油腻感，皮肤感觉良好，因此在化妆品中被广泛用作基质原料。

（6）金属皂

化妆品原料所用的金属皂是指 $C_{12} \sim C_{22}$ 的脂肪酸盐，金属皂的性质因其成分中的脂肪酸和金属种类的不同而各异。主要使用的有硬脂酸锌、月桂酸锌的金属皂；在特殊方面使用的有十一烯酸、油酸的金属皂。

制备金属皂的脂肪酸决定其原料熔点、颗粒大小、表观密度、对油脂分散性和溶解性、凝胶化功能等物理性能。其金属种类的不同会影响其乳化稳定性、对皮肤的润滑性等。

二、油、脂、蜡的性能

油、脂、蜡类具有特殊的物理和化学性质，在化妆品的配方中用量比较多，直接影响到产品的安全性和稳定性。它们的一些特性和质量，通常是以一些物化常数来表征的，包括黏度和稠度、熔点和凝固点、酸值、碘值、皂化值以及不皂化物含量等。

（1）色泽和气味

天然油、脂和蜡类的色泽和气味与天然原料的质量、采油和精制技术有相当密切的关系。油脂都含有一定量的类胡萝卜素，这是一种脂溶性色素。因此，油脂即使经过充分的精制也还是呈淡黄色或微黄色，精制不充分的话，则呈黄褐色。此外，也有的因含有聚苯酚或含氮化合物而呈暗褐色，存在醛类的聚合物时也可能呈深红色。

对于涂在面部的化妆品，原料的异味是一种致命缺陷。油、脂、蜡的臭味主要有四类。

① 甘油酯本身特有的气味。因油脂的来源、种类不同而不同。油脂中释放的臭气通常来源于萜烯类化合物、酮类、醛类、羰基化合物、含硫化合物等。

② 甘油酯因贮存条件等因素发生氧化或微生物作用导致的变质而产生的异味。如温度、湿度、日光、空气、微生物等因素引起它发生变质。

③ 油、脂和蜡类中的杂质所产生的异味。杂质主要是磷脂质、不皂化物等。

④ 在精制脱色、加氢或其他加工过程中新产生的臭味。在精制过程中所用的氧化剂或还原剂把油脂中的某些成分氧化或还原成新的有臭味物质，或油脂分解而产生醛、醇和烃类混合物。

（2）熔点和凝固点

熔点及凝固点是油性原料的一个重要性质，对化妆品配方设计、生产工艺条件选择和质量控制非常重要，同时还是控制产品的季节性生产和使用的重要因素。

油、脂、蜡的熔点及凝固点直接反映了油、脂、蜡的化学结构和组分。脂肪酸的熔点是随烷基链的长度、双键的位置及数目、侧链的位置及其长度等因素而不同的。纯度高的脂肪酸以及甘油酯具有同质多晶体的性质，它们有不同的结晶形状以及不同的熔点、密度和熔解热。在饱和的脂肪酸的分子链中引入双键或甲基支链，其熔点会下降，双键离羧基的位置越远，熔点越低；顺式结构比反式结构的脂肪酸熔点低。熔点影响产品稠度，还影响产品使用时的延展性。低熔点的脂肪酸对分子间的凝聚力和黏性有较大的影响，使用时也会影响皮肤的感觉。

（3）黏度和稠度

① 黏度。黏度是对化妆品非常重要的一种流变性质。

化妆品的黏度与配方中的油性组分有关，是影响化妆品质量的重要因素，关系到化妆品的延展性、黏性和可涂抹性等。化妆品的延展性是指一定量化妆品涂抹到皮肤上所能展开的面积，影响其的因素主要有黏度、表面张力、界面张力、附着力和内聚力等。而产品的黏度主要来源于油性组分中长链分子间的吸引力，直接影响因素是油相组分的熔点、油-水相的比例、表面活性剂的种类和数量等。在由液态油和蜡配成的化妆品中，黏度的大小会直接影响到化妆品的使用性。

一般来说，如果油脂的不饱和度比较高，并具有侧链烷基的脂肪酸，则这种油脂的黏度就比较低，随着氢化程度的增加，黏度会稍有增加。在饱和度相同的条件下，含有分子量低的脂肪酸的油脂，黏度稍低；含有羟基脂肪酸的油脂，黏度比较高。蓖麻油表现出较大的黏度，因为它含有较多蓖麻醇酸，易形成分子间氢键。除蓖麻油外，一般油脂的黏度在数量级上没有明显差别。

② 稠度。稠度是浓分散体的流变性质。

当外加剪切应力较小时，产品不流动，只发生弹性形变，当剪切应力超过某个临界值后，体系就发生永久形变而不复原，表现出可塑性，此临界值称为塑变值。在口红、防裂唇膏、牙膏等条状产品中，这个塑变值与涂敷性有关。当外加应力超过塑变值后，产品发生剪切变稀，这种产品的软硬程度或抵抗外作用所引起变形或破坏的能力称为稠度。化妆品稠度不仅与所用的原料有关，生产过程中的温度、搅拌条件、陈化时间也会影响稠度。

（4）酸值、碘值和皂化值

酸值又叫酸价，油脂的酸值是指中和1g油脂中的游离脂肪酸所需要的氢氧化钾的质量，以 mg/g 计。脂肪酸的酸值与其分子量成反比。酸值代表了油脂中游离脂肪酸的含量，也标志着油脂的新鲜程度。因为油脂存放时间较久后，就会水解产生部分游离脂肪酸。一般新鲜油脂的酸值应在 1mg/g 以下。

碘值也称碘价，是指每 100g 油脂能吸收碘的质量，以 g/100g 计。碘是还原剂，与脂肪酸作用时发生的是氧化还原反应，因此油脂的碘值表明油脂的不饱和程度。碘值越高，不饱和程度越大。因此，一般碘值小于 100g/100g 的油脂称为不干性油；碘值在 100～130g/100g 的油脂，称为半干性油；碘值大于 130g/100g 的油脂称为干性油。碘值高的油脂，含有较多的不饱和键，在空气中易被氧化，即易发生腐败。

皂化值也叫皂化价，是指皂化 1g 硬脂酸或油脂所需要的氢氧化钾的质量，以 mg/g 计。皂化值的大小，表明油脂中脂肪酸含碳量的多少，与油脂中脂肪酸分子量成反比。一般油脂的皂化值在 180～200mg/g。

(5) 不皂化物含量

不皂化物是指高级醇、蜡、甾醇、碳水化合物、色素等，是油脂在皂化时，组分中不能与氢氧化钾发生皂化反应的物质。此类物质不溶于水、与碱不易反应。一般来说，天然油脂中不皂化物含量一般不超过 1%，而鱼脂、海洋动物油脂的不皂化物含量可高达百分之几十。

三、油、脂、蜡的种类

油、脂、蜡类原料是组成膏霜、奶液、发乳等乳状液与发蜡、唇膏等油蜡基型化妆品的基质原料。根据油、脂、蜡的来源可分为动植物、矿物及合成三大类。

(一) 植物性油、脂、蜡

植物性油脂种类繁多，化妆品使用的植物油按其流动性又分为干性油（亚麻仁油、葵花籽油）、半干性油（棉籽油、大豆油、麻油）、不干性油（橄榄油、蓖麻油、山茶油）。植物脂有可可脂、椰子油、木蜡等。植物蜡主要有巴西棕榈、小烛树蜡。

化妆品中使用的油脂几乎均是不干性油脂和部分半干性油脂。由于半干性油脂的稳定性较差，需经精制加工除去不饱和组分后再使用。

(1) 椰子油

椰子油是椰子去皮后压榨制得的脂肪油，是含低级脂肪酸较多的甘油酯。椰子油中有一半是月桂酸 $CH_3(CH_2)_{10}COOH$，另外，还有肉豆蔻酸 13%～19%、辛酸 5%～9%、癸酸 6%～10%、棕榈酸 8%～11%、油酸 5%～8%。它熔点为 24～25℃，冬季为白色或淡黄色固体，夏季为无色或淡黄色的澄明油状液体。15℃ 以下非常坚硬，15℃ 时相对密度为 0.869～0.874，25℃～25.5℃ 为 0.917～0.919。酸值在 0.2mg/g 以下，皂化值为 245～271mg/g，碘值为 7～16g/100g。

椰子油在常温下能与烧碱溶液起皂化作用，因此与牛脂一样，都可作为肥皂重要的油脂原料。易溶于乙醚、三氯甲烷、二硫化碳或石油醚，不溶于水。椰子油对头发和皮肤略有刺激性，不能直接应用于乳膏或面霜等化妆品；但与棉籽油混合，半硬化后可用于乳膏类化妆品。

(2) 蓖麻油

蓖麻油是将蓖麻的种子压榨制得的油。它含有蓖麻油酸（12-羟基-9-十八烯酸）87%，油酸 7%，亚油酸 3%，硬脂酸 1%。蓖麻油是无色至淡黄色透明黏稠液体，略有异臭，味道开始温和而后有辣味。凝固点为 -10℃，15℃ 时相对密度为 0.950～0.974。它是不干性油，暴露于空气中，不会显著地增加其酸值，酸值在 3mg/g 以下，皂化值为 176～187mg/g，碘值为 81～91g/100g。与其他油类不同，蓖麻油更黏稠，不受温度影响，难溶于石油醚，可与无水乙醇和冰醋酸混合。

在蓖麻油的分子中含有羟基和双键两个官能团，使它易溶于低碳醇而难溶于石油类溶剂，可与其体积一半的轻质石油溶剂混溶。在化妆品中，利用其特殊的溶解性和物理性，可作为整发化妆油的主要原料，特别适合制作口红，是指甲油除去剂的成分，还可制作化妆皂、膏霜等。蓖麻油有特殊气味，通过精炼后可消除异味。

（3）橄榄油

橄榄油由新鲜的油橄榄果实压榨而得，是淡色或黄绿色的液体油脂，微有特殊的臭味，微辛。橄榄油在 0℃ 时保持液体状态。由于含亚油酸，不易氧化。主要成分为油酸，占 82.5%。另外还有棕榈酸 9%、亚油酸 6%、硬脂酸 2.3%。橄榄油相对密度为 0.910～0.918，皂化值为 188～196mg/g，碘值为 77～88g/100g。不溶于水，微溶于乙醇，可溶于乙醚、氯仿和二硫化碳。

橄榄油主要用于化妆皂，膏霜类化妆品，健肤油、按摩油等香油类及发油、护发素等发用类化妆品。此外，也用于高级香皂和防晒油中。

（4）棕榈油

棕榈油，一种热带木本植物油，是目前世界上生产量、消费量和国际贸易量最大的植物油品种，与大豆油、菜籽油并称为"世界三大植物油"。棕榈油主要产地是马来西亚，由油棕树上的棕榈果实压榨而成，果肉和果仁分别产出棕榈油和棕榈仁油。

棕榈油是一种呈现红黄色至深暗红色油脂，常温下呈半固态。市场上常把低酸值的棕榈油称为软油，高酸值的油则称为硬油。棕榈油又被称为饱和油脂，因为它含有 50% 的饱和脂肪。凝固点为 24～58℃，相对密度为 0.920～0.927，皂化值为 190～202mg/g，碘值为 51～55g/100g。主要的脂肪酸主要有：棕榈酸 42%，油酸 43%，亚油酸 10%，硬脂酸 4%，肉豆蔻酸 1%。此外，棕榈油中还含有丰富的维生素 A（0.05%～0.07%）和维生素 E（0.05%～0.08%），有一定的营养价值。

人体对棕榈油的消化和吸收率超过 97%，和其他所有植物食用油一样，棕榈油本身不含胆固醇。棕榈油主要用于制造肥皂，精炼棕榈油可用于制造涂抹油和油膏制品。

（5）杏仁油

杏仁油呈微黄透明，味道清香，不仅是一种优良的食用油，还是一种高级的润滑油，可耐 -20℃ 以下的低温，可作为高级油漆涂料、化妆品（优质香皂）的重要原料，还可从中提取香精和维生素。25℃ 时相对密度为 0.913～0.916，酸值小于 1.0mg/g，碘值为 93～106g/100g，皂化值为 188～197mg/g。

杏仁油主要成分为油酸和亚油酸，两种含量总和为 95%，其脂肪酸组成：棕榈酸 4%、油酸 68%、棕榈油酸 0.7%、亚油酸 27%、硬脂酸 1%、亚麻酸 0.1%、二十烷酸 0.1%、二十碳烯酸 0.1%。此外还含有维生素 E，其中以 α-生育酚和 γ-生育酚为主。

杏仁油极为温和，因此婴儿都可以使用。对于运动过度引起的肌肉疼痛，若以甜杏仁油按摩可加强细胞带氧功能，消除疲劳与碳酸累积，具有镇痛及减轻刺激的作用。另外，甜杏仁油是轻柔、润滑、不油腻的基础油，不仅具有十分优良的营养作用，而且具有良好的抗氧化稳定性。

甜杏仁油质地轻，抗过敏，易吸收，是一种保养皮肤及滋润效果极佳的植物油，对干性皮肤或因气候变化而引起的皮肤不适问题极有益处，可促进细胞生长，适合干燥、敏感、发炎及无光泽的肌肤，是一种天然的润湿剂。富含矿物质、蛋白质及各种维他命。它能有效地减轻皮肤发痒现象，消除红肿、干燥和发炎；可刺激内分泌系统的脑下垂体、胸腺和肾上腺，促进细胞更新。

甜杏仁油在化妆品的应用很广泛，膏霜、奶蜜、香皂都用它作天然添加剂。它为产品增加了润肤和延缓衰老效果，也为产品增加了温馨的芳香。

（6）霍霍巴油

霍霍巴油是从霍霍巴种子中通过加热加压法或化学溶剂提取的是一种透明、无臭的浅黄色液体。它是由长链不饱和脂肪酸和长直链不饱和脂肪酸组成的脂，不是甘油酯，而是一种长碳直链液体蜡，与皮脂腺油几乎一致。霍霍巴油的相对密度为 0.865～0.869，酸值为 0.1～5.2mg/g，碘值为 81.8～85.7g/100g，皂化值为 90.1～101.3mg/g。质地优于鲸油，存放 30 年也不变质，是唯一可替代鲸油的原料。

其脂肪酸的大致组成：11-二十烯酸 64.4%，13-二十烯酸 32.2%，油酸 1.4%，棕榈油酸 0.5%，饱和脂肪酸 3.5%。它具有超凡的抗氧化性，稳定性良好，亲和性佳，是渗透性最强的油。不易氧化和酸败，无毒，无刺激，很容易为皮肤所吸收，有良好的保湿性。在化妆品中应用非常广泛，用于润肤霜、头发调理剂、口红、指甲油、婴儿护肤品、清洁剂等制品中。

（7）巴西棕榈蜡

巴西棕榈蜡简称巴西蜡，是从南美巴西产的棕榈叶中提取而得的淡黄色固体。质地非常坚硬，具有极高的光泽，极易乳化，有着良好的保油性。它主要是由蜡酯、脂肪醇、烃类和树脂状物质组成。熔点为 83～91℃，是天然蜡中熔点最高的一种，25℃时相对密度为 0.996～0.998，皂化值为 78～88mg/g，碘值为 7～14g/100g。

巴西棕榈蜡最大的优点是具有极高的光泽度和超乎寻常的硬度。它与蓖麻油的互溶性很好，在化妆品中广泛用于唇膏的制造，以增加其耐热性，并赋予光泽，还可用于睫毛膏等锭状化妆品。

（8）小烛树蜡

小烛树蜡又名坎地里拉蜡，淡黄色半透明或不透明固体有光泽蜡状固体，有芳香气味性，是脆而硬的植物性蜡，是从墨西哥北部及美国得克萨斯州南部、加利福尼亚州南部等地特产的小烛树的灌木的茎表皮中提取出来的。熔点为 66～71℃，皂化值为 47～64mg/g，碘值为 19～44g/100g，不皂化物含量为 47%～50%。不溶于水，溶于丙酮、氯仿、松节油及醇-苯混合溶剂。主要成分包括烷基酯 50%～51%、蜡酯 28%～29%，另外还有游离脂肪酸、高碳游离醇、烃类化合物和游离酸等。

小烛树蜡和巴西棕榈蜡一样，同蓖麻油的相溶性很好，小烛树蜡在熔融的混合物中，凝固得很慢，且长时间不能达到最大硬度。加入油酸或类似的酸，可使软度迅速增加，主要用于膏霜类和唇膏类化妆品，以提高耐热稳定性，多用作锭状化妆品的固化剂，尤其用作光泽剂，也可作为软蜡的硬化剂及蜂蜡和巴西棕榈蜡的代用品。

（二）动物性油、脂、蜡

动物油与植物油相比，色泽较差或有臭味，几乎不直接使用。只有少数动物油脂用于各类化妆品中。动物油分为陆地动物油（水貂油、卵黄油）、水产动物油（鱼肝油、海龟油）。动物脂有牛脂、猪油、羊脂等；动物蜡有蜂蜡、鲸蜡、羊毛脂蜡。

（1）水貂油

水貂油是指从水貂皮下脂肪中提取制得的油脂，经加工精制而得的水貂油为无色或淡黄的脂肪酸。其中油酸 42%，亚油酸 18%，棕榈油酸 18%，棕榈酸 16%，肉豆蔻酸 4%，硬脂酸 2%。水貂油凝固点小于 12℃，相对密度为 0.900～0.918，皂化值为 200～210mg/g，酸值小于 1.0mg/g，碘值为 76～100g/100g。

水貂油具有优良的抗氧化性能，对热和氧是稳定的，不易变质；具有良好的乳化性能和较好的紫外线吸收性能，是较理想的防晒剂原料；具有良好的渗透性，对人体皮肤有较好的亲和性，易于被人体吸收，使用后皮肤滑润而不腻，油性感小，并使皮肤柔软和有弹性，对干性皮肤尤为适用，为优质的油性原料。目前，其用途已逐渐扩大到婴儿用油和各种膏霜类化妆品中。

（2）蛇油

蛇油即蛇的脂肪，是由蟒蛇的脂肪提纯精制的一种淡黄色油状液体，含有不饱和脂肪酸、亚麻酸、亚油酸等。相对密度为 0.9172，碘值为 105～120g/100g，皂化值为 184～188mg/g。

蛇油是一种传统的纯天然护肤品，质地细腻，使用时感觉清凉、舒适，而且与人体肌肤的生理生长特征有着极佳的配伍和互补性，对皮肤皲裂有良好的治疗功效，可令皮肤产生平滑、凉爽的感觉。蛇油对皮肤有着很好的渗透、滋润、修复作用，常用来治疗烫伤和调理干燥、多皱、粗糙的皮肤。

（3）牛脂

牛脂取自食用牛的脂肪，是炼制的牛油。纯牛脂为白色软固体，几乎无味。在 40℃以上时比一般油脂硬度高，相对密度为 0.860～0.870，碘值为 35～48g/100g，皂化值为 193～202mg/g。可溶于乙醚和氯仿。牛脂由各种脂肪酸的甘油酯组成，其脂肪酸中油酸含量为 38.9%～49.6%、棕榈酸含量为 25%～32.5%、硬脂酸含量为 14.1%～28.6%、肉豆蔻酸含量为 2%～7.8%、亚油酸含量为 1.1%～5%。不皂化物含量在 1% 以下。牛脂与椰子油和猪油相同，是制肥皂的重要油脂原料。牛脂主要用于制造肥皂、甘油、人造黄油、蜡烛和润滑剂。

（4）羊毛脂

羊毛中含有 10%～25% 的羊毛脂，它能使羊毛润滑，有抗日光和防风的作用。羊毛脂是从羊毛中提取而得的一种呈黄白色至暗棕黄色软膏状脂肪物，有黏性而滑腻，略有特殊臭气。主要成分包括胆甾醇、虫蜡醇及多种脂肪酸的酯，构成酯的醇类以 C_{18}～C_{26} 脂肪醇为主，还有少量的二醇及甾醇。25℃时相对密度为 0.924，熔点为 31～42℃。皂化值为 88～89mg/g，羟值为 27～39mg/g，碘值为 21～30g/100g，易溶于氯仿、乙醚、苯、丙酮、石油醚和热乙醇等，极微溶于冷乙醇，不溶于水，但可和自身两倍重的水混合而不分离。含水羊毛脂中水分含量约为 25%～30%。

羊毛脂在护肤、护发和美容化妆品中应用非常广泛。羊毛脂具有良好的润湿、保湿、渗透性能以及防止脱脂、防皮肤开裂等功能。由于羊毛脂内含有 20% 胆甾醇，用于防裂膏、冷霜、高级香皂中防止皮肤裂口具有特效。易被皮肤吸收，起到润湿作用，同时使水乳化，可作为保湿剂、乳化剂、皮肤化妆品的调理剂；对头发和头皮提供很好的营养，使头发柔软，起保护作用，具有极好的加脂性，适用于香波、润丝和整发剂。还可用作美容化妆品的颜料分散剂，没有油腻感，具有良好的颜料分散性和粉体黏合作用；用于口红中，部分或全部取代蓖麻油；用作指甲油的清除剂。

羊毛脂加氢制成的羊毛醇，也广泛用于化妆品。羊毛醇的乳化性能优于羊毛脂，羊毛醇与环氧乙烷或环氧丙烷的缩合产物即羊毛醇醚，其铺展性和渗透性能好，用于护肤和护发用品，可在皮肤和头发上形成致密膜，给人以柔软、光滑之感。

（5）蜂蜡

蜂蜡，又称黄蜡、蜜蜡。蜂蜡是工蜂腹部分泌出来的一种脂肪性物质。纯蜂蜡为白色，通常所见蜂蜡多是淡黄色、中黄色或暗棕色等，这是由于花粉、蜂胶中存在的脂溶性类胡萝卜素或其他色素。蜂蜡呈固体状，具有蜂蜜和蜂花粉味的香气。溶于乙醚、氯仿及油类，微溶于酒精，不溶于水。20℃时的相对密度为 0.954～0.964，熔点为 62～65℃。皂化值为 88～102mg/g，碘值为 8～11g/100g。

蜂蜡主要含酯类 70%～75%、脂肪酸 10%～15%、糖类 10%～16%。脂肪酸酯类包括单酯类和羟基酯类，单酯类有棕榈酸蜂花醇酯 23%、棕榈酸虫漆酯 2%、蜡酸蜂花醇酯 12%、焦性没食子酸蜂花醇酯 12%。羟基酯类中有羟基棕榈酸蜡醇酯 8%～9%、双酯 9%～9.5%、酸酯 4%～4.5%。脂肪酸中有饱和脂肪酸 9%～11%，其中蜡酸 3.3%～4.4%、木焦油酸 1%～1.5%、蜂花酸与褐煤酸 2%、叶虱酸 1.3%～1.5%、焦性没食子酸 1.5%等。糖类中饱和烃类以 C_{15}～C_{31} 链最多，其中 C_{25} 烷烃 0.3%、C_{27} 烷烃 0.3%、C_{29} 烷烃 1%～2%、C_{31} 烷烃 8%～9%；不饱和烃主要为 C_{30} 烷烃，占 2.5%。此外，蜂蜡还含有少量的水和矿物质。

蜂蜡经皂化可作为乳化剂，还可作为冷霜的原料；蜂蜡是制造香脂、香油等的原料，也是唇膏、口红等美容化妆品的原料。此外，蜂蜡还具有抗细菌、抗真菌、愈合创伤的功能，因而近年来用它制造香波、洗发剂、高效去头屑洗发剂（治疗真菌引起的头皮屑增多）。

（6）鲸蜡

鲸蜡是由抹香鲸头部提取出来的油腻物经冷却和压榨而得的固体蜡，精制品呈白色，无臭，有光泽，长期暴露于空气中易腐败。凝固点为 41～49℃，相对密度为 0.940～0.946，皂化值为 116～130mg/g，碘值小于 3g/100g，酸值小于 0.5mg/g。溶于乙醚和二硫化碳，不溶于水，在碱水溶液中可部分皂化形成乳状液。鲸蜡主要含有棕榈酸十六酯、月桂酸和肉豆蔻酸等。

鲸蜡主要用于化妆品以及蜡烛生产。在化妆品中用在制造膏霜及冷霜配方中最为广泛。鲸蜡的性质和蜂蜡性质恰恰相反，尽管它的熔点比较低，但它还是可以用作化妆品的稠化剂。同样也可用于唇膏、口红等锭状化妆品及需赋予光泽的乳液制品中。

（7）虫蜡

虫蜡又称白蜡、川蜡、雪蜡、中国蜡，白色或淡黄色固体，硬度大，有光泽。虫蜡是由雄性白蜡虫的幼虫生长过程中的正常分泌物，经漂白、脱水精制而成的。一般其理化性质比较稳定。15℃时相对密度为 0.950～0.970，熔点为 80～85℃，碘值为 1.4g/100g，酸值为 0.2～1.5mg/g，皂化值为 70～93mg/g。不溶于水、乙醇和乙醚，易溶于苯、汽油等有机溶剂。

虫蜡是一种具有高分子结构的动物蜡，其主要成分为二十六碳酸二十六碳醇酯 $CH_3(CH_2)_{24}COO(CH_2)_{25}CH_3$，还含有二十四酸二十八酯、二十四酸蜂花酯、二十四酸蜡酯、蜡酸蜡酯、二十七酸二十七酯、褐煤酸蜡酯、蜂花酸二十七酯。此外，尚含游离的蜂花醇，即三十烷醇 1%，以及树脂 1%～1.5%、二十七烷 2%～3%，还含有水蜡虫、虫蜡醇。

（三）矿物性油、脂、蜡

矿物油、脂和蜡是指从石油经加工精制得到的高分子碳氢化合物，主要成分是直链饱和烃，它们的沸点较高，多在 300℃以上。矿物性油、脂和蜡类不易腐败，性质稳定，是价廉物美的化妆品原料。化妆品所用的矿物油、脂和蜡类主要有液体石蜡、凡士林、固体石蜡、微晶石蜡等。

（1）液体石蜡

液体石蜡又称白油，是一种无色、无荧光、透明的黏稠状油状液体，由石油经常压和减压分馏、溶剂抽提和脱蜡，加氢精制而得，是石油馏分中的高沸点馏分（330～390℃），又称为矿油，是一类液态烃类混合物，主要成分为 $C_{15} \sim C_{30}$ 的饱和正异构烷烃，即为环烷烃与烷烃的混合体系。15℃时相对密度为 0.877，有适当的黏性，无极性，价格低廉。无臭无味，不溶于水、甘油、冷乙醇，溶于苯、乙醚、氯仿、二硫化碳、热乙醇、挥发及不挥发油类，与除蓖麻油外大多数脂肪油能任意混合。化学稳定性及对微生物的稳定性好；具有化学惰性，不变质；具有润滑性，易乳化；可抑制水分蒸发，提高皮肤、毛发使用感。

液体石蜡按黏度不同分为重质液体石蜡（$335 \sim 365 mm^2/s$）、轻质液体石蜡（$65 \sim 75 mm^2/s$）、更为轻质的液体石蜡（$44 \sim 55 mm^2/s$）。液体石蜡在化妆品中应用广泛，其湿润、柔软效果好，易伸展，广泛用于膏霜、乳液等基础化妆品，其次可作为香脂类的主要原料，是发油、发蜡、发乳等化妆品的重要原料，也是固体油膏的重要原料。

（2）凡士林

凡士林是由石油残油脱蜡精制而成的，是一种烷烃或饱和烃类半液态的混合物，也叫矿脂。其主要成分为 $C_{24} \sim C_{34}$ 的非结晶烃类，常含微量的不饱和烃。在常温时凡士林的状态介于固体及液体之间，因不同用途而有棕、黄、白三种颜色。熔点为 $38 \sim 63℃$，60℃时相对密度为 $0.815 \sim 0.880$，皂化值、碘值均为零，是无色无臭的半固体。

天然凡士林取自烷烃、重油等石油残油浓缩物；人造凡士林取自用纯地蜡、石蜡、石蜡脂等使矿物油进行稠化的混合物。凡士林加氢可以制成化学稳定的烃，与液体石蜡一起成为重要的油性原料。凡士林易溶于乙醚、石油醚、多种脂肪油，也溶于苯、二硫化碳、三氯甲烷、松节油，难溶于乙醇，基本不溶于水。加热时成为透明液，在暗处用紫外线照射，会发出荧光。有较强的黏着力，化学稳定性和抗氧化性良好。在香脂、乳液等基础化妆品中广泛应用，既是发乳、护肤、膏霜等乳液制品的原料，也是唇膏、发油、发蜡、面油等化妆品的原料。

（3）固体石蜡

固体石蜡是石油馏分的油类经冷冻脱蜡、脱油精制后制成的白色半透明的蜡状结晶形固体块，有特殊气味或无味，主要成分为 $C_{16} \sim C_{40}$ 之间的直链饱和烷烃。密度随熔点上升而增加，通常为 $0.88 \sim 0.915$；熔点为 $50 \sim 70℃$，沸点为 $300 \sim 550℃$，皂化值和碘值均为零。不溶于水，在醇、酮类中溶解度很低，易溶于四氯化碳、三氯甲烷、乙醚、苯、石蜡醚、二硫化碳、各种矿物油及大多数植物油中，通常随着熔点升高，溶解度降低。固体石蜡化学性质稳定，不易变质，且价格低廉，在化妆品工业中用于制造冷霜等，与其他蜡类和合成脂类一起用于香脂、口红、发蜡等化妆品。

（4）微晶石蜡

微晶石蜡又称无定形蜡、纯地蜡，是一种白色至淡黄色片状或针状结晶体固体，有韧性、可塑性，不易破碎。它是从原油蒸馏所得的润滑油馏分经溶剂精制、溶剂脱蜡或经蜡冷冻结晶、压榨脱蜡制得蜡膏，再经溶剂脱油或发汗脱油，并补充精制制得的。微晶石蜡是一种高沸点的长链烃类，因化学结构中有大量致密而微细的结晶，平均每个分子中含有 $41 \sim 50$ 个碳原子（即高碳烃），平均分子量为 $250 \sim 450$。因此熔点较高，加热黏附性能好，但光泽和油性不如石蜡。以 $C_{31} \sim C_{70}$ 的支链饱和烃为主，还有少量的环状、直链烃。熔点为 $60 \sim 85℃$，皂化值和碘值均为零。

微晶石蜡可与各种矿物蜡、植物蜡及热脂肪油互溶，与其他蜡类混合时，可抑制结晶的生长，而且还具有延伸性以及低温下不脆弱的优点。此外，它与液体油混合时，具有防止油分分离（发汗）等特性，广泛用于化妆品中，作为香脂、唇膏、发蜡的油性原料。

（5）地蜡

地蜡又称矿地蜡。地蜡是一种白色或微黄脆硬又无定形结晶的蜡状固体，有很淡的特殊气味或无味，相对密度为 $0.88\sim0.92$，熔点为 $61\sim78℃$。地蜡是一种经精制处理天然矿蜡后得到的蜡类。其成分为 C_{25} 以上的直链、支链和环状高分子量的烃类混合物。不溶于水，溶于苯、乙醚、氯仿、乙醇、石油醚、松节油、二硫化碳、矿物油等。地蜡与石油系蜡相比，熔点、黏度和硬度都较高。用于化妆品，一级品地蜡可用作冷霜和乳液制品原料，二级品可作为唇膏、发蜡等的重要固化剂；在油墨工业中用于制造飞机票油墨，具有良好的耐磨性。

（四）合成性油、脂、蜡

合成性油、脂、蜡一般是由各种油、脂或原料，经加工合成的改性油、脂和蜡，不仅组成与原料油、脂相似，可保持其优点，而且通过改性赋予其新的特性。合成油、脂、蜡的组成稳定，功能突出，已广泛应用于各类化妆品。

（1）角鲨烷

角鲨烷，分子式 $C_{30}H_{62}$，是由鲨鱼肝脏中提取的角鲨烯加氢后制成的一种性能优异的烃类油脂，故又名鲨鱼肝油，为无色、无臭的油状透明液体。主要成分是六甲基二十四烷（异三十烷）及其他纯度较高的侧链烷烃。皂化值小于 $0.5mg/g$，碘值小于 $3.5g/100g$。

角鲨烷化学稳定性高、使用感极佳，对皮肤有较好的亲和性。人体皮肤皮脂腺分泌的皮脂中约含有 10% 的角鲨烯、2.4% 的角鲨烷，人体可将角鲨烯转变为角鲨烷。它能加速化妆品配方中其他活性成分向皮肤中渗透，具有较低的极性和中等的铺展性，且纯净、无色、无异味，还可抑制霉菌的生长。

角鲨烷的护肤作用主要体现在：

① 能加强修护表皮，有效形成天然保护膜，帮助形成肌肤与皮脂间的平衡。

② 刺激性较低，能使皮肤柔软，是最接近人体皮脂的一种脂类。亲和力强，能够与人类自身的皮脂膜融为一体，在皮肤表面形成一层天然的屏障。

③ 具有良好的皮肤浸透性，能抑制皮肤脂质的过氧化，能有效渗透入肌肤，并促进皮肤基底细胞的增殖，对延缓皮肤老化、改善并消除黄褐斑均有明显的生理效果。

④ 使皮肤毛孔张开，促进血液微循环，增进细胞的新陈代谢，帮助修复破损细胞。

角鲨烷在化妆品中可用作膏霜、乳液、化妆水、口红及护发制品的油性原料。

（2）高级脂肪酸类

化妆品用高级脂肪酸多数来自动植物油脂、蜡水解后进一步分离纯化。高级脂肪酸相对密度小于1，不溶于水，可溶于乙醚、氯仿和苯等有机溶剂。高级脂肪酸是各种乳化制品和油膏的重要原料。目前，化妆品中使用的脂肪酸主要是 C_{12} 以上的高级脂肪酸，如月桂酸、软脂酸、硬脂酸、油酸和肉豆蔻酸等。

① 硬脂酸。又称十八烷酸，是一种饱和高级脂肪酸。分子式：$C_{17}H_{35}COOH$。由油脂水解产生，是白色或类白色有滑腻感的粉末或结晶性硬块，其剖面有微带光泽的细针状结晶。有类似油脂的微臭，无味。熔点为 $67\sim69.6℃$，沸点为 $183\sim184℃$，相对密度为 0.9408。稍溶于冷乙醇，溶于丙酮、苯、乙醚、氯仿、四氯化碳、二氧化硫、三氯甲烷、甲苯、醋酸戊酯等，在水中几乎不溶。碘值不大于 $4g/100g$，酸值为 $203\sim210mg/g$。

硬脂酸用于雪花膏和冷霜等膏霜类护肤品中起乳化作用，从而使其变成稳定洁白的膏体，还用于膏霜、口红和化妆水。此外，硬脂酸还是制造杏仁蜜和奶液的主要原料。

② 棕榈酸。又称十六烷酸、软脂酸，是一种饱和高级脂肪酸。分子式：$C_{15}H_{31}COOH$。为白色固体，带有珠光的鳞片，在许多油和脂肪中以甘油酯的形式存在，可由棕榈油水解制得。能溶于乙醚、石油醚、氯仿及其他有机溶剂，不溶于水。相对密度为 0.841，熔点为 63.1℃，常压下沸点为 351℃。在化妆品中是膏霜、乳液的重要原料。此外，还用于制取蜡烛、肥皂、润滑剂、合成洗涤剂、软化剂等。

③ 肉豆蔻酸。又称十四烷酸，一种饱和高级脂肪酸。分子式：$C_{13}H_{27}COOH$。将椰子油、棕榈仁油的混合脂肪酸或混合脂肪酸的甲酯进行真空分馏可得十四烷酸，为白色结晶硬质固体，有时为有光泽的结晶状，或者为白色粉末，无气味。相对密度为 0.8525～0.8622，熔点为 54℃，沸点为 199～326℃。能溶于无水乙醇、醚、氯仿、苯等，不溶于水。

肉豆蔻酸在工业上主要用作生产山梨醇酐脂肪酸酯、甘油脂肪酸酯、乙二醇或丙二醇脂肪酸酯等。还可用于生产肉豆蔻酸异丙酯等。肉豆蔻酸用于洗脸制品等化妆品中，具有洗涤力好、起泡性好的特点。

④ 月桂酸。又称为十二烷酸，是一种饱和脂肪酸。它的分子式是 $C_{11}H_{23}COOH$，白色针状晶体，微有月桂的香味。相对密度为 0.8679，熔点为 44～46℃，常压下沸点为 298.7℃。溶于乙醚、氯仿及其他有机溶剂，微溶于丙酮和石油醚，不溶于水。虽然名为月桂酸，但在月桂中含量很低，只占 1%～3%。而目前发现月桂酸含量高的植物油有椰子油（45%～52%）、油棕籽油（44%～52%）、巴巴苏籽油（43%～44%）等。月桂酸水溶性高，泡沫丰富，因此它用于香皂等洗脸制品中。

⑤ 油酸。油酸与其他脂肪酸一起，以甘油酯的形式存在于一切动植物油脂中。在动物脂肪中，油酸在脂肪酸中约占 40%～50%。植物油中的含量变化较大，茶油中可高达 83%，花生油中达 54%，而椰子油中则只有 5%～6%。

用含有一定量油酸的油脂为原料，如牛脂、猪油、棕榈油，使分解出脂肪酸，然后用溶剂使脂肪酸溶解并冷却，除去固体脂肪酸而得粗油酸。再用溶剂溶解，在低温下冷却使油酸结晶析出。

油酸分子式：$C_8H_{17}CH\!=\!CHC_7H_{14}COOH$。油酸又称十八碳烯酸、顺式-9-十八烯酸、红油、棉油酸。熔点为 13～14℃，沸点为 360℃，相对密度为 0.845～0.893。无色至淡黄色透明油状液体，有与猪脂相类似的特殊气味，凝固后成白色柔软固体，久置空气中被氧化颜色会逐渐变深。能溶于乙醚、乙醇、三氯甲烷、苯、汽油等有机溶剂，微溶于水。

（3）脂肪醇类

与脂肪酸一样，化妆品用脂肪醇多数由动植物油脂、蜡经水解分离纯化得到。C_{12} 以上的脂肪醇称为洗涤剂醇，其是与环氧化物加成得到的乙氧基化合物，是性能优异的洗涤剂，也是非离子表面活性剂，以及润湿剂、乳化剂、分散剂等。高级脂肪醇的物理性质与油脂相似，相对密度小于 1，不溶于水，可溶于乙醚、氯仿和苯等有机溶剂。高级脂肪醇是各种乳化制品和油膏的重要原料。

化妆品中使用的高碳醇有月桂醇、鲸蜡醇、硬脂醇、肉豆蔻醇和油醇等。其中，肉豆蔻醇的使用历史最悠久，多用于乳液的助乳化剂，并能抑制产品的油腻感和降低蜡类的黏结性；油醇可提高口红染料的溶解性。

① 硬脂醇。又称十八碳醇、十八醇。性状：蜡状白色小叶晶体或白粉状或片状固体，能溶于乙醚乙醇等其他有机溶剂，不溶于水。分子式：$C_{18}H_{37}OH$。熔点为 59.4～59.8℃，沸点为 210.5℃，相对密度为 0.8124。

硬脂醇用于制作表面活性剂（平平加）、树脂、合成橡胶等，是化妆品膏霜、乳液的基本原料，其增稠乳效果比十六醇强，是一种乳化稳定剂。化妆品级十八醇可用于高级化妆品中，香气纯正，可减少香精用量。此外还可以用于制造抗氧化剂、消泡剂、浮选剂、软化剂、稻田保温剂、水面覆盖剂、医药软膏及彩色影片的成色剂。

② 鲸蜡醇。分子式：$C_{16}H_{33}OH$。它又称十六醇、棕榈醇、十六烷醇，是有玫瑰香气的白色固体结晶，粒状或蜡块状。熔点为 49.6℃，沸点为 344℃，相对密度为 0.8176。溶于乙醚、乙醇、氯仿，不溶于水。与浓硫酸起磺化反应，遇强碱不起化学作用。用于制表面活性剂、润滑剂，可作乳化稳定助剂。

③ 异十八醇。分子式：$C_8H_{17}CH(CH_2OH)C_8H_{17}$ 或 $C_7H_{15}CH(CH_2OH)C_9H_{19}$。它是无色至浅黄色、无臭、透明的油状液体，与乙醚、乙醇和丙酮等溶剂相溶性好，不溶于水。异十八醇与饱和脂肪醇相比，其凝固点和黏度大为降低，有很强的渗透性，其氧化稳定性能很好，使用感很好。用作制造表面活性剂的原料，在化妆品配方中作润肤剂。

④ 月桂醇。分子式：$C_{11}H_{23}CH_2OH$。月桂醇又名十二醇，因最初从月桂树皮中提取而出得名，为淡黄色油状液体或固体，在乙酸中结晶为片状。略带有月下香及紫罗兰的香气，具有较弱但很持久的油脂气息。相对密度为 0.8309，熔点为 24℃，沸点为 259℃。不溶于水、甘油，溶于丙二醇、乙醇、苯。月桂醇具有高级伯醇的化学反应性，应避免与氧化剂、酸、酸性氯化物、酸酐接触。

月桂醇化学性质稳定，用于制造高效洗涤剂、表面活性剂、稳泡剂、乳化剂、纺织油剂、杀菌剂等。也用于雪花膏、冷霜、乳液、护发素等多种化妆品。此外，由于十二醇具有月下香及紫罗兰的香气，可用于玫瑰型、紫罗兰型和百合水仙型香精中。

(4) 脂肪酸酯类

将各种脂肪酸和各种多元醇酯化，可以合成各种单酯、双酯和三酯。采用的脂肪酸有硬脂酸、棕榈酸、月桂酸和油酸等，采用的多元醇有甘油、乙二醇、丙二醇和山梨醇等。此处只介绍硬脂精、棕榈精、单硬脂酸甘油酯、肉豆蔻酸异丙酯。

① 硬脂精。又称硬脂、三硬脂精和甘油三硬脂酸酯，存在于动物和植物脂肪和油中，由脂肪经高压蒸煮、盐析和分离而制得。无色、无臭的晶体或粉末，有甜味。65℃时相对密度为 0.943，熔点为 71~72℃。溶于热醇、氯仿、苯和二硫化碳，不溶于水、石油醚、乙醚及冷醇。在酸或碱存在时能水解成硬脂酸和甘油；烧碱作用时能生成硬脂酸钠，是肥皂的重要组分。它用于制蜡烛和肥皂等化妆品，也用于制胶黏剂、假象牙、金属擦光物等，也用于纺织品的上浆、皮革的加脂等。

② 棕榈精。又称软脂，甘油三棕榈酸酯、三棕榈精、三软脂酸甘油酯。存在于某些动物和植物脂肪和油中，由高压蒸煮、盐析和分离而制得，或者由 1 分子甘油与 3 分子棕榈酸通过酯化反应制得。棕榈精为无色针状结晶，70℃时相对密度为 0.8752，熔点为 66~68℃，沸点为 310~320℃。能溶于热醇、醚和氯仿，难溶于醇，不溶于水。用于化妆品和制药，也用于皮革加工整理。

③ 单硬脂酸甘油酯。又称甘油单硬脂酸酯、十八酸甘油酯、单甘酯。纯白色至乳色、微黄色的蜡状薄片或珠粒固体，有特殊脂肪气味，无毒。相对密度 0.958，碘值≤2.0g/100g，酸值≤2.0mg/g，凝固点为 55~60℃，皂化值为 160~175mg/g。在水和醇中几乎不溶，可分散于热水，极易溶于热的有机溶剂如乙醇、苯、丙酮，以及矿物油和固定油中。

单硬脂酸甘油酯是含有 C_{16}~C_{18} 长链脂肪酸与甘油发生酯化反应而制得，是一种非离子型的表面活性剂。它既有亲水又有亲油基因，具有润湿、乳化、起泡等多种功能。化妆品及医药膏剂中用作油包水型乳化剂，使膏体细腻，滑润；用作工业丝油剂的乳化剂和纺织品的润滑剂。此外，还可作为消泡剂、分散剂、增稠剂、湿润剂等。

④ 肉豆蔻酸异丙酯。结构式：$C_{13}H_{27}COOCH(CH_3)_2$。又名十四碳酸异丙酯、异丙基酯、十四烷酸异丙酯。无色至淡黄色稀薄油状液体，无臭无味。分子量为 270.17，相对密度为 0.853，熔点 6℃，沸点 167℃。溶于乙醇、乙醚、氯仿，可与植物油混溶。不易水解及酸败。

肉豆蔻酸异丙酯具有良好的润滑性，对皮肤有渗透性，可以抑制皮肤上水分蒸发，提高使用感。广泛用于化妆品中，可用作膏、霜、护发素等高级化妆品的添加剂；可作香水的定香剂；用作口红、发膏、唇膏、清洗霜、香粉及医用药膏的分散剂。

除上述介绍的脂肪酸酯，还包括脱水山梨醇单硬脂酸酯、丙二醇单硬脂酸酯、脱水山梨醇单油酸酯、脱水山梨醇倍半油酸酯、丙二醇单月桂酸酯、脱水山梨醇单棕榈酸酯等。这类油性原料，既有滋润皮肤的作用，又是优良的亲油乳化剂，可以制成各种不同程度的乳化液。

总之，目前化妆品中使用的酯类多数由高级脂肪酸与分子量低的一元醇酯化所得。这类酯与油、脂有互溶性，具有黏度低、延展性好、对皮肤渗透性好、无油腻感觉等优良性能，不仅可以替代动植物油脂，而且通过各种化学处理方法所得到的酯，在其纯度、物理性能、化学稳定性、微生物稳定性及对皮肤的刺激性和皮肤的吸收性等方面都较天然油脂优越。因此，它们在化妆品中应用广泛，成为有较大发展前景的化妆品原料。

(5) 硅油及其衍生物

硅油为聚硅氧烷产品，是硅和氧原子交替间隔作为骨架结构，并在硅原子上连接各种有机基团的一类物质，是一种具有不同聚合度链状结构的聚有机硅氧烷。它由二甲基二氯硅烷加水水解制得初缩聚环体，再先后经裂解、精馏制得低环体，然后把低环体、封头剂、催化剂放在一起进行聚合，得到各种不同聚合度的混合物，经减压蒸馏除去低沸物就可制得。

硅油是一类无油腻感的合成油和蜡类化妆品原料，有优良的物理和化学特性，主要包括：润滑性能好，在皮肤上形成具有防水性的保护膜，无黏性和油腻感，光泽性好；抗紫外线辐射好，不会被紫外线氧化而刺激皮肤；抗静电性好，有防尘效果；透气性好，成膜也不影响汗液排出，对香料具有缓释定香作用，延长化妆品的保香期；稳定性高，有化学惰性，对化妆品活性成分无不良作用，匹配性好；安全性高，无毒、无臭、无味，对皮肤无刺激和过敏，有良好的物理和介电性。

化妆品配方中常用的硅油主要有二甲基硅油、聚醚-聚硅氧烷、环状聚硅氧烷等。

① 二甲基硅油。又名硅酮、DC200，是目前化妆品中应用较多的硅油品种。它是无色透明的油状液体，无臭或几乎无臭，无味。与氯仿、苯等能任意混合，在水或乙醇中不溶。可在皮肤表面形成疏水膜，增加化妆品的耐水性，又可保持皮肤的正常透气，增强皮肤柔软度，增进皮肤滑爽感。对头发具有柔软作用并赋予特别的光泽，可抑制油分的油腻感，显出轻快的使用感。可帮助其他成分在皮肤上、头发上的铺展，用作代替石蜡、凡士林等的高级化妆品原料。在化妆品中常用于护肤膏霜、乳液及香波中。

② 环状聚硅氧烷。又名环聚甲基硅氧烷，为无色透明液体，黏度低，具有良好的挥发性、流动性和铺展性及很低的表面张力等特性。这类挥发性硅油的特点是兼容性好，有较高的挥发性，在挥发时不会给皮肤造成凉湿的感觉，而是使皮肤感觉干爽、柔软，可赋予化妆品以快干、光滑、光泽性好等性能，在化妆品、护肤品里主要用作柔润剂、抗静电剂。可用

于护肤、抑汗、抑臭，还可用于美容类化妆品及发胶等化妆品。

此外，二甲基氢化硅油、甲基苯基聚硅氧烷、聚醚-聚硅氧烷也广泛应用于化妆品中。

二甲基氢化硅油是无色至淡黄色透明黏稠液体，除具有二甲基硅油的性能外，还能参与多种化学反应，可在低温下交联，具有良好的成膜性。甲基苯基聚硅氧烷是无色至淡黄色透明液体，具有更好的抗水性、抗氧化性和热稳定性。聚醚-聚硅氧烷是聚硅氧烷经聚醚改性后而得，具有非离子性，降低了表面张力，具有较好的水溶性，故又称水溶性硅油，在化妆品应用中用作调理剂，还有抗静电和稳定泡沫的作用，使皮肤更具有滑爽柔软的感觉，主要用于香波、发胶、浴液、须后水等制品。

(6) 羊毛脂衍生物

羊毛脂虽是一种性能良好的原料，但由于色泽及气味等问题，在化妆品中用量不宜过多，应用受到了限制。羊毛脂衍生物是由羊毛脂乙酰化、乙氧基化、溶剂分离、分馏或皂化反应而制成的，包括羊毛脂酸、羊毛脂醇、乙酰化羊毛脂、乙氧基化羊毛脂、羟基化羊毛脂和胆甾醇及其各种环氧乙烷和环氧丙烷加成物等一系列产品。

① 乙酰化羊毛脂。乙酰化羊毛脂是由羊毛脂与醋酐进行乙酰化反应而得到的，呈象牙色至黄色半固体状，对皮肤无刺激、无毒。乙酰化羊毛脂易溶于矿油，HLB 值为 10，熔点为 $30 \sim 40 ℃$，酸值小于 4mg/g，皂化值为 95~125mg/g，羟值小于 10mg/g。它有较好的抗水性能和油溶性，形成抗水薄膜使皮肤减少水分蒸发，保持皮肤的水分，避免受外界环境因素影响而脱脂，使皮肤柔软。由于它性能温和、安全，被广泛使用。在化妆品中，适用于制造乳液、膏霜类护肤及防晒化妆品，也用于儿童用产品及唇膏、发油、发胶等化妆品等。

② 聚氧乙烯羊毛脂。聚氧乙烯羊毛脂由羊毛脂醇与环氧乙烷进行加成反应而生成。用 5~75mol 环氧乙烷加成反应得到不同类型的聚氧乙烯羊毛脂，呈现出淡黄色的软蜡状至硬蜡状的固体。当聚氧乙烯链增长时，水溶性及表面活性增加，醇溶性也增加，但不失其润肤的性能，适用于制药物性化妆品、护发制品等。

(EO)₅ 羊毛脂是淡黄色固体，有愉快的气味，HLB 值为 5，能分散于矿物油、异丙酯，不溶于水和 95%乙醇，是亲油乳化剂，也可用于粉类产品中作为分散剂。(EO)₇₅ 羊毛脂，淡黄色至黄色蜡状固体，有愉快的气味，HLB 值为 15，溶解于水或 95%乙醇，不溶于矿油，与蓖麻油共溶成胶状物。

聚氧乙烯羊毛脂是非离子表面活性剂，用于化妆品中，可作为乳化剂、增溶剂、分散剂，对皮肤、眼睛无刺激、无毒，安全性好，是制造润肤水、清洁剂、乳液等的原料。

③ 羊毛酸异丙酯。羊毛脂和异丙醇的置换反应，能得到羊毛酸异丙酯和羊毛脂混合物，既保持其润肤的性质，还增加了溶解度和展开性能。如使用液态羊毛脂部分置换，能得到轻质油状物，无黏滞性状，可减少产品的油腻感，有调温和润肤作用，可渗入皮脂和头发并使之光滑和柔软。

④ 羊毛脂醇和羊毛脂酸。羊毛脂醇是由羊毛脂水解制得的无色或微黄色的蜡状固体，质脆。熔点为 45~58℃，酸值小于 32mg/g，羟值为 122~165mg/g。它具有颜色浅、气味低、不黏等优点，能吸收多倍的水，具有更好的保水性，是优良的亲油乳化剂。对皮肤有很好的湿润性、渗透性和柔软性，因它具有降低表面张力的作用，而体现出良好的乳化和分散性。在化妆品中多用于膏霜、乳液、蜜等制品，能提高颜料的分散性和乳化的稳定性，适用于美容化妆制品。

羊毛脂酸经蒸馏后是黄色蜡状固体，HLB＝15，能分散于异丙酯类、热矿物油。羊毛脂酸制成的金属皂是一种很好的亲油乳化剂。另外，羊毛脂酸还可用于制成富脂性肥皂。

⑤ 氢化羊毛脂。氢化羊毛脂是用氢化钠还原羊毛脂而得到的，其色泽要比羊毛脂水解蒸馏所得的羊毛脂醇白且无臭味。其熔点为 $48\sim54℃$，碘值小于 $20g/100g$，皂化值小于 $6mg/g$。在矿物油中的溶解度大于一般羊毛脂，乳化能力与一般羊毛脂相近。羊毛醇是由环状和直链脂肪醇以及少量碳氢化合物所组成的，化验氢化羊毛脂羟值可知加氢反应终点是否趋于完善。加氢羊毛脂不黏稠，有保湿性能和塑性，稳定性高、色浅、气味低、吸水性好，可代替天然羊毛脂，应用于要求色浅、味淡、耐氧化酸败的各类化妆品，与皮肤制剂中药物，如水杨酸、苯酚、类固醇等都可配伍。适用于制造发胶、指甲油、雪花膏和剃须膏等。

（7）卵磷脂

卵磷脂是天然的双甘油酯，可由蛋黄和黄豆制取。卵磷脂分子中具有两个脂肪酸酯基团，第三个羟基被磷酸所酯化，磷酸的一个羟基再被含氮的胆碱或乙醇胺所酯化，从磷脂中可以分离出硬脂酸、油酸、亚油酸、亚麻酸、花生四烯酸等脂肪酸。卵磷脂是所有活细胞的重要组分，它对细胞渗透和代谢起着重要作用，它在组织中的浓度是恒定的。虽然活性基质细胞的磷脂含量是丰富的，但在角化过程中被分解成脂肪酸和胆碱等物质。在皮肤表面的脂肪内并不含磷脂。

卵磷脂是一种具有表面活性的化合物，在乳化体系中能降低表面张力。它的滋润性能由于 $30\%\sim45\%$ 油的存在而加强，油和它的表面活性相结合，增强了渗透和润肤的效果。卵磷脂衍生物有水分散性、水溶性和醇溶性，对皮肤具有滋润和调理作用及增强对水分的亲和力。卵磷脂对皮肤具有优异的亲和性和渗透性，这些物质渗透到皮肤中去能促进皮肤的生理机能，所以在膏霜中有广泛的应用。

四、油、脂、蜡的变质及其防止措施

（一）变质机理

油、脂、蜡变质的主要原因有两种：一是氧化作用，二是微生物作用。

（1）油、脂、蜡的氧化

油、脂的氧化主要包括三种类型，分别是油、脂的自动氧化、光敏氧化和酶促氧化。这三种氧化方式都是先将油、脂氧化生成氢过氧化物，氢过氧化物可以聚合形成多聚物、脱水形成酮酸酯或继续氧化（其他双键）生成二级氧化产物，二级氧化产物也可分解生成一系列小分子化合物。油、脂空气氧化的过程是一个动态过程，氢过氧化物的产生、分解、聚合存在着一个动态平衡。

① 油、脂的自动氧化。油、脂的自动氧化是指室温下，活化的含烯底物（不饱和油脂）和空气中的氧在未经任何直接光照、未加任何催化剂等条件下的完全自发的氧化反应。氧化产物进一步分解成低级脂肪酸、醛酮等恶臭物质，使油脂发生酸败。

油、脂的变质，绝大部分是由于脂类的自动氧化。自动氧化是一个自由基连锁反应，它一般是按自由基反应（游离基反应）的机理进行的。不饱和油脂和脂肪酸先形成游离基，再经过氧化作用产生过氧化物游离基，后者与另外的油脂或脂肪酸作用生成氢过氧化物和新的脂质游离基，新的脂质游离基又可参与上述过程，如此循环形成连锁反应。

具体来说，油、脂自动氧化包括三个过程：诱导→发展→终止。

诱导：自由基的生成，油脂氧化反应的引发。这个变化阶段是判断油、脂质量的最重要的指标之一。在这一阶段，即使很微量诱发剂（如过渡金属）也可诱发不饱和脂肪酸及其甘油酯启动自动氧化反应,生成含烯游离基(RCH＝CHR·)。

发展:自由基的传递,油脂氧化反应的自由基反应历程。此过程中,含烯游离基与氧结合形成过氧游离基(ROO·),过氧游离基夺取别的脂类分子上的氢原子,形成氢过氧化物(ROOH)和新的自由基,依此往复循环,各种游离基不断反应使氢过氧化物(ROOH)不断积累。反应一旦开始,发展速度非常快。反应如下:

$$R· + O_2 \longrightarrow ROO· \tag{8-1}$$

$$ROO· + RH \longrightarrow ROOH + R· \tag{8-2}$$

$$ROOH \longrightarrow RO· + ·OH \tag{8-3}$$

$$2ROOH \longrightarrow R· + ROO· + 2H_2O \tag{8-4}$$

$$RO· + RH \longrightarrow ROH + R· \tag{8-5}$$

$$2OH· + RH \longrightarrow ROH + H_2O \tag{8-6}$$

终止:自由基的终止,油脂氧化反应的结束。当自由基不断积累到一定的浓度时,相互碰撞的频率大大增加,两个游离基能有效碰撞生成一个双聚物。当引发阶段产生的自由基耗尽时,自动氧化反应自行终止。

$$R· + R· \longrightarrow R—R \tag{8-7}$$

$$RO· + RO· \longrightarrow ROOR \tag{8-8}$$

$$ROO· + ROO· \longrightarrow ROOR + O_2 \tag{8-9}$$

$$R· + RO· \longrightarrow ROR \tag{8-10}$$

$$R· + ROO· \longrightarrow ROOR \tag{8-11}$$

二次产物的形成:进行分解和进一步聚合反应,形成低分子产物如醛、酮、酸、醇和高分子化合物。氧化酸败划分的这几个阶段并无绝对界线,只不过在某一阶段,以某个反应为主,在其量上某个反应占优势。

② 油、脂的光敏氧化。不饱和油、脂和不饱和脂肪酸可在光能激发下将吸收的能量传递给空气中的氧分子,使它激活后能和脂肪酸或酯类发生反应,形成氢过氧化物,这种反应叫光敏反应。其速度比自动氧化的速度快得多(约高 103 倍)。油、脂的光敏氧化中不形成初始游离基,而是通过直接氧化加成,形成氢过氧化物。这种氢过氧化物极易分解出各种自由基,特别是在有金属或遇热情况下,这些自由基作为诱发剂,启动或诱发自动氧化反应。

不饱和油、脂和不饱和脂肪酸中一个双键可产生两种氢过氧化物,生成的氢过氧化物继续分解产生醛、酮、酸等难闻的分子。还有些次级氢过氧化物,如 $C_5 \sim C_9$ 的氢过氧化烯醛有强毒性,可破坏一些酶的催化能力,危害性极大。

③ 酶促氧化反应。在脂肪氧合酶催化作用下,脂肪发生氧化形成氢过氧化物的反应称为酶促氧化反应。油、脂在酶的作用下氧化产生的中间产物也是氢过氧化物。生成的ROOH可分解产生自由基,诱发或启动自动氧化反应。

以上各种途径生成的氢过氧化物均不稳定,当体系中的浓度增至一定程度时,就开始分解。氢过氧化物分子分解为烷氧基和羟基游离基,再进一步生成醛、醇或酮等。这些醛、醇或酮等这些小分子具有令人不愉快的气味,导致油脂酸败。

(2)微生物作用

油、脂的微生物作用有以下几种情况:一是脂肪酶的加水分解;二是脂肪氧化酶的氧化作用;三是油、脂中培养繁殖起来的微生物对油、脂的水解或氧化作用等。

（二）油、脂变质与测定

由上所述，一般由油、脂酸败而引起的变化历程为：首先由自动氧化反应而产生氢过氧化物；然后分解或聚合生成低分子醛、低分子脂肪酸、酮类以及它们的聚合物。因此，油脂的酸败可用以下的方法来测定。

（1）过氧化值（POV）测定

过氧化值（POV）是表示油脂和脂肪酸等被氧化程度的一种指标，是指 1kg 样品中的活性氧含量，以氢过氧化物的物质的量表示，以 mmol/kg 计。过氧化值可衡量油脂酸败程度，一般来说，过氧化值越高其酸败就越厉害。

过氧化值的测定只适用于酸败初期，一般油脂在酸败过程中的某一时候出现 POV 的峰值，随后逐渐减弱；与此相反，随着酸败的进行，酯值逐渐升高，碘值逐渐降低。

测定方法与步骤：

精确称取 2.00～3.00g 混匀的样品，置于 250mL 碘量瓶中，加 30mL 三氯甲烷-冰乙酸混合液［因为三氯甲烷纯品对光敏感，遇光照会与空气中的氧作用，逐渐分解而生成剧毒的光气（碳酰氯）和氯化氢，可加入 0.6%～1% 的乙醇作稳定剂。三氯甲烷能与乙醇、苯、乙醚、石油醚、四氯化碳、二硫化碳和油类等混溶，使样品完全溶解］；加入 1.00mL 饱和碘化钾溶液。塞紧瓶塞，并轻轻振摇 0.5min，然后在暗处放置 5min，取出加 100mL 水，摇匀。立即用硫代硫酸钠标准溶液滴定，至淡黄色时，加 1mL 淀粉指示剂，继续滴定至蓝色消失为终点。取相同量三氯甲烷-冰乙酸混合液、碘化钾溶液、水，按同一方法做试剂空白试验。

测定结果的计算式：

$$X = \frac{(V_0 - V_0) \times c \times 0.1269}{m} \times 100 \tag{8-12}$$

式中，X 为样品的过氧化值，g/100g；V 为样品消耗硫代硫酸钠标准溶液的体积，mL；V_0 为空白试验消耗硫代硫酸钠标准溶液的体积，mL；c 为硫代硫酸钠标准溶液的物质的量浓度，mol/L；0.1269 表示 1mL 1mol/L 硫代硫酸钠相当于 0.1269g 碘；m 为样品的质量，g。

（2）其他测定方法

除 POV 法以外，可使用硫代巴比妥酸法测定酸败初期的油脂，也可用比色定量法测定羰基价，还可利用吸光度法定量油脂酸败的程度。

羰基价测定：用比色法测定酸败时产生的羰基化合物含量。酸败中的氢过氧化物随着酸败的发展而生成各种羰基化合物，用 2,4-二硝基苯肼、羟胺、1,2-二硝基苯等进行比色定量。

吸光度法：酸败的油脂在紫外、红外区域有特殊的吸收带，测定它们的吸光度可以进行定量。

另外，在唇膏配方中有颜料，所以难以测定 POV 值，除了用滴定法外，只能根据嗅觉来判断是否酸败。

（3）油脂氧化稳定性的评价方法

可用以下的方法来评价油脂氧化稳定性。

① 活性氧（AOM）法。将空气以 2.33mL/s 的流量吹入温度保持在 97.7℃ 的油脂内，促使油脂氧化，测定油脂的 POV 达到一定值所需的时间。一般是以达到酸败点所需的时间

来表示。标准的过氧化值：植物油为 100mmol/kg，动物油为 20mmol/kg。

② 将油脂置于开口杯，与空气相通，在 50～60℃ 保温，直到其 POV 值达到一定值，此时以所需的天数来表示油脂氧化稳定性。

另外，也有采用在加热的同时用紫外线照射的方式以促进氧化并以所需的时间来表示油脂氧化稳定性。

（三）油、脂、蜡酸败的防止措施

酸败的防止方法有两种：一是控制酸败的条件，如光、温、湿度、水分、微生物等；二是加入抗氧剂，如丁基羟基苯甲醚（BHA）、二丁基羟基甲苯（BHT）。

（1）控制酸败的条件

油、脂的酸败是由直接接触氧而引起的，跟其他因素有关，如光、温、湿度、水分、微生物等。因此，在生产和使用中要加以控制。

① 日光。太阳光中的紫外光，具有较高的能量，有利于氧的活化，能促使油、脂氧化酸败变质。油、脂暴露于日光中时，在紫外光的照射下，常能形成少量臭氧。当油、脂中不饱和脂肪与臭氧作用时，在其双键处能形成臭氧化物。臭氧化物在水分影响下，会进一步分解成醛、酮类物质而使油、脂产生"哈喇味"。与此同时，在日光照射下，油、脂中所含的维生素 E 受到破坏，抗氧化的功能减弱，因而也会加快油脂氧化酸败的速率。

② 温度与湿度。油、脂温度升高，可以加速它的氧化反应，增强脂肪酶的活性，促进微生物生长繁殖，并分泌蛋白酶、解脂酶，使油脂中不饱和脂肪酸加速氧化分解、酸败变质。温度越高，处于高温的时间越长，油、脂中不饱和脂肪酸酸败变质就越快（在 60～100℃ 范围内，每升高 10℃，油脂酸败速率约可增加一倍），而降低温度则能中止或延缓油脂的酸败过程，提高储藏稳定性，确保安全储藏。

空气湿度也是油脂酸败的重要因素，空气湿度大，有利于细菌微生物的生长，能加快油、脂酸败，特别是在湿度高和含氧充足的条件下，油脂会加速分解。

③ 水分。油、脂是疏水物质，但工业油、脂由于各种原因含水量多。油、脂含水分高，会使油、脂水解作用加强，游离脂肪酸增多，酶的活性增加，有利于微生物生长繁殖。因此，油、脂中水分含量过多，就容易促使油、脂水解酸败。一般认为，油、脂含水量超过 0.2%，就容易水解酸败。含水量越高，水解速率就越快，油、脂就会迅速酸败变质。此外，水分与其他因素共存时也促进酸败，特别是有微生物存在下会促进水解。

除上述因素外，要防止油、脂、蜡的酸败，还应控制金属以及盐类的含量和种类，控制部分有机化合物的量，另外还要防止因微生物的分解而发臭。比如：氧化铁等无机染料也会促进酸败。化妆品原料中的苯甲醛、异黄樟素、香兰素、芳樟醇、香叶醇、叶绿素、β-胡萝卜素都是氧化剂或助剂。

（2）加入抗氧剂

大多数的油、脂都含有油酸和亚油酸等不饱和脂肪酸，如使用广泛的羊毛脂，在空气中会很快被氧化，酸败后吸水性降低，对皮肤失去保护作用。特别是在美容化妆品中，无机颜料和羊毛脂共存时，会促进酸败，使产品发黏，恶化在皮肤上的延展性。因此，需要在这种原料中加入抗氧剂，防止油酸原料因氧化而酸败。

此外，抗氧剂的选择及其浓度的确定很重要。目前广泛用于化妆品的抗氧剂有丁基羟基苯甲醚（BHA）、二丁基羟基甲苯（BHT）等。

第二节 粉质类与溶剂类原料

一、粉质类原料

（一）粉质类原料的性质

（1）覆盖力

覆盖力又称遮盖力，是指遮盖皮肤的斑点瑕疵，比如色斑、伤疤等，并赋予皮肤柔润自然的色泽的能力。香粉涂敷在皮肤上，遮住皮肤的本色及斑点瑕疵，改善肤色，需要具有良好遮盖力的遮盖剂。常用的遮盖剂有钛白粉、氧化锌等。

遮盖力是以单位质量物质所能遮盖的黑色表面积来表示的。例如每公斤氧化锌约可遮盖黑色表面 $8m^2$。遮盖力的大小，取决于遮盖剂的折射率与周围介质折射率之差，差值越大，遮盖力越强。钛白粉的遮盖力最强，比氧化锌高 $2\sim3$ 倍，但不易和其他粉料混合。氧化锌对皮肤有良好的干燥和杀菌作用，配方中采用 $15\%\sim25\%$ 的氧化锌，可使香粉有足够的遮盖力，而又不致使皮肤干燥。如果要求更好的遮盖力，可将钛白粉和氧化锌配合使用，但混合物在配方中的用量一般不超过 10%。香粉用的钛白粉和氧化锌要求色泽白、颗粒细、质轻、无臭，铅、砷、汞等杂质含量少。工业用的钛白粉不宜用于香粉制作。

（2）吸收性

吸收性是指粉剂能吸收分泌的皮脂和汗液，消除脸上某些部位的过度光亮的性能。主要是指对油脂、汗液和香精的吸收。对油脂、汗液具有吸收性的粉质类原料有沉淀碳酸钙、碳酸镁、胶态高岭土、淀粉和硅藻土等，一般用沉淀碳酸钙与碳酸镁较多。碳酸钙的缺点是呈碱性，遇酸分解，若香粉中用量过多则吸汗后形成条纹，一般用量不超过 15%。碳酸镁的吸收性较碳酸钙大 $3\sim4$ 倍，吸收性强，造成皮肤干燥，一般不宜超过 15%。碳酸镁也是很好的香精吸收剂。胶态高岭土吸收汗液的能力好，遮盖力也较好，对皮肤的黏着性优于滑石粉；与滑石粉复配使用时，能降低皮肤油光的光泽，缺点是略感粗糙、滑爽度不够；用量不超过 30%。

（3）滑爽性

粉质类原料具有滑爽、易流动的性能，才能涂敷均匀，所以粉体类制品的滑爽性极为重要。粉质类原料的滑爽性主要是依靠滑石粉的作用。高质量的滑石粉具有薄层结构，它的定向分裂的性质和云母很相似，这种结构使滑石粉具有发光和滑爽的特性。

在香粉中滑石粉的用量很大，有的超过 50%，因此，滑石粉品质成为粉类产品制造的关键因素。化妆品中使用的滑石粉色泽白、无臭、柔软光滑、细小均匀，粒度通过 200 目的占 98% 以上。滑石粉中铁的含量不能太大，否则会破坏香味和色泽。优质的滑石粉能赋予香粉透明性，它均匀黏附于皮肤上，遮盖皮肤上的瑕疵。

（4）黏附性

粉类制品敷用于皮肤后不能出现脱落，因此必须具有很好的黏附性，使用时容易黏附在皮肤上。因此，黏附性是决定粉体更好地黏附在脸上的又一种重要功能。常用的黏附剂有硬脂酸锌、硬脂酸镁和硬脂酸铝等，这些硬脂酸的金属盐类是轻质的白色细粉，加入粉类制品后就包覆在其他粉粒外面，使香粉不易透水，用量一般在 $5\%\sim15\%$ 之间。硬脂酸铝比较粗糙，硬脂酸钙则缺少滑爽性，因此普遍采用的是硬脂酸镁和锌，也可采用硬脂酸、棕榈酸与肉豆蔻酸的锌盐和镁盐的混合物。特别注意，质量差的硬脂酸制成的金属盐会产生异味，这是因为油酸酸败或其他不饱和脂肪酸等被氧化，应注意选用好的硬脂酸。

（5）其他性质

用于化妆品的粉质类原料除了上述性质外，还具有其他一些重要性质。如遮光力、艳丽性、比表面积、充填性和流动性等。

① 遮光力。通过反射作用抵抗紫外线射入，预防晒伤，保护皮肤免受伤害。大多数无机粉都具有遮光力，如钛白粉、滑石粉、氧化锌等。粉体的折射率越高，其散射能力越强；粉体越细，散射能力也越强。因此，目前加入化妆品中的由无机粉体制成的超细粉体，可以达到理想的遮光效果。

② 艳丽性。随美容化妆品潮流的变化，在化妆品中加入艳丽性粉类原料，如白垩、米淀粉、精制淀粉和丝粉等粉剂。

③ 充填性。粉体充填性质，在粉类化妆品中具有重要的作用。常用松密度和空隙率反映充填状态，可用表观密度、比体积和空隙率来表示。

④ 比表面积。单位体积的粉体总表面积，表征粉体中粒子粗细的一种量度，也是表示固体吸附能力的重要参数。可用于计算无孔粒子和高度分散粉末的平均粒径。

⑤ 流动性。粉体中有很易松散流动的粉末，也有潮湿后不易流动的粉末。这些流动性的不同是由于粒子的吸附凝聚性不同。吸附凝聚性是由粒子之间的范德华力、静电力和粒子上附着的水的表面张力所形成的毛细管力等所决定的。流动性可通过测定休止角、摩擦因数和流出速度等来进行评价。

（二）粉质类原料的种类

化妆品所选用粉质类原料皆属白色粉末，细度达300目以上，水分含量应在2%以下，其质量要求很高，应符合皮肤的安全性，不能对皮肤有任何刺激性；原料或制品的杂菌含量应按规定小于10CFU/g，不得检出致病菌，如金黄色葡萄球菌、铜绿假单胞菌等；原料的pH值也应控制，如碳酸钙的pH值应小于9.5，粉类制品的pH值接近7；原料或制品的重金属含量也应加以控制，一般控制含铅量小于10mg/kg，含汞量小于1mg/kg，含砷量小于2mg/kg。

化妆品用粉质原料因要求较高，故应用品种不多，一般都来自天然矿产粉末，主要品种有滑石粉、高岭土、锌白、钛白粉等等。

（1）滑石粉

滑石粉是天然矿产的含水硅酸镁，主要成分是 $3MgO \cdot 4SiO_2 \cdot H_2O$。滑石粉割裂后的性质和云母很相似，具有薄片结构，具有光泽和滑爽特性，因产地不同，质地不一。滑石性质柔软，极易研碎成粉，在莫氏硬度表上为1号，色泽为白色或灰绿色，有柔滑如肥皂的感觉，对酸、碱、热有很好的抗力。优质的滑石粉色白、有光泽和滑爽性，略有黏附于皮肤的性质。

滑石粉经机械压碎，研磨成粉末状，化妆品选用细度分200目、325目及400目等多种规格，相对密度为2.7~2.8。不溶于水、酸、碱溶液及各种有机溶剂，其延展性为粉类中最佳者，但其吸收性及黏附性稍差。在化妆品配方中，滑石粉对皮肤不发生任何化学作用，是制造香粉类化妆品的主要原料。

（2）高岭土

高岭土又称白（陶）土、磁（瓷）土，为白色或淡黄色细粉，略带黏土气息，有油腻感，主要成分是含水硅酸铝（$Al_2O_3 \cdot 2SiO_2 \cdot 2H_2O$），相对密度为 1.8～2.6。优质的高岭土色泽白、质地细，纯度很高，熔点亦很高，是黏土中耐火性最强的。

高岭土不溶于水、冷稀酸及碱中，但容易分散于水或其他液体中，对皮肤的黏附性好，有抑制皮脂及吸收汗液的性能。将其制成细粉，与滑石粉配合用于香粉中，能消除滑石粉的闪光性，且有吸收汗液的作用，被广泛应用于制造香粉、粉饼、水粉、胭脂等。

（3）锌白（ZnO）

锌白又称锌白粉、氧化锌，来源于氧化锌或锌矿的蒸气或由碳酸锌加热而制取。其化学成分为 ZnO，为无臭、无味的白色非晶形粉末，在空气中能吸收二氧化碳而生成碳酸锌。其相对密度为 5.47，熔点在 1800℃ 以上。能溶于酸，不溶于水及醇，高温时呈黄色，冷却后恢复白色，以色泽洁白、粉末均匀而无粗颗粒为上品。

锌白带有碱性，因而可与油类原料调制成乳膏，富有较强的着色力和遮盖力。此外，锌白对皮肤微有干燥和杀菌的作用，是香粉类化妆品或防晒化妆品的原料，用量在 15%～25%。

（4）钛白粉（TiO_2）

钛白粉是将钛铁矿等含钛成分高的矿石，用硫酸处理成硫酸钛，再制成钛白粉。白色、无臭、无味的非结晶粉末，不溶于水及稀酸，溶于热的浓硫酸和碱中。钛白粉的主要成分是 TiO_2，其纯度为 98%。化学性质稳定，折射率可达 2.3～2.6，相对密度为 3.95。

钛白粉是一种重要的白色颜料，也是迄今为止世界上最白的物质，有极强的遮盖力，在白色颜料中其着色力和遮盖力都是最高的，着色力是锌白的 4 倍，遮盖力是锌白的 2～3 倍。当其粒径为 $30\mu m$ 时，对紫外线透过率最小，故可用于防晒化妆品中。钛白粉的吸油性及黏附性亦佳，但其延展性差，不易与其他粉料混合均匀，故常与锌白粉混合使用。钛白粉在化妆品粉类制品中应用很广，用作香粉、粉饼、粉乳等重要的遮盖剂以及防晒制品原料。

（5）硬脂酸锌〔$Zn(C_{18}H_{35}O_2)_2$〕

硬脂酸锌属于金属脂肪酸盐类，是一种白色、质轻、黏着的细粉，微有刺激性气味。溶于苯，不溶于水、乙醇和乙醚，遇酸分解；也可溶于油脂中，对不干性油有促进氧化作用。

硬脂酸锌可用硬脂酸钠和硫酸锌溶液作用而得。工业品硬脂酸锌一般是硬脂酸和棕榈酸的锌盐混合物，且常含有氧化锌，有油腻感。硬脂酸锌对皮肤具有较好的黏着性、润滑性，可用于香粉、爽身粉等粉类制品。

（6）硬脂酸镁〔$Mg(C_{18}H_{35}O_2)_2$〕

硬脂酸镁，是柔软、白色、无臭无味的轻粉，熔点为 88.5℃。溶于热酒精，不溶于水，遇酸分解。具有金属脂肪酸盐的一般特性，有很好的黏附性。工业品中含有棕榈酸和少量油酸的镁盐，并往往含有氧化镁。其应用于香粉类化妆品中。

（7）膨润土

膨润土又名皂土，是黏土的一种，为白色、粉红色或浅棕色土状粉末，取自天然矿产蒙脱石，主要成分为 Al_2O_3 与 SiO_2，为胶体性硅酸铝，是具有代表性的无机水溶性高分子化合物。它不溶于水，但与水有较强的亲和力，遇水则膨胀到原来体积的 8～10 倍，加热后失去吸收的水分，当 pH 在 7 以上时其悬浮液很稳定。膨润土易受电解质的影响，在酸、碱过强时，产生凝胶。应用于化妆品中有清爽的感觉。在化妆产品中膨润土可用作乳液体系的悬浮剂及粉饼中的基质粉体。

（8）碳酸钙（$CaCO_3$）

天然的碳酸钙是由大理石、方解石、石灰石等矿石研磨精制而成的，称为重质碳酸钙；

人工碳酸钙是由天然石灰石通过沉淀制取法制得的，称为轻质碳酸钙。在化妆品中使用的碳酸钙是沉淀型碳酸钙，包括重质碳酸钙和轻质碳酸钙，按其颗粒大小分为几个等级。

碳酸钙为白色细粉，无臭、无味、不溶于水，在含有二氧化碳的水中，溶解度较大，在酸中起分解作用，相对密度为2.7～2.95，在825℃分解，能被稀酸分解释放出二氧化碳，对皮肤分泌物汗液、油脂具有吸收性，还有掩盖作用和摩擦作用。在化妆品中多用在香粉、粉饼、牙膏等制品中；用于粉类制品时，还具有除去滑石粉闪光的功效；因其具有良好的吸收性，可作为香精的混合剂。

（9）碳酸镁（$MgCO_3$）

碳酸镁为白色轻质粉末，无臭。不溶于水，遇酸分解，产生二氧化碳气体，常成碱式硫酸盐而存在。碳酸镁相对密度为3.04，在350℃分解，碱式碳酸镁的相对密度为1.8～2.2。碳酸镁有良好的吸收性，其吸收性要比碳酸钙大3～4倍。色泽极白，作为吸收剂主要用于制造香粉、牙粉及牙膏等化妆品，但用量不能过多，否则会使皮肤干燥，一般用量不超过15%。此外，碳酸镁常用作香精混合剂。

（10）磷酸氢钙（$CaHPO_4$）

磷酸氢钙是用磷矿、硫酸及纯碱制成磷酸氢二钠，再与钙盐作用而制得的，为白色、无臭和无味单斜晶体或粉末，不溶于醇，溶于稀释的无机酸。相对密度为2.306。在空气中稳定，加热至75℃开始失去结晶水成为无水物，高温则变为焦磷酸盐。在化妆品中主要用作高级牙膏及牙粉的摩擦剂。

（11）磷酸三钙 $[Ca_3(PO_4)_2]$

磷酸三钙简称TCP，又称磷酸钙，无臭和无味的白色晶体或无定形粉末。不溶于水，易溶于稀释的无机酸。存在多种晶型，主要分为低温β相（相对密度为3.18）和高温α相（相对密度为2.86），熔点为1670℃，相转变温度为1120～1170℃。工业用磷酸三钙内含有碱式磷酸三钙。在化妆品中主要用于制造牙膏和牙粉。

二、溶剂类原料

溶剂是液体、半固体类化妆品配方中不可缺少的组成成分，在配方中与其他成分互相配合，使制品具有很好的物理化学特性。有些固体化妆品在生产过程中也需要溶剂配合，比如粉饼成块时需要溶剂帮助胶黏，香料、颜料也需要溶剂溶解才能分布均匀。除了利用溶剂的溶解性外，化妆品中还利用它的挥发、润湿、润滑、增塑、防冻及收敛等性能。

（一）水

水是化妆品生产的重要原料，是一种优良的溶剂。化妆水、霜膏、乳液、水粉、卷发剂等都含有大量的水。水质的好坏往往直接影响到化妆品产品质量好坏和生产的成败。

天然水或自来水含有钙、镁盐类，氯化钠以及其他的无机和有机杂质。化妆品用水要求纯净、无色、无味，且不含钙、镁等金属离子，无杂质。如用离子交换树脂进行离子交换，去除 Ca^+、Mg^+ 等阳离子和 Cl^-、SO_4^{2-}、HCO_3^- 等阴离子成为去离子水；螯合剂与钙、镁离子沉淀反应，软化硬水；活性炭吸附过滤除去有机杂质和悬浮杂质；蒸馏制备蒸馏水；等等。目前在化妆品中使用的水是去离子水和蒸馏水。

（二）醇类

醇类是香料、油脂类的溶剂，也是化妆品的主要原料。醇类可分低碳醇、高碳醇、多元醇。其中高碳醇除在化妆品中直接使用，作为油性原料外，还可作为表面活性剂的亲油基原料。低碳醇是香料、油脂的溶剂，能使化妆品具有清凉感，并且有杀菌作用。常用作溶剂的低碳醇有乙醇、异丙醇、正丁醇、正戊醇等。

（1）乙醇（C_2H_5OH）

乙醇是无色的挥发性液体，有酒香，味刺激，能溶于水、甲醇及醚。乙醇由淀粉经糖化酶转为糖类后，再经发酵而得；或直接以糖类由酵母发酵而制得。精制的方法是将其溶液加以分馏。相对密度为 0.7851，熔点为 $-112.3℃$，沸点为 $78.4℃$。利用其溶解、挥发、芳香、防冻、灭菌和收敛等特性，用于香水、花露水及洗发水等。

（2）正丁醇 [$CH_3(CH_2)_3OH$]

正丁醇为无色流动性液体，有葡萄酒的香味，能溶于水、醇及醚，可以由淀粉或糖液经细菌发酵而得，也可以用化学合成的方法制取。相对密度为 0.811（15℃），沸点为 $116\sim119℃$，折射率为 1.3993，主要用于指甲油等化妆品。

（3）正戊醇 [$CH_3(CH_2)_4OH$]

正戊醇为无色液体，有特殊气味，微溶于水，能和乙醇和乙醚混合，由戊烷氯化后加碱水解的混合醇分馏而得。沸点为 137.8℃，相对密度为 0.824。化妆品中用作指甲油中的偶联剂。

（4）异丙醇 [$(CH_3)_2CHOH$]

异丙醇为无色透明易燃液体，溶于水、醇及醚。沸点为 82.4℃，相对密度为 0.7863（20℃），折射率为 1.3756，熔点为 $-87.9℃$，临界温度为 235℃，临界压力为 $5.3\times10^6 Pa$。用作有机溶剂，指甲油中用作偶联剂。

此外，作为溶剂的醇类还有多元醇，主要有乙二醇、聚乙二醇、甘油、山梨醇等，是化妆品的主要原料，也可用作香料的定香剂、黏度调节剂、凝固点降低剂、保湿剂。

（三）酯、酮等其他有机溶剂

（1）乙酸乙酯（$CH_3COOC_2H_5$）

乙酸乙酯是无色透明液体，低毒性，有甜味，浓度较高时有刺激性气味，易挥发，对空气敏感，能吸水分，使其缓慢水解而呈酸性。相对密度为 0.902，熔点为 $-83℃$，沸点为 77℃。能溶于氯仿、醇和醚，微溶于水；能溶解某些金属盐类（如氯化锂、氯化钴、氯化锌、氯化铁等）。大量用于指甲油中作溶剂。

（2）乙酸正丁酯（$CH_3COOC_4H_9$）

乙酸正丁酯，简称乙酸丁酯，是澄清无色透明有愉快果香气味的液体。由乙酸和丁醇在硫酸存在下加热，然后蒸馏而得。相对密度为 0.882，沸点为 126℃，凝固点为 $-77.9℃$。能溶于醇、醚及烃类，微溶于水。对眼、鼻有较强的刺激性，高浓度下会产生麻醉作用。乙酸正丁酯是一种优良的有机溶剂，在指甲油中主要用作溶剂。

（3）乙酸戊酯（$CH_3COOC_5H_{11}$）

乙酸戊酯又名香蕉水、乙酸正戊酯、天那水。以乙酸和戊醇在硫酸存在下共同加热，然后蒸馏而得。无色液体，香气如梨和香蕉，与乙醇、乙醚、苯、氯仿、二硫化碳等有机溶剂混溶，难溶于水。20℃时在 100mL 水中溶解 0.18g，沸点为 148℃。在化妆品中用于指甲油等。

（4）丙酮（CH_3COCH_3）

丙酮又名二甲基酮，为最简单的饱和酮。无色透明液体，有特殊的辛辣气味，易燃、易挥发。一般由碳水化合物经细菌发酵而得，或以异丙醇及天然气等氧化制取。熔点为$-94.3℃$，沸点为$56.1℃$，折射率为1.3591，相对密度为0.7972。易溶于水和甲醇、乙醇、乙醚、氯仿、吡啶等有机溶剂。目前在指甲油等化妆品中作溶剂。

（5）甲乙酮（$CH_3COC_2H_5$）

甲乙酮为无色透明液体。有类似丙酮气味，易燃、易挥发。能与乙醇、乙醚、苯、氯仿、油类混溶。相对密度为0.805，凝固点为$-86℃$，沸点为$79.6℃$，折射率为1.3814，闪点为$1.1℃$。低毒性，高浓度蒸气有麻醉性。用作化妆品中的有机溶剂，如指甲油等。

（6）二甲苯 $[C_6H_4(CH_3)_2]$

二甲苯由石油或煤焦油分馏而得，无色透明液体，有芳香烃的特殊气味，有毒，易燃。一般是由45%～70%的间二甲苯、15%～25%的对二甲苯和10%～15%邻二甲苯三种异构体所组成的混合物，有流动性。能与无水乙醇、乙醚和其他许多有机溶剂混溶，不溶于水。相对密度约为0.870，沸点为137～143℃，折射率为1.4970。低毒性，有刺激性，蒸气浓度高时有麻醉性。在化妆品中用作溶剂。

（7）甲苯（$C_6H_5CH_3$）

甲苯为无色澄清易燃液体，有芳香气味。从石油、煤焦轻油及煤气等中提取而得。能与乙醇、乙醚、丙酮、氯仿、二硫化碳和冰乙酸混溶，极微溶于水。相对密度为0.866，凝固点为$-95℃$，沸点为$110.6℃$，折射率为1.4967。高浓度气体有麻醉性、刺激性。在化妆品指甲油中用作溶剂。

第三节　胶质类原料

胶质类原料主要是一些水溶性高分子化合物，在水中能溶解或膨胀而形成溶液或凝胶状的分散液。这种溶液或分散液都是黏性液体，具有不同程度的触变性，有时也表现出不同的黏稠度。胶质类原料具有亲水基团，使大分子具有亲水性，还赋予增稠、增溶、分散、润滑、缔合和絮凝等作用，因此，成为化妆品的重要原料。其主要功能有胶体保护作用、增稠和凝胶化作用、乳化和分散作用、成膜作用、黏合作用、保湿作用和稳泡作用等等。

一、胶质类原料的作用

胶质类原料水溶性高分子化合物在化妆品中的作用具体包括如下。

（1）胶体保护作用

常将水溶性高分子化合物胶质加到乳液类化妆品中或含有无机粉末的化妆打底用的美容化妆品中，以提高乳液的稳定性（此性质在第四章第三节中已介绍）。

（2）增稠和凝胶化作用

有些半流体乳液型化妆品，当从瓶口倾出时，像水一样。若在化妆品中添加水溶性高分子化合物后，即可赋予化妆品适当黏度，既没有黏糊感、使用感好，也不产生拉丝现象。这就是大分子化合物具有的增稠、凝胶化作用。能满足这种要求的水溶性高分子化合物可用于乳液类化妆品和润手液中。

（3）乳化和分散作用

一些水溶性高分子化合物是表面活性物质，但不是表面活性剂，当用来乳化油类物质时，还需要提供较多能量。近年来，随着高效率乳化机械设备的开发利用，有了利用高分子化合物作乳化剂的可能。例如，在某些疏水性高分子化合物中引入亲水基环氧乙烷而得到分子量为几千的嵌段共聚物，使其具有良好的分散作用和低起泡性，同时对皮肤的刺激性和毒性都较低，比较适用于化妆品。

（4）成膜作用

水溶性高分子化合物的水溶液，当水分蒸发后，便生成网状结构的薄膜。这是该化合物在化妆品中的重要作用之一。喷发剂、发型固定液等都是利用水分或乙醇蒸发后，形成的高分子化合物薄膜，而达到护发、定型的作用。这种作用也用于面膜中，成为护肤用品中应用水溶性高分子化合物的代表。当然，由于这类化妆品将长时间停留于皮肤上，对其安全性、亲和性，以及膜的弹性、柔软性、透明性等方面都应有严格的要求。

（5）黏合作用

在制备美容化妆品粉饼时，水溶性高分子化合物被用作胶黏剂。该胶黏剂的黏合强度要适当，一般是与少量的油脂、表面活性剂、保湿剂一起使用，用于粉饼和锭状化妆品中。

（6）保湿作用

水溶性高分子化合物具有一定的保湿功能，通过其亲水基和水作用形成氢键而显示出一定的保湿作用，因此比多元醇的保湿作用小得多（具体见第十一章第四节保湿剂）。

化妆品所使用的水溶性高分子大多是从天然植物提取而得的，从其分子结构看，主要是多糖类、动物胶、无机胶和合成高分子化合物。胶质原料中的天然胶质原料，稳定性稍差，受气候、地理环境等的影响，产量有限，还因细菌、霉菌而变质，因此，逐渐被合成高分子化合物所代替。合成水溶性高分子化合物性质稳定，对皮肤刺激性低，价格低廉。近年来，合成胶类逐渐成为胶质原料的主要来源，在化妆品生产中，得到了广泛的应用。但天然水溶性高分子在化妆品中仍有使用。

二、有机胶质原料

有机天然胶质是以植物或动物为原料，通过物理过程或物理化学方法提取而得。常见的有淀粉、阿拉伯胶、果胶、海藻酸钠、纤维素系列、聚乙烯醇及聚乙烯吡咯烷酮等。

（1）淀粉 $(C_6H_{10}O_5)_n$

淀粉为白色无味、非晶体的粉末，或不规则块状，或为细粉。其主要成分是碳水化合物，是由含淀粉成分较高的植物种子或块茎、块根，和水一起磨碎成乳状液，通过筛子后，静置于池内，使淀粉下沉，分离后经反复水洗、干燥后制得的。不溶于冷水、乙醇和乙醚，在热水内成胶冻。它在化妆品应用广泛，主要用作黏合剂、填充剂和崩解剂，也用作油吸收剂和水分吸收剂，还可用于婴儿爽身粉、香波、眼线膏和睫毛膏等美容化妆品中。此外，在香粉类化妆品中作为粉剂的一部分，在牙膏及胭脂内可作胶黏剂及增稠剂。

（2）阿拉伯胶

阿拉伯胶是最早用于化妆品中的一种胶黏剂，也是应用最广泛的植物黏胶。其来源品种很复杂，由各种胶树的树汁干燥而制得。淡黄色、无色或琥珀色不透明的大小不一的树脂状固体。在室温下，能溶于两倍重的水形成透明的黏液，其溶液能流动，对石蕊试纸呈酸性。无臭、无味、无毒，不溶于酒精、氯仿、乙醚及油脂类，当与铁、硼砂、硅酸钠等混合时产生沉淀或凝胶。在化妆品中，阿拉伯胶主要具有乳化剂、悬浮剂和增稠剂和保护胶体的作用，还用作面膜和粉剂的胶黏剂和头发定型剂。

（3）果胶

果胶是与碳水化合物有关的一类高分子物质，一般为白色，主要成分是聚半乳糖醛酸。以稀酸液浸取苹果或橙类的果肉，经脱色蒸馏，或以乙醇或丙酮等沉淀而得。果胶一般为白色粉末或为糖浆状的浓缩物，存在于各种果实及植物中。可溶于水、甘油，但不溶于乙醇及其他有机溶剂。其黏液在碱性中呈不稳定状态，在适当条件下，能凝结成胶冻状。例如制造果浆时，在果汁中加糖，即生成胶冻。在化妆品中，它可用作乳化制品及其他化妆品的保护胶体及乳化剂，还可作牙膏的胶黏剂。

（4）海藻酸钠

海藻酸钠存在于太平洋和大西洋的褐藻和大海藻，以稀碱液浸取海带和裙带菜等褐藻类精制而得。它是天然水溶性高分子化合物中用途较广泛的一种褐藻胶。白色至棕色的无味、无臭粉末，能溶于水，不溶于30％以上乙醇溶液及多种有机溶剂。水溶液为黏稠的胶性溶液，不受温度的影响，不因温度升高而凝聚，亦不因温度降低而成凝胶。但二价及多价金属的盐类会使其沉淀，pH值低于3时亦不稳定。在化妆品中，主要是用作增稠剂、乳化剂、胶黏剂、悬浮剂和增厚剂等，还可作为成膜剂。

（5）甲基纤维素

甲基纤维素为白色、无臭、无味的纤维状固体，是将纤维素转变为碱性纤维素后，再使其与甲醇或氯甲烷及去水剂作用而得的。可溶于冷水，不溶于热水，在温水中呈膨胀状态。其水溶液黏度及其溶解度随甲基化和聚合度不同而不同，其水溶性和黏度可通过调节反应物的比例来控制。在225℃以下稳定，对光线极为稳定，但遇火燃烧。甲基纤维素能在水中溶解成透明、黏稠的胶性溶液，对石蕊试纸呈中性。主要用作分散剂、增厚剂、活化剂和胶黏剂。

（6）羧甲基纤维素钠

羧甲基纤维素钠简称CMC，分子式：$[C_6H_7O_2(OH)_x(OCH_2COONa)_y]_n$。由碱性纤维素和一氯醋酸钠相互作用而制取。是一种白色无臭、无味的粉末或颗粒，易分散于热水及冷水中呈凝胶状，在pH值为2～10的范围内是稳定的，在pH值小于2时，则会出现沉淀；大于10时，则黏度急剧降低。CMC的吸湿性相当强，在24℃、相对湿度50％的条件下，放置48h，吸水高达18％。CMC对人体无毒，但对重金属离子非常敏感，在重金属离子存在情况下，易被细菌氧化或降解，因此在使用时，须避免重金属离子的混入。

在化妆品应用中，CMC可作为胶黏剂、增稠剂、乳化稳定剂、分散剂等，是应用较广的一种高分子化合物，在我国牙膏生产中所使用的胶黏剂主要是CMC。

（7）羟乙基纤维素

羟乙基纤维素简称HEC，分子式：$[C_6H_7O_2(OH)_x(OC_2H_4COONa)_y]_n$。它是由纤维素中—OH与环氧乙烷进行加成反应所制得的。易分散于水中呈凝胶状，20g/L的HEC水溶液黏度高达100Pa·s。HEC是一种非离子的水溶性高分子化合物，为淡黄色、无臭的颗粒状粉末，对皮肤和眼睛几乎无毒性、无刺激性。它无需加热，经长时间搅拌即可溶于冷水，对pH值的变化及重金属离子的存在的适应性优于CMC，是一种性能优良的胶黏剂。

HEC在化妆品中应用广泛，可用于护发素、香波中作增稠剂、乳化稳定剂；用于整发用品作成膜剂、水剂型产品作悬浮剂、粉状化妆品作黏合剂、剃须膏作泡沫稳定剂。

（8）黄芪胶

黄芪胶又名黄蓍树胶粉，为黄蓍胶树的树皮部裂口分泌黏液的凝聚物，经干燥而得。黄芪胶为白色、微黄或微红粉末或片状固体，有臭味，不溶于酒精，难溶于水，但吸水性很强，在水中膨胀成凝胶，在甘油内膨胀较差。其黏稠液略呈酸性，若加无机酸、食盐或加热、长期放置，则其黏度随之降低而呈澄清状，配制其溶液时，先用70℃热水浸泡树胶，然后搅拌即得澄清溶液。

黄芪胶是很好的胶黏剂、增稠剂，一般与阿拉伯胶配合使用，广泛使用在牙膏和发浆等化妆品制品中。

（9）刺梧桐胶

刺梧桐胶是一种白色或微棕色的粉末，在水内膨胀成凝胶，挥发性高，以醋酸表示，为13.4～22.7，久藏产生显著的醋酸味。由印度一种树的树汁干燥而制成，由于树生长的气候和土地情况的不同，所得树胶的品质有所差别，一般作为黄蓍树胶粉的代用品。

（10）聚乙烯醇

聚乙烯醇，简称PVA，分子式：$(CH_2CH_2O)_n$。聚乙烯醇由聚醋酸乙烯酯皂化而得，由于皂化度的不同，其特性也各异。PVA的1%～5%水溶液在正常放置或持续加热搅拌下，黏度不会有很大的变化；而PVA的高浓度（18%以上）或高黏度溶液，经长期静置则会出现凝胶。化妆品中主要利用的是PVA的成膜能力来制造润肤剂面膜和喷发胶，并利用其保护胶性能用作乳化稳定剂。

（11）聚氧乙烯

聚氧乙烯又称聚环氧乙烷，结构式：$(CH_2CH_2O)_n$。当$n=200～300$时，称为聚乙二醇；当$n>300$时，称为聚氧乙烯。可见，聚氧乙烯聚合度范围很大，分子量范围也很宽，甚至有超过400000的高分子量，其用途也是多方面的。聚乙二醇与聚氧乙烯虽然结构单元相同，但有明显的区别。一是合成方法不同，聚乙二醇是通过乙二醇聚合得到的，而聚氧乙烯是通过环氧乙烷聚合得到的。二是性质不同，聚乙二醇在常温常压下是一种白色的无味、无臭、无毒、无吸湿性的液体，而聚氧乙烯是一种带有刺激性气味并有吸湿性的液体，其粉末或其水溶液对皮肤和眼睛都无刺激性，其产品按品种不同的分子量及标准分成系列产品，每种产品的黏度各不相同。聚氧乙烯在化妆品中有着广泛的应用，可作为胶黏剂、增稠剂和成膜剂等，用于乳霜、剃须膏等制品。

（12）聚乙烯吡咯烷酮

聚乙烯吡咯烷酮简称PVP，分子式：$(C_6H_9NO)_n$。是天然胶的代用品，为白色或淡黄色非晶形粉末或透明溶液，无臭、无味。相对密度为1.23～1.29，平均分子量为25000～40000。PVP具有良好的成膜性，其薄膜无色透明，坚硬且光亮。它的吸湿性很强，在5%相对湿度下，约可吸收20%的水分。PVP的黏附力很强，为甲基纤维素的18倍。PVP可溶于水、甲醇、乙醇、丙二醇、甘油、氯仿中，但不溶于甲苯、丙酮及四氯化碳中。

在化妆品中，聚乙烯吡咯烷酮的应用很广泛，在定发产品中作成膜剂，如摩丝、喷发胶等；用在膏霜及乳液制品中作稳定剂。此外，还可作为分散剂、泡沫稳定剂、去污剂等。

除了上述的有机胶质类原料之外，常用于化妆品的还有鹿角胶、黄原胶、聚丙烯酸钠、丙烯酸聚合物、羧乙烯基聚合物、羟丙基纤维素、明胶、壳多糖、透明质酸等等，这些胶原料广泛用于香波、浴液、发乳、固发胶、护发素和牙膏等产品中。

三、无机胶质原料

（1）膨润土

主要用作牙膏或粉剂的胶黏剂，其来源及性能见本章第二节（一、粉体的性质与种类）。

（2）胶态二氧化硅

胶态二氧化硅比表面积大，微粒极细，化学纯度高，折射率为 1.45，接近甘油（1.47）和山梨醇（1.3477）的折射率。在相似折射率的介质中呈透明状，利用固相与液相的折射率相近的原理而使膏体呈透明状态；吸水率高，在吸水率达自身重量的 40% 时仍保持粉末状。

二氧化硅是开发透明牙膏的独特原料，在牙膏生产中，以甘油或山梨醇中加少量水为液相，以二氧化硅干凝胶作摩擦剂为固相，可以制造出透明牙膏。

（3）胶性硅酸镁铝

胶性硅酸镁铝，又叫矿物凝胶。无臭、不燃、质地软滑的白色粉末，略带涩味，安全无毒，具有高度的亲水性、触变性和成胶性，以及较好的增稠性、扩散性、悬浮性和保湿性，还具有良好的化学稳定性、配伍性。含水量＜8.0%，黏度为 0.5Pa·s（5% 的固体），pH 为 9.0～10.0。不溶于水和醇类，但在水溶液中高度分散，其水分散体无油腻感。矿物凝胶在化妆品中可用于香波、乳液等制品，可以作 CMC 的替代品，价格比 CMC 低廉，因此具有较好的经济效益。

第九章　表面活性剂

　　表面活性剂是化妆品中一种重要的辅助原料。在膏霜乳剂类化妆品制备过程中，除油和水两相外，还需要加入降低油水两相界面张力的表面活性物质，即乳化剂。乳化剂是一种表面活性剂，其分子结构中同时存在着亲水性基团和亲油性基团。表面活性剂广泛应用于化妆品原料的乳化、分散、润湿、增溶等方面，在新型多功能、多组分的化妆品的生产和制备中起着重要的作用。

　　根据表面活性剂的来源和性质，可以将化妆品用表面活性剂分为天然和合成表面活性剂两大类。天然表面活性剂种类较多，有皂苷、烷基糖苷、阿拉伯胶、海藻酸钠、羊毛脂、卵磷脂和明胶等，有些原料在第八章第一节中已介绍。合成表面活性剂是人工合成的，目前已合成出几千种表面活性剂，在化妆品中应用的只有几十种，主要有阴离子表面活性剂、阳离子表面活性剂、两性离子表面活性剂、非离子表面活性剂和特殊功能表面活性剂等。表面活性剂的用途很广，主要作用在第五章第三节已详细介绍，下面分别介绍化妆品中使用的各类表面活性剂。

第一节　天然表面活性剂

　　天然表面活性剂的种类很多，其组成复杂，一般都是高分子有机化合物，多为水包油型乳化剂。此类乳化剂降低表面活性的能力比较小，但亲水性很强，能形成较稳定的多分子膜，而在水相中的黏度比较大，因而对膏霜乳剂的稳定性起到了良好的作用。常见品种如皂苷、烷基糖苷、阿拉伯胶、海藻酸钠、羊毛脂、蔗糖酯、卵磷脂和明胶等。此处只介绍烷基糖苷、皂苷和卵磷脂等。

一、烷基糖苷类

　　此类表面活性剂包括蔗糖酯和葡萄糖酯等，称为烷基糖苷（APG），是以糖链为亲水基和以烷链作为亲油基的非离子型天然表面活性剂。制备过程是以淀粉或其水解产物葡萄糖为原料与脂肪醇进行脱水反应。APG 结构式如图 9-1 所示，其中 R 为 $C_8 \sim C_{18}$。

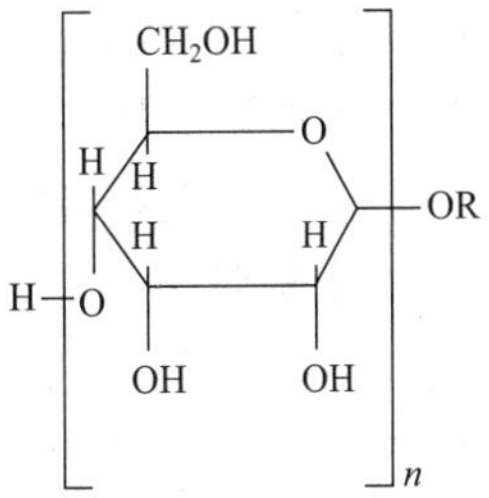

　　高含量的 APG 为白色粉末，没有明显的熔点，可溶于水中，无浊点。APG 具有增稠能力，能改善浆料的流动性。其对皮肤和眼睛的刺激性非常低，因此是一种很温和的表面活性剂，这是其最显著的特点之一。此外，APG 洗涤力、起泡性、

图 9-1　烷基糖苷的结构式

生物降解性都好，可与阴离子、阳离子并用，可缓和阴离子表面活性剂的刺激性，也可在硬水中使用。

APG 一个显著的特点是生物降解迅速而彻底，同时还有杀菌、提高酶的活性等特性。APG 在一周内生物降解率高达 80%，最终生物降解达 100%，有利于环境保护。从结构来看，烷基糖苷是以含多个—OH 的糖苷作为亲水基，以烷基脂肪酸分子的—CH_2 单元作为亲油基，具有很高的亲水性和亲油性的非离子表面活性剂。因此，通过控制脂肪酸残基的碳数和酯化度，或者把不同酯化度的酯进行混配，即可获得大范围 HLB 的系列产品，这使它既可成为 O/W 型又可成为 W/O 型乳化剂。

此外，APG 还具有良好的洗涤效果，泡沫丰富和泡沫稳定性好，同时比阴离子活性剂有明显好的皮肤相容性，不刺激皮肤，因此，APG 能部分替代皮肤刺激性较大的表面活性剂，用于配制接触人体的洗涤用品，专门用于开发性能优良、皮肤相容性好的配方。如温和型洗发香波和婴儿沐浴剂中加入 APG，可以改善性质温和但发泡力差的磺基琥珀酸盐、月桂醇醚硫酸镁等阴离子表面活性剂的泡沫行为。APG 也经常被用作乳化剂，用于制造膏霜、乳液产品。

综上所述，APG 是一种具有发展前景的以天然资源为原料、性能优良的表面活性剂。

二、皂苷

皂苷多为白色或乳白色无定形粉末，少数为晶体，味苦而辛辣，对黏膜有刺激性。皂苷是广泛分布于植物中的三萜和甾类化合物，是配糖体的总称，是一种天然表面活性剂，用作洗涤剂。皂苷一般可溶于水、甲醇和稀乙醇，易溶于热水、热甲醇及热乙醇，不溶于乙醚、氯仿及苯。

质量最优的是从蔷薇科常绿乔木取得的三萜系化合物的皂树皮皂苷，比从其他原料取得者更佳。根据已知皂苷元的分子结构，可以将皂苷分为两大类，一类为甾体皂苷，另一类为三萜皂苷。苷元为三萜类的皂苷称为三萜皂苷，主要存在于五加科、豆科、远志科及葫芦科等，其种类比甾体皂苷多，分布也更为广泛。大部分三萜皂苷呈酸性，少数呈中性。皂苷根据苷元连接糖苷数目的不同，可分为单糖链皂苷、双糖链皂苷及三糖链皂苷。在一些皂苷的糖链上，还通过酯键连有其他基团。

皂苷具有不同程度的亲脂性，而糖苷具有较强的亲水性，因此成为一种表面活性剂，水溶液振摇后能产生持久性的肥皂样泡沫，显示优良的起泡作用和乳化作用。一些富含皂苷的植物提取物被用于制造乳化剂、洗洁剂和发泡剂等。

三、卵磷脂

卵磷脂是以甘油为核心的复酯，以大豆、酵母中含量最高，其次为玉米油、芥子油、菜籽油和红花油等。例如：大豆磷脂中含卵磷脂 30%～32%、脑磷脂 22%～28%、肌醇磷脂 18%～20%、丝氨酸磷脂 3%～4%、其他 20%～30%（以质量分数计）。

纯的卵磷脂是无色半透明蜡状物，热稳定性及抗氧化性较差，不耐高温，易氧化变成黄色或棕色，熔点为 236℃，在 100℃时发生分解，吸湿性很强，吸水后可溶胀形成骨髓状的胶体。可溶于冷乙醇、氯仿、乙醚和石油醚，不溶于丙酮。HLB 值约为 10～12，通常形成 O/W 型乳状液。卵磷脂含量较高的易形成 O/W 型乳液，脑磷脂含量较高的易形成 W/O 型乳液。经过改性的水溶性卵磷脂 HLB 值为 16，在通常情况下可以形成 O/W

型乳状液。

卵磷脂最重要的特性是具有两亲分子结构，磷酸和胆碱等为亲水基，脂肪酸链为疏水基。它具有稳定和良好的乳化能力，可生成液晶和脂质体。卵磷脂的滋润性能因 $30\% \sim 45\%$ 油的存在而加强，油和卵磷脂的表面活性相结合，增强了渗透和润肤的效果。

在化妆品中卵磷脂主要用作乳化剂、泡沫稳定剂和软化剂。卵磷脂对皮肤具有优异的亲和性和渗透性，具有滋润、整理及增强对水分的亲和力作用。在化妆品中活化皮肤、保持湿润、防止雪花膏类干燥、提高分散性和起泡能力。另外还可作头发润滑剂，使头发光亮、湿润和柔软。此外，卵磷脂可用作香精的增溶剂、颜料的润湿剂、凝胶制品的增稠剂和制取多重乳液的助乳化剂。

第二节 阴离子表面活性剂

阴离子表面活性剂是表面活性剂工业中开发最早、产量最大、工业化技术最成熟的一类产品。其在化妆品中的应用日趋广泛，具有丰富的发泡性、良好的乳化性、适度的洗净力以及特有的皮肤亲和性。阴离子表面活性剂分子中与其疏水基相连的亲水基是阴离子，它的亲水基多是羧基（—COO⁻）、磺基（—SO₃⁻）、硫酸基（—SO₄²⁻）等的钠、钾及三乙醇胺盐等；一般其疏水基为 $C_{10} \sim C_{20}$ 的长烃链，包括脂肪酸、高碳醇、烷基、烷基苯等，其结构中也有嵌入酰胺键和酯键等。在疏水基中，若碳数高，则亲油性强，相反则弱。阴离子表面活性剂的主要类型有羧酸盐类、硫酸酯盐类、磺酸盐类、磷酸酯盐类等。在化妆品中，阴离子表面活性剂多作为去污剂、发泡剂，有的也可作为乳化剂。

一、羧酸盐类

（一）高级脂肪酸皂

高级脂肪酸皂是最古老、应用最广泛的阴离子表面活性剂，俗称"肥皂"，通式为 RCOOM（R 一般为 $C_8 \sim C_{22}$ 的烷基；M 为金属盐，常为 Na⁺、K⁺ 及三乙醇胺）。制备过程是：高级脂肪酸酯在碱中加热，生成高级脂肪酸皂和甘油。这种反应称为皂化反应，反应式如下式(9-1)：

$$\begin{array}{c} H_2COOCR \\ | \\ HCOOCR \\ | \\ H_2COOCR \end{array} \xrightarrow{3NaOH} \begin{array}{c} CH_2OH \\ | \\ CHOH \\ | \\ CH_2OH \end{array} + 3RCOONa \qquad (9\text{-}1)$$

通常将脂肪酸钠盐称为钠皂或"硬皂"、将脂肪酸钾盐称为钾皂或"软皂"；脂肪酸的有机碱盐称为有机碱皂或"胺皂"；脂肪酸钠盐、钾盐以外的金属盐称为金属皂。

肥皂在化妆品方面的应用很广泛。在化妆品配方中，主要是硬脂酸作为油相组分，碱金属和胺类作为水相组分，两者混合发生皂化反应生成高级羧酸盐（即肥皂），即在反应体系中生成乳化剂，普遍用于 O/W 型乳状液。肥皂发泡性能良好，有较好的去污能力。但是其不耐硬水，不耐酸，使用受到限制。此外，C_{10} 以下的脂肪酸皂在水中的溶解度过大，表面活性差，二价或三价离子的羧酸盐不溶于水，耐硬水能力低，遇电解质（如氯化钠）也会发生沉淀，在 pH 值低于 7 时，产生不溶的游离脂肪酸，其表面活性消失；而 C_{20} 以上的脂肪酸皂在水中的溶解度太低，故亲油基通常为 $C_{12} \sim C_{18}$ 的直链烃基。

在化妆品配方中最常见的羧酸是硬脂酸，它实际上是以 $C_{16}\sim C_{18}$ 直链脂肪酸为主的混合物。带甲基支链的硬脂酸兼有硬脂酸和油酸的优点，耐氧化、颜色稳定和凝固点低，应用广泛。油酸盐易形成乳液，可利用其调节硬脂酸皂类的黏度，广泛用于皂基沐浴露的制品中。此外，油酸铵盐有较好的渗透性和匀染作用，较广泛用于染发和漂白头发的制品。

① 月桂酸钠（钾），$C_{11}H_{23}COONa(K)$，净洗力好，用于洁面产品、乳膏、剃须膏等。

② 肉豆蔻酸钠，$C_{13}H_{27}COONa$，用于香皂、浴液、美容皂等。

③ 棕榈酸钠，$C_{15}H_{31}COONa$，用于香皂、浴液等。

④ 硬脂酸钠，$C_{17}H_{35}COONa$，水包油型乳化剂，它用于雪花膏、洗面膏等。

⑤ 三乙醇胺油酸皂，$C_{17}H_{33}COON(CH_2CH_2OH)_3$，作乳化剂、洗手液、洁厕剂等。

此外，硬脂酸锌盐可用于香粉等中；镁盐可用于皮肤用香粉及干洗用洗涤剂等；钡盐和钙盐作乳化稳定剂；锂盐可作乳化分散剂，在软水中去污力极好，生物降解性极好。

（二）改性高级脂肪酸皂

高级脂肪酸皂分子进行改性时，在肥皂分子结构中的亲油基与羧基间插入中间键连接，如酰胺键连接的是 N-酰基氨基酸盐（N-酰基谷氨酸盐、N-酰基肌氨酸盐）、醚键连接的是脂肪醇聚氧乙烯醚羧酸盐 $[RO(CH_2CH_2O)_n(CH_2)_mCOO^-]$、烷基酚聚氧乙烯醚羧酸盐及烷醇酰胺醚羧酸盐等。

（1）N-酰基谷氨酸盐类

N-酰基谷氨酸盐是由酰化剂与 α-氨基酸的氨基发生酰化反应形成的酰胺类表面活性剂，由单一的脂肪酸或天然脂肪酸分子的羧基提供酰基，并将氨基酸中的氨基的电性中和，因此，此类物质属阴离子表面活性剂；而一般氨基酸表面活性剂的氨基未被中和，带有电荷，属两性离子表面活性剂。

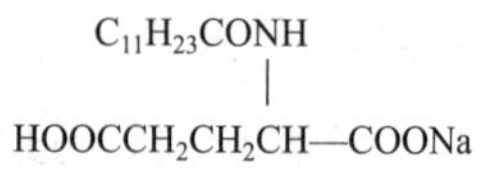

$$C_{11}H_{23}CONH$$
$$|$$
$$HOOCCH_2CH_2CH—COONa$$

图 9-2　N-月桂酰基谷氨酸钠的结构式

N-月桂酰基谷氨酸钠的结构式见图 9-2。

N-酰基谷氨酸钠为白色至淡黄色固体，市售的 N-酰基谷氨酸三乙醇胺是一种水溶液。N-酰基谷氨酸及其盐中的 α-氨基是左旋的，即 L-型，天然氨基酸也是 L-型，因此在化妆品（pH＝5～9）中是稳定的。N-酰基谷氨酸及其盐的发泡能力、乳化性能、润湿和洗涤性能、耐硬水性和钙皂分散能力等方面比直链烷基苯磺酸钠（LAS）和脂肪醇聚氧乙烯醚硫酸钠（AES）要好。

N-酰基谷氨酸及其盐温和、无刺激，有温和的杀菌和抑菌性能，使用后皮肤有柔软感，无过敏性和光毒性，它还能降低 LAS 刺激性。在化妆品中主要用于皮肤清洁剂、香波、香皂等。

（2）N-月桂酰基肌氨酸钠

N-月桂酰基肌氨酸钠（S_{12}）在牙膏中除具有洗涤发泡作用外，还能防止口腔中的糖类发酵，减少酸的产生，有一定的防龋效能。由于它的水溶性较好，析出晶体的温度较低，因而具有稳定膏体的作用，可减轻膏体凝聚结粒，保持膏体细腻稳定。虽然它产生的泡沫很丰富，但在漱口时极易漱清。它在酸、碱介质中都很稳定，是一种比较理想的牙膏用发泡剂。

N-月桂酰基肌氨酸钠是白色至淡黄色液体或粉末，有特殊气味，熔点为 46℃，相对密度为 1.033，结构式如图 9-3：

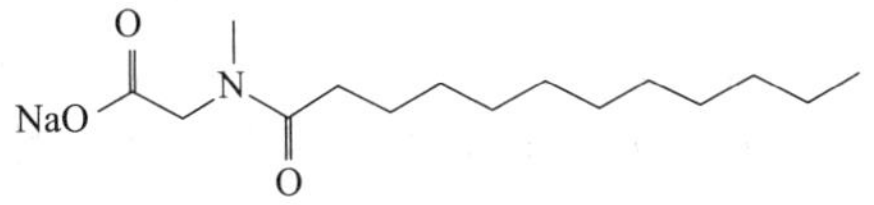

图 9-3 N-月桂酰基肌氨酸钠的结构式

它是一种阴离子型氨基酸类表面活性剂，易溶于水、乙醇或甘油等溶液中。在通常条件下，对热、酸、碱都比较稳定。具有低毒、低刺激性、抗硬水、良好的去污能力和生物降解性、较佳的配伍性以及杀菌和抑菌性能，使用后皮肤有柔软感。具有洗涤、乳化、渗透、增溶等特性；具有优越的发泡性，并且泡沫细腻、持久；具有抗菌杀菌性、防霉和抗腐蚀、抗静电能力。

由于其具备脂肪酸皂和烷基磺酸盐两者的特点，除有良好的泡沫性外，对皮肤和头发都有亲和性。由酰胺基形成特殊的缔合体，具有螯合性能和抗氧化性能，对表皮渗透性好，并且能够抑制潜在的刺激性溶质如钠离子穿过人体皮肤的渗透，因此用后不会使皮肤粗糙，并能吸附在头发上使头发柔软易梳理。广泛用于皮肤清洁剂、洗手液、香波和牙膏中；具有抗菌、抗酶作用，在口腔清洁剂中应用较多。

（3）椰油酰基丙氨酸钠

椰油酰基丙氨酸钠商品名为雷米邦 A（Lamepon A），国内名称为 613 洗涤剂，是一种氨基酸系阴离子表面活性剂，通过水解蛋白（多肽）与油酰氯进行缩合反应，再与 NaOH 中和而得到。反应式见式（9-2）。

$$C_{17}H_{33}COCl + H \overbrace{\left(N-CH-C \right)_n}^{} OH \xrightarrow{NaOH} C_{17}H_{33}C-N-CH-C_n ONa + 2H_2O + NaCl$$

(9-2)

它为棕黄色黏稠液体，是一种在硬水或碱性溶液中很稳定的阴离子表面活性剂。实际上，雷米邦产品是多种氨基酸酰化产物的混合物。在碱性介质中有良好的去污力和乳化能力，对皮肤刺激性小，有良好的硬皂分散力，对皮肤温和，脱脂力弱，适于洗涤丝和毛，易吸潮。可赋予毛发良好的调理性，耐硬水，可以任何比例与水混合，与阳离子表面活性剂也有较好的相容性，安全无毒。在化妆品中可用作洗发护发香波、浴液等温和洗涤制品的原料，也可用于护肤霜类产品中。

二、硫酸酯盐类

此类表面活性剂具有润湿、乳化、分散和去污作用，常常用于重垢和轻垢型洗涤剂、香波、纺织助剂、牙膏、乳化剂中。其产品多为液体，耐硬水，生物降解性好，至今仍是仅次于肥皂的重要阴离子表面活性剂，但不是特别稳定，易发生水解。种类有高级脂肪醇硫酸酯盐、脂肪醇聚氧乙烯醚硫酸酯盐、脂肪酸衍生物的硫酸酯盐、硫酸化脂肪酸（酯）、硫酸化烯烃等。

（一）脂肪醇硫酸酯盐

脂肪醇硫酸酯盐简称 AS，通式为 $ROSO_4M$，其中 R 一般为 $C_{12} \sim C_{18}$ 的烷基；M 为金属盐，常为 Na^+、K^+、NH_4^+、Mg^{2+} 及三乙醇胺和二乙醇胺。即 AS 包括钠盐（K_{12}）、钾

盐、铵盐（$K_{12}A$）、一乙醇胺盐、二乙醇胺盐和三乙醇胺盐等。AS 有很好的发泡性、去污力、水溶性，其水溶液呈中性并且有抗硬水性。AS 不足之处是在水中的溶解度不够高，对热也不够稳定，由于脱脂力强，高温时容易分解，温度越高，时间越长，水解的也越多；对皮肤、眼睛具有轻微的刺激性。

（1）月桂醇硫酸酯钠

月桂醇硫酸酯钠分子式为 $C_{11}H_{25}OSO_3Na$，是脂肪醇经硫酸化直接导入亲水基，中和后生成的，其具代表性的产品是月桂醇硫酸钠（K_{12}），又称椰油醇硫酸钠，国际上一般称为 SDS。K_{12} 具有乳化、渗透、起泡和去污等一般性能以及较好的配伍性能。

（2）乙醇胺盐

近年则普遍采用月桂基硫酸酯钠（$K_{12}A$）作为香波的洗涤发泡剂。乙醇胺盐具有良好的溶解性能，低温下仍能保持透明，如 30％月桂醇硫酸三乙醇胺盐在 $-5℃$ 下仍能保持透明，是配制透明液体香波的重要原料。相同浓度下，黏度大小顺序为：单乙醇胺盐＞二乙醇胺盐＞三乙醇胺盐。

乙醇胺盐在化妆品中适宜配制粉状、膏状和乳浊状香波，也广泛用于牙膏、牙粉中。

（二）脂肪醇聚氧乙烯醚硫酸盐

此类表面活性剂是在分子间引入了一定数量的乙氧基分子，提高了水溶性，在硬水中起泡性也较好，洗净性、色相、泡沫稳定性较优，多用于洗发香波、化妆品及液体洗涤剂中。主要品种有：脂肪醇聚氧乙烯醚硫酸钠（AES），脂肪醇聚氧乙烯醚硫酸三乙醇胺盐（TA-40），脂肪醇聚氧乙烯醚硫酸铵（AESA），烷基酚聚氧乙烯醚硫酸钠（OP-硫酸盐）。此处主要介绍脂肪醇聚氧乙烯醚硫酸盐。

（1）脂肪醇聚氧乙烯醚硫酸盐

脂肪醇聚氧乙烯醚硫酸盐，分子式为 $RO(CH_2CH_2O)_nSO_3M$，为淡黄色的黏稠液体。这类表面活性剂是香波中应用最广泛的阴离子表面活性剂之一，包括钠盐（AES）、铵盐（AESA）和三乙醇胺盐（TA-40）。制备时，先将脂肪醇与 n 个环氧乙烷缩合成脂肪醇聚乙烯醚，以增加其亲水性能，然后再硫酸化、中和，而得到产物（$n=1\sim5$）。代表性的产品是聚氧乙烯月桂醇醚硫酸钠 $[C_{12}H_{25}(OCH_2CH_2)_nOSO_3Na]$。

AES 具有非离子表面活性剂的性质，不受水的硬度影响，在硬水中仍保持较好的去污力，起泡迅速，但泡沫稳定性稍差。AES 的水溶液的黏度比 AS 高，其耐热性也比 AS 好，且刺激性远低于 AS。与其他阴离子、非离子表面活性剂的配伍性良好。AES 的亲水性能比 AS 优越，溶解性好，低温下仍能保持透明，适宜于配制液体香波。此外，AES 易被无机盐增稠，如 15％的脂肪醇聚氧乙烯醚（3）硫酸钠溶液，当 NaCl 加入量为 6.5％时，其黏度可达 16Pa·s 以上。

在化妆品中，AES 被广泛应用于制造香波、浴液、洗手液等，适宜于配制透明液体香波，是很有发展前景的一种阴离子表面活性剂。

（2）脂肪醇聚氧乙烯（3）醚硫酸铵

脂肪醇聚氧乙烯（3）醚硫酸铵又名 AESA，结构式为 $RO(CH_2CH_2O)_3SO_3NH_4$，R 为 $C_{12}\sim C_{14}$ 烷基。无色透明黏稠液体或白色或淡黄色糊状物，具有优良的洗涤去污特性；温和无毒、脱脂力较低；生物降解性好；泡沫丰富细密；耐硬水；配伍性广；其稠度受温度的影响小，易调稠；与 $K_{12}A$、LSA 协同使用效果更好；常配制弱酸性（pH$<$7.0）洗浴产品，具有良好的皮肤舒适感和良好的洗发柔软梳理性。

（三）脂肪酸衍生物的硫酸酯盐

此类阴离子表面活性剂的化学通式为 $RCOXR'OSO_3^- M^+$，其中 X 为 O（属酯类）、NH 或烷基取代的 N（酰胺），R' 为烷基或亚烷基、羟烷基或烷氧基。这类品种中的代表性化合物有脂肪酸甘油单酯硫酸钠（$RCOOCH_2CH(OH)CH_2OSO_3Na$）、土耳其红油（蓖麻油经硫酸化、中和得到的产物）、烷醇酰胺硫酸钠（$RCONHCH_2CH_2OSO_3Na$）等等。

例如，单月桂酸甘油酯硫酸钠，分子式：$C_{11}H_{23}COOCH_2CH(OH)CH_2OSO_3Na$。白色或微黄粉末，几乎无臭、无味，能溶于水，对硬水稳定，其洗涤力、发泡性和乳化性良好。制备过程：在碱性触媒下对月桂酸和甘油加热反应成单甘油酯，再用硫酸处理，然后以氢氧化钠中和而得。主要用于洗涤剂、泡沫剂、乳化剂。化妆品中主要用于洗发香波及牙膏。

三、磺酸盐类

此类表面活性剂的一般通式为 $R—SO_3Na$，其中 R 可以是直链烃、芳烃（苯、萘等）或长链基团。此类化合物具有更好的耐酸、耐热、耐氧化和耐硬水等性质。与硫酸酯盐相比，最大差异是硫酸酯盐遇酸易发生水解，而磺酸盐不会水解。所以，这类表面活性剂是目前产量最大的一类。由于 R 的不同来源，有如下种类：

（一）烷基芳基磺酸盐

此类表面活性剂中使用最多的产品是烷基苯磺酸钠，它是由烷基苯磺化后，经 NaOH 中和制得的，一般是 $C_{12}\sim C_{15}$ 的混合烷基。典型产品为十二烷基苯磺酸钠，是当今制备合成洗涤剂的重要表面活性剂，占所有的表面活性剂总量的 40%。它具有良好的起泡性、出色的去污力、在硬水、酸性水、碱性水中极稳定，对金属离子稳定。此类产品有两种，即支链烷基苯磺酸钠（ABS）和直链烷基苯磺酸钠（LAS）。此类表面活性剂的溶解度、起泡性和洗涤力及生物降解性等性质与烷基 R 的结构有很大关系，长链烷基苯磺酸盐有很好的发泡和润湿作用，而短链的烷基苯磺酸盐发泡作用不好，但也具有降低表面张力作用，能增加其他表面活性剂的溶解度，即可作为水溶性助长剂。

（1）支链烷基苯磺酸钠

支链烷基苯磺酸钠简称 ABS，是 R 为支链烷基所制得的产品，其洗涤力优异，俗称非降解性 ABS，由于生物降解性差，对水域造成污染，已经被淘汰。

（2）直链烷基苯磺酸钠

直链烷基苯磺酸钠简称 LAS，是 R 为直链烷基所制得的产品，俗称可溶性 ABS 或软性 ABS。烷基 R 中碳数以 $C_{12}\sim C_{14}$ 为最多，如十二烷基苯磺酸钠就是 LAS 的一种主要产品。十二烷基苯磺酸钠是一种白色浆状物，溶于水，具有去污、润湿、发泡、乳化、分散等性能，生物降解性极佳。LAS 具有很强的洗涤力、良好的发泡性和溶解性，而且其原料来源丰富，价格低廉，现已广泛用于洗衣粉制造单体和乳化剂的原料，但它对皮肤有较强的刺激和脱脂作用，且单独使用时会使头发干燥发涩，在化妆品中较少使用，可适量用在香波和浴液中。

（3）仲烷基磺酸盐

仲烷基磺酸盐简称 SAS，是一种无毒的浅黄色液体或固体，采用水光法磺氧化工艺制造。它是由正构烷烃在紫外光照射下和 SO_2、O_2 反应生成烷基磺酸，再与 NaOH 中和制得的，具有很好的去污力、发泡性能、乳化力和润湿力等。SAS 的生物降解性优于 LAS，溶解性强，其润湿能力和降低表面张力的作用都优于 LAS，脱脂能力与 LAS 相近，起泡能力在水的硬度不大时和 LAS 相当，在较宽的 pH 值范围内都很稳定，抗氧化力也很强，对皮肤刺激小。

SAS 可以与其他阴离子表面活性剂（如 AES）混合使用，用于制备各种洗涤剂、香波、泡沫浴剂，也用作化妆品的乳化剂等等。

（二）琥珀酸酯磺酸盐

在这类产品中最著名的是渗透剂-OT，其分子结构特点是亲水基位于疏水基中央。因此，它具有最佳的渗透性。主要产品有两个品种：单酯和双酯。结构式如图 9-4：

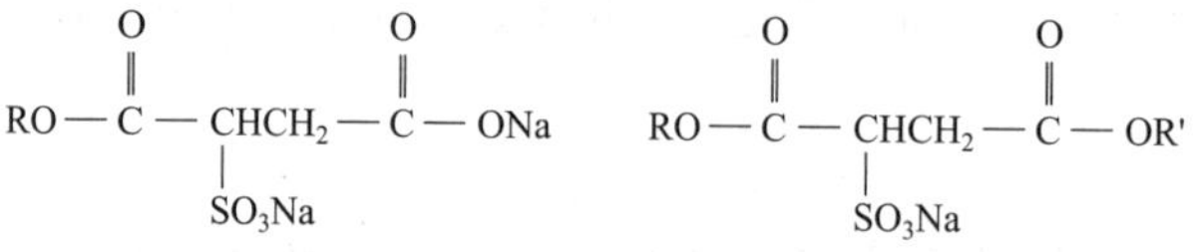

琥珀酸单酯磺酸盐　　　　　　琥珀酸双酯磺酸盐

图 9-4　琥珀酸酯磺酸盐的结构式

磺基琥珀酸酯是磺基琥珀酸 [$HOOC—CH_2CH(SO_3H)—COOH$] 与脂肪醇反应后的产物，从不同角度命名，这类衍生物可以看作为磺酸酯、羧酸、酯类或酰胺等。该产品为琥珀酸酯中的双键经加成反应，引入磺基的产物，按其结构可分为琥珀酸单酯磺酸盐和双酯磺酸盐两类。单酯的代表产品有脂肪醇琥珀酸单酯磺酸钠（ASS）、脂肪醇聚氧乙烯醚磺酸钠（AESS）、十一碳烯酰胺基琥珀酸酯磺酸二钠（OASS）；双酯的代表产品为磺基琥珀酸二乙基己酯钠（AOT）。

琥珀酸单酯磺酸盐广泛地应用于各类化妆品，特别是用于个人防护品，也用于香波、浴液和洗手清洁剂中。其作用极其温和，是极好的发泡剂，成本低，与醇醚硫酸盐相混合，能明显降低其刺激性，对泡沫影响不大。其单酯类按其特性不同可分为脂肪醇型和酰胺型两大类。其中，酰胺基型对皮肤和眼睛更加柔和。双酯正好相反，其泡沫性很差，溶解性亦低，性能并不柔和，在低浓度中它们是强力的润湿剂，在化妆品中很少应用。

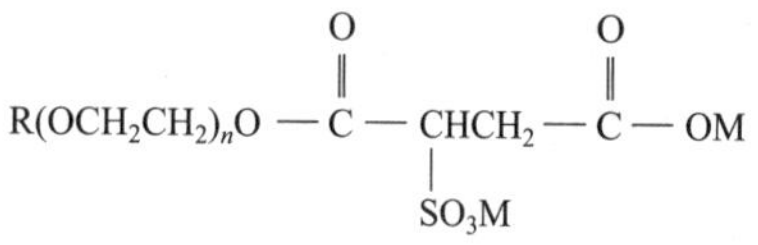

图 9-5　脂肪醇磺基琥珀酸酯盐的结构式

（1）脂肪醇磺基琥珀酸酯盐

脂肪醇磺基琥珀酸酯盐的结构式如图 9-5。

① 月桂醇磺基琥珀酸酯铵。上式中的 R 为月桂基，M 为 NH_4^+，即月桂醇磺基琥珀酸酯铵。它是一种淡黄色的液体，活性物含量（质量分数）为 40%，pH＝5.5。在 pH＝4～8 范围内稳定，在强碱或强酸中发生水解，可与阴离子、非离子和两性离子表面活性剂匹配，与阳离子表面活性剂只在有限范围内匹配。它有良好的发泡性能，容易冲洗，洗后留下软滑感觉。对皮肤和眼睛很温和，容易漂洗干净，质量分数为 10% 的溶液不会引起皮肤刺激，对眼睛刺激性很低，100% 生物降解。在化妆品中，月桂醇磺基琥珀酸酯铵主要用于温和高泡香波、沐浴制品和洗手液。

② 月桂醇磺基琥珀酸酯钠。上式中的 R 为月桂基，M 为 Na^+，即月桂醇磺基琥珀酸酯钠。活性物含量不同，其状态不同，质量分数为 40% 时为白色浆状物，80% 时为白色的细粉。质量分数为 10% 的溶液的 pH 为 6.9，在常温条件下很稳定。在高浓度时，其发泡性能

与十二烷基硫酸酯钠 K$_{12}$ 相近，在低浓度时其发泡性比 K$_{12}$ 好，对皮肤无刺激，用后有柔滑感觉。

月桂醇磺基琥珀酸酯二钠，又称 DLS，化学结构式：ROCOCH$_2$CH(SO$_3$Na)COONa。常温下为白色细腻膏体，加热后（>70℃）为透明液体。产生泡沫细密丰富；无滑腻感，非常容易冲洗；去污力强，脱脂力低，属常见的温和性表面活性剂；能与其他表面活性剂配伍，并降低其刺激性；耐硬水，生物降解性好，性价比高。用于配制温和高黏度高度清洁的洗手膏（液）、泡沫洁面膏、泡沫洁面乳、泡沫剃须膏，也可配制爽洁无滑腻的泡沫沐浴露、珠光香波等。

（2）酰胺型磺基琥珀酸酯盐

酰胺型磺基琥珀酸酯盐的结构式如图 9-6：

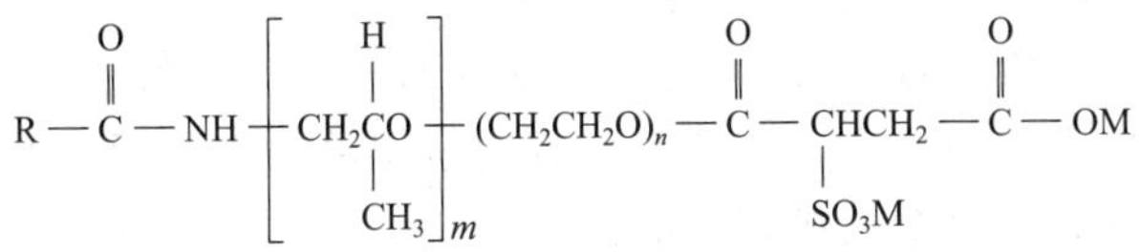

图 9-6　酰胺型磺基琥珀酸酯盐的结构式

式中，RCONH—为月桂酰胺基、肉豆蔻酰胺基、油酰胺基、椰油酰胺基、麦胚芽油酰胺基等；M 为 Na$^+$、NH$_4^+$；$m=0$ 或 1；$n=1$、2、4。

PEG-2 油酰胺基磺基琥珀酸酯二钠。无色至浅黄色透明黏稠液体，活性物含量（质量分数）为 30%～34%，相对密度为 1.06，质量分数为 1% 的溶液，pH 为 5.6。其在 pH=4～8 范围内稳定，在强酸和强碱介质中不稳定。结构式见图 9-7。

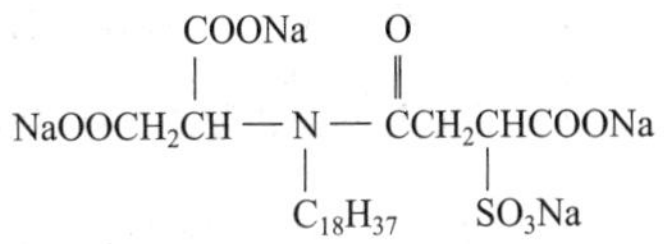

PEG-2 油酰胺基磺基琥珀酸酯二钠可与阴离子、非离子和两性离子表面活性剂匹配，与阳离子表面活性剂在有限范围内匹配。它是很好的增稠剂，适当添加无机盐可增加其黏度，质量分数为 1%～2% 时出现黏度峰值。它对皮肤和眼睛都不产生刺激性，极其温和，当它和其他表面活性剂复配时，还可降低其他表面活性剂的刺激性。它的发泡性能良好，产生致密稳定的泡沫，在皂类和硬水共存的溶液中能增

图 9-7　PEG-2 油酰胺基磺基琥珀酸酯二钠

加泡沫的稳定性。PEG-2 油酰胺基磺基琥珀酸酯二钠在化妆品中应用较广，主要用于极温和的婴儿香波、泡沫浴剂、淋浴制品和调理型香波。

（3）脂肪醇聚氧乙烯醚磺基琥珀酸单酯二钠

其又称 MES，化学结构式：RO(CH$_2$CH$_2$O)$_3$COCH$_2$CH(SO$_3$Na)COONa。外观为无色至浅黄色透明黏稠液体，具有优良的洗涤、乳化、分散、润湿、增溶性；刺激性低，且能显著降低其他表面活性剂的刺激性；泡沫丰富、细密稳定；性价比高；有优良的钙皂分散和抗硬水性能；复配性能好，能与多种表面活性剂和植物提取液（如皂角、首乌）复配，形成十分稳定的体系，创制天然用品；脱脂力低，去污力适中，极易冲洗且无滑腻感。

它用于制造洗发香波、泡沫浴、沐浴露、洗手液、外科手术清洗及其他化妆品、洗涤日用产品等，还可作为乳化剂、分散剂、润湿剂、发泡剂等。

（4）椰油酸单乙醇酰胺磺基琥珀酸单酯二钠

其又名 DMSS，化学结构式：RCONHCH$_2$CH$_2$OCOCHCH(SO$_3$Na)COONa。微黄色

透明液体。具有优良的洗涤、乳化、分散、润湿、增溶性；刺激性低，且能显著降低其他表面活性剂的刺激性；泡沫丰富细密稳定；稳泡性优于醇醚型磺基琥珀酸单酯二钠；有优良的钙皂分散和抗硬水性能；脱脂力低，去污力适中，极易冲洗且无滑腻感。

它可作为乳化剂、分散剂、润湿剂、发泡剂等，用于制造洗发香波、泡沫浴、沐浴露、洗手液、外科手术清洗及其他化妆品、洗涤日用产品等。

（5）新型磺基琥珀酸酯

此类表面活性剂具有突出的温和性，用于婴儿清洗剂、医院清洗剂和杀菌清洗剂等。目前已开发出某些有特殊应用的新品种。

① 二甲基硅多醇磺基琥珀酸酯二钠。二甲基硅多醇磺基琥珀酸酯二钠结合了硅酮的性质与磺基琥珀酸酯的温和性，它几乎完全无刺激。结构式见图9-8。

它可降低 AES 的眼刺激性，且比其他磺基琥珀酸酯更有效。它还有优异的皮肤温和性，比较各种表面活性剂在质量分数为 15% 时的皮肤刺激性，它的钾、三乙醇胺或铵盐类也是极温和的。它是水溶性、温和的表面活性剂，有增泡作用，主要用于低刺激的婴儿香波、泡沫浴、隐形眼镜清洁液和其他个人护理制品。

② 麦胚磺基琥珀酸酯。麦胚磺基琥珀酸酯是含有丰富的维生素 E 的麦胚油衍生物。结构式见图9-9。

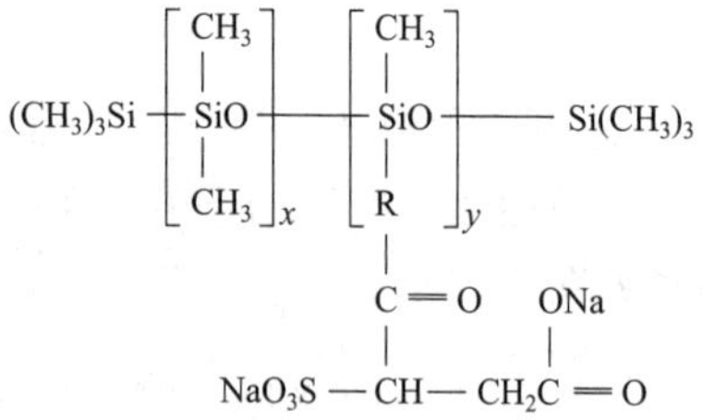

图 9-8　二甲基硅多醇磺基琥珀酸酯二钠的结构式 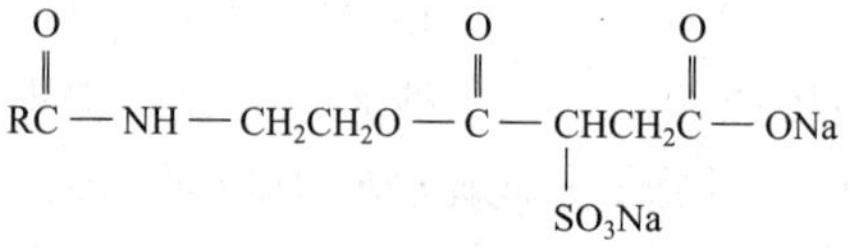　　　　图 9-9　麦胚磺基琥珀酸酯的结构式

由于其具有极好的滋润性能，又来自天然植物，同时，具有磺基琥珀酸酯的特性，因此主要用于调理香波、滋润性沐浴制品和其他个人护理用品。

③ 二辛基琥珀酸磺酸钠。它为白色蜡状塑性固体，在 25℃ 时，每克约溶于 70mL 蒸馏水中，全溶于乙醇和甘油中，在硬水中稳定。洗涤和发泡性能好，无毒性，对皮肤刺激性小，用于生产香波、泡沫浴及牙膏等。

（三）甲基油酰基牛磺酸钠

甲基油酰基牛磺酸钠又名依捷邦 T、胰加漂 T、IegponT，国内称为 209 洗涤剂，是乳白色或淡黄色液体（也可为粉状或糊状），安全无毒。易溶于热水，在弱酸碱、硬水和金属盐溶液中有良好的稳定性。它是由油酸酰氯与 N-甲基牛磺酸（氨基乙磺酸）钠经缩合反应，再经中和得到的。其反应式为式(9-3)：

$$C_{17}H_{33}COCl + H-\underset{\underset{CH_3}{|}}{N}-CH_2-CH_2-SO_3H \xrightarrow{NaOH}$$

$$C_{17}H_{33}\overset{\overset{O}{\|}}{C}-\underset{\underset{CH_3}{|}}{N}-CH_2-CH_2-SO_3Na + H_2O + NaCl \tag{9-3}$$

因其亲水基为磺酸盐，可列入磺酸盐类阴离子表面活性剂中。又由于其是亲水基和亲油基之间通过极性键连接，类似脂肪酰-肽缩合物的结构，因此，也可列于氨基酸型阴离子表面活性剂中。

它具有良好的去污力和乳化性能，泡沫性良好，耐硬水，是一种良好的钙皂分散剂。与阴离子、非离子、两性离子表面活性剂有良好的配伍性，润湿、扩散、洗涤性能优良，生物降解性良好，在较低的 pH 值范围内有抗水解作用。其可用于毛纺和丝纺工业中的洗净剂。在化妆品中，其主要用来配制泡沫浴液、香波等，因其成本较高，限制了它的应用范围。

(四) α-烯基磺酸盐

α-烯基磺酸盐简称 AOS，黄色透明液体。由 α-烯烃和硫酸作用生成 α-烯烃硫酸盐，若用硫酸酐与其作用，可生成 α-烯烃磺酸盐。其结构式为 $RCH=CHCH_2SO_3Na$ 或 $RCH(OH)CH_2SO_3Na$。它极易溶于水，对皮肤和眼睛刺激性小，生物降解性好，有较好的乳化力、去污力、发泡力和钙皂分散力。泡沫细腻丰富而持久，在较大 pH 值内稳定。在硬水中的去污力和起泡性好。其不足之处在于其为复杂的混合物，产品质量不易控制，导致其产量有限。在化妆品中用作酸性护发香波等香波、浴液和洗手剂的原料，以及用于餐具洗涤剂、原毛洗涤剂、纺织油剂等液体洗涤剂中。

(五) 乙酸酯类磺酸盐

（1）月桂醇乙酸酯磺酸钠

其分子式：$C_{12}H_{25}OOCCH_2SO_3Na$。以氯乙酸和月桂醇作用生成月桂醇氯乙酸酯，再和亚硫酸钠反应而制得。白色粉末，略有椰子油的气味，其溶液稍有辛辣味，每克月桂醇乙酸酯磺酸钠可溶于 10mL 水中。发泡性能好，在硬水中也有洗涤效果，无毒性，能安全使用。在牙膏中的应用已有较长的历史。

（2）油酸乙酯磺酸钠

分子式：$C_{17}H_{33}COOCH_2CH_2SO_3Na$。以油酰氯和羟乙基磺酸钠缩合而制得。对油污的去垢力好，是一优良的洗涤剂，在中性溶液时对钙、镁盐稳定，和肥皂共用，在硬水中能抑制钙、镁皂的形成，易于洗清。由于酯键的存在，因此在酸性及碱性溶液中较易水解。

除上述磺酸盐外，还有脂肪酸甲酯 α-磺酸钠盐（MES）、石油磺酸盐、木质素磺酸盐等，在化妆品行业都有应用。

四、磷酸酯盐类

磷酸酯盐为阴离子表面活性剂，是将脂肪醇与磷酸化剂进行反应，然后用碱中和而制得的。根据不同的反应条件，可得到单酯、双酯和三酯 3 种类型。磷酸酯盐的化学通式如图 9-10。

磷酸酯盐类阴离子表面活性剂的性质随脂肪醇的种类，单酯、双酯和三酯所占的比例，以及盐的种类不同而变化。这类阴离子表面活性剂主要用作抗静电剂、乳化剂等，特别适用于合成纤维的抗静电剂。与脂肪醇硫酸酯盐类相比较，磷酸酯盐类的耐热性、耐酸性能良好，对皮肤也较温和，刺激性小。游离的酯类是固体或黏稠的液体，其相对应的钠盐为固体。

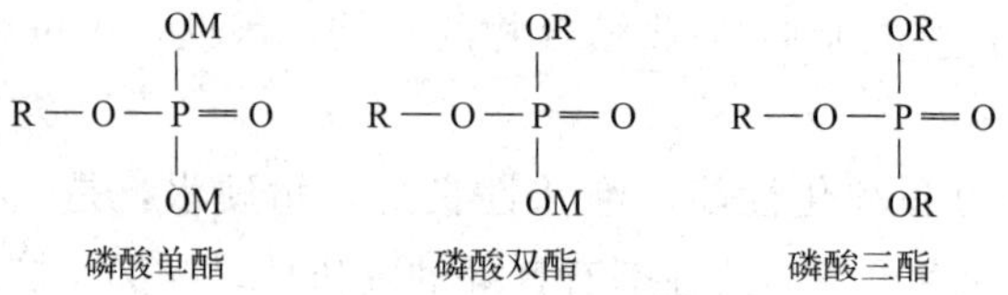

图 9-10 磷酸酯盐类的结构式

磷酸酯盐类阴离子表面活性剂按化学组分又可分为烷基磷酸酯和烷基醚磷酸盐。

(一) 单烷基磷酸酯盐类

单烷基磷酸酯盐类一般由高级醇与磷酸酐（P_2O_5）、氧氯化磷等反应再用碱中和后制得。若改变醇与磷化合物的比例，可制得单酯、双酯不同比例的化合物。单酯易溶于水，双酯不溶于水。

单烷基磷酸酯盐（MAP）主要有单酯盐和双酯盐。在皂基复配型配方中 MAP 应保持双盐，pH 为 9.2，否则体系不稳定。而非皂基配方中，MAP 应为单盐，pH 为 6.5，否则刺激性增大。

由于单烷基磷酸酯盐具有类生物膜的结构，与皮肤有很好的亲和性，非常适用于皮肤洗净、化妆品乳化等方面，是一类重要的皮肤清洁产品表面活性剂。MAP 的配伍性能好，能与普通的表面活性剂复配，使泡沫细腻丰富，改善洁肤产品使用感，降低滑腻感，使洗涤后感觉清爽；也能与皂基复配，降低皂基的刺激，改善洗涤后感觉，降低原皂基型配方的紧绷感而使洗涤后感觉更清爽。因此，MAP 是洁肤产品中性能优良的原料。

主要品种有：十二烷基磷酸酯钾（又称 PK、PL-1）、磷酸二异辛酯钠盐、十六烷基磷酸酯二乙醇胺盐等。

(1) 十二烷基磷酸单酯

十二烷基磷酸单酯分子式：$C_{12}H_{27}PO_4$。化学结构式：$C_{12}H_{25}O(OH)_2P=O$。它又名月桂基磷酸单酯、月桂醇磷酸单酯。由十二醇和聚磷酸、五氧化二磷等反应而得。白色至微黄色固体，溶于水，溶于乙醇等有机溶剂。具有优良的乳化性和增溶性。对动植物油脂、脂肪酸酯、硅油、矿物油均有优良的乳化能力；在低浓度下具有良好的表面活性，显现优良的润湿洗涤性能和协同增效作用；无毒、无刺激，类似天然磷脂，与皮肤亲和性好，高效、低泡、易冲洗；抗静电、抗腐蚀；耐酸、耐碱、耐高温，不耐硬水；常与 NaOH、KOH、乙醇胺、氨水等中和成盐使用。

其广泛用于个人清洁类护理用品中，如泡沫洁面乳、沐浴液、膏霜、乳液等。配制的化妆品膏体细腻亮泽，并对皮肤有润湿、保湿功能。产品易于冲洗，对皮肤柔软不紧绷。

(2) 单十二烷基磷酸酯钾

单十二烷基磷酸酯钾又名 MAPK，化学结构式：$C_{12}H_{25}OPO_3K_2$。常温下为透明或半透明液体，低温时为乳白色液体或糊状物。pH 值为 6.5～7.5。具有低刺激性，类似天然磷脂；具有优良的乳化、增溶、分散性能；具有较低的表面张力，泡沫丰富、细腻、易冲洗；耐盐、耐碱性能优异；配伍性良好，能与非离子、阴离子、两性离子表面活性剂和聚季铵盐类阳离子表面活性剂相溶。但不耐硬水，使用时应添加耐硬水的表面活性剂，如磺基甜菜碱等。主要用作洗涤化妆品的添加剂，增强复配效果，如用在温和洗面奶、沐浴露、婴儿洗护品等作发泡剂、减滑剂、抗静电调理剂等。还可用作化妆品的乳化剂，香波的抗静电剂等。推荐用量：泡沫洁面乳 10%～50%；沐浴露 8%～15%。

（二）烷基醚磷酸酯类

烷基醚磷酸酯是一类较为重要的阴离子表面活性剂，无色或微黄色透明液体，在浓碱中稳定，具有较强的抗静电性能和良好的乳化性能。与烷基磷酸酯相比，具有阴离子和非离子表面活性剂的特性，对皮肤的刺激性较小，毒性低，而被用来配制多种化妆品。可用于洗浴用品和发用香波的调理剂，对皮肤安全，洗后不紧绷。还可以作为化妆品、合成纤维等行业的优良乳化剂等。

高级醇环氧乙烷加成物磷酸酯盐是烷基醚磷酸酯表面活性剂中使用最广泛的一类，由烷基醇（酚）聚氧乙烯醚在五氧化二磷的存在下发生酯化反应，再经过水解，最后与氢氧化钾中和后得到。它是由醇醚型非离子改性的磷酸酯类阴离子表面活性剂，由于分子中引入聚氧乙烯基团，其水溶性大大改善，使用价值也大大提高。主要产品有单烷基聚氧乙烯醚磷酸酯三乙醇胺盐（又称 PET）、脂肪醇（烷基酚）聚氧乙烯醚磷酸酯等。

（1）月桂醇醚磷酸酯钾

月桂醇醚磷酸酯钾（MAEPK）是用于洗涤类用品的阴离子表面活性剂，具有优良皮肤兼容性，主要作为基础的阴离子表面活性剂或辅助性表面活性剂。化学结构式：$RO(CH_2CH_2O)_n PO(OK)_2$ 和 $[RO(CH_2CH_2O)_n]_2 PO(OK)$。无色至淡黄色透明黏稠液体或糊状体。具有特有的温和性和极强的浸润能力；起泡速度快，泡沫结构细腻均匀；易溶于水-有机物体系，能与水按任意比相溶，溶解度不受温度影响；可制成透明度极高的水溶液；易与醇醚硫酸盐、月桂醇硫酸酯盐及其他各种类型的表面活性剂配伍；酸碱稳定性良好。

它适合于温和的婴幼儿护理产品和香波、泡沫洗面奶、沐浴液、洗手液等，特别适用于透明产品与抗冻产品。MAEPK 在 pH 值为 6.2 左右可获取最高活性与稳定性。

（2）脂肪醇聚氧乙烯醚磷酸酯

它分为 AEO_3 磷酸酯、AEO_9 磷酸酯。常温下为无色至淡黄色透明黏稠的液体。化学式为 $RO(CH_2CH_2O)_n PO(OH)_2$ 和 $[RO(CH_2CH_2O)_n]_2 PO(OH)$，R 为 C_{12}～C_{14}，$n=$ 3 或 9。其为阴离子型表面活性剂，常与非离子、阴离子、两性离子型复配；具有优良的去污、乳化、分散、净洗、润湿、抗静电和防锈性能，具有较强的脱脂力；稳定性好，耐酸、耐碱、耐高温、耐硬水、耐无机盐；易溶于有机溶剂；温和，对环境无害。它用于个人清洁产品中，如香波、浴液、洗面奶。

（三）十二烷基聚氧乙烯醚磷酸单乙醇胺

它又名月桂醇醚磷酸酯单乙醇胺，简称 APEA，为琥珀色黏稠状液体，属于磷酸酯类阴离子表面活性剂，类似天然磷脂，对皮肤的亲和性、润湿性好，滑爽、无毒，低刺激，可与其他阴离子、非离子和两性离子表面活性剂配伍。具有优良的清洗、乳化、增溶、抗静电性及平滑性。在化妆品中可用作膏霜的乳化剂、高级香波的调理剂和增稠剂。因其对皮肤的刺激性极低，故尤其适用作儿童护肤品及清洁卫生用品原料，是洗化产品的理想原料。

第三节 阳离子表面活性剂

阳离子表面活性剂是在水中离解出具有表面活性的阳离子，它的电荷与阴离子表面活性剂相反，常称为"逆性肥皂"。阳离子表面活性剂的疏水基与阴离子中的相似，亲水基主要为含氮的阳离子基，通常是由脂肪酸或石油化学品衍生而来，可看成卤化铵分子中氢原子被烷基取代的产物。疏水基与亲水基可直接连接，也可通过酯、醚和酰胺键相连。亲水基也可以是含磷、硫、碘的阳离子基。

阳离子表面活性剂的洗涤性能很差，但润湿、渗透、乳化、增溶和分散性能好，且具有杀菌性，对硬表面吸附的亲和性较突出。例如极易被人的皮肤、头发和牙齿所吸附。阳离子表面活性剂可作为清洁剂、消毒防腐剂、杀菌剂、抗静电剂等，某些季铵盐型阳离子表面活性剂具有良好的乳化性能。阳离子表面活性剂在化妆品中的应用主要是用作杀菌、抑菌剂、头发调理剂、皮肤柔软剂和抗螨齿添加剂等。阳离子表面活性剂和阴离子表面活性剂相遇，会产生不溶性沉淀，会抵消各自的活性。因此，一般不同时使用。阳离子表面活性剂由于成本昂贵，产量较少，远不如阴离子和非离子型表面活性剂。阳离子表面活性剂的亲水基离子中含有氮原子，根据氮原子在分子中的位置不同分为烷基胺盐型、季铵盐型、杂环型和鏻盐型等。

一、烷基胺盐型

从理论上讲，各种伯、仲、叔胺，经酸化中和后，都能制得相应的胺盐型阳离子表面活性剂，但由于价格、性能等因素，一般常用的胺盐型阳离子表面活性剂都为叔胺盐型，而伯、仲胺盐很少使用。胺盐型阳离子表面活性剂主要包括烷基胺盐型、羧酸酯胺盐型、酰胺基胺盐型及咪唑啉型等。

烷基胺盐型阳离子表面活性剂包括各种伯胺的乙酸盐，其结构式为 RNH_2CH_2COOH，其中 R 可以是椰油基、牛油脂基、氢化牛油烷基等。胺盐型阳离子表面活性剂水溶性较小，在酸性介质中较稳定，在中性、碱性介质中会发生水解，通常只适合作纤维柔软剂，不适合作洗涤剂。烷基胺盐中的酰胺基烷基胺盐可以是各种脂肪酰胺的乳酸盐和丙酸盐，其结构式见图 9-11：

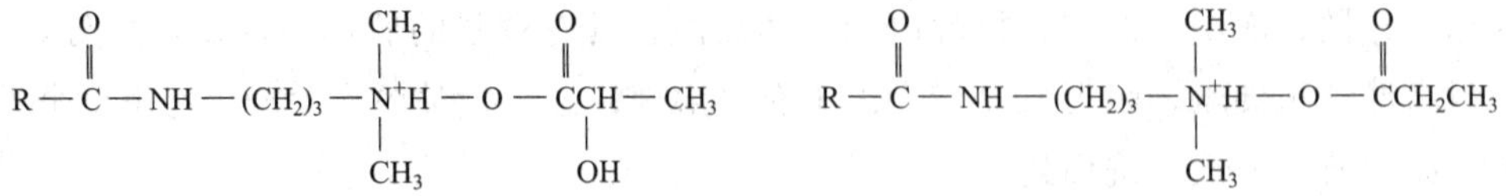

图 9-11 乳酸盐和丙酸盐的结构式

式中 R 为椰油基、硬脂基、异硬脂基、各种植物油脂基。

这类表面活性剂一般溶于水，作为阳离子乳化剂，与非离子表面活性剂复配可制备在酸性介质中稳定、耐电解质性良好的乳液；与阴离子表面活性剂复配，虽对头发和皮肤的亲和力不如季铵盐类阳离子表面活性剂，但在毛发上的积聚也较少，在酸性和中性范围内有较温和的调理效果。

使用这类表面活性剂配制的乳液，有助于保持产品较低的黏度，放置后又不会沉降分离。此类产品在化妆品中可用作头发调理剂和抗静电剂。由于胺盐是弱碱性盐，在碱性条件下，胺游离出来而失去表面活性，故使用时应予注意。

二、季铵盐型

季铵盐型阳离子表面活性剂通式为 $[RNR^1R^2R^3]^+ X^-$，式中 R 为 $C_{10} \sim C_{18}$ 的长链烷基；R^1、R^2、R^3 一般是甲、乙基，也可以有一个是苄基或长链烷基；X 是氯、溴、碘或其他阴离子基团，多数情况下是氯或溴。从结构上看，季铵盐可以看是铵离子（NH_4^+）的 4 个氢原子被有机基团取代后的化合物。即分子中至少有一个氮原子通过共价键与四个有机基团相连形成带正电荷的氮原子。

季铵盐型阳离子表面活性剂是产量高、应用广的阳离子表面活性剂。一般由叔胺与醇、卤代烃、硫酸二甲酯等烃基化试剂反应制得，其具有很多重要的性质。

由于季铵盐是强碱，在酸性或碱性溶液中均能溶解，并离解出带正电荷的季铵离子，因此，季铵盐水溶性较好。其溶解性与烷基的链长有关，$C_8 \sim C_{16}$ 单烷基三甲基季铵盐能溶于水，$C_{16} \sim C_{18}$ 单烷基三甲基季铵盐难溶于水，能溶于极性溶剂，耐酸又耐碱。季铵盐在酸性和碱性介质中都具有稳定性，热稳定性也较好。其中单烷基三甲基季铵盐不溶于非极性溶剂，而双烷基二甲基季铵盐溶于非极性溶剂，不溶于水。季铵盐型阳离子表面活性剂能在纤维表面形成疏水油膜，降低纤维的摩擦系数，使之具有柔软、平滑的效果，所以可作柔软剂。

另外，季铵盐对带负电荷的固体表面有吸附作用和杀菌消毒作用，具有优异的柔软、抗静电、杀菌、抗黄变性能；用量少，效果好，配制方便，配伍性好，具有极高的性价比。除可作抗静电剂柔软剂外，也可作护发产品中的头发定型调理剂，还可以作为絮凝剂、增稠剂。它具有润湿作用、发泡作用、乳化作用，以及很有限的洗涤作用。此外，有的还可作为阴离子增效剂，打破了传统阴离子不能与阳离子兼容的理论学说，具有协同增效的作用。其品种主要有烷基季铵盐、咪唑啉季铵盐和高分子季铵盐等。

（一）烷基季铵盐型

烷基季铵盐型代表性的产品有十六烷基三甲基溴化铵（1632）、十八烷基三甲基氯化铵（1831）、十二烷基二甲基苄基氯化铵（1227）和双十八烷基二甲基氯化铵。

（1）十六烷基三甲基溴化铵

它又名 1632、三甲基十六烷基溴化铵。分子式为 $C_{16}H_{33}(CH_3)_3NBr$，分子量为 364.5。呈白色结晶状粉末，易溶于异丙醇，可溶于水，振荡时产生大量泡沫，能与阳离子、非离子、两性离子表面活性剂有良好的配伍性。具有优良的渗透、柔软、乳化、抗静电、生物降解及杀菌等性能。化学稳定好，耐热，耐光，耐压，耐强酸、强碱。主要用作乳化剂、抗静电剂、柔软剂。化妆品中可用作护发素的调理剂、乳液起泡剂等等。

（2）十八烷基三甲基氯化铵

它简称为 1831，为白色或微黄色固体，可溶于水，易溶于异丙醇水溶液中。分子式为 $C_{21}H_{46}NCl$，分子量为 348，分子结构式见图 9-12。

1831 为季铵盐阳离子表面活性剂中最具有代表性的产品，化学稳定性好，耐热、耐光、耐压、耐强碱强酸。具有优良的渗透、柔化、抗静电及杀菌性能，其生物降解性优良，与阳离子、非离子和两性离子表面活性剂的配伍性良好，协同效应显著，但不宜在100℃以上长期存放。十八烷基三甲基氯化铵振荡时产生大量泡沫。应用较广的是其1％的水溶液，其pH值为6.5～7.5。在化妆品中主要用作毛发调理剂，是护发素的主要原料。

（3）十二烷基二甲基苄基氯化铵

其别名为1227，国内商品名为洁尔灭，是无色或微黄色透明黏稠状液体，分子式为$C_{21}H_{38}NCl$，分子量340。分子结构式见图9-13。

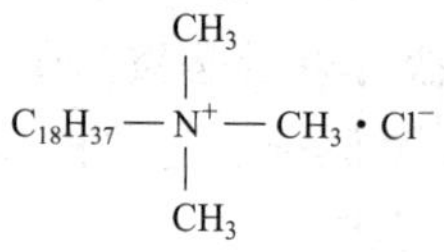

图 9-12　十八烷基三甲基氯化铵的结构式 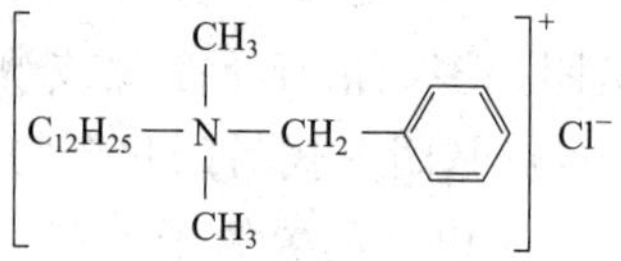　　图 9-13　十二烷基二甲基苄基氯化铵的结构式

十二烷基二甲基苄基氯化铵无味、无毒，微溶于乙醇，易溶于水，在沸水中稳定，水溶液呈弱碱性。耐热、耐光，无挥发性，化学稳定性好，可与非离子、阳离子表面活性剂配伍使用，不能与阴离子混合，具有良好的抗静电、柔软、乳化等功效。1227属于非氧化性杀菌剂，具有广谱、高效的杀菌灭藻能力，万分之几浓度的溶液即可用于消毒，在化妆品工业中用作调理剂和消毒灭菌剂，此为"氯型"产品。另外还有"溴型"产品，又名新洁尔灭，即结构式中Cl^-改为Br^-，它是一种很强的杀菌剂，使用很普遍，若掺入少量非离子活性物（如壬基酚聚氧乙烯醚），则杀菌力更强。

（4）双十八烷基二甲基氯化铵

双十八烷基二甲基氯化铵是以两个长链十八烷基作为疏水基，具有良好柔软性、抗静电性和一定的杀菌能力，也有较好的润湿和乳化能力，适用于制备O/W型乳状液。双十八烷基二甲基氯化铵的刺激性较烷基三甲基季铵盐小，在弱酸性时呈阳离子特性，在中性和碱性条件下呈非离子化的水合物。在化妆品中主要用作调理剂，用于护发素和调理香波，改进头发的梳理性并易于清洗。

此外，烷基季铵阳离子表面活性剂还有十二烷基三甲基氯化铵（1231）、十二烷基三甲基溴化铵（1232）、十六烷基三甲基氯化铵（1631）、双辛基二甲基氯化铵、N,N-二甲基-N,N-二烷基苯基甲基氯化铵等，它们在化妆品中可作为乳化剂、柔软剂、加脂剂、抗静电剂等。

（二）咪唑啉季铵盐型

咪唑啉是有机一元环叔胺，呈中强碱性。用酸中和形成铵盐，与卤代烷或硫酸酯反应生成季铵化合物。它是典型的阳离子表面活性剂。咪唑啉化合物的特性和缩合的脂肪酸有关，它能分散在热水中，在酸或弱碱性（pH<8）溶液中能完全溶解，酸可采用盐酸、磷酸、醋酸、羟乙酸和硫酸等。它可以很牢固地吸附在带负电荷的表面，如毛发、皮肤、牙齿、玻璃、纸张、纤维、金属和含硅材料等的表面。皮肤、头发和细菌都带有负电荷，由于牢固地吸附阳离子活性基团而达到滋润、调理、杀菌和抗静电等特殊的效果。

烷基咪唑啉是非极性液体，是很优良的乳化剂，具有一定杀菌作用并可作为织物的柔软剂，泡沫丰富，在高浓度的酸和电解质溶液中稳定，但可被过氧化氢和次氯酸盐氧化。在化妆品中，主要用作调理剂、乳化剂、抗静电剂和抗菌剂等，用于香波、护发素和一些护肤品。

（三）高分子季铵盐型

高分子季铵盐型阳离子表面活性剂可用作高分子凝絮剂、凝絮增效剂等。近年有许多高分子型产品用于头发调理剂，其中聚丙烯酰胺占 80% 以上，它是一非离子表面活性剂，但也可认为是一种阳离子高分子表面活性剂。

其性质与一般低分子表面活性剂有所不同。最主要的特点是具有良好的乳化、分散、絮凝、增溶等性能，是很有前途的表面活性剂。产品有迪恩普（NDP）、阳离子羟乙基纤维素（JR-400）、阳离子瓜尔胶（CGG）、阳离子蛋白肽（QHC）等。

（1）迪恩普

它别名 DNP。具有优良的乳化、分散、抗静电、柔软等性能，具有明显的增稠效果，与阴离子表面活性剂有良好的配伍性。对皮肤无刺激，无毒性，对头发有显著的柔软效果，并能增加头发光泽，润滑。用于日化各行业，特别适合于二合一洗发香波。可取代 JR-400，通常用量为 3% 左右。

（2）阳离子羟乙基纤维素

它又称阳离子纤维素 JR-400、聚季铵盐-10，由羟乙基纤维素与阳离子醚化剂反应而成。白色或浅黄色粉末，黏度为 $500\sim1000mPa\cdot s$（25℃、2%水溶液），氮含量 $1.7\%\sim2.2\%$，pH 值为 5~7。具有优异的调理性，抗静电，修复受损发质，使头发柔软顺滑，富有弹性，可减轻洗涤剂对皮肤的刺激。它主要应用于个人护理产品中，复配性好，对洗发护发产品还有良好的增稠作用，已广泛应用于化妆品行业。

（3）阳离子瓜尔胶（CGG）

其又称 CGG，化学名为羟丙基三甲基氯化铵。浅黄色粉末，黏度为 $3000\sim4000mPa\cdot s$（25℃、2%水溶液），氮含量为 $1.2\%\sim1.7\%$，pH 值为 9~11。阳离子聚季铵盐对头发和皮肤具有直接调理性，能增加乳化硅油等成分在头发上的吸附（增加 2~5 倍），保持乳化硅油、珠光剂等的乳化稳定状态，抗静电，防止头发过度飞散，具有增稠作用，耐盐性良好，能与各种表面活性剂配伍。

CGG 为护发和护肤产品提供杰出的增稠和调理作用，能降低头发的干湿梳理阻力，使头发保持光泽、柔软、富有弹性；降低洗涤剂对皮肤的刺激，使皮肤具有光滑舒适感。当与乳化硅油、丝蛋白等调理剂配合使用时，调理性更加优异，而且使用成本低，是目前使用最为广泛的调理剂。香波中用量一般在 $0.5\%\sim1.0\%$。

（4）阳离子高分子蛋白肽（QHC）

它经天然蛋白质改性制得，对头发有很好的附着性，能赋予头发良好的柔软性和梳理性，保持头发光泽，改善发型，并对受损伤的头发有修复功能。香波中用量在 2.0% 左右。

三、杂环类阳离子型

在杂环类阳离子表面活性剂分子中，除碳、氢原子外，还具有其他原子且呈环状结构的化合物。这类表面活性剂与碳环成环规律一样，最稳定与最常见的杂环也是五元环或六元环。杂环可含有一个或多个及多种杂原子。一般用于作缓蚀剂、纤维柔软剂、抗静电剂等。其主要类型如下。

（一）咪唑啉型

咪唑啉为含有两个氮原子的五元杂环单环化合物，根据咪唑啉环上所连基团的不同，可得到多种胺盐型或季铵盐型表面活性剂。结构通式见图 9-14。

图 9-14 中 R^2 常为 $C_2 \sim C_{18}$ 的烷基；R 和 R^1 可为 H、甲基、羟乙基、氨基乙基；X 为 Cl、Br、I、CH_3COO、CH_3SO_4 等。咪唑啉季铵盐不溶于矿物油，溶解于水及氯代烃类溶剂。在水或非水溶液体系，具有优良的抗静电、润滑等性能。可用于护发素中作为基质，能赋予头发优良的梳理性、润滑、柔软和光泽，也可用于护发制品中。代表性产品有高碳烷基咪唑啉、羟乙基咪唑啉、氨基乙基咪唑啉等经酸化或季铵化的产物。

（二）吗啉型

吗啉型阳离子表面活性剂是六元环中含有氮、氧两种杂原子的化合物。根据吗啉环上所连基团的不同，可得到多种铵盐型或季铵盐型表面活性剂。结构通式如图 9-15。

图 9-14　咪唑啉型阳离子表面
活性剂的结构通式

图 9-15　吗啉型阳离子表面
活性剂的结构通式

图 9-15 中 R^1 常为 $C_2 \sim C_{18}$ 的烷基，R^2 为 H 或低碳烷基等，X 为 Cl、Br、I、CH_3COO、CH_3SO_4 等。

（三）吡啶盐

吡啶季铵盐常用吡啶或烷基吡啶与季铵化试剂反应而制得。结构通式见图 9-16。

图 9-16 中 R 常为 $C_{12} \sim C_{18}$ 的烷基，R^1 可为 H 或低碳烷基等，X 为 Cl、Br、I 等。如溴代十六烷与吡啶反应得到的产物十六烷基溴化吡啶是一种常用的杀菌剂，但价格也较贵，在清洗剂中常与非离子表面活性剂复配成杀菌、消毒清洗剂。

十二烷基吡啶氯化铵是除咪唑啉化合物以外的另一种环胺化合物。见图 9-17。

图 9-16　吗啉型阳离子表面活性剂的结构通式　　图 9-17　十二烷基吡啶氯化铵的结构式

300g/L 溶液的酚系数对伤寒沙门菌为 165，对金黄色葡萄球菌为 350。1g/L 溶液在 25℃时的表面活性为 $4 \times 10^{-4} N/cm$。

四、鏻盐型阳离子型

鏻盐（复合盐）型阳离子表面活性剂是指季铵盐阳离子表面活剂中的亲水基团 N 原子为其他可携带正电荷的元素（如：P、As、S、I 等）的表面活性剂。常见的品种主要有鏻盐化合物、锍盐化合物、碘化合和砷化合物，鏻盐型阳离子表面活性剂被广泛用于作杀虫剂杀菌剂、阻燃剂。

（一）鏻盐化合物

鏻盐化合物由带有三个取代基的膦与卤代烷反应制得。化学通式见图 9-18。

图 9-18　鏻盐化合物的
结构通式

其中 R 常为 C_{12}～C_{18}的烷基，R^1、R^2、R^3 可为 H 或低碳烷基等，X 为 Cl、Br、I。如十二烷基二甲基苯基溴化鏻、三乙基十二烷基溴化鏻（结构式如图 9-19）。它具有良好的杀菌性能，主要用作乳化剂、杀虫剂和杀菌剂等。

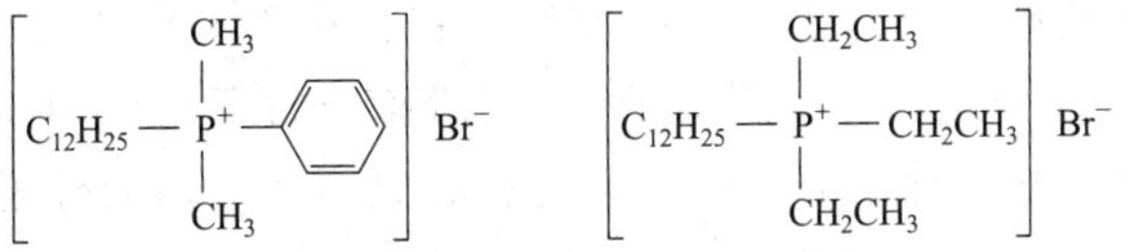

十二烷基二甲基苯基溴化鏻　　三乙基十二烷基溴化鏻

图 9-19　十二烷基二甲基苯基溴化鏻和三乙基十二烷基溴化鏻的结构式

（二）锍盐化合物

锍盐化合物可由具有一个或两个长碳链烷基的亚砜经烷基化反应而制得。可溶于水，具有除草、杀灭软体动物、杀菌和杀真菌等作用，对皮肤的刺激小，是有效的杀菌剂。如十二烷基甲基亚砜与硫酸二甲酯反应所得锍盐化合物，是锍盐型阳离子表面活性剂中性能十分优异的品种，如式(9-4)。

$$C_{12}H_{25}\underset{\downarrow\atop O}{S}CH_3 + (CH_3)_2SO_4 \longrightarrow C_{12}H_{25}\overset{CH_3\atop |}{\underset{\downarrow\atop O}{S^+}}CH_3 \cdot CH_3SO_4^- \tag{9-4}$$

还可通过硫醚与卤代烷反应制得，如式(9-5)。

$$C_{16}H_{33}SC_2H_5 + CH_3X \longrightarrow \left[C_{16}H_{33}\overset{+}{\underset{|\atop CH_3}{S}}C_2H_5 \right] \cdot X^- \tag{9-5}$$

（三）碘鎓化合物

碘鎓盐通过环合反应制得。通过环合反应，将碘原子转化为杂环的组成部分，如式(9-6)。

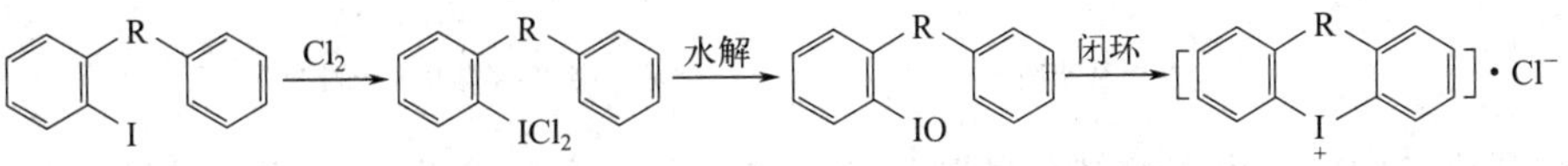

(9-6)

例如，可用过氧乙酸将邻碘联苯氧化成亚碘酰联苯，再用硫酸将其环化成二联苯碘硫酸盐，如式(9-7)。

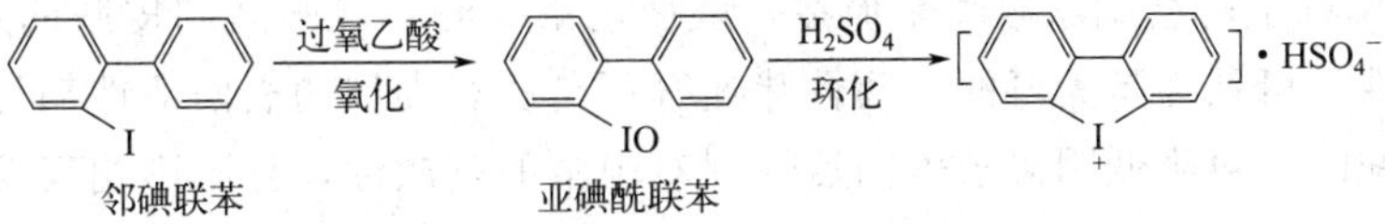

邻碘联苯　　亚碘酰联苯

(9-7)

碘鎓化合物同阴离子型洗涤剂和肥皂具有较好的相容性，抗微生物效果好，对次氯酸盐的漂白作用有较好的稳定性。

第四节　两性离子表面活性剂

广义地讲，两性离子表面活性剂是指在同一分子中既含有阴离子亲水基又含有阳离子亲水基，并随溶液 pH 的变化，呈现出不同的性质。它存在等电点或等电区域，即当溶液 pH 高于等电点，存在于碱性介质中显示阴离子性；当溶液 pH 低于等电点，存在于酸性介质中呈阳离子性；pH 值为等电点时显示两性。但是有的表面活性剂的分子结构中没有阴离子基团，只有阳离子和非离子；也有的表面活性剂同时存在解离常数非常大的阳离子和解离常数非常小的阴离子，在比较宽的 pH 值范围内以双离子同时存在，这是两性离子表面活性剂的特殊情况。

两性离子表面活性剂可溶于水，易溶于较浓的酸、碱溶液及无机盐的浓溶液，难溶于有机溶剂。但在水中溶解度较小，并且泡沫、去污、润湿性能差，因此其在化妆品中的应用是有限的。此类表面活性剂的最大的特点是毒性小，对眼睛和皮肤的刺激性低，并兼备阳离子和阴离子表面活性剂的特性。有杀菌作用，耐硬水，抗静电、柔软性好，耐盐、耐碱，有良好的配伍性，生物降解性好，并能使物质表面具有亲水性。基于上述特点，两性离子表面活性剂在化妆品领域及其他工业中的应用日益广泛。

两性离子表面活性剂种类很多，它的阳离子部分可以是铵盐、季铵盐或咪唑啉类，阴离子部分则为羧酸盐、硫酸酯盐、磷酸酯盐或磺酸盐。因而可根据阴离子部分的种类分为羧酸型、磺酸型、硫酸酯型、磷酸酯型，其中以羧酸型最为重要。此外，根据整体化学结构，两性离子表面活性剂主要分为咪唑啉型、氨基酸型、甜菜碱型和氧化胺型。

一、咪唑啉型

咪唑啉型是两性离子表面活性剂中应用最广的一类化合物，是由乙二胺衍生物和脂肪酸缩合而成的一类环状叔胺化合物，生成的是 2-烷基-N-烷基咪唑啉，再与卤代羧酸反应，生成两性咪唑啉化合物。反应方程式如式（9-8）：

$$\tag{9-8}$$

2-烷基-N-烷基咪唑啉　　　　2-烷基-N-烷基-N-羧甲基咪唑啉

在烷基化反应中，由于烷基化试剂的种类和用量不同，产生一系列两性咪唑啉化合物。由于咪唑啉环在烷基化过程中容易发生水解开环，因此，烷基化后所得到的通常是混合体系，商品咪唑啉也通常为混合物的形式。

两性咪唑啉是一种优良的表面活性剂，可用作抗静电剂、柔软剂、调理剂、消毒杀菌剂。浓度在 20% 以上时会刺激眼睛，但在一般使用浓度时，对眼睛和皮肤的刺激性都很低，或不产生刺激性，可认为是无毒的。两性咪唑啉可与所有类型的表面活性剂复配，与阴离子表面活性剂复配时，可降低阴离子表面活性剂对眼睛的刺激性，且不影响其发泡性能。两性咪唑啉在强酸强碱条件下会发生水解，但在较温和条件下的日化产品中使用稳定，抗硬水的能力较强，使用 pH 值范围通常为 6.5～7.5。由于其乳化能力较差，在较宽的 pH 范围内与各种洗涤助剂相容性好，很少单独作为洗涤剂使用。

　　两性咪唑啉对皮肤性质温和、刺激性很小、无过敏性反应，是调制无刺激性调理香波必不可少的组分，可用于婴儿香波和沐浴用品中。此外，两性咪唑啉还可作柔软剂，具有抗静电性和润滑性，使头发洗后无静电，柔软疏松，飘逸动人。

　　具有代表性的两性咪唑啉是 2-十二烷基-N-羟乙基-N-羧甲基咪唑啉，结构式见图 9-20。它是一种米黄色或琥珀色黏稠液体，活性物含量为 40%～50%，pH 为 8.5～9.5，可溶解在温水中，无毒，对人体皮肤无刺激，生物降解性良好。它具有优良的抗静电和发泡性，在偏酸性环境下有杀菌性。其与阴离子、阳离子和非离子表面活性剂有很好的配伍性，非常适合用于配制温和型的个人洗涤用品，例如婴儿沐浴露、杀菌消毒洗手液、调理洗发香波、护发素等。

二、甜菜碱型

　　甜菜碱因最初从甜菜中提取出来而得名。后来，采用人工合成的办法在甜菜碱分子中引入一个长碳链烃基代替甲基可以得到一系列烷基甜菜碱型表面活性剂，包括羧酸型、硫酸酯型和磺酸酯型，其结构式如图 9-21。

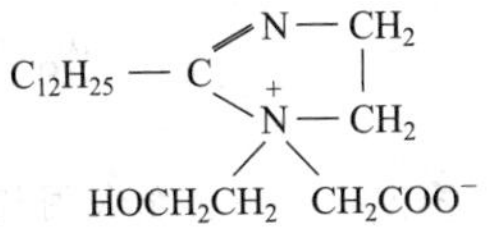

图 9-20　2-十二烷基-N-羟乙基-N-羧甲基咪唑啉的结构式

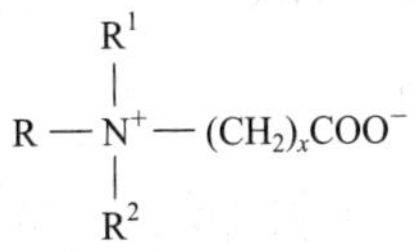

图 9-21　烷基甜菜碱型表面活性剂的结构通式

　　图 9-21 中 R、R^1、R^2 三个取代基可以不同，可为烷基、芳基或其他有机基团，通常由一个长链和两个短链构成，其中的长链基团为含 7 个以上碳原子的脂肪烃基，短链可以是二甲基、二羟乙基；x 一般取 1。

　　此类化合物对皮肤和眼睛不产生刺激，在较大的 pH 值范围内水溶性都很好，且具有很好的抗硬水能力，在硬水中可防沉淀，可作为脂肪酸皂分散剂；具有良好的调理性，对皮肤温和、无刺激，能抗静电，作为头发柔软剂使用。烷基甜菜碱型表面活性剂不能单独作为洗涤主活性剂，但是与阴离子复配则具有良好的泡沫性、润湿性和清洗性能。此外，甜菜碱型两性离子表面活性剂还具有优秀的配伍性、极佳的协同增效作用等优秀特性，可用于灭菌和防腐，易于生物降解，广泛应用在洗发香波、沐浴液和洗手液等化妆品中。

　　甜菜碱型两性离子表面活性剂与其他两性离子表面活性剂的差异在于：由于分子中季铵氮的存在，其在碱性溶液中不会以阴离子型表面活性剂的形式存在；在不同的 pH 范围，甜菜碱型两性离子表面活性剂以两性离子或阳离子表面活性剂的形式存在，因此在等电区，甜菜碱两性离子表面活性剂不会出现溶解度急剧下降的现象。

　　最具有代表性的是 N-十二烷基-N,N-二甲基甜菜碱（简称十二烷基甜菜碱，BS-12）和椰油酰胺丙基甜菜碱（CAB）。

　　(1) N-十二烷基-N,N-二甲基甜菜碱

　　又名十二烷基二甲基甜菜碱，商品代号 BS-12，无色或浅黄色的黏稠透明液体，易溶于水，是一种两性离子表面活性剂，结构式如图 9-22。

　　图 9-22 中 $C_{12}H_{25}$— 为直链烷基。它具有优良的溶解性和配伍性，性质温和，对皮肤刺

激性小，毒性低，具有良好的清洁、增稠、稳泡、发泡和湿润作用；具有优良的去污杀菌、抗静电性和耐硬水性；在酸性及碱性条件下均具有优良的低温稳定性；有很好的对金属的缓蚀性，还用作调理剂、柔软剂；生物降解性好，降解率可达 98％ 以上。

用于化妆品和洗涤用品的 BS-12 产品，一般外观为无色或浅黄色的黏稠液体，活性物含量为 30％ 左右，pH 为 6～8。

BS-12 主要用于配制洗发香波、泡沫浴和儿童用浴剂，也用作织物用柔软剂、抗静电剂和羊毛缩绒剂，还用于杀菌消毒剂、金属防蚀剂、乳化剂及橡胶工业的凝胶乳化剂等。

（2）椰油酰胺丙基甜菜碱

椰油酰胺丙基甜菜碱，商品名 CAB，是一种极其温和的两性离子表面活性剂，对皮肤、眼黏膜无刺激、无过敏性反应。由于在烷基甜菜碱分子碳链中插入酰胺基，增加的氮原子在酸性环境下可以形成胺盐甚至季铵盐，增加了亲水活性基，其性能更加优越。结构式如图 9-23。

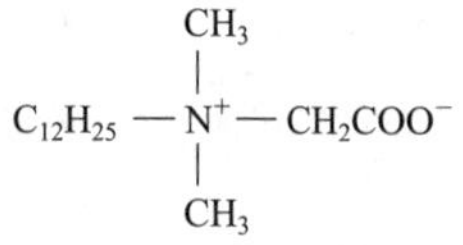

$$CH_3$$
$$C_{12}H_{25} - N^+ - CH_2COO^-$$
$$CH_3$$

图 9-22　十二烷基二甲基
甜菜碱的结构式

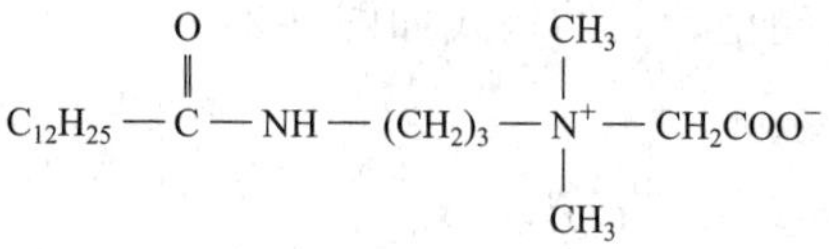

$$O \qquad CH_3$$
$$C_{12}H_{25} - C - NH - (CH_2)_3 - N^+ - CH_2COO^-$$
$$CH_3$$

图 9-23　椰油酰胺丙基
甜菜碱的结构式

椰油酰胺丙基甜菜碱为无色或浅黄色的黏稠液体，其中活性物含量在 30％ 左右。它可以按照任意比例溶解于水中，在较宽的 pH 范围内 CAB 性质稳定的，能与阴、阳、非离子表面活性剂配伍而得到透明的液体或胶体，不会导致分解或沉淀。与阴离子表面活性剂复配，可以降低阴离子表面活性剂的刺激性，具有抗菌功效；在 pH＝5.5～6.5 条件下，能提高黏度，增稠效果明显。CAB 的显著特点是对眼睛、皮肤的刺激性很低，安全性高，它具有柔软性、杀菌性及抗静电性能，是优异的头发调理剂；其泡沫稳定、细腻，非常适合于配制洗发护发二合一香波（使用时容易入眼）和沐浴液（大面积接触皮肤），成为最常用的两性离子表面活性剂品种。

（3）月桂酰胺丙基甜菜碱

其又名 LAB-35，化学结构式：$C_{12}H_{25}CONH(CH_2)_3N^+(CH_3)_2CH_2COO^-$。微黄色透明液体。具有优良的溶解性、配伍性、发泡性、增稠性、低刺激性和杀菌性，配伍使用能显著提高洗涤类产品的柔软、调理和低温稳定性；具有良好的抗硬水性、抗静电性及生物降解性。

（4）月桂酰胺丙基羟磺基甜菜碱

其又称 LHSB-35。化学结构式：$C_{12}H_{25}CONH(CH_2)_3N^+(CH_3)_2CH_2CH(OH)CH_2SO_3^-$。无色至微黄色透明液体。具有优良的溶解性和配伍性，配伍使用能显著提高洗涤类产品的柔软、调理和低温稳定性；具有优良的发泡性和显著的增稠性，对皂基有增稠性能；具有低刺激性和杀菌性；具有比 CAB 更优良的抗硬水性、抗静电性及生物降解性。

酰胺型的磺基甜菜碱具有更好的温和性和泡沫性与稳泡性。

以上四种甜菜碱型表面活性剂，广泛用于中高级香波、沐浴液、洗手液、泡沫洁面剂等和家居洗涤剂配制中，是制备温和婴儿香波、婴儿泡沫浴、婴儿护肤产品的主要成分，在护发和护肤配方中是一种优良的柔软调理剂，还可用作洗涤剂、润湿剂、增稠剂、抗静电剂及杀菌剂等。

三、氨基酸型

氨基酸型表面活性剂是一类性质温和的两性离子表面活性剂，它是由脂肪胺与卤代羧酸盐反应而制得的，反应方程式如(9-9)：

$$ClCH_2CH_2COONa + RNH_2 \longrightarrow RNHCH_2CH_2COONa + HCl$$

β-氯代丙酸钠 $\qquad\qquad$ N-烷基-β-丙氨酸钠 $\qquad\qquad$ (9-9)

另外，增加卤代羧酸盐用量或者配比，可以得到二元氨基酸，则产物为一元和二元氨基酸的混合物。如式(9-10)。

$$2ClCH_2CH_2COONa + RNH_2 \longrightarrow RN \begin{matrix} CH_2CH_2COONa \\ \\ CH_2CH_2COONa \end{matrix}$$

β-氯代丙酸钠 $\qquad\qquad$ N-烷基-β-二丙氨酸二钠 $\qquad\qquad$ (9-10)

氨基酸型两性离子表面活性剂本身是电中性的，在分子结构中没有带电荷的离子。但在偏酸性的溶液里却呈现如同季铵盐阳离子的特性，它的阳离子亲水基的正电荷是由氨基携带的，例如式(9-11)：

$$RN \begin{matrix} CH_2CH_2COONa \\ \\ CH_2CH_2COONa \end{matrix} + HCl \longrightarrow \begin{matrix} R \quad CH_2CH_2COONa \\ \overset{+}{N} \\ H \quad CH_2CH_2COONa \end{matrix} \quad Cl^- \qquad (9-11)$$

氨基酸型表面活性剂在不同 pH 时表现出不同的性质。在偏碱性的溶液里，它表现脂肪酸盐类阴离子的特性，此时，可将其归类于阴离子表面活性剂；在酸性溶液里具有亲水基团，表现季铵盐离子的特性；在等当点时，表现出来的是两性性质。此外，在酸性环境中具有抗静电剂和杀菌剂的作用，具有最佳的头发梳理性；在弱碱性环境下能达到最佳泡沫性能。而且亲水基团分别与典型的阳离子活性剂或阴离子活性剂相同，所以它们具有良好的相容性，可以方便复配使用。氨基酸型两性离子表面活性剂的三乙醇胺盐有特别优良的泡沫性能，与其他两性离子表面活性剂显著不同的是，其可以单独作为主洗涤剂使用。

常见的氨基酸型两性离子表面活性剂主要有油酰基丙氨酸钠、N-月桂酰基谷氨酸盐、β-氨基丙酸型和月桂基两性醋酸钠，前两种氨基酸型表面活性剂前面已介绍（见本章 第二节 一、脂肪物羧酸盐），此处不再介绍。

(1) β-氨基丙酸型

β-氨基丙酸型两性离子表面活性剂是由 β-丙氨酸上的氢被长碳链烷基取代而得的氨基丙酸衍生物，分子式：$RN^+H_2CH_2CH_2COO^-$。它是一类常用的两性离子表面活性剂，如 N-十二烷基-β-氨基丙酸和 N-十二烷基亚氨二丙酸二钠 $[C_{12}H_{25}N(CH_2CH_2COONa)_2]$。$\beta$-氨基丙酸型两性离子表面活性剂在中性或碱性 pH 值范围内有优良的发泡能力，而在低 pH 值时，失去发泡能力。当处于两性状态时，β-氨基丙酸型两性离子表面活性剂对头发有很好的亲和力。如同其他氨基酸衍生物一样，β-氨基丙酸型表面活性剂对皮肤和眼睛的刺激性很低，在化妆品中的使用是安全的，适用于所有类型的毛发化妆品。

（2）月桂基两性醋酸钠

其又称月桂基亚氨基二乙酸二钠或 LAD-30，结构式：$RN(CH_2COONa)_2$。无色至微黄色透明黏稠液体，无异味，黏度为 $5000\sim10000mPa\cdot s$，pH 值为 $6.0\sim8.0$。月桂基两性醋酸钠对皮肤和眼睛具有特别的温和性和极低的刺激性，是阴离子表面活性剂无法比拟的；其发泡力、泡沫结构都优于甜菜碱型。

它与各种表面活性剂的相容性好，并能与皂基配伍；刺激性低，与阴离子表面活性剂相配能显著降低其刺激性；具有良好的发泡力，泡沫丰富细密，肤感好，能显著改善配方体系的泡沫状态；在香波中有调理作用，可替代甜菜碱型；耐盐性好，在广泛 pH 值范围内稳定；生物降解、安全性好。可用在洗面奶、洁面啫喱、儿童洗涤剂中，特别适用于温和低刺激无泪配方中，洗面奶中含量 $15\%\sim40\%$，沐浴液中含量 $8\%\sim30\%$，香波中含量 $6\%\sim12\%$。

四、氧化胺型

氧化胺是用脂肪叔胺和过氧化氢等过氧化物发生氧化反应而制得的，品种极多，其结构式为图（9-24）。

具有代表性的是十二烷基二甲基氧化胺，又称 OB-2，它由叔胺与 H_2O_2 反应制得。在中性和碱性溶液中，氧化胺显示非离子的特性，在酸性溶液中，则显示弱阳离子的特性。在很宽的 pH 范围内，氧化胺与其他表面活性剂有很好的相容性和配伍性。

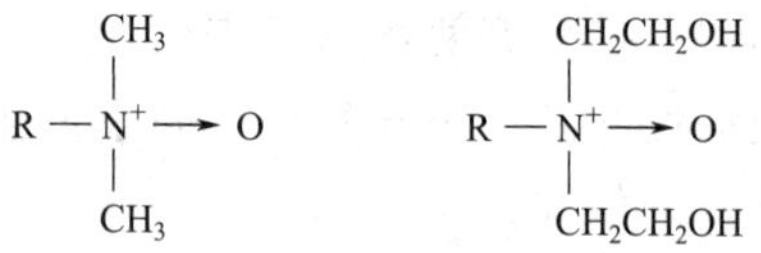

图 9-24　氧化胺型两性离子表面活性剂的结构式

氧化胺型表面活性剂用在洗发香波和护发素中具有调理作用和抗静电作用，改善头发的湿梳和干梳性，使头发定型而不显蓬乱。但是，当 pH＞9 时，氧化胺不具有抗静电作用，失去调理性。

氧化胺型表面活性剂具有优良的起泡性和稳定性，性能优于烷醇酰胺型，并可以取代烷基醇酰胺型表面活性剂。氧化胺型表面活性剂是十分有效的起泡剂和稳泡剂，泡沫丰富细腻而且持续时间长。

氧化胺型表面活性剂与 AES、AOS 等阴离子表面活性剂复配时，可改变产品的起泡性和泡沫稳定性，使洗涤力增加。例如，十二烷基酰胺丙基二甲基氧化胺或者十二烷基二甲基氧化胺与 AES 复配而成的泡沫浴剂能产生大量的稳定的泡沫，用后使人有润滑、柔和的感觉。但与 LAS 复配时，却令洗涤力降低。

氧化胺型表面活性剂具有增稠作用，是非常有效的增稠剂。氧化胺型表面活性剂无毒、刺激性小、对皮肤温和。还可抑制阴离子对蛋白质的变性作用，降低阴离子型表面活性剂对皮肤的刺激。因此，氧化胺型表面活性剂可以广泛用于沐浴液、洗面奶、洗发香波、护发素。氧化胺型表面活性剂的种类很多，此处介绍几种代表性产品。

（一）烷基二甲基类氧化胺

（1）十四烷基二甲基氧化胺

商品名：OA-14、TAO-14、OB-4。无色至浅黄色黏稠液体，固含量 50.5%。在酸性介质里呈阳离子型，在碱性介质里呈非离子型，是具有良好的增稠、抗静电、柔软、增泡、去污性能；该品刺激性低，能有效地降低洗涤剂中的阴离子刺激性，还具有杀菌和钙皂分散、易生物降解等特点。洗涤性能优良，泡沫丰富而稳定。

（2）十二烷基二甲基氧化胺

商品名：OA-12、OB-2。无色至浅黄色黏稠液体，固含量 50.5％。它为一种两性离子表面活性剂，在酸性介质里呈阳离子型，在碱性介质里呈非离子型，具有良好的增稠、抗静电、柔软、增泡和去污性能；洗涤性能十分优良，泡沫既丰富又稳定，性质温和且刺激性低。具有杀菌以及钙皂分散、易生物降解等特点。化妆品中主要用在洗发香波中，使头发更为柔顺、易于梳理及富有光泽。

（3）十六烷基二甲基氧化胺

商品名：OA-16、OB-6。白色或淡黄色膏状物，固含量 51％。在酸性下呈阳离子性，在碱性下呈非离子性，具有良好的增稠、增泡、去污性能；刺激性低，具有杀菌、钙皂分散、易生物降解等特点。洗涤性能很优良，泡沫丰富且稳定，性质温和、刺激性低，具有优良的抗静电性与柔软性。

主要用在洗发香波，使头发更为柔顺、易梳理、富有光泽，泡沫很细腻，在产品中起到增稠、减少刺激与增效作用。

（4）十八烷基二甲氧化胺

商品名：OA-18、OB-8。白色或淡黄色膏状物，固含量 52％。在酸性介质中呈阳离子性，在碱性介质中呈非离子性，与十六烷基二甲基氧化胺一样，具有良好的增稠、抗静电、柔软、增泡和洗涤性能；刺激性低，可有效地降低洗涤剂中的阴离子刺激性，具有杀菌、钙皂分散、易生物降解等特点。

主要用于洗发香波，使头发柔顺、易于梳理、富有光泽，泡沫细腻。

（二）月桂酰胺丙基氧化胺

月桂酰胺丙基氧化胺又名，LAO-30。月桂酰胺丙基氧化胺是氧化胺类表面活性剂，具有良好的发泡、增稠、调理和抗静电性能，能显著提高产品的综合洗涤能力，在一般用量下，对皮肤和头发非常温和。化学结构式：$CH_3(CH_2)_{10}CONH(CH_2)_3N(CH_3)_2O$。无色至微黄色透明液体。与阴离子、阳离子、两性离子和非离子表面活性剂相容性好；能产生丰富稠厚细腻的泡沫；对适当比例的阴离子表面活性剂有明显的增稠效果；能有效地降低产品中其他表面活性剂的刺激性；具有良好的抗静电性，是理想的调理剂；低温稳定性好。

月桂酰胺丙基氧化胺（LAO）对皮肤和头发非常温和，如用于润肤时，可赋予皮肤光滑舒适感，也能使一般原料配制的香波产生稠密的奶油状泡沫，适用于香波、沐浴露、洗面奶、洗手液、婴儿洗护用品、餐具洗涤剂和硬表面活性剂等。

第五节　非离子表面活性剂

非离子表面活性剂是分子中含有在水溶液中不解离的醚基为主要亲水基的表面活性剂。与离子表面活性剂不同，其分子中虽然也含有亲水基和亲油基，但溶于水或悬浮于水中不离解成离子状态，其表面活性是由整个中性分子体现的。

从结构上看，其分子结构中的亲油基大致与离子型表面活性剂相同，主要由高碳脂肪醇、烷基酚、脂肪酸、脂肪胺和油脂等提供；非电离的亲水基主要由环氧乙烷、多元醇、乙醇胺等提供，是以分子中的多醚键和多羟基与水分子形成氢键来显示的，因此它在吸附、乳化、增溶性能上呈现与离子型表面活性剂不同的性质。在酸性、碱性溶液中，非离子表面活性剂具有很高的表面活性及良好的增溶、洗涤、抗静电、钙皂分散等性能，刺激性小，还有优异的润湿和洗涤功能。非离子表面活性剂在水中不解离，对硬水或电解质相对稳定性。在较宽的 pH 值范围内与各类表面活性剂配伍性好，在离子型表面活性剂中添加少量非离子表面活性剂，可使该体系的表面活性提高。

非离子表面活性剂在水中的溶解行为与离子型表面活性剂不同，具有浊点。含有醚基或酯基的非离子表面活性剂在水中的溶解度随温度的升高而降低，当超过某一温度时，溶液会出现浑浊和相分离，冷却时又可以恢复澄清，即当温度低于某一点时，混合物再次成为均相，这个温度点称为浊点。

非离子表面活性剂的生产和应用日益广泛，目前其产量已接近阴离子表面活性剂，居第二位。种类主要有多元醇类、烷醇酰胺类和聚氧乙烯类。

一、多元醇型

多元醇型非离子表面活性剂是由含多个羟基的多元醇与脂肪酸进行酯化反应生成的酯类及其环氧乙烷加成物。此外，还包括氨基醇及糖类与脂肪酸或酯进行反应制得的非离子表面活性剂。多元醇型非离子表面活性剂（不包括与环氧乙烷加成产物）的亲水性来自多元醇的羟基，所以其亲水性小，亲油性大，多数具有自乳化性。而与环氧乙烷加成后，增加了亲水性，多数具有良好的亲水性，其亲水性由聚氧乙烯链的长短来确定。

多元醇型非离子表面活性剂按多元醇的种类可分为蔗糖脂肪酸酯、葡萄糖脂肪酸酯、甘油脂肪酸酯、脱水山梨醇脂肪酸酯、聚乙二醇脂肪酸酯、聚丙二醇环氧乙烷加成物等。

（一）脂肪酸甘油酯类

此类非离子表面活性剂主要有脂肪酸单甘油酯和脂肪酸二甘油酯，由脂肪酸与甘油直接酯化得到，也可由油脂和甘油进行酯交换而获得。工业上常采用后者，如采用椰子油与甘油进行酯交换可得到月桂酸单甘油酯。

脂肪酸甘油酯不溶于水，在水、热、酸、碱及酶等作用下易水解成甘油和脂肪酸，HLB 为 3～4，表面活性弱，是一类较常见的乳化剂品种，乳化能力较强，且成本较低。在化妆品中一般常用作 W/O 型乳化剂，加入金属脂肪酸盐后可成为自乳化型。常见的品种有单硬脂酸甘油酯、月桂酸单甘油酯、油酸单甘油酯、聚氧乙烯单甘油酯等。

（1）单硬脂酸甘油酯

分子式：$C_{17}H_{35}COOCH_2CH(OH)CH_2OH$。白色蜡状薄片或珠粒固体，不溶于水，与热水经强烈振荡混合可分散于水中，为油包水型乳化剂，使膏体细腻、滑润。能溶于热的有机溶剂（乙醇、苯、丙酮）以及矿物油和固定油中。熔点为 56℃，在热水中能分散，HLB 值为 3.8～8.5，以甘油与硬脂酸酯化制得。在化妆品中用作乳化剂，还可作为消泡剂、分散剂、增稠剂、润滑剂和抗静电剂等。

（2）月桂酸单甘油酯

其又名十二酸单甘油酯，分子式：$C_{11}H_{23}COOCH_2CH(OH)CH_2OH$。月桂酸单甘油酯由月桂酸和甘油直接酯化合成，外观一般为鳞片状或油状、白色或浅黄色的细粒状结晶。它既是优良的乳化剂，又是安全高效广谱的抗菌剂，且不受 pH 限制，在中性或微碱性条件下，仍有较好的抗菌效果，缺点是不溶于水，限制了其应用。

（3）单油酸甘油酯

其又称甘油单油酸酯，分子式：$C_{17}H_{33}COOCH_2CH(OH)CH_2OH$。由油酸与甘油酯化而成的一种非离子表面活性剂，25℃为淡黄色液体或膏状，有油脂的特有香气，易溶于油，水中易分散。熔点为 35～37℃，相对密度为 0.9407。具有乳化、增稠和消泡性能。在化妆品中，用作生产膏霜类化妆品及液体洗涤香波的乳化剂、增溶剂、遮光剂、消泡剂、生物利用率提高剂、润肤剂。还可用于聚乙烯、聚丙烯、聚氯乙烯的内部抗静电剂，一般用量在 0.5%～2.0%。

（二）蔗糖脂肪酸酯与葡萄糖脂肪酸酯

（1）蔗糖脂肪酸酯

蔗糖脂肪酸酯又名脂肪酸蔗糖酯、蔗糖酯，简称 SE，一种非离子表面活性剂，由蔗糖和脂肪酸经酯化反应生成的脂肪酸酯或混合物。白色至黄色的粉末，或无色至微黄色的黏稠液体或软固体，无臭或稍有特殊的气味。易溶于乙醇、丙酮。单酯可溶于热水，但二酯或三酯难溶于水。单酯含量越高，亲水性越强；二酯和三酯含量越多，亲油性越强。

常用硬脂酸、油酸、棕榈酸等高级脂肪酸，生成的产品为粉末状。因蔗糖含有 8 个—OH，根据脂肪酸取代数不同，产品有单酯、二酯、三酯及多酯。根据蔗糖羟基的酯化数，可获得不同 HLB 值（3～15）的蔗糖脂肪酸酯系列产品。

蔗糖脂肪酸酯具有表面活性，能降低表面张力，有旋光性。同时有良好的乳化、分散、增溶、润滑、渗透、起泡、黏度调节、防止老化、抗菌等性能，生物降解性强，无污染。其软化点为 50～70℃，分解温度为 233～238℃。在酸性或碱性时加热可被皂化。

蔗糖脂肪酸酯水溶性良好、去污性优良、生物降解完全、对人体无毒、无刺激性、乳化性好、分散性强，其 HLB 值为 3～15，应用范围较广。主要用作乳化剂和分散剂，也可用作保鲜剂。蔗糖酯能与淀粉结合，从而控制淀粉结晶与黏度性能，有类似油脂的外观、物性和口味，还能以胶束形式结合胆固醇，因此可用于减肥化妆品等高档化妆品中。

（2）葡萄糖脂肪酸酯

此类表面活性剂是由甲基葡萄糖苷和脂肪酸反应而制得的非离子表面活性剂。其最大特点是无毒、无刺激、有极好的温和性，还能调节黏度、稳定黏度性质，具有优良的水溶性，原料来源广泛、成本低廉。此外，还具有良好的增溶性、保湿性、乳化能力、增稠能力和生物降解性，故被广泛用于制造各种新型高品质的化妆品，是具有极好发展前景的表面活性剂品种。

主要产品有：甲基葡萄糖苷倍半硬脂酸酯、甲基葡萄糖苷双油酸酯、聚氧乙烯（20）甲基葡萄糖苷倍半硬脂酸酯、聚氧乙烯（120）甲基葡萄糖苷双油酸酯、聚氧乙烯（10，20）甲基葡萄糖苷、聚氧丙烯（10，20）甲基葡萄糖苷、聚氧乙烯（20）甲基葡萄糖苷二硬脂酸酯。

① 甲基葡萄糖苷倍半硬脂酸酯。缩写为 SS，一种非离子表面活性剂，由甲基葡萄糖苷与硬脂酸进行酯化反应制得，一般为单酯与双酯的混合物。SS 为浅黄色片状物，酸价为25mg/g，皂化值为 140～170mg/g，不溶于水，有油溶性，无毒，具有优良的乳化、分散、增溶能力，和皮肤的相容性佳，但是对皮肤和眼睛有较低的刺激性，是优良的油包水型乳化剂。

甲基葡糖苷倍半硬脂酸酯在化妆品中作柔润剂、乳化剂、皮肤调理剂以及保湿剂使用。

② 甲基葡萄糖苷二油酸酯。又名甲基葡糖二油酸酯、2,6-二油酰基甲基葡萄糖，由甲基葡萄糖和油酸反应而得。为淡黄色至黄色液体，微溶于水；强酸、强碱条件下，易水解和氧化；对皮肤、眼睛有较低的刺激性，可降解。具有优良的乳化、分散、增溶能力，与皮肤的相容性良好。通常作为乳化剂、增溶剂等应用。在化妆品中作为润肤剂、保湿剂、调理剂等，应用于个人护理用品等领域。

③ 聚氧乙烯（20）甲基葡萄糖苷倍半硬脂酸酯。缩写 SSE-20，它由甲基葡萄糖苷倍半硬脂酸酯（SS）与 20 个聚氧乙烯基单元（EO）形成。白色至浅黄色膏体，酸值≤5mg/g，HLB 值约为 15，一般情况下与 SS(HLB 值为 5) 配合使用，调整两者的配比可以得到不同 HLB 值的乳化剂对，以适用于不同的乳化场合。

SSE-20 来自天然产物葡萄糖，因此该产品具有温和、无刺激的特点，另外它的乳化能力强，制得的膏体细腻亮泽、稳定性好、涂抹肤感好，适用于膏霜的制作。SSE-20 在 100℃ 以下、pH＝4～9 的范围是稳定的，所以一般情况下只要加入油相中与油一起熔化就可以了。当乳化剂（SS，SSE-20）的总量达到油相用量的 10% 时，乳化效果很好。一般 SS 的用量为 0.3%～1%，SSE 的用量为 1%～3%。

（三）脱水山梨醇脂肪酸酯

山梨醇为葡萄糖加氢制得的带有甜味的六元醇，与脂肪酸反应，生成山梨醇脂肪酸单酯和双酯的混合物，当反应的温度升高到 230～250℃，发生酯化反应，同时发生山梨醇的分子内失水，形成醚键，得到脱水山梨醇单酯和双酯的混合物，其通用商品名为司盘（Span）。

这类表面活性剂具有很好的稳定性，对皮肤和眼睛无刺激性，使用安全。山梨醇酯只适用作纤维柔软剂，不适合作乳化剂；而脱水山梨醇酯可表现出良好的乳化性能，应用较为广泛。其 HLB 为 1.8～3.8，因其亲油性较强，一般用作水/油型乳化剂。司盘系列产品本身均不溶于水，很少单独用作乳化剂，而是与其他水溶性表面活性剂复合使用，以取得良好的乳化效果。用于搽剂、软膏，亦可作为乳剂的辅助乳化剂。

脱水山梨醇脂肪酸酯的种类很多，根据脂肪酸品种及数量不同分为：脱水山梨醇单月桂酸酯（Span-20）、脱水山梨醇单棕榈酸酯（Span-40）、脱水山梨醇单硬脂酸酯（Span-60）、脱水山梨醇三硬脂酸酯（Span-65）、脱水山梨醇单油酸酯（Span-80）、脱水山梨醇三油酸酯（Span-85）。

（1）脱水山梨醇单月桂酸酯

它又名 Span-20、司盘-20、S-20 乳化剂，分子式：$C_{11}H_{23}COOC_6H_{11}O_4$。琥珀色至棕褐色油状液体。司盘-20 是以山梨醇为原料，先在真空加热下进行脱水环化，生成脱水山梨糖醇，然后与月桂酸进行酯化反应而得的。相对密度为 0.99～1.09，酸值＜8mg/g，HLB 为 8.6，羟值为 330～360mg/g，皂化值为 160～175mg/g。稍溶于异丙醇、四氯乙烯、二甲苯、棉籽油、矿物油中。在丙二醇中呈浑浊状，分散于水中呈乳浊液。无毒、无臭，具有很好的乳化、渗透、分散性能。在化妆品中主要用作膏霜类产品的油包水型乳化剂。通常与亲水性表面活性剂配合使用，尤其与吐温类表面活性剂复配使用，可发挥其优良的乳化性能。

（2）脱水山梨醇单棕榈酸酯

它又名 Span-40、司盘 40、斯潘 40。分子式：$C_{15}H_{31}COOC_6H_{11}O_4$。微黄色蜡状固体，羟值为 255～290mg/g、皂化值为 140～150mg/g、酸值≤8mg/g、HLB 值为 6.7。可溶于油及异丙醇等有机溶剂，热水中呈分散状，在四氯乙烯、二甲苯中呈浑浊状，凝固点为 53℃。为水/油型优良乳化剂，具有很强的乳化、分散和润湿作用。可与各种表面活性剂混合使用，尤其适合与乳化剂 Tweens-40 复配使用。化妆品工业中可以用作乳化剂、分散剂、乳化稳定剂、防水涂料添加剂、油品乳化分散剂等等。

（3）脱水山梨醇单硬脂酸酯

它又名span-60、司盘-60、山梨糖醇单硬脂酸酯。分子式：$C_{17}H_{35}COOC_6H_{11}O_4$。司盘-60由山梨醇脱水与硬脂酸酯化制得。乳白色至黄棕色、易碎的硬质蜡状物，微有脂肪臭气，熔点为58℃，相对密度为$0.98\sim1.03$，HLB值为4.7。不溶于冷水，能分散于温水中，微溶于乙醇，溶于热棉籽油及液体石蜡，但溶液显浑浊。这种非离子型表面活性剂的作用与司盘-20基本相同，主要用于乳剂、霜剂、乳膏剂等的制造。

（4）脱水山梨醇单油酸酯

它又名span-80、司盘-80、山梨糖醇单油酸酯，由山梨醇和油酸在碱性催化剂存在下缩合制得。分子式：$C_{17}H_{33}COOC_6H_{11}O_4$。浅琥珀色黏稠油状物。皂化值为140mg/g、羟值为$190\sim220$mg/g、酸值<1.50mg/g，HLB值为4.3。不溶于水及多元醇，溶于酒精，无毒，无臭，具有乳化和分散力。主要为W/O型乳化剂、增稠剂、分散剂，广泛用于化妆品工业。

（四）聚氧乙烯脱水山梨醇脂肪酸酯

聚氧乙烯脱水山梨醇脂肪酸酯又名吐温（Tweens），是由脱水山梨醇脂肪酸酯与环氧乙烷进一步乙氧基化，发生加成反应得到聚氧乙烯脱水山梨醇脂肪酸酯的混合体系。

吐温系列的水溶性和分散性较好，主要用作乳化剂。在化妆品中，常选用司盘产品和吐温产品共同复配使用成为"乳化剂对"，以作为O/W型乳化剂，广泛用于药品、化妆品和食品用乳化剂类型。

与司盘一样，根据酯化所用的脂肪酸类型的不同，可得到不同的吐温品种。由司盘-20、司盘-40、司盘-60和司盘-80分别与环氧乙烷进行加成反应，可制得对应的吐温系列非离子表面活性剂品种，即吐温-20、吐温-40、吐温-60和吐温-80。此外，还可制得聚氧乙烯（20EO）脱水山梨醇三硬脂酸酯（吐温-65）和聚氧乙烯（20EO）脱水山梨醇单油酸酯（吐温-85）。

（1）聚氧乙烯（20EO）脱水山梨醇月桂酸酯

它又名吐温-20，由山梨醇及其失水、双失水化合物和月桂酸酯与环氧乙烷（山梨醇及其脱水化合物与环氧乙烷的物质的量之比为1：20）在碱性条件下缩合而制得。

吐温-20为黄色或琥珀色澄明的油状液体，具有特殊的臭气和微弱苦味。相对密度为1.01，沸点>100℃，闪点为321℃，折射率为1.472，黏度（25℃）为$0.25\sim0.40$Pa·s。分子中含有较多的亲水性基团，可与水、乙醇、甲醇和乙酸乙酯混溶，不溶于液状石蜡、不挥发油和轻石油，1份本品可溶于130份棉籽油和200份甲苯中，5%水溶液pH为$5\sim7$。HLB值为16.7。

吐温-20是聚氧乙烯脱水山梨醇脂肪酸酯的典型代表产品，具有吐温系列产品的良好水溶性、分散性、乳化性等，在化妆品中有着广泛的应用。

（2）聚氧乙烯（20EO）脱水山梨醇单棕榈酸酯

它又名吐温-40、T-40乳化剂，外观为黄色至琥珀色油状液体或膏状物，相对密度为$1.05\sim1.10$，折射率为1.470，黏度为$0.4\sim0.6$Pa·s(25℃)，HLB值为15.6。溶于水、甲醇、乙醇、乙二醇、棉籽油等。由山梨醇及其脱水化合物的棕榈酸酯与环氧乙烷按物质的量之比1：20在碱性条件下缩合而制得。为油/水型乳化剂，用作稳定剂、增溶剂、扩散剂、抗静电剂、纤维润滑剂等。在化妆品中，吐温-40主要用作油/水型膏霜类和乳液类产品的乳化剂。

（3）聚氧乙烯（20EO）脱水山梨醇三硬脂酸酯

它又称吐温-65，为琥珀色油状黏稠液体，相对密度为 1.05，熔点为 27~31℃。以山梨醇酐三硬脂酸酯和环氧乙烷为原料，在氢氧化钠催化剂存在下进行加成反应而得。可用作乳化剂、稳定剂、润湿剂、扩散剂、渗透剂等。在化妆品中主要用作膏霜类和乳液类产品的水包油型乳化剂，也可作增稠剂使用。

（4）聚氧乙烯（20EO）脱水山梨醇单油酸酯

它又称吐温 85、乳化剂 T-85、聚氧乙烯山梨醇酐单油酸酯等。琥珀色油状黏稠液体，相对密度为 1.00~1.05，黏度为 0.20~0.40Pa·s(25℃)，闪点为 321℃，HLB 值为 11.0，熔点为 -20℃，沸点为 100℃。是以山梨醇酐油酸酯和环氧乙烷为原料，在氢氧化钠催化剂存在下进行加成反应而得。溶于菜籽油、溶纤素、甲醇、乙醇等低碳醇，以及芳烃溶剂、醋酸乙酯、大部分矿物油、石油醚、丙酮、二氧六环、四氯化碳、乙二醇、丙二醇等，在水中分散。主要用作乳化剂、稳定剂、润湿剂、扩散剂、渗透剂等。

二、环氧乙烷加成型

在非离子表面活性剂中，环氧乙烷加成物是应用非常广泛的一类表面活性剂。在制备时，环氧乙烷加成物是以各种带有亲油基团的化合物与环氧乙烷加成聚合而成的。根据环氧乙烷在反应中的聚合量，又可将此类加成物称为聚乙二醇（PEG）、聚环氧乙烷（PEO）或聚氧乙烯（POE）。这三个名称现今一般为同义词，一般说来，PEG 往往是指分子量低于 20000 的低聚物，PEO 是指分子量超过 20000 的聚合物，POE 则是这两类物质的统称，即指任何分子量的聚合物。

在环氧乙烷加成型非离子表面活性剂的分子中，有代表性的亲油基团的化合物是高级脂肪醇、高级脂肪酸、烷基苯酚、烯基酰胺及多元醇高级脂肪酸酯等。

（一）烷基酚环氧乙烷加成物

烷基酚聚氧乙烯醚，简称 APE，又称 OP 类乳化剂，分子式：$RO(CH_2CH_2O)_nH$。结构式中 n 为 EO 加成数；R 是连在苯环的对、邻或间位的烷基，即制备时可以有对、邻或间位的烷基酚与环氧乙烷进行加成反应。

烷基酚聚氧乙烯醚是非离子表面活性剂中最重要的品种之一，其性质与 EO 加成数 n 有很大的关系，n 不同，产品性能也不一样。EO 加成数 n 在 4 以下时常用作 W/O 型乳化剂，n 在 7 以上时，具有良好的水溶性，适宜作 O/W 型乳化剂。

烷基酚聚氧乙烯醚的用途较广，具有最好的洗涤性能，极好的去污力，仅次于 AEO，也具有优异的乳化性和增溶作用。它的最大特点是耐热性好，在 200~220℃时挥发结焦很少，可作为超浓缩洗衣粉和重垢型液体洗涤剂的活性成分，但由于生物降解性能较 AEO 差，在洗涤产品中的用量逐渐减少，主要是作为工业用表面活性剂。

产品主要有壬烷基酚聚氧乙烯（10）醚，简称为 APE（10），商品名为 TX-10、OP-10；辛烷基酚聚氧乙烯醚；壬烷基酚聚氧乙烯（9）醚；壬烷基酚聚氧乙烯（4）醚；等等。

（1）壬烷基酚聚氧乙烯（10）醚

APE（10）为棕黄色黏稠的糊状物，易溶于水，形成透明液体，其 HLB 值为 14.5。TX-10 是由壬基酚和环氧乙烷在催化剂作用下缩合反应形成的非离子表面活性剂，其中环氧乙烷数为 10，具有优良的乳化、去污能力，可用作起泡剂、乳液稳定剂、润湿剂、柔软剂、除静电剂和防腐剂等。在化妆品中可作为清洁类产品的原料。

（2）壬基酚聚氧乙烯（9）醚

其商品名为 TX-9，为浅黄色的膏状物，以壬基酚和环氧乙烷在催化剂作用下缩合反应形成的非离子表面活性剂，其中环氧乙烷数为 9。在较宽的 pH 值范围内和较宽的温度范围内稳定，其 HLB 值为 12.8，具有去污、乳化和润湿等作用，抗硬水能力较强，可与阴离子、阳离子表面活性剂配伍。这类表面活性剂也是非离子表面活性剂中产量较大的品种，主要用作去污剂、渗透剂和乳化剂。在化妆品中可作为清洁类产品的原料。

（二）聚丙二醇的环氧乙烷加成物

聚氧乙烯聚氧丙烯嵌段共聚物，商品名普朗尼克。淡黄色液体或固体，分子式为 $HO(CH_2CH_2O)_x(CH(CH_3)CH_2O)_y(CH_2CH_2O)_zH$，$x+y+z=20\sim80$，$y=15\sim50$。与其他非离子表面活性剂的最大不同是以聚丙二醇（PPG）作为疏水基团，而不是碳氢链。随聚氧丙烯比例增加，亲油性增强；随聚氧乙烯比例增加，亲水性增强。PPG 的平均分子量为 2000 左右，环氧乙烷加成（EO 加成）后，其分子量超过 10000，因此称为高分子非离子表面活性剂。x、y 和 z 可自由变动，从而制得的表面活性剂的 HLB 的范围很宽，即品种很多。

这类表面活性剂的最大特点是起泡性小。低 EO 含量加成物可以用作破乳剂和消泡剂；高 EO 含量的可作为乳化剂等。具有乳化、润湿、分散、起泡和消泡等多种优良性能，但增溶作用较弱。另一特点是分子量高、对皮肤的刺激性小，但对黏膜刺激性很大，有低毒性。因此可以广泛用于化妆品，可作为 O/W 型乳化剂，是目前用作医药乳剂的少数合成的乳化剂之一，用本品制备的乳剂能耐受热压灭菌和低温冰冻而不改变其物理稳定性。此外，EO 加成型非离子表面活性剂也广泛用于洗涤剂。

（三）聚乙二醇脂肪酸酯

聚乙二醇脂肪酸酯是由脂肪酸与环氧乙烷发生加成反应制得的，也可称作乙氧基化脂肪酸或脂肪酸聚氧乙烯酯。根据环氧乙烷加成数目的不同，获得由完全油溶到完全水溶的产品，当环氧乙烷的数目 n 在 8 以下时，产品表现为油溶性；n 大于 8 后，逐渐在水中分散或溶解；n 为 12 以上时，才会显示在水中的溶解能力。这类产物的生物降解性较强，对眼睛、皮肤不会产生刺激性，具有使用的安全性，但与 AEO 或 APE 型非离子表面活性剂相比，其去污力、发泡力和润湿性都比较差。分子结构中有酯键的存在，使其稳定性较低，在强酸、强碱溶液中或受热情况下容易水解，但其成本较低、生物降解性完全和泡沫少的特点使其可用作化妆品的乳化剂、增稠剂、珠光剂等。

常见的聚乙二醇脂肪酸酯产品有聚乙二醇硬脂酸酯（商品名为 SE 乳化剂）、聚乙二醇月桂酸酯、聚乙二醇油酸酯等。

（1）聚乙二醇硬脂酸酯

它是由 n 个环氧乙烷分子与硬脂酸发生乙氧基化反应，制成的白色蜡状固体，熔点为 46～51℃，酸值＜2mg/g，皂化值为 25～35mg/g，羟值为 22～38mg/g，pH 均为 5.0～7.5。

聚乙二醇硬脂酸酯的性质与乙氧基个数 n 有很大的关系。其中 $n\leqslant8$ 时，具有良好的柔软性和润滑性；$9\leqslant n\leqslant11$ 时，具有良好的乳化、洗净效能；$12\leqslant n\leqslant25$ 时，溶于乙醇等多种溶剂，在水中呈分散状，对多种电解质稳定，具有良好的乳化、柔软、抗静电性能；$40\leqslant n\leqslant100$，溶于水、乙醇、四氯化碳等，具有良好的乳化、润湿、络合、增稠性能。

在化妆品中作乳化剂，一般用量为 1%～3%，有增稠作用。也可用作助乳化剂，用于石蜡的乳化。此外，还可以作皂基增稠剂、柔软剂、乳液稳定剂、增溶剂、抗静电剂等。

（2）聚乙二醇月桂酸酯

聚乙二醇月桂酸酯，商品名称为乳化剂 DLE。白色至微黄色软固体，酸价≤10mg/g，pH 值为 4.0～6.0，皂化值为 140～150mg/g。其水溶性、乳化性和热稳定性良好，是一种重要的非离子表面活性剂。它能赋予纤维良好的平滑性和抗静电性，还能改善纤维手感，应用非常广泛。

聚乙二醇月桂酸酯（有单酯、双酯）的制备通常采用月桂酸与环氧乙烷反应或与聚乙二醇（PEG）酯化反应来制备。常用的方法有两种，一是采用碱性催化剂，以环氧乙烷和月桂酸进行乙氧基化反应；另一种是采用酸性催化剂，以聚乙二醇与月桂酸进行酯化反应。

在化妆品中，聚乙二醇月桂酸酯可作乳化剂使用，在制造液体或糊状乳液时作油类和酯类的乳化剂，也可以用作增塑剂、研磨膏和抛光膏等的组分。

（3）聚乙二醇油酸酯

其为淡黄色黏稠液体，由多个环氧乙烷分子与油酸发生乙氧基化反应制成，油酸聚乙二醇是单酯和双酯的混合物。酸值＜1mg/g，皂化值为 105～120mg/g，羟值为 50～70mg/g（$n=5\sim6$）。碘值为 50～60g/100g（n 为 5～6）。在水中可分散，在乙醇和异丙醇中溶解，与脂肪油、石蜡能任意混溶。

（四）脂肪醇聚氧乙烯醚

脂肪醇聚氧乙烯醚又称 AEO，是由脂肪醇与环氧乙烷通过缩合反应而形成的醚，是应用最广泛的一种非离子表面活性剂，其产量占此类的一半以上。分子通式为：$RO(CH_2CH_2O)_nH$。式中 R 为长链脂肪醇（$C_{12}\sim C_{18}$），可为椰子油还原醇、月桂醇、十六醇、油醇、鲸蜡醇等，n 为反应的环氧乙烷的聚合度，随着 n 的增加，产物可从弱亲水性到强亲水性，其浊点从常温到 100℃以上，HLB 值也增大。

这类表面活性剂具有高表面活性，其水溶液表面张力低，具有良好的洗涤去污、乳化分散等性能。当环氧乙烷个数和脂肪醇的碳原子数不小于 3 时，产品常温下溶于水；但醇为不饱和双链时，AEO 的水溶性将随环氧乙烷个数增加而增大。当 $n=1.5\sim3$ 时，AEO 宜作湿润剂、乳化剂、分散剂；当 $n=$ 长链烃碳数/3～长链烃碳数/2 时，AEO 的主要用途是配制洗涤剂，如椰子油还原醇（$C_{12}\sim C_{14}$）的 EO 加成物可直接用于洗涤剂配方中，并且还是生产醇醚硫酸盐等阴离子表面活性剂的主要原料。因此，AEO 是化妆品的直接或间接原料。产品主要有仲辛醇聚氧乙烯醚、脂肪醇聚氧乙烯（3）醚、脂肪醇聚氧乙烯（9）醚、脂肪醇聚氧乙烯（15）醚、脂肪醇聚氧乙烯（20）醚等。

（1）仲辛醇聚氧乙烯醚

分子式：$C_8H_{17}O(CH_2CH_2O)_nH$。简称渗透剂 JFC-2，是由仲辛醇与环氧乙烷通过缩合反应而形成的醚。无色至微黄色透明油状物，pH 值为 5.0～7.0，浊点≥40℃。溶于水，耐强酸、强碱、次氯酸盐等，具有良好的渗透性能，可与阴、阳离子表面活性剂复配使用，用作渗透剂、脱脂剂。但在化妆品中使用较少。

（2）脂肪醇聚氧乙烯（9）醚

它又名 AEO_9，或平平加-9、MOA-9。由 1mol 天然脂肪醇与 9mol 环氧乙烷通过缩合加成反应生成的醚类，环氧乙烷数为 9。易溶于水、乙醇、乙二醇等。10%水溶液在 25℃时澄清透明，10%氯化钙溶液的浊度为 75℃，对酸、碱溶液和硬水都较稳定，具有良好的乳化、分散、扩散、去污、洗涤性能，生物降解性好，对环境友好，具有较强亲水性，用作增溶剂和油/水型乳化剂。能与各种阴离子、阳离子、非离子表面活性剂以及其他助剂组合使用，获得高性能产品，从而减少助剂使用消耗，性价比非常高。使用的脂肪醇主要有月桂醇、十六醇、油醇等。AEO_9 主要用作乳化剂，乳化效果极佳，广泛应用在化妆品各类产品中。

（3）脂肪醇聚氧乙烯（15）醚

它又名 AEO_{15}，或称平平加-15、OS-15，为乳白色膏状物。相对密度为 1.005，熔点为 32～35℃。溶于水，具有优良的乳化、润湿、分散、去污能力。它可作为液洗剂的极好原料，但不宜作洗衣粉的原料。

（4）脂肪醇聚氧乙烯（20）醚

它又名平平加-20，无色透明黏稠液体，熔点为 40～42℃，水溶性＞10g。由于羟基上的氢原子是一个活性氢，环氧乙烷又是极易被取代的活泼化合物，容易聚合成醚。平平加-20 广泛用于乳化、润湿、助染、扩散、洗涤等方面，具有优良的生物降解性和低温性能，不受水硬度的影响，主要用作洗涤剂，已部分取代烷基苯磺酸钠。在化妆品中较少使用。

三、烷醇酰胺型

烷醇酰胺是淡黄色液体或固体，是一种具有酰胺键的一元醇和多元醇的非离子表面活性剂。由脂肪酸和单乙醇胺或二乙醇胺缩合生成，是一类多功能的非离子表面活性剂，在洗涤剂和化妆品工业中是最有效的稳泡剂，能够延长和稳定泡沫。

烷醇酰胺的性能取决于组成的脂肪酸和烷醇胺的种类、两者之间的比例和制备方法。合成烷醇酰胺常用的脂肪酸为月桂酸，乙醇胺是单乙醇胺或者是二乙醇胺，主要品种有月桂酸单乙醇酰胺和月桂酸二乙醇酰胺（6501 或尼纳尔）。

（1）月桂酸二乙醇酰胺

它又称为"6501"、尼纳尔。是由美国尼纳尔公司开发研制的，国内的同类产品为 6502 或 704 洗涤剂。"6501"是由 1mol 脂肪酸和 1mol 二乙醇胺反应生成的产品，呈淡黄色至琥珀色，低温下呈膏状半固体，不溶于水；"6502"是由 1mol 脂肪酸和 2mol 二乙醇胺反应生成的产品，呈淡黄色至琥珀色，低温下呈黏稠状液体，具有良好的水溶性。两种表面活性剂都有很好的分散性，又因为分子内存在酰胺基，具有强的耐水性能，没有浊点，具有增泡、稳泡、增稠、去污、分散等功能，无环境污染，可生物降解。它们具有良好的抗沉积、脱脂能力，但对 pH 值、电解质、盐、酸等非常敏感，当 pH 值小于 8 时，溶液变浑浊而呈凝胶状，当 pH 值大于 12 时易皂化而分解。低浓度电解质溶液中，会变浑浊（如自来水中）。

6501 本身无毒和无刺激性，具有 60％的活性。用甲酯与定量烷醇酰胺作用的产物称为超级酰胺，产品具有 90％以上的活性。超级酰胺由于纯度高，其溶解度会随碳原子数的增加而降低，随温度升高而增大。

6501 在化妆品中的应用广泛，是制造液体洗涤制品，如香波、液体洗涤剂、沐浴液等中不可缺少的组分，但因其较强的脱脂性，其在用量上不可过多。

（2）月桂酸单乙醇酰胺

它又名月桂基单乙醇酰胺、月桂酰胺 MEA、月桂酸单乙醇酰胺、N-(2-羟乙基) 十二烷基酰胺等。白色片状固体。指由 1mol 月桂酸和 1mol 一乙醇胺反应生成的产品，反应中月桂酸与一乙醇胺的 N 原子发生酰化反应。该类化合物可用作钙皂分散剂、洗涤剂（金属清洗剂及橡胶用洗涤剂）、乳化剂、润湿剂，纤维工业的精炼剂、化妆品用分散渗透剂等。

月桂酸单乙醇酰胺比相应的二乙醇酰胺产品具有更好的泡沫促进作用和增稠作用，常用作脂肪醇硫酸盐、脂肪醇醚硫酸盐水溶液的增泡剂和稳泡剂，并可提高香波的黏度，增强去污力，以及具有轻微的调理作用。

（3）椰油酸单乙醇酰胺

它又名 CMEA，结构式：$RCONHCH_2CH_2OH$。常温下为白色至淡黄色片状固体，具有优良的增稠作用和泡沫稳定性，用量少且增稠作用和安全性优于 6501；配伍性好，并具有极好的协同增效作用；具有优良的润肤、留香、去污和耐硬水性；不易溶于水，适用于珠光型产品；具有乳化性和遮光性，用于珠光香波配制；生物降解性好，生物降解率达 97% 以上。

在化妆品中，主要添加于珠光香波、浴液、洗手剂、洗衣液、香皂、药膏等中用作增稠剂、增泡剂和稳泡剂、去污剂。特别适用于铵盐体系香波、沐浴露、洗手液等。还用作酰胺类表面活性剂合成的原料。

第十章 香精香料

　　各种化妆品虽有不同的使用目的、范围和对象，但都有一个共同特点，即所有的化妆品都具有一定的优雅舒适的香气。化妆品的香气是通过在配制时加入一定量的香精所赋予的，而香精则是由各种香料经调配混合而成的。有时一种化妆品的优劣，以及是否受消费者欢迎，往往与该种产品所加入的香精质量有很大关系，而香精的质量又取决于香精原料的质量与调香技术，同时还应考虑香精与加香介质之间的相容性等。

第一节　香味化学概述

一、嗅觉与味觉

　　人和一般动物都具有五种感觉：视觉、听觉、触觉、味觉和嗅觉。其中，视觉、听觉和触觉都属于物理感觉，但是嗅觉和味觉属于化学感觉。

　　（一）嗅觉

　　（1）嗅觉的产生

　　人接受嗅觉信息的部分是位于鼻腔前庭部分的嗅觉上皮组织，也称为嗅黏膜，黏膜中约有总数为一千万个嗅觉神经细胞。在嗅觉神经细胞的细胞膜上有一些蛋白质受体——气味受体，这些蛋白质横跨细胞膜两边。当气味分子吸入鼻腔，首先与气味受体结合，气味受体被气味分子激活后，气味受体细胞就会产生脉冲电信号传输到大脑嗅球的微小区域中，并进而传至大脑其他区域。由此，人就能有意识地感受到气味，并在适当的时候想起这种气味。

　　（2）嗅觉的主要特征

　　① 嗅觉比较弱。人类的嗅脑是比较小的，鼻腔顶部的嗅区面积也很小，大约为 $5cm^2$（猫为 $21cm^2$，狗为 $169cm^2$），因此，人的嗅觉远不如其他哺乳动物那么灵敏。

　　② 嗅细胞容易产生疲劳。这是因为嗅觉冲动信号是一峰接着一峰进行的，由第一峰到达第二峰时，神经需要 1ms 或更长的恢复时间，如第二个刺激的间隔时间大于神经所需的恢复时间，则表现为兴奋效应；如间隔时间过短，神经还处于疲劳状态，这样反而促使绝对兴奋期的延长。

　　③ 嗅觉有个体差异。嗅觉的个体差异也是很大的，有的人嗅觉敏锐，有的人嗅觉迟

钝。人的身体状况也会影响嗅觉，感冒、身体疲倦或营养不良都会引起嗅觉功能下降。同时随着年龄的增长，人的嗅觉灵敏度一般会随之衰退，在 20～70 岁，嗅觉的退化曲线的斜率是每 11 年为一级，即 64 岁的人平均比 20 岁的人需要四倍的香气浓度才能察觉。

④ 通过训练可以提高人的嗅觉能力。人类的嗅觉能力，一般可以分辨出 1000～4000 种不同的气息，经过特殊训练的鼻子可以分辨出高达 10000 种不同的气味。"好鼻子"应该是嗅觉灵敏度高，同时对各种气味的分辨力也强。大部分调香师和评香师的嗅觉灵敏度只能算一般，但对各种气味的"分辨力"则比一般人要强得多，这都是长期训练的结果。

（二）味觉

（1）味觉的产生

食物的滋味虽然多种多样，但使人们产生味觉的基本途径却很相似：首先是呈味物质溶液刺激口腔内的味觉感受器，产生神经冲动，然后经过各级神经传导，到达大脑皮层味觉中枢，最后通过大脑的综合神经中枢系统的分析，从而产生味觉。

（2）基本味觉及相互作用

从生理学的角度看，人类只有甜、苦、酸、咸 4 种基本味觉。

甜味是人们最爱好的基本味觉。在食品中适当添加一些甜味剂，可以改善食品的可口性和某些食用性。甜味的强度可用甜度来表示，通常以在水中校定的非还原糖——蔗糖为基准物（如以 5% 或 6% 的蔗糖水溶液在 20℃ 时的甜度为 1.0），其他甜味剂在相同浓度和温度下的甜度与之相比较，得到相对甜度（甜度倍数），称为比甜度。比甜度是甜味剂的重要指标。

由于各种呈味物质之间的相互作用和各种味觉之间的相互联系，味之间有相互影响的现象。主要有：味的对比现象、味的相乘现象（又称味的协同现象）、味的消杀现象（又称为味的拮抗作用）、味的变调现象。例如，刚吃过苦味的东西，喝一口水就觉得水是甜的；先吃甜食，接着饮酒，会觉得酒有点苦味。

二、香味及其与分子结构的关系

（一）香与发香基团

刺激嗅觉神经或味觉神经产生的感觉广义上称为气味，简称为"香"。"香"包括香气和香味，香气是由嗅觉器官所感觉到的，香味是由嗅觉和味觉器官同时感觉到的。令人感到愉快舒适的气味称为香味，令人感到不快的气味称为臭味。有气味的物质总称为有香物质或香物质，目前已发现的有香物质大约有 40 万种。

香料是一种具有挥发性的芳香物质，它具有令人愉快舒适的香气。芳香物质的分子量一般约在 26～300 之间，可溶于水、乙醇或其他有机溶剂。其分子中必须含有—OH、—C＝O、—NH$_2$—、—SH 等原子团，称为发香基团或发香基。这些发香基团使嗅觉产生不同的刺激，赋予人们不同的香感觉。主要的发香基团列于表 10-1 中。

表 10-1 主要的发香基团

有香物质	发香基团	有香物质	发香基团	有香物质	发香基团
醇	—OH	醛	—CHO	硫醇	—SH
酚	—OH	硫醚	—S—	醚	—O
酮	—C=O	硝基化合物	—NO$_2$	异硫氰化合物	—NCS
羧酸	—COOH	腈	—C≡N	胺	—NH$_2$
酯	—COOR	异腈	—NC		
内酯	—COO	硫氰化合物	—SCN		

此外，表 10-1 中未列入的卤原子以及化合物分子中的不饱和键（烯键、炔键、共轭键等）对香也有强烈的影响。发香团在分子中位置的变化、基团和基团之间的距离之差，以及环状化和异构化等，也使香味产生明显的差别。因此，根据发香基团的特征，可以通过分子结构的设计，制成欲得的新香气和香韵的化合物。

（二）香与味的阈值

各种香料的香势在强弱程度上差别很大，故各香料在香精配方中的用量也有很大差别。香料的香势可以根据其阈值的高低来判断。

香料的阈值是能够辨别出其香气或味道的最低浓度，有香气阈值和味道阈值之分。阈值因人而异。阈值越低，香料的香势越强，在香精配方中的用量越小。香料的阈值一般用 mg/kg、μg/kg、ng/kg 或 mg/L、μg/L、ng/L 表示。

香料的阈值与香料的分子组成有关。表 10-2 列出了部分香料在水中的香气和味道阈值。

表 10-2 部分香料在水中的香气阈值和味道阈值（20℃）

名称	香气阈值/(μg/kg)	味道阈值/(μg/kg)
甲酸	450000	83000
乙醇	100000	52000
乙酸乙酯	5～5000	3000～6600
苯甲醛	350～3500	1500
吲哚	140	—
甲硫醇	0.02	2

一般而言，含硫香料化合物的阈值最低，其次为含氮香料化合物。由于性别、年龄及个人嗅感、味感灵敏程度等的差异，不同的人能够辨别出同一种香料香气或味道的最低浓度存在很大差异。因此，阈值的测定都是由有经验的调香师组成的小组完成的，其人员组成考虑到性别和年龄的平衡，最后确定的阈值是所有成员测定结果的平均值。由于不同小组测定的结果会有一定的差异，故对于同一种香料，有时会出现不同的阈值。

（三）香味与分子结构的关系

香料分子结构与香气之间的关系，一直是科学家们研究的热点。迄今为止，世界各国有许多学者对香与化学结构之间的关系进行了研究，提出了许多理论假说，但到目前为止，并没有任何一种理论被确定，这是因为：

第一，对香气的表现、评价会因人而异；

第二，香气因浓度而发生变化；

第三，由于"相长相消"的效果，混合物的香气往往并不能简单地表现为加和状态等，所以，有机化合物分子结构对香气的影响是很复杂的。

1959 年，日本的小幡弥太郎认为有香物质必须具备下列条件：

① 必须具有挥发性。只有具有挥发性，才能到达鼻腔黏膜，产生香感觉，所以，无机盐、碱和大多数酸是不挥发的，因而也是无臭的。

② 必须在类脂类、水等物质中具有一定的溶解度。有些低分子的有机化合物虽溶于水，但不溶于类脂类介质中，因此几乎是无臭的。

③ 分子量在 26～300 之间的有机化合物。

④ 分子中必须含有—OH、—C＝O、—NH$_2$、—SH 等发香团（或称发香原子），发香原子在周期表中处于ⅣA～ⅦA 中，这些发香团对嗅觉会产生不同的刺激，赋予人们不同的香感。

⑤ 折射率大多数在 1.5 左右。

⑥ 根据拉曼效应测定吸收波长，大多数在 3500～1400cm^{-1} 范围内。

综上所述，化合物中分子的结构，如碳原子个数、取代基、不饱和性、立体异构、分子骨架等因素对香料香气产生的影响较大。下面依据官能团分类法，分别介绍烃类、醇类、酚类、醚类、醛类、酮类、酯类、含杂原子类等化合物的结构对香料香气产生的影响，这些影响因素对于新香料的研制、开发和利用具有一定的指导作用。

（1）烃类

脂肪族烃类具有石油气息，其中 C$_8$ 和 C$_9$ 烃类的香气强度最大，分子量增加，香气变弱，C$_{16}$ 以上属于无香物质。因此，在香料工业中脂肪族烃类基本不用于调香。芳香族烃类也很少，只有少数几个品种，如二苯基甲烷等用于调配肥皂用香精和香水香精等。

在香料工业中应用比较广泛的烃类是萜类化合物，如月桂烯、柠檬烯等，具有令人愉快的香气，可用于调配花香型和果香型香精，同时，也是合成其他萜类香料的重要原料。

（2）醇类

醇类化合物具有令人愉快的香气，可直接用于调香，也是合成香料的重要原料。因此，其在香料中占有重要的地位。

醇类化合物的香气与其分子结构关系密切。低碳饱和脂肪醇的香气强度随碳原子数增加而增强，其中 C$_8$ 醇的香气最强，当达 10 个碳原子后，香气逐渐减弱，油脂气息加重。碳原子数＜5 有酒香；C$_6$～C$_7$ 除有生果、青叶香、草香外，还有油脂气息；C$_8$～C$_{12}$ 有花香、油脂气息；而碳原子数＞12 的高级醇几乎无香。不饱和醇的香气要强些，不饱和键越接近羟基，香气越强。此外，一元醇转变为多元醇时，香气减弱。

萜类醇中，单环萜醇类比脂肪族萜醇的香气要强烈，但不够细腻、柔和。开链式的单萜醇及倍半萜醇以花香为主；单环或双环单萜醇以及环状倍半萜醇都是以木香为主。结构简图如图 10-1：

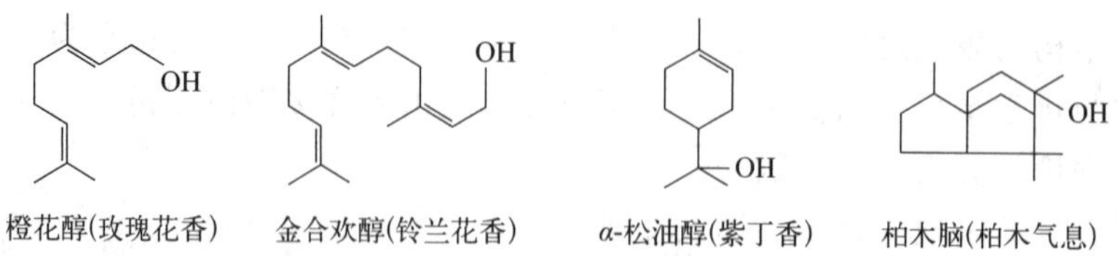

橙花醇(玫瑰花香)　金合欢醇(铃兰花香)　α-松油醇(紫丁香)　柏木脑(柏木气息)

图 10-1　醇类香料的结构简图

芳香族醇都有细腻柔和的气息，且大都以花香为主，但较单环萜醇的香气弱。如 β-苯乙醇具有柔和、愉快而持久的玫瑰香气，桂醇类分子具有优雅的风信子花香。

（3）酚类和醚类

酚类化合物是合成香料的重要原料，如苯酚和邻甲酚用于合成水杨醛和香豆素等香料。酚类中丁香酚和百里香酚能直接用于调香。在脂肪醚中，当烃基的碳原子数为 6~7 时，香气强度随分子量增加而增加，然后逐渐减弱，这类物质在调香中很少应用。

（4）醛类

醛类化合物在香料工业中占有极重要的地位，其中许多醛类不仅直接用于调配各种香精，同时也是合成其他香料的原料。醛类分子结构对香气影响很大：碳原子数、异构体、不饱和性等。

① 碳原子数。在脂肪族醛类，C_1~C_4 的醛类具有不愉快的刺激性气味。随着碳原子数的增加，刺激性减小，并逐渐出现愉快的香气，如 C_5 醛和 C_4 醛类具有黄油型香气；稀释的 C_8~C_{12} 醛类有花香，在调香中可作为头香剂，其中 C_{10} 醛的香气最强。

② 异构体和不饱和性。有支链的香气较直链异构体强，往往更为悦人。如极度稀释的正十二醛，有类似紫罗兰的花香，2-甲基十一醛具有温和持久的柑橘果香。不饱和醛的香气比饱和醛更强、更悦人。如：十一醛具有花香香气，而十一烯醛有强烈的玫瑰和柑橘香气。

③ 取代基的位置、个数以及取代基的种类。在芳香族醛类化合物中有许多价值很高的香料，如洋茉莉醛、茉莉醛、香兰素等。它们广泛应用于调配各种香精，其香气因苯环上取代基的位置、个数、碳原子数、饱和度以及取代基的种类等不同而不同。如：苯甲醛具有杏仁油特有的香气，而肉桂醛含有肉桂、桂皮油气息，茴香醛（对甲氧基苯甲醛）具有山楂花香气。

④ 不饱和键的数量、位置。萜类醛的香气强度和香型受不饱和键的数量、位置和取代基的种类等因素影响。如香茅醛具有强烈清新的柑橘、玫瑰样香气，羟基香茅醛具有似铃兰、百合花等花香香气。

（5）酮类

大多数低级脂肪族酮类不用于调香，但可作为合成其他香料的原料。C_7~C_{12} 的不对称脂肪族酮中，甲基酮类香气最为强烈，甲基壬基酮有玫瑰、柑橘等香气，二苯酮、苯乙酮等化合物具有令人愉快的香气，常直接用于调香。在酮类香料中萜类酮占有很重要的地位，它们大多是天然植物精油中的主要香成分，如薄荷酮、葛缕酮等。

大环酮类中 C_5~C_6 环酮具有类似杏仁、薄荷的香气，C_9~C_{12} 环酮具有樟脑香气；C_{13} 环酮具有木香香气；C_{14}~C_{18} 环酮具有麝香香气，其中尤以 C_{15} 环酮化合物的麝香香气最强；当环内碳原子数增至 21 时，其化合物几乎无香（见图 10-2）。

环己酮　　　　环十二酮　　　　　环十五酮
（薄荷香）　　（樟脑香）　　　（强烈的天然麝香）

图 10-2　环酮类香料的结构简图

（6）缩羰基类

缩羰基类化合物是指羰基化合物（醛、酮）在酸性条件下与一元醇或二元醇缩合而得的产物。与醛、酮相比，其具有很高的稳定性，香气优异、持久，别具风格。如柠檬醛具有清甜的柠檬、柑橘果香，在碱性加香的产品中不稳定，易变色，但当它与原甲酸三乙酯缩合成柠檬醛二乙缩醛后，不仅稳定性高，而且还具有柔和清新的柠檬、柑橘果香。但要注意：缩醛基类化合物在酸性介质中不稳定。

（7）羧酸类

在脂肪族羧酸类中，$C_4 \sim C_5$ 羧酸具有黄油香气，C_5 羧酸香气最强，C_8 羧酸和 C_{10} 羧酸有不愉快的汗臭气味，C_{16} 以上者几乎无味。大部分羧酸类的香气并不宜人，一般用作调香辅助剂，使香气更加清新，同时也可用作定香剂。

（8）酯类

酯类香料是最早用于调香的香料之一，品种上和产量上都是最大的一类香料，广泛用于各类香型香精的配方中。

高级脂肪酸（$C_{10} \sim C_{15}$）的酯有油脂气，低级脂肪酸（$C_2 \sim C_{10}$）的酯有芳香气息。低级脂肪酸和低级脂肪醇的酯均具有果香，如乙酸戊酯有香蕉、苹果等香气，戊酸异戊酯有苹果香。

低级脂肪酸与萜醇的酯一般具有花香和木香香气，如乙酸香叶酯具有玫瑰香气，乙酸柏木酯具有柏木香气等。

低级脂肪酸与芳香族醇形成的酯大多具有果香和花香等香气，如乙酸苄酯具有茉莉花香，丙酸桂酯具有水果、香脂、玫瑰等香气。

（9）内酯类

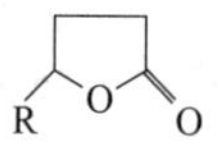

图 10-3　γ-内酯类香料的结构简图

内酯类香料是香料家族成员中最少的一类，其香气一般较为高雅，适宜调配各种香精。在 γ-内酯分子中，侧链从 C_4 增至 C_8，其香气也相应的从椰子→桃→麝香变化着。

如图 10-3，$R = C_5H_{11}$，椰子样香气；$R = C_6H_{13}$，桃样香气；$R = C_7H_{15}$，桃样香气；$R = C_8H_{17}$，桃、麝香样香气。环内含有 13～17 个碳原子的大环内酯具有麝香香气，当环内引入双键后，香气增强，如环十六内酯具有麝香香气，而 ω-6-十六烯内酯具有强烈、优雅的麝香香气。当环内引入酮基时，则具有木香香韵；当碳链中有甲基取代时，则香气减弱。

氧杂大环内酯类化合物（通常环内碳原子数为 14～16），均具有麝香香气。如麝香 105，具有华丽明快的麝香香气。如在环内的碳链中引入双键，其香气基本无变化，但定香能力增强。随着石油化学工业的发展、新合成途径的实现，此类香料大有发展前途。

（10）含氮、含硫及杂环类

① 含氮类。含氮类化合物主要包括腈类和硝基麝香类等。

a. 腈类。腈类香料具有强度高、香域宽、持久性强等优点。腈类化合物的香气大多类似于相应的醛类化合物，但比醛类更强烈，而且比醛稳定，对外界条件不敏感。腈类香料化合物的香气比较丰富，如 4-甲氧基苯甲腈有香豆素样香气，1,1,4,4-四甲基-6-乙基-7-氰基-1,2,3,4-四氢化萘和 1,1,4,4,6-五甲基-7-氰基-1,2,3,4-四氢化萘，均具有较强的类似天然麝香的香气，而且性能稳定、留香持久。

b. 硝基麝香类。从结构上看，硝基麝香可分为单环和双环两类，单环麝香有酮麝香、二甲苯麝香、西藏麝香和葵子麝香；双环麝香有伞花麝香。结构式如图 10-4 所示。其中二甲苯麝香的香气最浓重，酮麝香的香气比二甲苯麝香的香气温和，也最接近天然麝香的香气，而葵子麝香的香气最优雅。

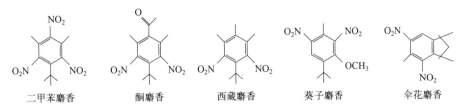

二甲苯麝香　　　酮麝香　　　西藏麝香　　　葵子麝香　　　伞花麝香

图 10-4　麝香类香料的结构简图

② 含硫类。含硫类化合物主要有硫醇类和硫醚类。如从煮牛肉香气中发现的含硫化合物有甲硫醇、丁硫醇、1,2-乙二硫醇、1,3-丙二硫醇、甲基丙基硫醚、二乙基硫醚等。此外，含丙硫基或烯丙基硫基基团的化合物有葱蒜香味，洋葱、大蒜、韭菜等蔬菜中亦有含硫化合物。

③ 杂环类。杂环类化合物主要有吡嗪类、呋喃类、噻唑类、吡咯类、吡啶类及双环类等。

在植物的精油中含有杂环类化合物，如广藿香油中含有吡喃酮，生番茄中含有 2-异丁基噻唑等。较典型的有吲哚及其同系物，浓时是咸鲜粗豗的动物香气，稀释后则能产生愉快的茉莉、橙花样花香，现广泛用于茉莉、橙花等花香型和灵猫香精的调配。因此杂环类化合物是一类广有前途的香料。

(11) 多环类合成麝香化合物

多环麝香可以看作苯的衍生物，在这类化合物分子中除有一个固定的苯环外，还含有一个或两个与苯环相并联的饱和环，可分为二元环类和三元环类。

① 二元环类。二元环类中主要有茚满型和萘满型两种衍生物，茚满型麝香主要品种有粉檀麝香、萨利麝香等；萘满型麝香有万山麝香和吐纳麝香，结构式如图 10-5 所示。

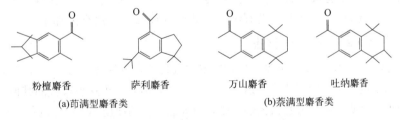

粉檀麝香　　　萨利麝香　　　万山麝香　　　吐纳麝香
(a)茚满型麝香类　　　　　(b)萘满型麝香类

图 10-5　双环麝香类香料的结构简图

此类化合物具有下列结构特征：

a. 分子中必须含有 14～20 个碳原子，当其中至少有一个饱和环含有 16～18 个碳原子时，麝香香气最为强烈。

b. 分子结构中的芳环里有一个极性基团，羰基（甲酰基或乙酰基）、氰基或羟基。

c. 分子结构中的芳环里有一个低级烷基（C_1～C_4）。当苯环中含有甲基同系物时有明显的麝香香气，如引入第二个甲基，则香气减弱；分子中含有异丙基有强烈的麝香香气，有处于间位的叔丁基则麝香香气更为强烈。

d. 分子结构中的饱和环里有一定数量的低级烷基：如甲基不少于 2 个。饱和环里甲基的位置对香气也有极重要的影响。

e. 分子结构中的饱和环里至少应有一个（一般是两个）叔碳原子或季碳原子。

f. 对于萘满型酰基衍生物，至少含有两个季碳原子或叔碳原子。

② 三元环类。三元环异色满型麝香化合物主要品种见图 10-6，通常具有下列结构特征。

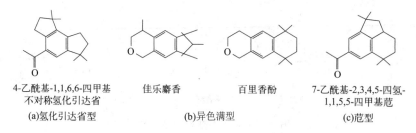

4-乙酰基-1,1,6,6-四甲基　　　佳乐麝香　　　　　百里香酚　　　　7-乙酰基-2,3,4,5-四氢-
不对称氢化引达省　　　　　　　　　　　　　　　　　　　　　　　1,1,5,5-四甲基苊
(a)氢化引达省型　　　　　　　(b)异色满型　　　　　　　　　　(c)苊型

图 10-6　三环麝香类香料的结构简图

a. 分子中只有含有 $C_{16} \sim C_{19}$ 的衍生物才有麝香香气，其中 $C_{17} \sim C_{18}$ 香气最为强烈。

b. 在由 C_5 组成的饱和环里的甲基增多，香气增强。如含有五个甲基的化合物麝香香气比四个甲基强烈。

c. 在由 C_6 组成的饱和环里，甲基数目增多，香气减弱。如饱和环上有四个甲基的化合物有强烈的麝香香气，而含有五个和六个甲基的化合物其香气都有所减弱。

d. 含氧环里甲基存在的数目增多而出现季碳原子时，香气减弱。且甲基在氧原子间位的化合物较在其邻位的化合物香气强烈。

多环类麝香的合成方法不太复杂、原料易得、成本较低，且香气比硝基麝香香气细腻，接近大环麝香的香韵，具有香气质量优越、理化性能稳定、不变色等优点，是一类很有前途的麝香类香料。

三、香味的分类

香味包括香气和味道两方面，分别由嗅觉器官和味觉器官感知。香料的香味千差万别。对于香料的分类，目前在全世界还没有统一，此处选择部分方法介绍如下。

（一）里曼尔（Rimmel）分类法

1865 年，里曼尔（Rimmel）根据天然香料的香气特征，将香气分为 18 组，见表 10-3。在各组中，用人们熟悉的一种香料来代表该组的香气，并另列出类似于这组香气的其他香料品种。这种分类方法接近于客观实际，容易被人们接受，对天然香料的使用亦有一定的指导意义。

表 10-3　Rimmel 的香气分类法

香气类别	代表香料	属于同类别的香气	香气类别	代表香料	属于同类别的香气
杏仁样	苦杏仁	月桂、桃仁、硝基苯	薰衣草样	薰衣草	穗薰衣草、百里香、甘牛至、野百里香
龙涎香样	龙涎香	橡苔	薄荷样	薄荷	留兰香、芸香、鼠尾草
茴香样	大茴香	芫荽子、葛缕子、小茴香	麝香样	麝香	灵猫香、麝葵子、麝香植物
膏香样	香菜兰豆	吐鲁香、秘鲁香、安息香、苏合香、黑香豆	橙花样	橙花	刺槐、紫丁香、橙叶
樟脑样	樟脑	迷迭香、广藿香	玫瑰样	玫瑰	香叶、欧蔷薇、玫红旋花木油
香石竹样	丁香	香石竹、丁香石竹	檀香样	檀香	岩兰草、柏木
柑橘样	柠檬	香柠檬、甜橙、香橼、白柠檬	辛香样	玉桂	肉桂、肉豆蔻、肉豆蔻衣
果香样	梨	苹果、菠萝、榅桲	晚香玉样	晚香玉	百合、黄水仙、水仙、风信子
茉莉样	茉莉	铃兰	紫罗兰样	紫罗兰	金合欢、鸢尾根、木樨草

（二）比洛（Billot）分类法

1948 年，法国著名调香师比洛（Billot）发表了他的香气分类方法。他把香气分成八大类，于 1975 年又增至九类，它们是：花香、木香、田园香、膏香、果香、动物香、焦熏香、厌恶气和可食香。厌恶气和可食香在日化用香精中用途极少，但也用以完善各种香气。

比洛分类法如表 10-4 所示。

表 10-4　比洛的香气分类法（部分）

组别		香气类别	代表香料
花香	（1）	玫瑰香韵	玫瑰油、玫瑰香叶油、玫瑰草油、玫瑰木油、姜草油、玫瑰醇及其酯类、香叶醇及其酯类、苯乙醇及其酯类、四氢香叶醇、顺-玫瑰醚、邻氨基苯甲酸苯乙酯
	（2）	茉莉香韵	茉莉净油、依兰净油、乙酸苄酯、α-戊基桂醛、α-己基桂醛、茉莉酮类、茉莉酮酸甲酯、茉莉酯
	（3）	风信子香韵	风信子净油、苯乙醛、对甲酚甲醚、苯丙醛
	（4）	紫(白)丁香香韵	紫(白)丁香花油、铃兰净油、α-松油醇、羟基香茅醛
	（5）	橙花香韵	苦橙花油、苦橙叶油、邻氨基苯甲酸甲酯、甲基萘基甲酮
	（6）	晚香玉香韵	晚香玉净油、水仙净油、黄水仙净油、黄兰净油、忍冬花净油、百合花净油、十一烯醛、十二醛
	（7）	紫罗兰香韵	紫罗兰花净油、金合欢花净油、含羞花净油、鸢尾净油、胡萝卜籽油、α-紫罗兰酮、β-紫罗兰酮、甲基紫罗兰酮类
	（8）	木樨草香韵	木樨草净油、癸炔羧酸乙酯
木香	（1）	云杉-冷杉香韵	胡椒油、百里香油、云杉叶油、冷杉叶油
	（2）	檀香香韵	东印度檀香油、柏木油、愈创木油、香脂檀油、檀香醇及其乙酸酯、柏木醇及其乙酸酯、岩兰草醇及其乙酸酯、乙酸对叔丁基环己酯
	（3）	丁香香韵	香石竹净油、烟草花净油、丁香油、中国肉桂油、斯里兰卡玉桂油、玉桂叶油、肉豆蔻衣油、肉豆蔻油、众香籽油、广藿香油、丁香酚、异丁香酚、丁香酚乙酸酯、异丁香酚乙酸酯、桂醛
田园香类	（1）	薄荷脑香韵	亚洲薄荷油、椒样薄荷油、胡薄荷油、薄荷酮、薄荷脑
	（2）	樟脑香韵	迷迭香油、白千层油、小豆蔻油、甘牛至油、香桃木油、鼠尾草油、意大利柏叶精油
	（3）	药草香韵	新刈草净油、罗勒油、洋甘菊油、芹菜油、薰衣草油、杂薰衣草油、穗薰衣草油、香紫苏油、大齿当归(独活)油、欧芹油、艾菊油、百里香油、苦艾油、水杨酸异戊酯、大茴香酸甲酯
	（4）	青香香韵	紫罗兰叶净油、龙蒿油、庚炔羧酸甲酯、庚炔羧酸异戊酯、龙葵醛及其二甲缩醛、苯乙醛二甲缩醛、顺-3-己烯醛、叶醇及其甲酸/乙酸/水杨酸酯、2,6-壬二烯醛及其二乙缩醛
	（5）	地衣香韵（壤香香韵）	橡苔净油、树苔净油、香薇净油、异丁基喹啉、3-壬醇、庚醛甘油缩醛
	（6）	荚豆香韵	甲基庚烯酮
膏香类	（1）	香荚兰豆香韵	香荚兰豆净油、安息香树胶树脂、葵花净油、香兰素、乙基香兰素
	（2）	乳香香韵	没药香树脂、乳香香树脂、防风根油、秘鲁香膏、吐鲁香膏、苏合香树脂、白芷油、意大利柏叶净油、乙酸桂酯、苯甲酸桂酯、桂酸苄酯、桂醇
	（3）	格蓬香韵	白菖蒲油、格蓬油、格蓬香树脂
	（4）	树脂香韵	松脂、松针油、乙酸龙脑酯、银枞叶油

续表

组别		香气类别	代表香料
果香类	（1）	柑橘皮香韵	香柠檬油、芫荽籽油、柠檬草油、白柠檬油、甜橙油、香橼油、圆柚油、柠檬油、橘子油、苦橙油、防臭木油、柠檬醛及其二甲缩醛、癸醛、甲酸芳樟酯、甲酸松油酯、二氢月桂烯醇
	（2）	醛香香韵	脂肪族醛类（$C_2 \sim C_{12}$）
	（3）	杏仁样香韵	苦杏仁油
	（4）	茴香香韵	茴香油、大茴香脑
	（5）	果香香韵	γ-十一内酯、δ-十一内酯、乙酸苯乙酯、乙酸异戊酯、乙酸异丁酯、γ-壬内酯、己酸烯丙酯、对甲基-β-苯基缩水甘油酸乙酯、丁酸香叶酯、丁酸苯乙酯、丙酸异丙酯、2,6-二甲基-5-庚烯醛
	（6）	巧克力香韵	可可豆
动物香	（1）	麝香香韵	麝香、广木香净油、云木香油、白芷净油、酮麝香、二甲苯麝香、三甲苯麝香、麝香酮、十五内酯、环十五酮、麝香 T、萨利麝香、芬檀麝香、佳乐麝香、麝香 R-1、10-氧杂十内酯
	（2）	海狸香香韵	海狸香、皮革香
	（3）	甲基吲哚香韵	灵猫香、灵猫酮、甲基吲哚、对甲基四氢喹啉、苯乙酸、苯乙酸异戊酯
	（4）	海洋香韵	海藻净油
	（5）	龙涎琥珀香韵	龙涎香、麝葵籽油、岩蔷薇净油、岩蔷薇浸膏、降龙涎香醚
焦熏气类	（1）	烟熏香韵	桦焦油、精制刺柏焦油、杜松油、Maillard 反应衍生物
	（2）	烟草样香韵	烟叶净油、黄香草木樨净油、黑香豆净油

（三）扑却分类法

1954 年 4 月，英国著名调香师扑却发表了他按香料香气挥发度来进行香气分类的结果。他评定了 330 种天然和合成香料及其他有香物质，依据它们在辨香纸上挥发、留香的时间长短提出了头香、体香和基香的分类法。扑却把不到一天就嗅不到香气的香料，定系数为"1"，不到两天的系数定为"2"，其他依此类推，最高为"100"，此后不再分高低。他将系数 1～14 的划为头香，15～60 的划为体香，61～100 的划为基香或定香剂。现将常用的香料挥发时间表摘录于表 10-5。

表 10-5 扑却的挥发时间表

系数	品名
1	苯乙酮、苯甲醛、乙酸苄酯、苯甲酸甲酯、乙酸异戊酯、苦杏仁油等
2	甲酸苄酯、苯甲酸乙酯、白柠檬油（蒸馏）、芳樟醇、水杨酸甲酯、乙酸苯乙酯、水杨酸苯乙酯等
3	桂酸苄酯、乙酸对甲酚酯、对甲酚甲醚、水杨酸乙酯、橙叶油（巴拉圭）、松油醇、麝香酊（3%）、留兰香油等
4	香茅醇、薰衣草油、桉叶油、壬醛、苯乙醇等
5	乙酸松油酯、苯乙酸乙酯、橙花油（意大利）
6	香柠檬油、甲酸香茅酯
7	丙酸苄酯、香叶醇（爪哇）、辛炔发酸甲酯、亚洲薄荷油、庚酸乙酯
8	水杨酸异戊酯、水杨酸苄酯、柏木油、香茅油（斯里兰卡）、乙酸香茅酯、邻氨基苯甲酸乙酯、香叶醇（单离自玫瑰草油）、柠檬油、玫瑰醇
9	月桂叶油、穗薰衣草油、红百里香油

续表

系数	品名
10	乙酸芳樟酯、二苯醚、丁香酚甲醚
11	丁酸异戊酯、癸醇、格蓬油、甜橙油
12	桂酸甲酯、庚炔羧酸甲酯、桂酸苯乙酯
13	苯乙酸对甲酚酯、鸢尾凝脂、苯丙醇
14	罗勒油、卡南加油、甲基紫罗兰酮
15	乙酸桂酯、洋茉莉醛、玫瑰油（保加利亚）、香茅油（爪哇）
16	丁香酚、野百里香油
20	香紫苏油
21	邻氨基苯甲酸甲酯、α-紫罗兰酮、β-紫罗兰酮、大茴香醛、吲哚
22	异丁香酚苄醚、桂叶油、甲酸香叶酯
24	桂酸乙酯、香叶油（法国）、乙酸香叶酯、依兰净油（马尼拉）
26	桉叶油、苯乙酸甲酯
30	麝葵籽油、白柠檬油
34	芹菜根油
45	乙酸龙脑酯、肉桂油
47	大茴香醇
54	乙酸柏木酯
60	柠檬醛、甲酸玫瑰酯
62	苯乙酸异戊酯
79	灵猫香膏
80	羟基香茅醛
85	苯乙二甲缩醛
89	兔耳草醛
90	格蓬树脂、乙酸玫瑰酯
91	桃醛、苯乙酸苯乙酯
100	α-戊基桂醛、桦焦油、龙涎香酊（3%）、香豆素、癸醛、乙基香兰素、椰子醛、异丁香酚、岩蔷薇浸膏、甲基壬基乙醛、橡苔浸膏、广藿香油、苏合香树脂、苯乙酸、檀香油（东印度）、吐鲁香膏、结晶玫瑰、十一醛、香兰素、岩兰草油

（四）叶心农分类法

我国调香专家叶心农等人经过长期的调香实践，对香料的香气进行了分类，他将香料的香气划分为花香和非花香两类，并依次排列出花香型辅成环和非花香型辅成环（图 10-7）。

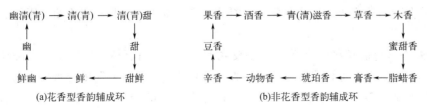

图 10-7　香韵辅成环示意图

(1) 花香香气分类

常见的 35 种花香可分为四个正韵（清、甜、鲜、幽）和四个双韵（清甜、甜鲜、鲜幽、幽清），共八类，见表 10-6。

表 10-6　花香香气分类

香气类别	代表香气	属于同类香气香料
清韵	梅花	薰衣草花、山楂花、洋甘菊
清甜香韵	香石竹花	丁香花、豆蔻花
甜韵	玫瑰	月季花、蔷薇花
甜鲜香韵	风信子	栀子花、金银花
鲜韵	茉莉	玳玳花、橙花、白兰花、依兰、树兰
鲜幽香韵	紫丁香花	铃兰、兔耳草花、广玉兰、荷花
幽韵	水仙花	黄水仙、晚香玉
幽清香韵	金合欢花	紫罗兰花、桂花、刺槐花、含羞花、甜豌豆花、葵花

(2) 非花香香气分类

非花香香气又可分成十二小类，分别是青（清）滋香、草香、木香、蜜甜香、脂蜡香、膏香、琥珀香、动物香、辛香、豆香、果香和酒香。

① 青（清）滋香。植物的青绿色彩，常常有清凉爽快的青滋气息，犹如人们在青色草原旷野间，阵风吹来，吸嗅到的一种新鲜清爽的绿叶气息。这种绿叶的青气，统称为"青滋香"。常用的天然青（清）滋香：紫罗兰叶净油及浸膏、橡苔浸膏、橙叶油、白兰叶油、玫瑰木油等。常用的合成青（清）滋香：大茴香醛、大茴香醇、松油醇、乙酸松油酯、乙酸二甲基苄基原酯、二甲基苄基原酯、芳樟醇、乙酸芳樟酯、甲酸香叶酯、乙酸香叶酯、羟基香茅醛、苯乙醛、苯乙醇等。

② 草香（包括芳草香和药草香）。植物绿色部分的香气还带有青涩的草香，其中芳草香多半是指茎叶在青鲜时的草香，药草香多半是指茎叶在干枯时的草香。常用的天然草香有：香茅油、桉叶油、迷迭香油、甘松油、缬草油、鼠尾草油等等。常用的合成草香有：香茅醛、苯乙酮、二苯醚、二苯甲烷、β-萘乙醚、萘甲醚、水杨酸异戊酯、水杨酸丁酯、异薄荷醇、香荆芥酚、百里香酚、水杨酸甲酯、水杨酸乙酯、苯甲酸乙酯等等。

③ 木香。植物青绿时的香气，在青色变黄枯后，会转为带有甘或甘甜之气，有木香格调。常用的天然木香有：檀香油、柏木油、楠木油、愈创木油、岩兰草油、广藿香油、桦焦油等等。常用的合成木香有：檀香醇、柏木醇、乙酸柏木酯、人造檀香、乙酸檀香酯、岩兰草醇等。

④ 蜜甜香。以甜香为主的蜜甜香。常用天然蜜甜香有：香叶油、玫瑰草油、鸢尾凝脂、姜草油等。常用的合成蜜甜香有：甲基紫罗兰酮类、紫罗兰酮类、桂醇、苯丙醇、橙花醇、香叶醇、香茅醇、玫瑰醇、乙酸桂酯、乙酸苯丙酯、苯乙酸、苯乙酸乙酯、苄醇、丙酸苄酯等等。

⑤ 脂蜡香（包括醛香）。籽实、坚果皮壳上也往往含有脂蜡。这些物质常是高碳烷烃或高碳酸及其酯类，有时也含有酸或酮类。脂蜡香是近代"醛香型"中的重要香韵。常用的脂蜡香有：楠叶油、$C_8 \sim C_{12}$醛、十二烯醛、甲基壬基乙醛、$C_8 \sim C_{12}$醇、乙酸辛酯、乙酸壬酯、乙酸癸酯、庚醇、庚醛、甲酸辛酯、甲酸癸酯、丁二酮等。

⑥膏香。有些草木含有膏香，来自草木的分泌物（其中有些是花类或醛的聚合物）。膏香的形式有的是树胶，有的是树脂，有的是树胶树脂或油树胶树脂，有的是香膏。

常用的天然膏香（包括树脂香）有：吐鲁香树脂、秘鲁香树脂、安息香树脂、苏合香树脂、乳香树脂、没药香树脂等。常用的合成膏香有：苯甲酸、苯甲酸苄酯、桂酸、桂酸苄酯、桂酸苯乙酯、桂酸甲酯、桂酸乙酯、桂酸桂酯、苯丙醛、溴代苯乙烯、水杨酸苯乙酯等。

⑦琥珀香。琥珀原是树脂年久历变而成的凝固体，香气极弱，但难散失。在调香术中，琥珀香时常与龙涎香相混用。

常用的天然琥珀香有：岩蔷薇浸膏、麝葵籽油、香紫苏油、圆叶当归根油、防风根香树脂等。常用的合成琥珀香有：水杨酸苄酯、苯甲酸异戊酯、苯甲酸异丁酯、α-柏木醚、降龙涎香醚等。

⑧动物香。动物香是属于有浊气的、动物分泌出的香泽，即温暖又氤氲而有浊气。天然品中的麝香、龙涎香、灵猫香与海狸香等，多用于高档加香产品。化学合成的"单体"有：麝香酮、麝葵内酯、十六内酯、灵猫酮、十五酮、十六酮、十五内酯、葵子麝香、酮麝香、二甲苯麝香、佳乐麝香、麝香105、昆仑麝香、粉檀麝香等等。

⑨辛香。辛香是来自辛香料，从有关香料植物的叶、枝、茎、花、果、籽、树皮、木、根等中提取。辛香料一般都有一种辛暖气味，既可去腥气，又可引起食欲和开胃。常用的天然辛香有：大茴香油、小茴香油、丁香油、丁香罗勒油、黄樟油、姜油等。常用的合成辛香有：丁香酚、异丁香酚、大茴香脑、黄樟素、桂醛、对苯二酚二甲醚、乙酰基异丁香酚、丁香醚甲醚、异丁香酚甲醚、莳萝醛、异丁基喹啉等。

⑩豆香。豆香（包括粉香）在调香上早就有应用。常用的天然豆香有：香荚兰豆浸膏（酊）、黑香豆浸膏（酊）、茅香浸膏、可可酊等。常用的合成豆香有：香兰素、香豆素、对甲基苯乙酮、苯乙酮、苯甲烯丙酮、洋茉莉醛、乙基香兰素、水杨醛、异丁香酚、苄醚等。

⑪果香。果香大体区分为坚果香、浆果香、鲜果香和瓜香。常用的天然果香有：苦杏仁油、甜橙油、柠檬油、柚皮油、香柠檬油、山苍子油、山胡椒油、橘子油、山楂浸膏等。常用的合成果香有：桃醛、杨梅醛、椰子醛、凤梨醛、悬钩子酮、苯甲醛、柠檬醛、乙酸异戊酯、甲基-β-萘基甲酮、丁酸苄酯、邻氨基苯甲酸甲酯、N-甲基邻氨基苯甲酸甲酯、丁酸异戊酯、甲酸异戊酯等等。

⑫酒香。酒香包括果酒香、糖蜜酒香和谷物酒香等。常用的酒香有：康酿克油、庚酸乙酯、壬酸乙酯、壬酸苯乙酯、异戊醇、乙酸乙酯、甲酸乙酯、丙酸乙酯、己酸乙酯等。

对重要的香型还可以细分。比如：青（清）滋香可进一步分为叶青（以紫罗兰叶油、叶醇或女贞醛为代表）、苔青（以橡苔为代表）、茉莉青（以茉莉酮或茉莉酮酸甲酯或二氢茉莉酮酸甲酯为代表）、梧青（以松油醇为代表）、茴青（以大茴香醛为代表）、萼青（以苯乙醇为代表）、木青（以芳樟醇为代表）、梅青（以苯甲醛为代表）和凉青（以薄荷脑为代表）等；蜜甜香可进一步分为醇甜或玫瑰甜（以玫瑰醇为代表）、柔甜或蜜甜（以鸢尾酮为代表）、辛甜或焦甜（以丁香酚为代表）、膏甜或桂甜（以桂醇为代表）、蜡甜或蜜蜡甜（以壬醛为代表）、酿甜（以康酿克油为代表）、青甜或橙花甜（以橙花醇、香茅醇、苯乙醇为代表）、盛甜或金合欢甜（以金合欢醇、紫罗兰酮为代表）、果甜（以桃醛为代表）、豆甜（以乙基香兰素为代表）和木甜（以愈创木油、岩兰草油为代表）等。

第二节　香料的分类

香料是调配香精的原料，个别的也可直接用于加香产品。根据有香物质的来源，通常香料按照其来源及加工方法分为天然香料和单体香料，天然香料分为植物性香料和动物性香料；单体香料又分为单离香料、合成香料及半合成香料。

一、植物性香料

植物性香料是以香料植物的采香部位的组织或分泌物为原料提取出来的。采集的芳香植物需经过一定的工艺处理来提取所需的植物性香料。目前，植物性香料的提取方法主要有：水蒸气蒸馏法、压榨法、浸提法、吸收法。根据植物性香料的形态（油状、膏状或树脂状）和制法，可分为精油（含压榨油）、浸膏、酊剂、净油、香脂和香树脂。

① 精油。由于植物性天然香料的主要成分都是具有挥发性和芳香气味的油状物，它们是芳香植物的精华，因此也把植物性天然香料统称为精油。用水蒸气蒸馏法和压榨法制取的天然香料，通常是芳香的挥发性油状物，在商品上统称精油；其中压榨法制取的产物也称压榨油。超临界萃取法制得的产物一般也属于精油。

② 浸膏。用挥发性溶剂浸提芳香植物原料制取的产品，因含有植物蜡、色素、叶绿素、糖类等杂质，经过溶剂脱除（回收）处理后，通常成为半固态膏状物，故称为浸膏。

③ 酊剂。某些芳香植物经乙醇溶液浸提后，有效成分溶解于其中而成为澄清的溶液，这种溶液则称为酊剂。

④ 香脂。用非挥发性溶剂吸收法制取的植物性天然香料，混溶于脂类非挥发性溶剂之中，称为香脂。

⑤ 净油。将浸膏或香脂用高纯度的乙醇溶解，滤去植物蜡等固态杂质，将乙醇蒸出后所得到的浓缩物称为净油。

目前，世界上已知的植物性天然香料约有 1500 种，常用于商业性生产和调香中的只有 200 余种，我国现已能生产 100 多种，除供国内消费外，有部分出口国外。植物性天然香料，不仅能使调香制品保留着来自天然原料的优美浓郁的香气和口味，而且长期使用安全可靠，所以在调香中，主要用作增加天然感的香料。

（一）植物性香料的来源

植物性香料的来源广泛，如香料植物的花、果、叶、枝、根、皮、树胶、树脂中都有可能含有具有挥发性的发香成分。

① 由香花提取的香料供高级香水、高级化妆品使用：玫瑰、茉莉、橙花、水仙、合欢、蜡菊、丁香、香石竹等。

② 由叶子提取的香料：马鞭草、桉叶、香茅、月桂、香叶、橙叶、冬青、广藿香、香紫苏、枫茅、岩蔷薇。

③ 由枝干提取的香料：檀香木、玫瑰木、柏木、香樟木。

④ 由树皮提取的香料：桂皮、中国肉桂等。

⑤ 由树脂提取的香料：吐鲁香脂、秘鲁香脂、安息香树脂等。

⑥ 由果皮提取的香料：柠檬、柑橘、香柠檬、白柠檬等。

⑦ 由种子提取的香料：黑香豆、茴香、肉豆蔻、黄葵子、香子兰。

⑧ 由苔衣提取的香料：橡苔、树苔等。

⑨ 由草类提取的香料：薰衣草、杂薰衣草、穗薰衣草、薄荷、留兰香、迷迭香、百里香、龙蒿等。

（二）植物性香料的香成分

从香料植物不同含香部位分离提取的芳香成分，代表该类香料植物部分的香气。无论用何种方法提取的精油、浸膏、酊剂、香脂、净油等，都是由多种成分构成的混合物。例如：玫瑰油由 275 个芳香成分构成；草莓果提取物有 160 余种成分。从天然香料植物分离出来的精油的芳香成分有 3000 多种。可见，从香料植物中分离出来的混合物成分复杂，但从混合物的各种分子结构来看，大体上可分为四大类：萜类化合物、芳香族化合物、脂肪族化合物和含氮含硫化合物。

（1）萜类化合物

萜类化合物是指具有 $(C_5H_8)_n$ 通式，由异戊二烯或异戊烷以各种方式连接而成的一类天然化合物。其在自然界中广泛存在，高等植物、真菌、微生物、昆虫及海洋生物都有萜类成分的存在。萜类化合物是一类重要的天然香料，是化妆品工业不可缺少的原料。

在天然植物性香料中的大部分有香成分是萜类化合物，在一些精油中，某些萜类的含量非常高，如松节油中蒎烯的含量达 80% 以上；黄柏果油中月桂烯的含量大于 88%；甜橙油中柠檬烯的含量大于 85%；芳樟油中芳樟醇的含量为 75% 以上；山苍子油中柠檬醛的含量为 65%～75%；香茅油中香茅醛的含量大于 40%；薰衣草油中含乙酸芳樟酯 25%～47% 等。

据碳原子的个数萜类化合物可以分为：单萜 C_{10}、倍半萜 C_{15}、二萜 C_{20}、三萜 C_{30} 等。根据分子结构角度可以分为：开链萜、单环、双环、三环、四环萜等。按衍生物可分为：萜烯烃、萜醇、萜醛、萜酮、月桂烯、香叶醇、香茅醛、樟脑、胡椒酮、薄荷酮。

（2）芳香族化合物

在天然植物性香料中，芳香族化合物的存在仅次于萜类。如丁香油中的丁香酚含量在 95% 以上；黄樟油中的黄樟素在 95% 以上；肉桂油中肉桂醛约占 93%～97%；苦杏仁油中的苯甲醛 85%～95%；大茴香油中大茴香脑占 75%～85%；百里香油中的百里香酚含量约 40%～60%；玫瑰油中的苯乙醇含量约 15%；香荚兰豆中的香兰素含量约 1%～3%；等等。

（3）脂肪族化合物

脂肪族化合物包括脂肪族的醇、醛、酮、酸、醚、酯、内酯等，在植物性天然香料中也广泛存在，但其含量和作用一般不如萜类化合物和芳香族化合物。例如：鸢尾油中十四酸，即肉豆蔻酸含量可高达 84%；在芸香油中芸香酮（甲基壬基甲酮）的含量达 70% 左右；在茉莉油中乙酸苄酯含量为 20% 左右。又如：在茶叶中含有少量的叶醇，即顺-3-己烯醇，有青草的香气，是清香香韵的变调剂；黄瓜青香味是因为含有天然醛类反-2-己烯醛（叶醛）；紫罗兰叶中含有 2,6-壬二烯醛，即紫罗兰叶醛；还有黄葵子油中的黄葵内酯、玫瑰油中的玫瑰醚、苦橙叶油中的香叶醚等。

（4）含氮和含硫化合物

含氮和含硫类化合物在天然植物性香料中含量很低，但是此类化合物具有很强气味的基团或化合物。例如：大蒜油中含有二硫化二烯丙基，咖啡中的 2,3-二甲基吡嗪，洋葱、番茄中的二甲基二硫醚（CH_3—S—S—CH_3），橙花油中的邻氨基苯甲酸甲酯，姜油中的二甲基硫醚，大花茉莉油中的吲哚，花生中的 2-甲基吡嗪和 2,3-二甲基吡嗪，芥子油中的异硫氰酸烯丙酯，茶叶中的 2-乙酰基吡咯，茉莉、腊梅中的吲哚等等。

（三）植物性香料的提取方法

（1）水蒸气蒸馏法

在植物性天然香料的生产方法中，水蒸气蒸馏法是最常用的一种。产量较大的天然植物香料中，有很大一部分是用水蒸气蒸馏法生产精油。该法的特点是设备简单、容易操作、成本低。水蒸气蒸馏法具体方法是：将芳香植物的花、叶、干、皮、根、草和苔衣等放在蒸馏锅内，蒸馏器内不加水，从锅炉中出来的水蒸气直接通入蒸馏器中，由喷气管喷出而进行水蒸气热馏，将芳香油分和水同时蒸馏出来，经冷凝器冷却后，将油水分离，所得产品称为精油。

例如，薄荷油、留兰香油、广藿香油、薰衣草油、玫瑰油、白兰叶油以及桂油、菌油、桉叶油、伊兰油等。作为很重要的半合成原料的香茅油也是利用水蒸气蒸馏法生产的，其工艺流程图如图 10-8。

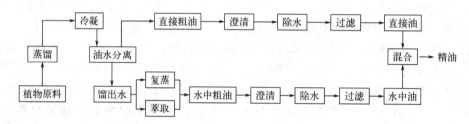

图 10-8　水蒸气蒸馏法生产香茅油的工艺流程图

但是，对于不耐热处理的芳香油分，如茉莉和晚香玉等花不能以此法加工。

（2）浸提法

受热易分解或变质的香料，或精油成分易溶于水，不能采用水蒸气蒸馏法，如花精油适合采用浸提法。浸提法也称液固萃取法，是用挥发性有机溶剂将原料中的某些成分转移到溶剂中，蒸发或蒸馏出溶剂，得到所需的较为纯净的香组分的方法。由于在浸提时，植物蜡、色素、脂肪、纤维、淀粉、糖类等难溶物质或高熔点杂质也被浸提出来，产品往往呈膏状，故称为浸膏。再用乙醇溶解浸膏后滤去固体杂质，通过减压蒸馏回收乙醇可以得到净油。直接使用乙醇浸提物，则产品为酊剂。

选择浸提溶剂应考虑无毒或低毒、不易燃易爆、化学稳定性好、无色无味的原则，另外还要考虑其对香成分和杂质的溶解选择性。一般说来，尽量选择沸点较低的溶剂，以利于蒸出回收；尽量在低温下进行，能更好地保留芳香成分的原有香韵（如：名贵鲜花类的浸提大多在室温下进行）。常用的浸提溶剂有石油醚、乙醇、苯、二氯乙烷等。

（3）压榨法

压榨法主要用于红橘、甜橙、柠檬、柚子等柑橘类精油的生产。这些精油中的萜烯及其衍生物的含量高达 90%（质量分数）以上，而萜烯类在高温下容易发生氧化、聚合反应等，因此，不能用水蒸气蒸馏法生产，故一般采用压榨法进行生产。

压榨法可分为三种：海绵法、锉榨法和机械化法。海绵法是指将果皮放入冷水中浸泡后，用手挤压，再用海绵进行吸收的方法。锉榨法是将果皮装入回转锉榨器中进行锉榨，用锉榨器内壁上的很多小尖钉刺破橘皮使精油流出。这些方法生产效率低，常温加工，精油气味好，但不适合工业化生产。

目前制取精油通常采用机械压榨法，工艺技术已很成熟，基本实现生产过程的自动化。主要的生产设备有螺旋压榨机和平板磨橘机或激振磨橘机两种。具体工艺过程是：螺旋压榨机依靠旋转的螺旋体在榨笼中的推进作用，使果皮不断被压缩，果皮细胞中的精油被压缩出来，再经淋洗和油水分离、去除杂质，即可得到橘类精油；对于平板磨橘机或激振磨橘机，装入磨橘机的是整个果子，但实际磨破的仍是果皮，果皮细胞磨破后渗出精油混合物，用水喷淋再经分离，即得精油。

（4）吸收法

天然香料生产中常用非挥发性溶剂吸收法和固体吸附剂吸收法处理名贵鲜花。固体吸附剂吸收法所得产品是精油，而非挥发性溶剂吸收所得的是香脂。某些固体吸附剂如常见的活性炭、硅胶等，可以吸附鲜花所释放的香势较强的气体芳香成分，制取高品质的天然植物精油。非挥发性溶剂吸收常采用油脂吸收法，有热吸法和冷吸法两种。

热吸法：将花放在加热（60～70℃）溶解的纯猪油或纯牛油或二者混合物中，使花中的芳香油分被吸收，经冷却后的半固态物质称为香脂；将香脂与乙醇混合，用乙醇萃取芳香油分，蒸去乙醇即得净油产品。

冷吸法：适用于不能加热处理的芳香油分，防止香气遭到破坏，如茉莉和晚香玉；将花放在涂有纯猪油或纯牛油的玻璃板上，将吸附了芳香油分的动物油与乙醇混合搅动，之后的操作和热吸法的操作相同。

例如茉莉香脂的制备流程：

涂脂肪基 → 铺花 → 香气吸收 → 换花 → 香气吸收 → 换花 → 反复30次至脂肪基吸收饱和 → 刮脂肪基 → 茉莉香脂

二、动物性香料

动物性香料是指从动物（如麝鹿、灵猫、海狸、抹香鲸等）的某些生理器官或分泌物中提取出来的香料，经常应用的有麝香、灵猫香、海狸香和龙涎香4种。这四种香料能增香、提调，留香持久且有定香能力，是配制高级香精不可缺少的定香剂，不但能使香精或加香制品的香气持久，而且能使整体香气柔和、圆熟和生动。尽管品种少、产量低、价格昂贵，但在香料中却占有重要地位，多用于加香高档产品中。

（一）麝香

麝香是雄麝鹿的生殖腺分泌物，用以引诱异性，当季节进入初冬的发情期，分泌的麝香量增多，散发独特的动物香气。雄性麝鹿从2岁开始分泌麝香。雄麝鹿自阴囊分泌的淡黄色、油膏状的分泌液存积于位于麝鹿脐部的香囊，并可由中央小孔排泄于体外。香囊经干燥后呈红棕色到暗棕色粒状物质，是一种很脆的固态物质。固态时麝香发出恶臭，用水或酒精高度稀释后有令人愉快的香气。当它与硫酸奎宁、樟脑、硫黄、高锰酸钾、小茴香等相混时，香气消失；但用氨水润湿时，香气则恢复；如用碳酸钠盐类处理可增强香气，一般制成酊剂使用。

天然麝香中最主要的芳香成分是一种饱和大环酮，即麝香酮，它的化学结构为3-甲基环十五酮，另外还有麝香吡啶、胆固醇、酚类、脂肪醇类以及脂肪、蛋白质、盐类等。3-甲基环十五酮的结构式如图10-9。

麝香本身属于高沸点难挥发物质，它不但留香能力甚强，香气强烈、扩散力强且持久，使各种香成分挥发均匀，提高香精的稳定性，而且可以赋予香精诱人的动物性香韵，常用于豪华香水等高级化妆品的香精之中。

（二）灵猫香

灵猫香来自灵猫的囊状分泌腺，无需特殊加工，用刮板刮取香囊分泌的黏稠状分泌物即得灵猫香。新鲜的灵猫香为淡黄色黏稠液体，很像蜂蜜，久之被氧化成棕褐色膏状。浓时具有不愉快的恶臭，稀释后有强烈而令人愉快的麝香香气。这种半流体物质，是一种混合物，主要的香成分是仅占 2％～3％（质量分数）左右的不饱和大环酮，即灵猫酮，另外还有 3-甲基吲哚、乙酸苄酯、对甲基四氢喹啉等。灵猫酮的化学结构为 9-环十七烯酮（见图 10-10）。

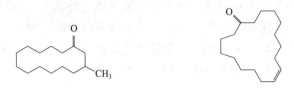

图 10-9　麝香酮的分子结构图　　　图 10-10　灵猫酮的分子结构图

灵猫香的香气比麝香更为优雅，常用作高级香水香精的定香剂，曾长期作为豪华香水的通用成分。

（三）龙涎香

龙涎香是在抹香鲸胃肠内形成的结石状病态产物，其密度比水低，可自体内排出漂浮于海面或冲至海岸，经长期风吹雨淋、日晒、发酵而自然成熟，也可从捕获的抹香鲸的体内经解剖而取得。

它是灰白色和褐色的黏稠蜡样大块状物质，其香气不像其他几种动物香料那样明显，但其香精经过熟化，香气格外诱人，其留香性和持久性是任何香料都无法相比的。留香能力比麝香强 20～30 倍，时间可达数月之久。

龙涎香的主要成分是龙涎香醇和甾醇（粪甾醇）。龙涎香醇本身并不香，经自然氧化分解后，产生香物质有：龙涎香醇、粪甾醇、二氢-γ-紫罗兰酮、龙涎香醇、α-龙涎香八氢萘醇、龙涎香醇。这些化合物共同形成了强烈的龙涎香气，部分分子的化学结构式如图 10-11。

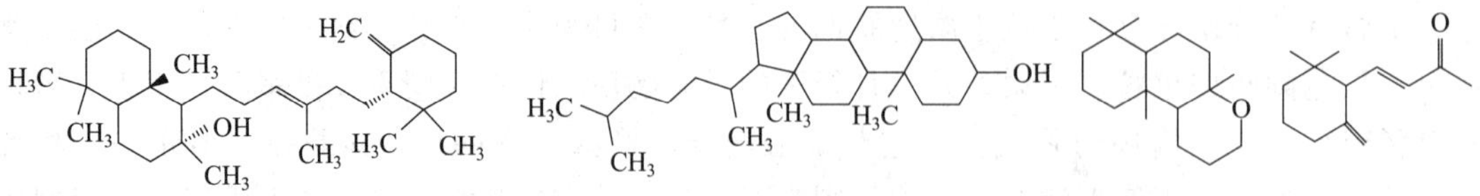

龙涎香醇　　　　　　　　　　粪甾醇　　　　　　　降龙涎香醚　　　γ-紫罗兰酮

图 10-11　龙涎香的香成分的化学结构图

龙涎香一般都制成酊剂，使用时是用 90％（质量分数）的乙醇将龙涎香稀释成 30％的酊剂，经放置一段时间后再用，这样其特征香气才能得以充分发挥。

龙涎香是一种具有清灵而温雅的特殊动物香，在动物性香料中是具有最少腥臭气的香料，其品质最高、香气最优美，具有微弱的温和乳香，价格最昂贵。在高档的名牌香精豪华产品中,大多含有龙涎香。

(四) 海狸香

在海狸的生殖器附近有两个梨状腺囊,其内的白色乳状黏稠液即为海狸香,雄雌两性海狸均有分泌。新鲜的海狸香为奶油状,经日晒或干燥后呈红棕色的树脂状物质。海狸香不经处理有腥臭味,稀释后则有令人愉快的香气。海狸香的香气比较浓烈而且持久,但有树脂样苦味,一般制成酊剂使用。

海狸香的成分比较复杂,分泌物呈褐色,含 40%~70% 树脂状物质,并含有水杨基内酯、苯甲醇、对乙基苯酚、海狸香素等。海狸香素的主要香成分是由生物碱和吡嗪等含氮化合物构成,其中几种主要香成分如图 10-12。

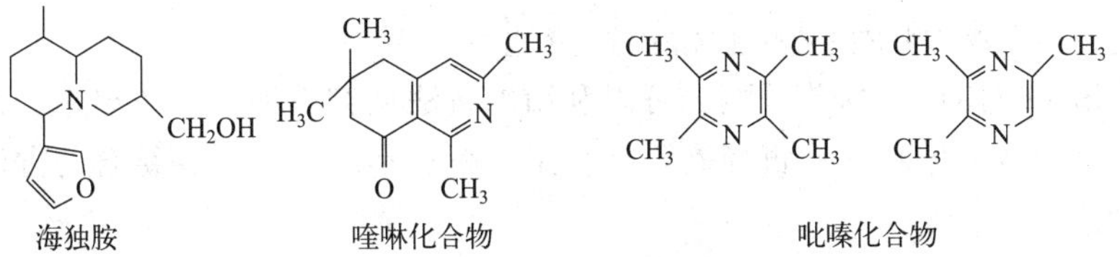

图 10-12 海狸香的主要香成分的化学结构式

海狸香最主要的用途是作为定香剂,配入花精油中能提高其芳香性,能增加香料的留香时间,是极其珍贵的香料。海狸香香气独特,留香持久,主要用作东方型香精的定香剂,以配制豪华香水。但由于受产量、质量等影响,其应用不如其他几种动物性香料广泛。

除上述四种主要动物性香料外,还有麝鼠香。麝鼠香是取自麝鼠腺囊中的脂肪性液状物质,每只麝鼠每年取得麝鼠香 5g 左右,其香气强烈,有类似于麝香的动物香气,留香持久,主要成分有:大环酮及醇类、酯类及脂肪酸类等多种成分。如环十五酮、环十七酮、顺-5-环十五烯酮、顺-5-环十七烯酮、顺-7-环十七烯酮、环十九酮等。其中,环十五酮和环十七酮是其特征香气成分,具有麝香香气。麝鼠香可应用于香水与化妆品香精中,是麝香的天然替代品。

三、单离香料

单离香料是从天然香料(主要是植物性天然香料)中分离出比较纯净的某一种特定的单一香成分,以便更好地满足香精调配的需要。

从植物芳香油中单离出来的化合物,往往是芳香油的主要成分,因此单离物往往具有该植物所具有的最强烈的香味。例如,可以从香茅油中分离出一种具有玫瑰花香的萜烯醇——香叶醇,在玫瑰香型香精中用作主香剂,在其他香型香精中也被广泛使用;而香茅油本身,由于含有其他香成分,不能在香精中直接使用。

又如,从香叶油中单离出香叶醇,从山苍子油中单离出柠檬醛,从芳樟油中单离出芳樟醇以及从薄荷油中单离出薄荷脑等等。单离香料的主要加工方法列举如下。

(1) 分馏法

分馏过程是天然精油单离某一主成分时最普遍采用的一种过程。用于加工精制单离香料的分馏过程主要采用精馏和减压分馏。天然精油中常含有某些热敏性组分,精馏中受高温会分解、聚合等,破坏了香味成分,因此绝大部分采用的都是减压分馏。

直接采用减压分馏分离提纯的比较重要的单离香料有:从柑橘类精油中单离柠檬烯;从

石荠（含有质量分数为 50％ 左右的异丁香酚甲醚）中单离异丁香酚甲醚；从薰衣草油或香柠檬油（乙酸芳樟酯的质量分数分别为 30％～60％ 和 30％～40％）中单离出广泛应用的乙酸芳樟酯；从大茴香油或小茴香油（含大茴香脑质量分数分别约为 80％ 和 65％）中单离大茴香脑；从薄荷油等精油中单离薄荷酮。

（2）冻析法

冻析是利用低温使天然精油中某些化合物呈固体状析出，然后将析出的固体状化合物与其他液体成分分离，从而制成较纯的产品。其原理与结晶分离过程类似，但是一般不采用分步结晶等强化分离的手段，而且固态析出物也不一定是晶体。

例如，在日化、医药、食品、烟酒工业中广泛应用的薄荷脑（薄荷醇），采用冻析法从薄荷油中单离出来，工艺步骤如下：

薄荷油 → 冻析（脱脑薄荷油）→ 粗薄荷脑 → 烘脑 → 冷却 → 薄荷脑

在食用香精中应用广泛的芸香酮，可以利用冻析法从芸香油中分离出来。此外，合成洋茉莉醛和香兰素的重要原料——黄樟素，是使用冻析法和减压蒸馏相结合的方法生产的，其工艺步骤如下：

黄樟油 → 冷冻（0℃左右）→ 过滤 → 粗黄樟素 → 减压蒸馏 → 黄樟素

（3）化学处理法

利用可逆化学反应将天然精油中带有特定官能团的化合物，转化为某种易于分离的中间产物，以实现分离纯化，再利用化学反应的可逆性，使中间产物复原成原来的香料化合物，这就是化学处理法制备单离香料的原理。

① 亚硫酸氢钠加成物分离法。某些醛和酮与亚硫酸氢钠发生加成反应，生成不溶于有机溶剂的磺酸盐晶体加成物。这一反应是可逆的，用碳酸钠或盐酸处理磺酸盐加成物，便可重新生成对应的醛或酮。但是在反应过程中如果有稳定的二磺酸盐加成物生成，则反应就变成不可逆反应。为了防止二磺酸盐加成物的生成，常用亚硫酸钠、碳酸氢钠的混合溶液而不用亚硫酸氢钠溶液。

采用亚硫酸氢钠法生产的单离香料有：柠檬醛、肉桂醛、香草醛和羟基香茅醛。此外还有枯茗醛、胡薄荷酮等。

② 酯皂化法。在单离天然精油中的醇类化合物时，有时常伴随着该醇的酯，常使用皂化法使酯分解为醇和酸。例如，从香茅油中单离香茅醇，通常将粗醇进行皂化，使乙酸香茅酯变成香茅醇。又如，从香叶油中单离玫瑰醇，也要将玫瑰醇的酯皂化成醇。

③ 酚钠盐法。酚类化合物与碱作用生成的酚钠盐溶于水，可将天然精油中其他化合物组成的有机相与水相分层分离，再用无机酸处理含有酚钠盐的水相，便可实现酚类香料化合物的单离。从丁香叶油或丁香罗勒油中单离丁香酚就是采用这种方法。

④ 硼酸酯法。硼酸酯法是从天然香料中单离醇的主要方法之一。硼酸与精油中的醇发生酯化反应可以生成高沸点的硼酸酯，经减压精馏与精油中的低沸点组分分离后，再经皂化反应，即可使醇游离出来。例如从桉叶油中分离香茅醛、香茅醇和异胡薄荷醇等成分。硼酸酯法的反应原理如化学反应式(10-1)、式(10-2)。

$$3R—OH + B(OH)_3 \longrightarrow B(O—R)_3 + 3H_2O \qquad (10\text{-}1)$$

$$B(O—R)_3 + 3NaOH \longrightarrow 3R—OH + Na_3BO_3 \qquad (10\text{-}2)$$

四、合成香料

合成香料是指采用各种化工原料（包括从天然香料中分离出来的单离香料），通过化学合成的方法而制备的化学结构明确的香料化合物，特别指以石油化工基本原料及煤化工基本原料为起点经过多步合成反应而制取的单体香料。

合成香料按化学结构可归纳为两类，一类是与天然含香成分构造相同的香料。借助现代化科学仪器和分析手段对天然香料进行分析，在确定了天然含香成分的构造之后，采用化工原料经过化学合成的方法，合成出化学结构与天然含香成分的结构完全相一致的香料化合物，该类香料占合成香料的绝大部分。

另一类是通过化学合成而制得的化合物，经调香技术加工后其香味与天然物质相类似；或者是通过化学合成而制得的构造、香味均与自然界中的天然香料不同的香料，但均是具有令人愉快舒适的香气的香料。如：羟基化产品（如羟基香草醛）、环碳化产品（如从柠檬醛制成的紫罗兰酮）。这些化合物有的可从自然界中找到，如紫罗兰酮；有的却是自然界中原来没有的，如甲基紫罗兰酮。

（一）合成香料的来源

由于天然动、植物香料往往受自然条件的限制及加工等因素的影响，产量和质量不稳定，不能满足加香制品的需求。合成香料是利用单离香料或有机化工原料，通过有机合成的方法而制备的香料。这种香料具有化学结构明确、产量大、品种多、价廉等特点，既弥补了天然香料的不足，又增加了有香物质的来源，因而得以长足发展。

按原料来源的不同，合成香料的生产主要有 3 种来源：

（1）用天然植物精油生产合成香料

在合成香料中，可利用的天然精油非常多，如松节油、山苍子油、香茅油、蓖麻油、菜籽油等。首先通过物理或化学的方法从这些精油中分离出单体，即单离香料，然后用有机合成的方法，合成出价值更高的一系列香料化合物。

松节油中的主要成分是萜类化合物，其中 α-蒎烯约占 60%，β-蒎烯约占 30%。α-蒎烯可以直接作为合成芳樟醇和香茅醇等香料的原料，产量很大的 L-薄荷醇也可以 α-蒎烯为原料进行合成，反应如图 10-13 所示。

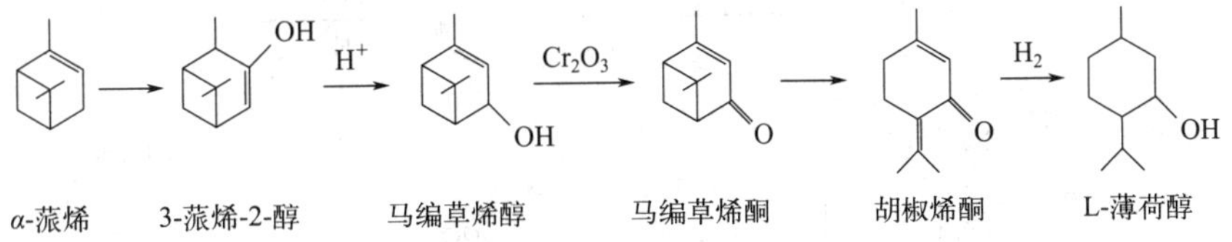

α-蒎烯　　3-蒎烯-2-醇　　马鞭草烯醇　　马鞭草烯酮　　胡椒烯酮　　L-薄荷醇

图 10-13　L-薄荷醇的合成反应式

在香茅油和桉叶油中，分别含有约 40% 和 80% 的香茅醛。从精油中分离出来的香茅醛，用亚硫酸氢钠或乙二胺保护醛基，然后再进行水合反应，可以合成具有百合香气的羟基香茅醛和具有叶香和铃兰花香的甲氧基香茅醛，如图 10-14 和图 10-15。

（2）用煤炭化工产品生产合成香料

煤在炼焦炉炭化室中受高温作用发生热分解反应，除生产炼铁用的焦炭外，尚可得到煤焦油和煤气等副产品。这些焦化副产品经进一步分馏和纯化，可得到酚、萘、苯、甲苯、二

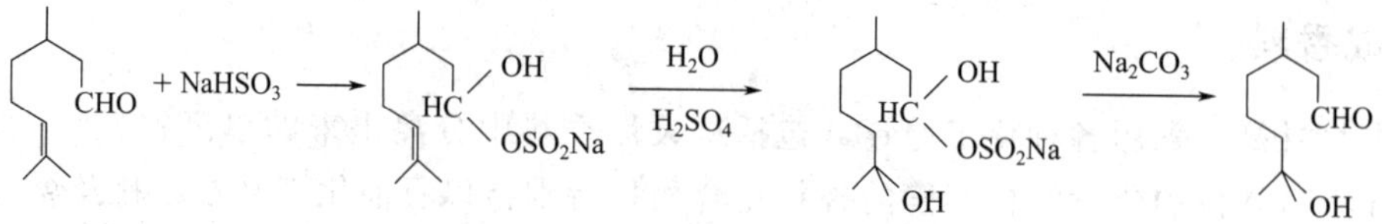

图 10-14 羟基香茅醛的合成反应式

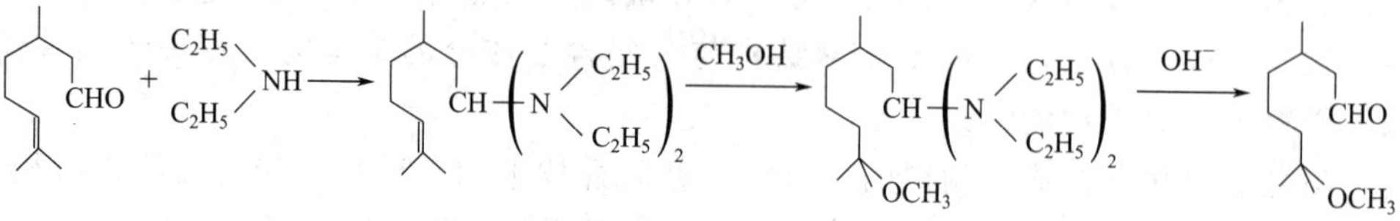

图 10-15 甲氧基香茅醛的合成反应式

甲苯等基本有机化工原料。利用这些原料，可以合成出大量芳香族香料和硝基麝香等极有价值的常用香料化合物。

如：苯可转化为邻苯二酚，在氧化铝存在下，于 300℃时与甲醇进行甲基化反应生成愈创木酚，而愈创木酚与三氯甲烷反应最终可制得香兰素，反应式如图 10-16 所示。

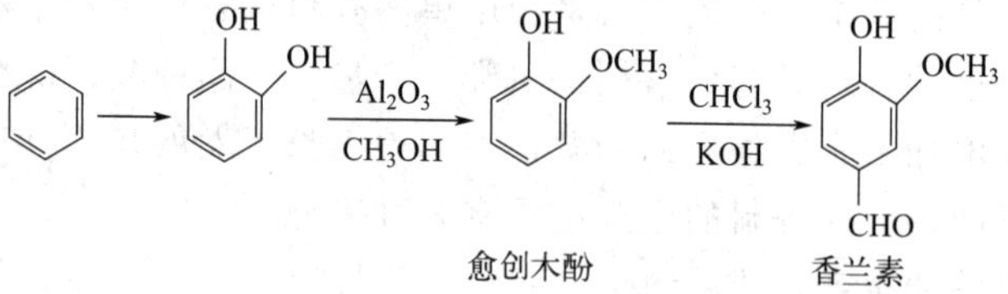

图 10-16 香兰素的合成反应式

又如：二甲苯是合成硝基麝香的主要原料，以间二甲苯和异丁烯为原料，在氯化铝存在下进行叔丁基化反应，然后可以由此合成出酮麝香、二甲苯麝香，合成路线如图 10-17 所示。

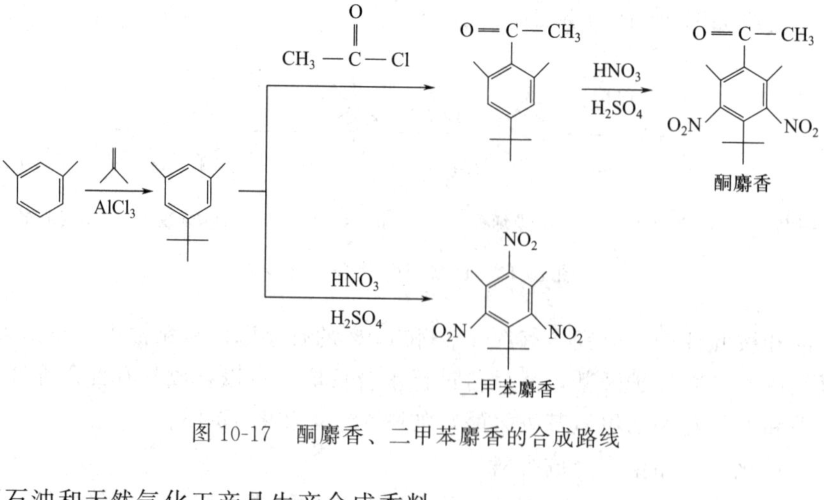

图 10-17 酮麝香、二甲苯麝香的合成路线

（3）用石油和天然气化工产品生产合成香料

从炼油和天然气化工中，可以直接或间接地得到如苯、甲苯、乙烯、丁二烯、异戊二

烯、环氧乙烷等有机化工原料。利用这些石油化工原料，除了可以合成脂肪族醇、醛、酮、酯等香料之外，还可以合成芳香族香料、萜类香料、合成麝香等重要的香料产品。

如图 10-18，乙炔与甲基庚烯酮反应生成脱氢芳樟醇，再还原可制得芳樟醇。芳樟醇再经过还原可制得香茅醇。芳樟醇与乙酰乙酸乙酯缩合生成香叶基丙酮，再与乙炔反应生成脱氢橙花叔醇，然后氢化可得到橙花叔醇。如果将脱氢芳樟醇异构化，可制取柠檬醛。柠檬醛与硫酸羟胺发生肟化反应，可制得柠檬腈。柠檬醛与丙酮发生缩合反应生成假性紫罗兰酮，在浓硫酸存在下，假性紫罗兰酮经环化反应，可制得 α-紫罗兰酮和 β-紫罗兰酮。

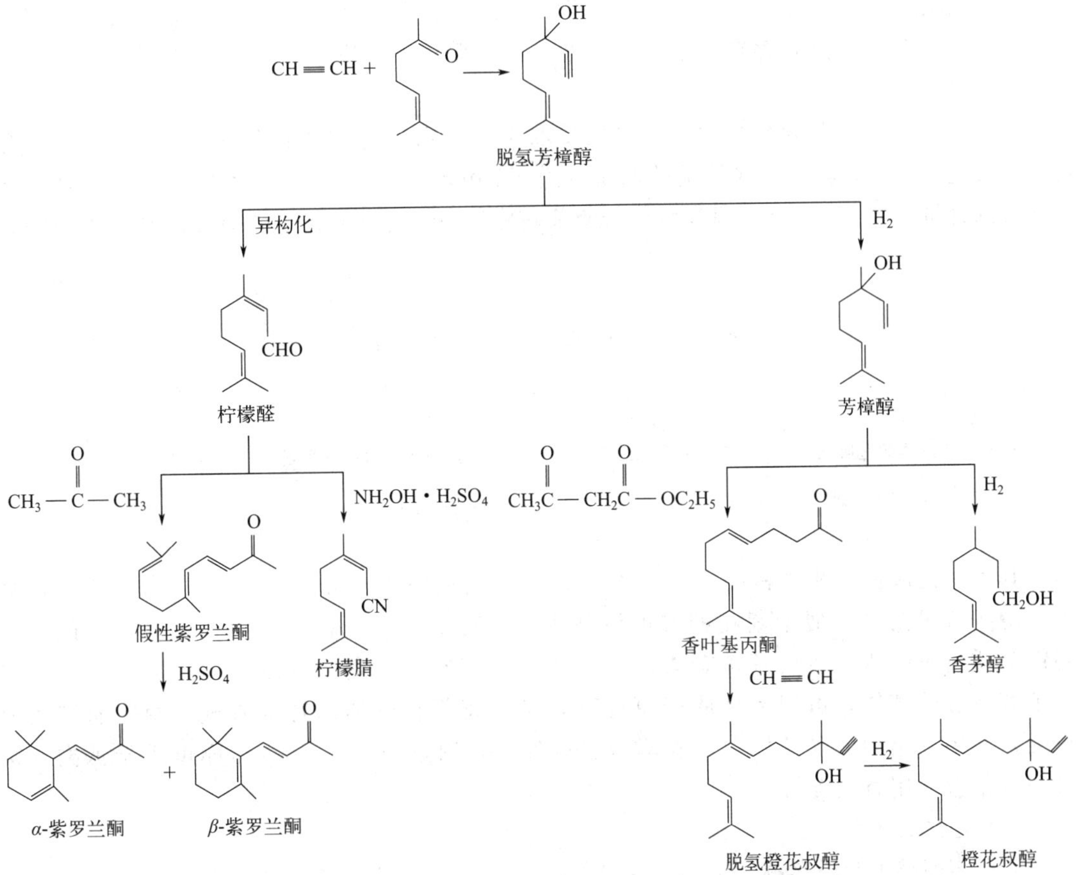

图 10-18　由石油化工产品合成各类香料的合成路线

又如：以异戊二烯为原料，经二聚、与甲醛环合、氧化和加氢反应，再经格氏反应，脱水得到保加利亚玫瑰油中的香成分氧化玫瑰（玫瑰醚），反应式如图 10-19 所示。

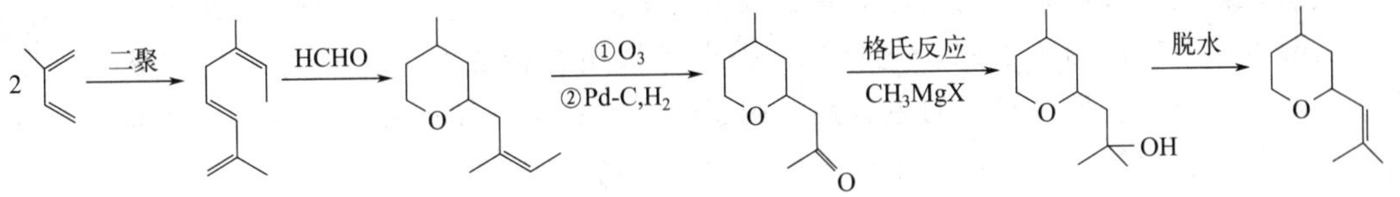

图 10-19　氧化玫瑰的合成路线

(二) 合成香料的种类

目前合成香料据文献记载约有 4000～5000 种，常用的有 700 种左右。在目前的香精配方中，合成香料占 85％左右。国内目前能生产的合成香料有 400 余种，其中经常生产的有 200 余种。

按照叶心农分类法中拟定的十二种非花香香韵，合成香料也可以分为青（清）滋香、草香、木香、蜜甜香、脂蜡香、膏香、琥珀香、动物香、辛香、豆香、果香和酒香。此处对这十二类香料选择少数几种合成香料进行介绍。

(1) 茉莉酯

茉莉酯化学名为 4-乙酰氧基-3-戊基-四氢吡喃，分子式为 $C_{12}H_{22}O_3$。茉莉酯在制备过程中通常会有三个副产物存在：壬二醇-1,3-二乙酸酯、2-甲基-1,3-辛二醇-二乙酸酯和 4-己基-1,3-二噁烷。

目前市场使用的茉莉酯的香气质量主要取决于其副产物含量的多少，壬二醇-1,3-乙酸酯的含量超过 2％时就会出现很重的油脂味道。2-甲基-1,3-辛二醇-二乙酸酯和 4-己基-1,3-二噁烷的含量不要超过 2％，因为两者会使茉莉酯的香气明显损坏。结构式如图 10-20 所示。

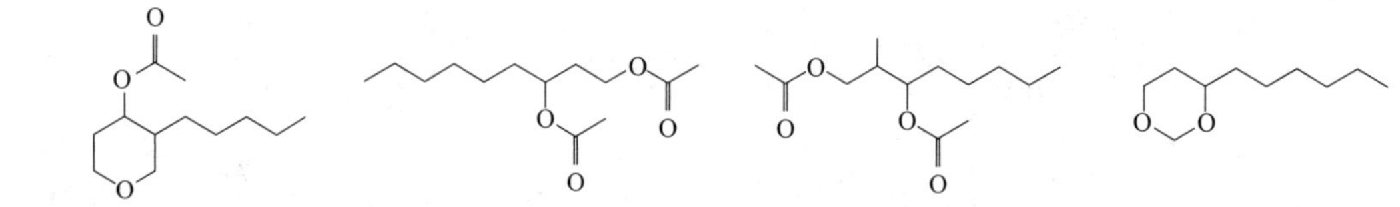

| 4-乙酰氧基-3-戊基-四氢吡喃 | 壬二醇-1,3-二乙酸酯 | 2-甲基-1,3-辛二醇-二乙酸酯 | 4-己基-1,3-二噁烷 |

图 10-20　茉莉酯类的结构式

其为无色液体，相对密度为 0.964～0.970，折射率为 1.441～1.445。微溶于水，溶于乙醇等有机溶剂。似茉莉花的浓的清新气息，略带草香，香气有力，留香力一般。不同产品质量有出入，有的茉莉花香较显，有的带有蘑菇、薰衣草或有焦糖甜气。广泛用作茉莉花香的基体，可引入油脂药草底韵，是大花茉莉净油的特征香气。稳定而扩散力较强，皂用香精中效果较好，薰衣草型也有使用，用量为 1％～5％，亦可用于瓜类、浆果和鲜果型食用香精配方。

(2) 乙酸芳樟酯

乙酸芳樟酯的化学名称为 3,7-二甲基-1,6-辛二烯-3-醇乙酸酯，分子式为 $C_{12}H_{20}O_2$，结构式见图 10-21。

其为无色液体，相对密度为 0.898～0.903，沸点为 220℃，微溶于水，溶于乙醇，不溶于甘油。存在于薰衣草、香柠檬、橙叶、芳樟、罗勒、茉莉、橙花、栀子、依兰、玫瑰等精油中，也存在于桃、芹菜、番茄中。香气为青香带甜，似橙叶、香柠檬香气，又有似薰衣草花香气息。香气不够持久，比芳樟醇有更浓的青香。

乙酸芳樟酯广泛用于香水、化妆品、香皂等日用香精的调配，是香柠檬、橙叶、薰衣草、茉莉、橙花等香型香精中的主香剂，用于依兰、紫丁香和东方香型可作为修饰剂。亦可用于调配茶叶、苹果、香柠檬、柑橘、桃等食用香精。

(3) 水杨酸甲酯

它又称柳酸甲酯，化学名称为邻羟基苯甲酸甲酯，分子式为 $C_8H_8O_3$，结构式见图 10-22。

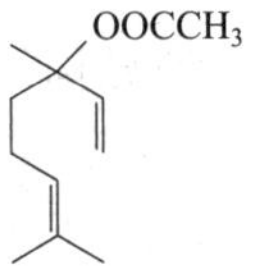

图 10-21　乙酸芳樟酯的结构式

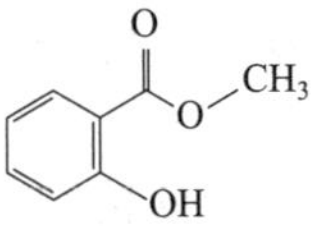

图 10-22　水杨酸甲酯的结构式

其为无色液体，相对密度为 1.174，沸点为 222～223℃，几乎不溶于水，溶于乙醇等有机溶剂。大量存在于冬青油中，在甜桦木、金合欢、晚香玉、依兰、香石竹等精油，以及黑加仑、葡萄、樱桃、苹果、桃、番茄等也有存在。冬青样特有香气，青香带焦的药草香。香气粗发，留香时间不长。多用作牙膏等口腔清洗剂的加香剂，可适量用于日用香精配方中，如依兰、晚香玉、栀子、素心兰、馥奇等香型的调配。也可用于草莓、葡萄、香荚兰豆、胶姆糖果等食用香精和啤酒香精。

（4）乙酸三环癸烯酯

它的化学名称为乙酸 3a,4,5,6,7,7a-六氢-4,7-亚甲基-1H-茚-6-醇酯，分子式为 $C_{12}H_{16}O_2$，因乙酰氧基的位置不同，为异构体的混合物。结构式见图 10-23。

其为无色液体，相对密度为 1.074，沸点为 119～121℃（1kPa），折射率为 1.496，不溶于水，溶于乙醇等有机溶剂。强烈的草香、青香和果香，并伴有茴香及木香底韵，留香持久。由于价廉且香气透发、持久，因而广泛用于皂用、洗涤剂、空气新鲜剂等日用香精配方中。适用于栀子、铃兰、茉莉、薰衣草等花香型及素心兰、馥奇、醛香、木香、青香、果香等非花香型香精中。

（5）檀香 208

檀香 208 亦称 2-亚龙脑烯基丁醇，化学名称为 2-乙基-4-(2,2,3-三甲基环戊-3-烯-1-基)-2-丁烯-1-醇，分子式为 $C_{14}H_{24}O$，分子量为 208.34。结构式见图 10-24。

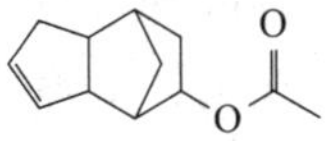

图 10-23　乙酸三环癸烯酯的结构式

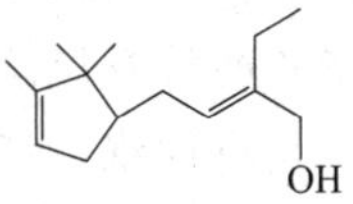

图 10-24　2-亚龙脑烯基丁醇的结构式

它为无色至浅黄色液体，沸点为 114～116℃，相对密度为 0.916～0.920，折射率为 1.486～1.490。不溶于水，溶于乙醇等有机溶剂。强烈的天然檀香香气、暖香和木香，并伴有花香香调，留香持久。可代替天然檀香油，用于香水、化妆品、香皂等日用香精配方中，给予透发的檀香香气以及丰厚幽雅的感觉，配方中用量在 5% 以内。

（6）柏木醇

柏木醇又称柏木脑，分子式为 $C_{15}H_{26}O$，分子量为 222.38。结构式见图 10-25。

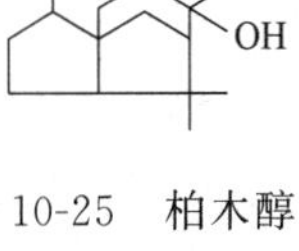

它为白色晶体，熔点为 85.5～87℃，沸点为 294℃，相对密度为 0.970～0.990，折射率为 1.506～1.514。不溶于水，溶于乙醇等有机溶剂。存在于柏木、雪松等精油中，具有温和的柏木样

图 10-25　柏木醇的结构式

香气，留香持久。可用于许多日用香精配方中，用量随品种不同而异，最高可达 50%。International Fragrance Association(IFRA) 没有限制规定。

（7）紫罗兰酮

紫罗兰酮的分子式为 $C_{13}H_{20}O$，分子量为 192.30。有三种异构体，即 α-紫罗兰酮（a）、β-紫罗兰酮（b）和 γ-紫罗兰酮（c），其中以 α-紫罗兰酮和 β-紫罗兰酮为常见。市售商品一般为 α-紫罗兰酮和 β-紫罗兰酮的混合物。α-紫罗兰酮（a）、β-紫罗兰酮（b）和 γ-紫罗兰酮（c）的结构式分别为见图 10-26。

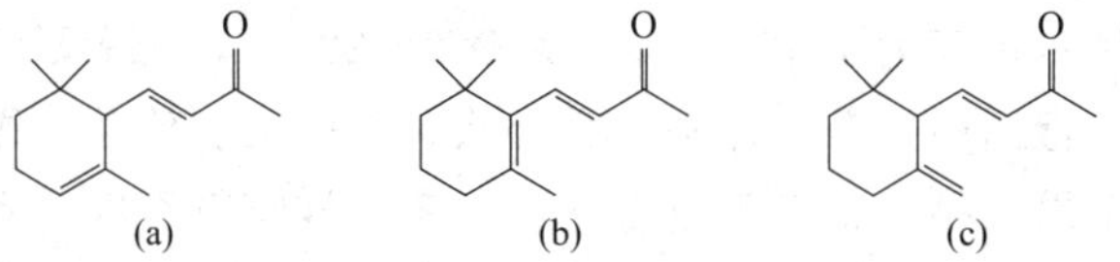

图 10-26　紫罗兰酮的结构式

它无色或浅黄色液体。α-紫罗兰酮沸点：237℃，121~122℃（1.3kPa）。β-紫罗兰酮沸点：239℃，127~128℃（1.3kPa）。相对密度为 0.931~0.938，折射率为 1.502~1.507。微溶于水，溶于乙醇等有机溶剂中。α-紫罗兰酮主要存在于金合欢净油、桂花浸膏等中，β-紫罗兰酮主要存在于覆盆子、番茄、玫瑰精油等中。它具有甜花香兼木香、膏香、果香。α-紫罗兰酮有似紫罗兰花香和鸢尾的甜香；β-紫罗兰酮有似柏木和紫罗兰花香气，并有悬钩子样果香底韵，木香稍重；香气均醇厚而留长。

紫罗兰酮广泛用于香水、化妆品、洗涤剂等日用香精配方中，可用于各种香型，能起到修饰、和合、增甜、增花香、圆熟等作用。用量在 10% 以内，IFRA 没有限制规定。亦可用于覆盆子、樱桃、草莓等食用香精配方中。

（8）香叶醇

香叶醇又称反-3,7-二甲基-2,6-辛二烯醇，分子式为 $C_{10}H_{15}O$，分子量为 154.25。结构式见图 10-27。

它为无色液体，沸点为 230℃，相对密度为 0.877~0.881，折射率为 1.475~1.479。几乎不溶于水，溶于乙醇等有机溶剂中。存在于玫瑰草油、香叶油、玫瑰油、香茅油等 200 多种精油和红茶中。具有优雅、淡甜的玫瑰花香气息，香气平和，留香一般。作为大宗香料而广泛用于日用香精配方中，是各类玫瑰型香精和配制香叶油的基本香料，也可用于晚香玉、紫罗兰、香石竹、栀子、茉莉等花香型香精中。用量最高可达 30%。

（9）大茴香脑

大茴香脑又称茴香脑、对丙烯基茴香醚，化学名称为 1-甲氧基-4-丙烯基苯或对丙烯基苯甲醚，分子式为 $C_{10}H_{12}O$，分子量为 148.21。结构式见图 10-28。

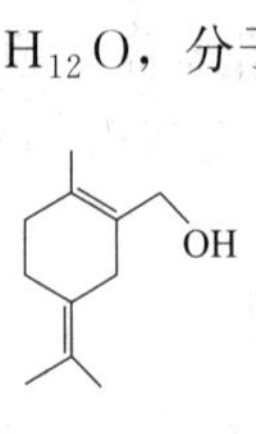

图 10-27　香叶醇的结构式 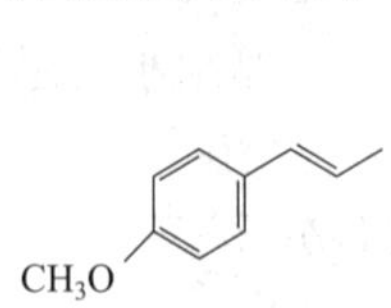　　　　图 10-28　大茴香脑的结构式

茴香脑的分子有顺式和反式两种异构体，大多数为反式体。反式异构体已被批准用于食用香精配方中，顺式异构体则毒性较大，据报道是反式异构体的 10~20 倍。反式异构体为白色结晶，熔点为 23℃，沸点为 234℃、81~81.5℃（300Pa），相对密度为 0.986，折射率为 1.557~1.562。不溶于水，溶于乙醇等有机溶剂。存在于大茴香油、小茴香油等精油中。特有的茴

香香气。主要用于食用香精和牙膏香精中，也可以用于肥皂用香精。

（10）十一醛

十一醛又称 C_{11} 醛，分子量为 170.30。结构式：$CH_3(CH_2)_9CHO$。无色或浅黄色液体，沸点为 223℃、117℃（2.4kPa），相对密度为 0.828，折射率为 1.431～1.436。不溶于水，溶于乙醇等有机溶剂。存在于柑橘油、柠檬油、牛奶、鸡肉等中。强烈的玫瑰脂蜡香气，稀释时有新鲜的柑橘气息。可用于化妆品、皂类等日用香精配方中，常与其他醛类联合使用，花香型香精中使用少量至微量，即能产生丰富而天然的花香效果。亦可用于调配橙子、柑橘、柠檬、香蕉、牛奶等食用香精。

五、半合成香料

半合成香料是指以单离香料或植物性天然香料为反应原料，通过制成其衍生物而得到的香料化合物。如松节油的半合成香料产品在香料产品中占有很大的比例。

各种自然精油不仅可以精制单离香料或直接用于调配香精，还可以作为合成香料的原料。从 20 世纪初就已经开始利用精油为原料，深度加工制备出所谓的半合成香料，例如由丁香油合成香兰素、以黄樟素制备洋茉莉醛等。尤其是利用松节油生产，已实现工业化的产品多达 150 余种。这些半合成香料是香料的重要组成部分，因为它独特的品种或品质以及工艺过程的经济性而独具优势，是以煤焦油或石油化工基本原料为原料的全合成香料所无法替代的。

（一）以香茅油和桉叶油合成香料

香茅油和桉叶油都是天然香料中的大宗商品，在我国的产量和出口创汇量也都很大。它们都含有香茅醛、香茅醇和香叶醇等重要的有香成分，将这些成分单离然后再进行合成反应是常见的工艺路线，但也有不需单离、直接处理精油而制得香精的状况。

（1）桉叶油催化氢化制备香茅醇

桉叶油因含有大量香茅醛，香气中总含有肥皂气息，若通过催化氢化使香茅醛还原为香茅醇，则可使香气质量优越。氢化可还原羰值临近于零，所得产物除香茅醇外，还含有二氢香叶醇、四氢香叶醇等，它们是桉叶油中所含香叶醇的氢化还原产物，使得产品含有玫瑰香气之外的甜韵。合成路线如图 10-29。

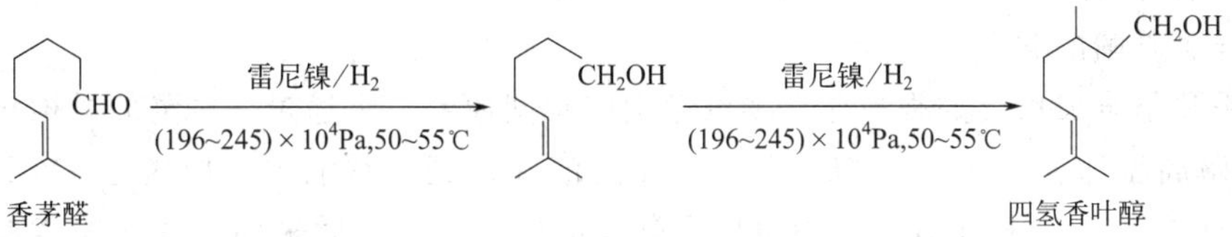

图 10-29　四氢香叶醇的合成路线

（2）合成羟基香茅醛

羟基香茅醛具有铃兰、百合花香气，清甜有力，质量好的还可以用于食用香精。目前主要的生产方法均属于半合成法，即单离得到的。

（二）以大茴香油合成香料

大茴香油主产于广西、云南及广东，是我国传统的出口物资。大茴香油的主要成分为大茴香脑，主要用于牙膏和酒用香精，也是重要的合成香料的原料。

（1）大茴香脑的异构化

顺式大茴香脑有刺激性、辛辣等不良气味，而且毒性比反式大茴香脑高 10～20 倍，不能用于医药和食用香精中，对其在化妆品等日用香精中的限用量也有很高要求，因此需要通过异构化反应，如图 10-30，使顺式大茴香脑重排为反式大茴香脑。反应条件：在硫酸氢盐作用下 180～185℃ 加热 1～1.5h，达到热力学平衡，此时顺式大茴香脑仅有 10%～15%，经高效精馏将反式大茴香脑提纯。

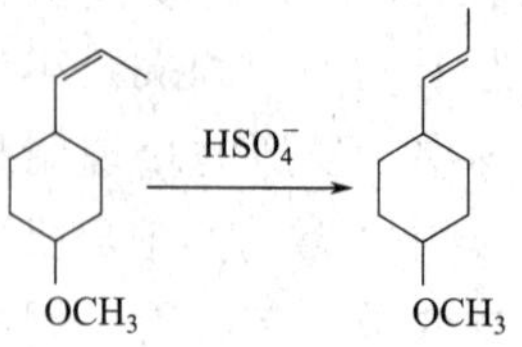

图 10-30 大茴香脑的异构化反应

（2）大茴香醛的合成

大茴香醛具有特别的类似山楂的气味，用于日用香精。其合成路线如图 10-31 所示。

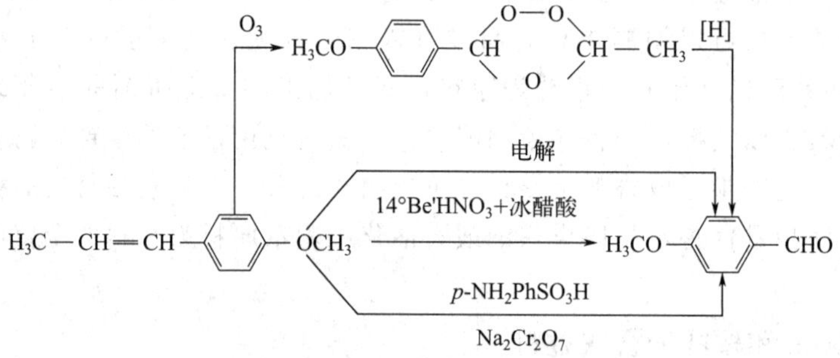

图 10-31 大茴香醛的合成路线

通过臭氧氧化法，其产率可达 55% 以上；电解氧化法则可得到 52% 的大茴香醛及 25% 的大茴香酸；如以 1：3.5：2（质量比）将大茴香脑、14°Be' 硝酸和冰醋酸作用，可得理论量 70% 的大茴香醛；若用 15%～20% 的对氨基苯磺酸在 70～80℃ 下氧化，转化率可达 50%～60%。

（三）以丁香油或丁香罗勒油合成香料

我国丁香油的主产地是广西、广东，主要成分为丁香酚，含量最高可达 95%。丁香罗勒是从苏联引种种植于两广、江、浙、闽、沪等地的。

（1）异丁香酚的制取

异丁香酚是合成重要的香料化合物香兰素的中间原料，可通过丁香酚的异构化来制取。

① 浓碱高温法。将 40%～45% 的 KOH 溶液加入到丁香油中，加热至 130℃，再快速加热到 220℃ 左右，分析丁香酚残留量以判断反应的终点。然后采用水蒸气法蒸除掉非酚油成分，之后酸解、水洗至中性，蒸馏分馏即得产品，反应如图 10-32。

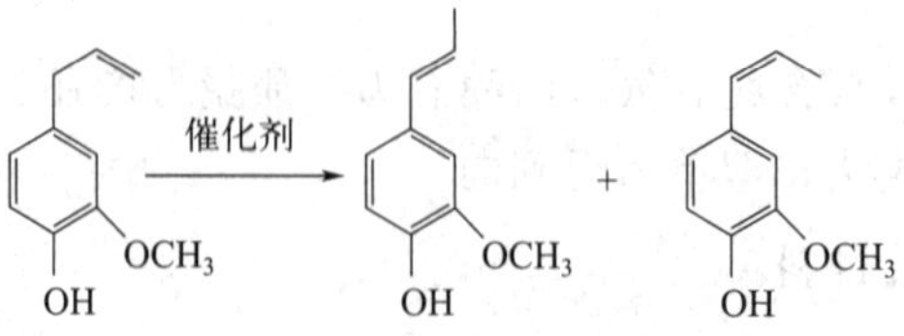

图 10-32 浓碱法制取异丁香酚

② 羰基铁催化异构法。首先通过光照使五羰基铁产生橙色的九羰基二铁，重结晶、过滤、醚洗涤后备用。将含有 0.15%（质量分数）九羰基二铁的备用样品在 80℃ 光照约 30min，停止光照后在 80℃ 加热 5h，转化率可达 90% 以上。实验中可用惰性气体鼓泡或机械搅拌以提高产率。

（2）异丁香酚合成香兰素

香兰素的合成原理是异丁香酚的丙烯基双键氧化。详细方法有硝基苯一步氧化法；或先以酸酐保护羟基，再进行氧化，最后通过水解使羟基恢复，反应路线如图 10-33。还可用臭氧氧化，然后再进行还原反应以制取。

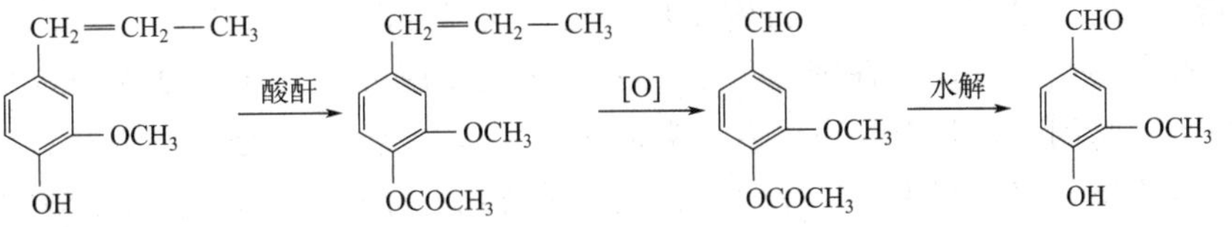

图 10-33　香兰素的合成

（四）以松节油合成香料

松节油是世界上产量最大的精油品种，全世界年产量约 30 万吨，占世界自然精油产量的 80%，其中 50% 左右是纸浆松节油。从世界范围内来看，以松节油为原料合成半合成香料是香料工业的发展趋势。以美国为例，其合成香料的原料 50% 为松节油，其余 50% 来自石油化工原料。我国也是松节油的主要产国之一，生产松脂、松节油的潜力颇大，资源相当丰盛，近几年来松节油的开发利用已经获得了较好的经济效益。

第三节　香精

天然香料是多种香料混合物，代表着这种动植物的香气，一般不可直接用于化妆品的加香。主要原因是天然香料的产量少，不能满足市场的需求，且价格较贵，并且在加工处理过程中部分芳香成分被破坏或损失。

通过有机合成化学所合成的合成香料，品种多，产量大，成本低，弥补了天然香料的不足，增加了芳香物质的来源。但合成香料是单体香料，其香气较单一，不具有某种天然动植物的香气或香型，必须经过调香工作者的艺术加工，才能使之具有或接近某天然植物的香气或香型。这种将数种乃至数十种香料（包括天然香料、合成香料和单离香料），按照一定的配比进行调和，形成具有某种香气或香型和一定用途的调和香料的过程，称为调香，调和出来的这种混合香料称为香精。

一、香精的分类

香精是一种由人工调配出来的含有数种乃至数十种香料的混合物，具有某种香气或香型和一定的用途。因此由于香气、香型或用途的不同，其分类方法也不相同。就香精而言，大体上可以从下面三个方面来分类。

（一）根据用途分类

香精按其用途可划分为日用香精、食用香精和其他香精三大类。

（1）日用香精

日用香精是供日用化学品使用的香精，以遮盖不良气息、赋予美好香气为主要目的。可分为以下五类：

① 天然香精：由天然原料提取、分离和纯化而成的香精。

② 植物香精：由植物原料提取、分离和纯化而成的香精。

③ 动物香精：由动物原料提取、分离和纯化而成的香精。

④ 合成香精：由化学合成方法制得的香精。

⑤ 混合香精：由上述不同种类的香精以特定比例混合而成的香精。

另外，按产品类型，日用香精还可以分为：化妆品用香精（还可分为香水用、盥用水用、香粉用、唇膏用、膏霜用、香波用、头油用、发蜡用等）、洗涤剂用香精、卫生制品用香精（还可分为空气清新剂用、清凉油用、卫生熏香用、除臭剂用等）、劳动防护品用香精、地板蜡用香精等。

（2）食用香精

食用香精是一种能够赋予食品或其他加香的产品（如药品、牙膏等）香味的混合物。根据国际食品香料香精工业组织的定义，食用香精中除了含有对食品香味有贡献的物质外，还允许含有对食品香味没有贡献的物质，如溶剂、抗氧剂、防腐剂、载体等。食用香精可以进一步划分为：食品用、烟用、酒用、药用、牙膏用、饲料用等。

（3）其他香精

其他香精是指供其他工农业品用的香精，可进一步划分为：塑料用、橡胶用、纺织品用、人造革用、纸张用、油墨用、工艺品用、涂料用、饲料用、杀虫剂用香精等。

此外，化妆品种类繁多，各种化妆品由于其用途、用法、形态等的不同，在配方上和性能上也千差万别。为了满足不同化妆品加香的需要，化妆品香精可分为膏霜类化妆品用香精、油蜡类化妆品用香精、粉类化妆品用香精、液体洗涤类化妆品用香精、香水类化妆品用香精、牙膏用香精等。

（二）根据形态分类

化妆品形态不同，其体系的性能也不同，为了保持化妆品基本的性能稳定，所加香精的性能（溶解性、分散性等）应和化妆品基本性能相一致，因此香精的形态可分为以下几种。

（1）水溶性香精

它也叫水质香精，是将各种天然或合成香料调配而成的香精，溶解于40%～60%的乙醇（或丙醇、丙二醇、甘油等其他水溶性溶剂）中，必要时再加入果汁等制成的。水溶性香精所用的天然香料和合成香料必须能溶于水溶性溶剂中，其最大优点是在水中有较好的透明度，具有轻快的头香；缺点是耐热性较差。

水溶性香精可用在香水、花露水、化妆水、牙膏、乳状液类等化妆品中。

（2）油溶性香精

它也叫油质香精。天然香料和合成香料溶解在油溶性溶剂当中所调配而成的香精称为油溶性香精。所用溶剂有两类，一类为植物油脂，如花生油、菜籽油、芝麻油、橄榄油和茶油等，因此主要用于调配食用香精；调配而成的油溶性香精具有香味浓度高、耐热性好、留香时间较长的优点，但在水相中不易分散，因此主要用于饼干、点心、糖果、巧克力、口香糖等热加工食品中。另一类是有机溶剂，常用的有苄醇、苯甲酸苄酯、棕榈酸异丙酯等。此外，油溶性香精也可利用香料本身的互溶性配制而成。以有机溶剂为溶剂或利用香料互溶性而配制成的油溶性香精，通常用于膏霜、唇膏、发油、发脂等化妆品中。

（3）乳化香精

在油溶性香精中加入适当的乳化剂、稳定剂，使其在水中分散为微粒而制成乳化香精，通过乳化可以抑制香料的挥发。乳化香精中只有少量的香料、乳化剂和稳定剂，大部分是蒸馏水而不用乙醇或其他溶剂，可以降低成本。由于乳化效果不同，乳化后产品的形态也不同。因此乳化香精的应用发展很快。

乳化香精中起乳化作用的表面活性剂有单硬脂酸甘油酯、大豆磷脂、山梨醇酐脂肪酸酯、聚氧乙烯木糖醇酐单硬脂酸酯等。另外果胶、明胶、阿拉伯胶、琼脂、淀粉、海藻酸钠、酪蛋白酸钠、羧甲基纤维素钠等在乳化香精中，可起乳化稳定剂和增稠剂的作用。乳化香精可用在发乳、发膏、粉蜜等化妆品中。

（4）膏状香精

膏状香精主要以反应型香精为主，尤其是肉味香精。近年来，咸味香精发展迅猛，膏状香精的种类也越来越多，最大特征是香气厚实，但头香不足，同时兼有味觉的特征。

（5）粉末香精

粉末香精大体上可分为三种类型，即由固体香料磨碎混合制成的粉末香精、由粉末单体吸收香精制成的粉末香精及由赋形剂包覆香料而形成的微胶囊粉末香精。制备方法有两种：一种是将香基混合后附着在乳糖类载体上制成；另一种是先将香基制成乳化香精后，再经过喷雾干燥使其粉末化。两种产品均便于使用，稳定性强，但易吸湿结块。经过喷雾干燥制成的产品，由于香精被赋形剂包围覆盖，故其香精的稳定性、分散性较好。

粉末香精在化妆品中主要用在香粉、爽身粉、香袋等粉类化妆品中。

（三）根据香型分类

香型是用来描述某种香料、香精或加香制品的整个香气类型或格调的。香精按不同香型可分为以下几类：

（1）花香型香精

花香型香精一般是模仿天然花香而调配成的香精。如玫瑰、茉莉、铃兰、紫罗兰、水仙花、薰衣草、白兰、玉兰、橙花、月下香、桂花、金合欢、葵花、郁金香等。

（2）非花香型香精

这类香精大多数是模仿天然实物调配而成的，如皮革香、麝香、甜蜜香、苦橙叶香、松林香和檀香等香型的香精。

（3）果香型香精

果香型香精是模仿果实的香味调配而成的，如苹果、香蕉、橘子、柠檬、草莓、梨子、水蜜桃、葡萄、甜瓜等。此类香精多用于牙膏、香波等制品中。

（4）幻想型香精

在模仿型香精的基础之上，由具有丰富的经验和美妙幻想的调香师根据幻想中的优雅香味调配创造的香型。幻想型香精一般都有一个优雅抒情的美称，有的采用神话传说，有的采用地名，如微风、吉普赛少女、素心兰、夜巴黎、骑士、黑水仙和古龙等。幻想型香精主要用于香水等中。

除上述四类香型的香精以外，还有酒用香型香精、烟用香型香精、食用香型香精等等。

二、香精的组成

香精是多种香料的混合物，好的香精留香时间长，且自始至终香气圆润纯正、绵软悠长，给人以愉快的享受。因此，为了了解在香精配制过程中，各香料对香精性能、气味及生产条件等方面的影响，首先了解其作用和特点。

（一）从作用看香精的组成

香精中的每种香料对香精整体香气都发挥着作用，但起的作用却不同，有的是主体原料；有的起到协调主体香气的作用；有的起修饰主体香气的作用；有的为减缓易挥发香料组分的挥发速度。按照香料在香精中的作用来分，大致可分为以下五种组分。

（1）主香剂

它亦称主香香料，是形成香精主体香韵的基础，是构成各种类型香精香气的基本原料，在配方中用量较大。并且，主香剂的香料香型必须与所要配制的香精香型相一致。在香精配方中，有的只用一种香料作为主香剂，但多数情况下都是用多种香料作为主香剂。如茉莉香精中的乙酸苄酯、邻氨基苯甲酸甲酯、芳樟醇；玫瑰香精中的香茅醇、香叶醇；檀香香精的檀香油、合成檀香。若要模仿调配某种香精，首先应找出基本香气特征，选择确定其主香剂，然后才能配制。

（2）和香剂

它又称协调剂，是用来调和主体香料的香气，既使主香剂香气更加突出，香韵更圆润，又使单一香料的气味不至于太突出，从而产生协调一致的香气。因此，用作和香剂的香料香型应该和主香剂的香型相同。如：茉莉香精的和香剂常用丙酸苄酯、松油醇等；玫瑰香精常用芳樟醇、羟基香茅醛等作和香剂。

（3）修饰剂

它亦称变调剂，主要作用是使香精变化格调，增添某种新的风韵。用作修饰剂的香料的香型与主香剂的香型不同。在香精配方中用量较少，但却十分奏效。在近代调香中，香韵比较强的品种很多，如比较流行的花香-醛香型、花香-醛香-清香型等。广泛采用高级脂肪族醛类香料来突出强烈的醛香香韵，增强香气的扩散性能、加强头香。

（4）定香剂

它亦称保香剂。所谓定香剂就是其本身不易挥发，且能抑制其他易挥发香料的挥发速度，从而使整个香精的挥发速度减慢，同时使香精的香气特征或香型始终保持一致，以保持香气持久性的香料。它可以是一种化合物，也可以是两种或两种化合物以上的混合物，还可以是一种天然的香料混合物；可以是有香物质，也可以是无香物质。

定香剂在不同的香型香精中有不同的效果，其选择涉及不同香型、不同档次或等级、不同加香介质或基质、不同安全性的要求等复合因素，所以，定香剂的合理选择是比较难的。例如，在不妨碍香型或香气特征的前提下，通过使用蒸气压偏低、分子量稍大、黏度稍高的香料来保持其持久性，实现较好的定香作用。

定香剂的品种较多，如麝香、灵猫香、龙涎香、海狸香等动物性香料，吐鲁香膏、安息香树脂、苏合香树脂、橡苔浸膏等植物性香料，以及分子量较大或分子间作用力较强、沸点较高、蒸气压较低的合成香料。

（5）增加天然感香料

增加天然感香料是指给出逼真感和自然感所用的香料，其作用是使香精的香气更加甜悦，更加接近天然花香。主要采用各种香花精油浸膏。

（二）从挥发度看香精的组成

英国著名调香师扑却按照香料香气挥发度、在辨香纸上挥发留香时间的长短，大体将香精分为头香、体香与基香三个相互关联的组成部分。这三个组成部分所用全部香料品种与其配比数量，形成了香精的整体配方。

（1）头香香料

头香又称顶香，是香精（或加香制品）嗅辨时最初片刻的香气印象，也就是人们首先能嗅到的香气特征。用于头香的香料称为头香香料，一般是由香气扩散力较好的香料所形成的，挥发性好，留香时间短，在辨香纸上的留香时间在 2h 以下。

头香的作用是使香气轻快、新鲜、活泼，隐蔽基香和体香的抑郁部分，取得良好的香气平衡，能赋予人们最初的优美感，使香精富有感染力。头香香料一般应选择特别喜好、清新，能和谐地与其他香气融为一体，使全体香气上升并有些独创性的香气成分。消费者比较容易接受头香香气和香型以及香韵的影响，但头香并不是香精的特征香韵。

（2）体香香料

体香又称中香，是在头香之后，立即被嗅到的香气，它代表了香精的香气主题，而且能在相当长的时间中保持稳定和一致。用于体香的香料称为体香香料，由具有中等挥发速度的香料所形成，在辨香纸上的留香时间约为 2～6h。

体香是构成香精香气特征的重要部分，是香精的核心。体香的作用是连接头香和基香，遮蔽基香的不佳气味，使香气变得华丽丰盈。

（3）基香香料

基香又称尾香，是在香精的头香和体香挥发之后，留下来的最后的香气。用于基香的香料称为基香香料，一般由沸点高、挥发性低的香料或定香剂所组成，在辨香纸上的留香时间超过 6h。基香香料不但可以使香精香气持久，同时也是构成香精香气特征的一个部分，是香精的基础部分，它代表着香精的香气特征。

在调香工作中，头香、体香和基香之间要注意合理的平衡。根据香精的用途，要适当调整头香、体香、基香香料的比例。例如，要配制一种香水香精，一般来说，头香占 30% 左右，体香占 40% 左右，而基香占 30% 左右比较合适。总之，在香精的整个挥发过程中，各层次的香气能循序挥发、前后具有连续性，使其香韵前后不脱节，达到香气完美、协调、持久、透发的效果。

三、调香的方法与工艺

调香是一项复杂的工作，既要有香料应用方面的知识、丰富的技术经验，又要有灵敏的嗅觉，还要了解加香介质的性能。各种香料有相互调和与不调和的区别：当相互调和的香料混合时，可产生令人愉快舒适的气味；而不调和的香料混合时，会产生令人不愉快的臭味。完成一种香精的配制，通常要经过拟方、调配、闻香、修改、加入介质中观察、再修改，反复多次实践，才能最终确定配方。

（一）香精配方拟定的步骤

调香工作是一种复杂的艺术创造过程，由于每个调香师的创作观点不同，因此有许多调香方法。这里只简单介绍一种普通的、适合初学者掌握的方法，即从香料的挥发度出发，按照基香、体香和头香的构成来选择香料和创作香精配方的方法。

① 首先要明确所配制香精的香型和香韵，并将其作为调香的目标。

② 其次是按照香精的应用要求，选择适宜的主香剂调配香精的主体部分——基香。在这一过程中，一定要选择相同质量等级相应的头香、体香和基香，保持香料的一致。

在确定了香型和用量之后，调香从基香开始，这是调和香料最重要的一步，完成这一步便制成了各种香型香精的骨架结构。基香调香完成后，加入组成体香的香料。

③ 如果香基的香型适宜，第三步是加入头香部分，进一步选择适宜的和香剂、修饰剂、定香剂等。最后加入富有魅力的定香剂，在调入后一步香料的过程中，对香料的配比略作调整，可得和谐、持久和稳定的香气。

④ 经过反复试配和香气质量评价后，再加入到加香介质中进行应用考察，观察并评估其持久性、稳定性和安全性等，并根据评估结果作必要的香精配方调整。

⑤ 最后确定香精配方和调配方法。至此，产品的香精配方设计完成。

化妆品的种类繁多，其加香介质的理化性能也各异，即使是同一类型的产品，也由于所用原料品种和用量配比的不同而各异。因此不同种类的产品，对香精香气及加香工艺条件的要求也不相同，从某种程度上说，化妆品香精配方是有一定的"专用性"的。

（二）香精调配的工艺

在调香过程中，不同产品的香精，生产工艺不相同，选择香料还应考虑到某些香料的变色以及毒性或刺激性等问题。常用的易变色的香料有吲哚、硝基麝香、醛、酚等；有毒性或刺激性的香料有山麝香、香豆素等。

（1）不加溶剂的液体香精

不加溶剂的液体香精的生产工艺流程图如图 10-34。其中熟化是香精制造工艺中的重要环节，经过熟化之后的香精香气变得和谐、圆润和柔和。目前采用的方法一般是将调配好的香精放置一段时间，令其自然熟化。

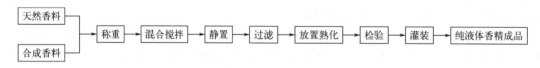

图 10-34 不加溶剂的液体香精的生产工艺流程方框图

（2）水溶性和油溶性香精

水溶性和油溶性香精工艺流程图如图 10-35。水性溶性香精的溶剂常用 40%～60%（质量分数）的乙醇水溶液，一般占香精总量的 80%～90%（质量分数）；也可以用其他的水性溶剂，如丙二醇、甘油溶液。

油溶性香精的溶剂常用精制天然油脂，一般占香精总量的 80%（质量分数）左右；其他的油性溶剂有苯甲醇、甘油三乙酸酯等。

（3）乳化香精

乳化香精工艺流程方框图如图 10-36。乳化工艺一般采用高压均质机或胶体磨在加温条件下进行。配制外相液的乳化剂常用的有：单硬脂酸甘油酯、大豆磷脂、二乙酸异丁酸蔗糖酯等。稳定剂常用阿拉伯胶、果胶、明胶、羧甲基纤维素钠等。

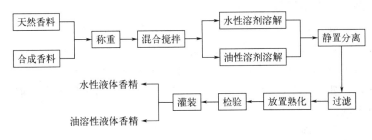

图 10-35　水溶性和油溶性香精工艺流程方框图

图 10-36　乳化香精工艺流程方框图

（4）粉末香精

① 粉碎混合法：如香精原料均为固体，则粉碎混合法是生产粉末香精的最简便的方法，只需经过粉碎、混合、过筛、检验几步简单处理，即可制得粉末香精成品。

② 熔融体粉碎法：把蔗糖、山梨醇等糖质原料熬成糖浆，加入香精后，冷却凝固得硬糖，再经粉碎、过筛以制得粉末香精。这种方法的缺点是在加热熔融的过程中，香料易挥发或变质，制得的粉末香精的吸湿性也较强。

③ 载体吸附法：制造粉类化妆品所需要的粉末香精，可以用精制的碳酸镁或碳酸钙粉末，与溶解了香精的乙醇浓溶液混合，使香精成分吸附于固态粉末之上，再过筛即可用于粉类化妆品。

④ 微粒型快速干燥法：在冰淇淋、果冻、口香糖、粉末汤料中广泛应用的粉末状食用香精，是采用薄膜干燥机或喷雾干燥法制成的。

⑤ 微胶囊型喷雾干燥法：将香精与赋形剂混合乳化，再进行喷雾干燥，即可得到包裹在微型胶囊内的粉末香精。赋形剂就是能够形成胶囊皮膜的材料，在微胶囊型食用香精的生产中使用的赋形剂多为明胶、阿拉伯胶、变性淀粉等天然高分子材料，在其他的微胶囊型的香精生产中也使用聚乙烯醇等合成高分子材料。以甜橙微胶囊型粉末香精的制备为例，其生产工艺步骤如图 10-37。

图 10-37　甜橙微胶囊型粉末香精生产工艺流程图

四、香料香精的稳定性

香料、香精的稳定性主要表现在两个方面：一是它们在香气或香型上的稳定性；二是自身或在介质中的物理、化学性能的稳定性。

（1）香气（型）上的稳定性

香精由用量不等的合成香料、单离香料以及天然香料等所组成，这些香料的稳定性各不相同。天然香料由于是多种成分的混合物，其中的成分分子量大小不一，物理化学性质不同，特别是挥发速率不同，其香气的稳定性要差一些；而合成香料和单离香料由于是单一体，在单独存放时，如果不受外界条件（光、热）等影响，其香气大多数前后是一致的，所以相对说是较稳定的。

（2）香精的物理化学性能

香精中含有数十种甚至上百种不同结构的分子，这些分子的物理、化学性质是不同的，相互之间会发生变化，影响着香精的稳定性。

一般来说，影响香精不稳定的因素可归纳为如下几个方面：

① 香精中某些香料分子间化学反应，如酯交换、酯化、酚醛缩合、醇醛缩合等反应。

② 香精中某些分子和氧气之间发生氧化反应，如醇、醛、不饱和键等。

③ 香精中某些分子遇光照后发生化学反应，如某些醛、酮、含氮化合物等。

④ 香精某些成分与加香介质中某些组分之间配伍不容性等，如受酸碱度的影响而皂化、水解，溶解度变化，表面活性剂不适应等。

⑤ 香精中某些成分与加香的产品包装容器材料之间的反应等。

总之，香精的稳定性问题是调香工作者在配方时特别要注意的，不仅要考虑加香介质的性质，在选料上也要考虑头香、体香和基香的香气、香型一致，还要考虑其物理、化学稳定性、安全性等。调香要通过多次应用试验，保障得到满意的香精配方。

第四节　评香与加香

一、调香中常用的术语

为了更好地从事与香料香精行业有关的工作，正确理解与调香、评香有关的一些基本概念是非常必要的，简要叙述如下。

① 气息：通过嗅觉器官感觉到的或辨别出的一种感觉，它可能是令人感到舒适愉快的，也可能是令人厌恶难受的。

② 香气：通过人们的嗅觉器官感觉到的令人愉快舒适的气息。

③ 香味：通过人们的嗅觉和味觉器官同时感觉到的令人愉快舒适的气息和味感的总称。

④ 气味：用来描述一个物质的香气和香味的总称。

⑤ 香韵：用来描述多种香气结合在一起时所带有的某种香气韵调。它反映的不是整体香气的特征，而是其中的一部分。香韵的区分和描述是一项十分细致的工作。

⑥ 香型：用来描述某种香精或加香制品的整体香气类型或格调。

⑦ 香调：是由几种香料在一定的配比下所形成的一个既和谐而又有一定特征性的香气，它是香精中体香的基础。

⑧ 定香剂：一般是指使香精放置数日后香调不变，能调节各香成分的挥发度，使香气较长时间留驻所加入的香成分。定香剂是香精的组成之一，它可能是一种"单一"的化合物，也可能是两种或两种以上的化合物组成的混合物，也可能是一种天然的混合物。

⑨ 陈化作用：调配后的香精经过一定时间的存放，由于香精内部进行的各种化学反应，

如酯化、酯交换、醛醇缩合等，因此香精的组成更为复杂，香精的香气也变得更为和谐，这种作用称为"陈化作用"或"熟化作用"。

⑩ 香基：是一种香精，但它不作为直接加香使用，而是作为香精中的一种香料来使用。香基应具有一定的香气特征，或代表某种香型。

二、评香

评香是指对香的评价，也是对香的检验的简称。目前，评香主要是通过人的嗅觉和味觉等感官来进行。根据使用对象不同，评香可分为对香料的评香、香精的评香、加香制品的评香。调香工作者，要能灵敏地辨别各种香料的香韵、香型、香气强弱、扩散程度、留香能力以及真伪、优劣、有无掺杂等。对于香精和加香制品，则要能够通过嗅辨比较其香韵，头香、体香和基香之间的协调程度，留香的能力，与标样的相像程度，香气的稳定性等，并能够通过修改达到要求。

（一）单体香料的评价

单体香料包括合成香料和单离香料，评价指标有香气质量、香气强度和留香时间。

（1）香气质量

香气质量的检验是通过直接闻试香料纯品、用乙醇稀释后的单体香料稀释液，或通过评香纸进行闻试。有时则采用另一种方法，即将单体香料稀释到一定浓度（溶剂主要用水），放入口中，香气从口中通入鼻腔进行香气质量检验。有时由于香气质量随浓度发生变化，所以可以从稀释度与香之间的关系评价香气质量。

（2）香气强度

人们把开始闻不到香气时，香料物质的最小浓度叫作阈值，来表示香气强度。阈值越小的香料，香气强度越高；反之，阈值越大的香料，香气强度越低。阈值随稀释溶剂的不同以及其他香料的加入而变化，故必须采用同一溶剂和较为纯净的香料。

（3）留香时间

单体香料中，有些品种的香气很快消失，而有些香料的香气能保持较长时间，香料的留香时间就是对该特征的评价。一般将香料沾到闻香纸上，再测定香料在闻香纸上的保留时间，即从沾在闻香纸上开始，到闻不到香气的时间。保留时间越长，留香性越好。

（二）天然香料的评价

天然香料的评价法和单体香料相同，即检验其香气质量、香气强度、留香时间。但天然香料是多种成分混合物，所以又不同于单体香料。在同一评香纸上要检验出不同时间段香气的变化，即头香、体香和基香三者香气之间的合理平衡，是天然香料检验的重点。

（三）评香中应注意的问题

评香是判析香气的基本功，根据对象的不同可分为对香料、香精和加香的产品的评香。调香师要训练嗅觉器官，使能灵敏地辨别各类香料的韵调、各种香精的香型、加香的产品的香气是否协调及其优缺点、同类品种间的差异优劣和浓淡。评香要注意下列内容：

① 要有一个安静、无其他杂质气体干扰的工作场所。

② 要思想集中，间歇进行，避免嗅觉疲劳。

易挥发者要在几分钟内间歇地嗅辨。开始时的间歇是每次几秒钟，最初嗅 3～4 次。香气复杂的，要重复多次，观察不同时间中香气变化以及挥发程度（头香、体香、基香）。

③ 有标准或对照样品（样品要放在避光处或冰箱内以防变质）。

④ 嗅辨时要用辨香纸。对于液态样品，以纸条（宽 0.5～1.0cm、长 10～18cm）为宜；对固态样品，以纸片（8cm×10cm）为宜。辨香纸在存放时要防止被玷污和吸入其他任何气味。

⑤ 辨香时的香料要有合适的浓度，对浓、烈香料要稀释后进行。过浓，嗅觉容易饱和、麻痹或疲劳，可以把香料或香精用纯净无臭的 95% 乙醇或纯净邻苯二甲酸二乙酯稀释至 1%～10%，甚至更淡些来评辨。

⑥ 辨香纸应写明评辨对象、日期和时间。如使用纸片，可将固态样品少量置于纸片中心。嗅辨时，样品不要触及鼻子，要有一定的距离（刚可嗅到为宜）。

⑦ 随时记录结果，包括香韵、香型、特征、强度、挥发程度。要分阶段记录，最后写出全貌。若是评比，则写出它们之间的区别，如有关纯度、相似程度、强度、挥发度等意见，最后写出评定好坏、真假等的评语。

三、化妆品的加香

化妆品的加香除了必须选择与产品相一致的适宜香型、档次外，还要使所用香精对产品质量及使用效果无影响、对人体安全无副作用等。化妆品的种类很多，每一类化妆品对加香的要求也不相同。下面分别介绍不同类别化妆品的加香。

（一）乳状液类化妆品的加香

乳状液类化妆品品种较多，主要是由油、脂、蜡和水经乳化剂乳化作用形成的，在加香的要求上也有许多共同之处。乳状液类化妆品多数为护肤用品，大多数呈乳白色，使用后在皮肤上存留时间较长，因此应选择刺激性低、稳定性高的香料，以及尽量选用不变色的香料调配香精。如丁香酚、安息香酯类、苯乙酸类、大多数醛类、萜类化合物、树脂浸膏类等。

（1）雪花膏

雪花膏一般用作粉底霜，选择香型必须与香粉的香型调和，香气不宜强烈。雪花膏应具有舒适愉快的香气，香气要文静、高雅，留香要持久。因此，香精用量不宜过多，能遮盖基质的臭味并散发出愉快的香气即可，一般用量为 0.5%～1.0%。常用香型有玫瑰、茉莉、铃兰、桂花、白兰等。

（2）冷霜

冷霜含油脂较多，所用香精必须能遮盖油脂的臭气，因此，其使用量一般比普通膏霜稍高。清洁霜和冷霜配方结构基本相同，对加香的要求亦相同。宜选用玫瑰或紫罗兰等香型，也可以选用针叶油、樟油、迷迭香油、薰衣草油等，不宜用古龙香型或其他含萜香原料，有刺激性和有色或易变色的香料也不适用。

（3）奶液

奶液对加香的要求与其他膏霜类不同，因含水量较高，为保证乳状液的稳定，香精用量要低一些，或选用水溶性香精。香型应力求淡雅，宜用轻型花香和果香。杏仁蜜与奶液的配方结构基本相同，但在香型方面习惯上常用苦杏仁型。

（二）油蜡类化妆品的加香

油蜡类化妆品包括唇膏、口红、发油、发蜡等。因为这类产品大多用矿物油、植物油和动物油脂配制而成，本身具有一定的定香作用，因此对香精的定香要求不高。所以应选择在油脂中溶解性较好的香原料，否则日久会变浑浊，影响产品质量。

（1）唇膏

唇膏有着色口红与不着色润唇膏两类。其对香气的要求不如一般化妆品高，以芳香甜美适口为主。因在唇部敷用，要求无刺激性、无毒性，应选用食用的香精。另外易成结晶析出的固体原料也不宜使用。常选用玫瑰、茉莉、紫罗兰、橙花等香型，也有选用古龙香型的。

（2）发油、发蜡

发油、发蜡因其本身具有一定的定香能力，因此对香精定香能力的要求不高，香精用量一般在0.5%左右。发油和发蜡要选用香气气势浓重，能遮盖油脂气息的香型。由于醇溶性的香精一般油溶性并不很好，所以对选用香精的溶解度必须十分注意。

发油常用的香型是玫瑰、栀子、紫丁香或茉莉以及它们的复方香型；发蜡对香料溶解性能的要求比发油要低一些。在此类产品中许多浸膏、香树脂、酊剂等天然香料以及苯乙醛、香兰素等尽量少用或不用。

（三）粉类化妆品的加香

粉类化妆品主要有香粉、爽身粉、痱子粉、胭脂等。粉质的细度、颗粒结构及其表面空隙度、吸附能力等因素，对香料或香精的香气的挥发、扩散和稳定性都有一定影响。此类产品与空气接触面积大，香料极易挥发，因此对定香剂的要求极高，用量较多。

（1）香粉

香粉与雪花膏不同，必须有持久的香气，对定香剂的要求较高。由于有粉底霜打底，所以对皮肤刺激性的因素可以考虑得少一些。香粉香精的香韵以花香或百花香型较为理想，要求香气浓厚、甜润、高雅、花香生动而持久。但因粉粒之间空隙多，与光和空气的接触面大，对光照易变色和易被氧化变质及聚合树脂化的香料不宜使用，此外还要注意不同粉料对香精有选择性的吸附作用。

其香精用量一般约为2%～5%。加香时可先以95%酒精将香精溶解，然后以4～5倍的碳酸镁或碳酸钙拌和吸收，过筛后与香粉的其他成分均匀混合。

（2）胭脂

胭脂加香的要求与香粉基本相同，香型亦必须与香粉的香型调和。但因本身色深，故对香精变色的要求较低。用量一般为1%～3%。

（3）爽身粉、痱子粉

爽身粉和痱子粉由于要有润滑肌肤、吸收汗液、润滑爽身、抑汗、防痱去痱的功能，常含有氧化锌等成分，不宜采用易于反应的酸类或易被皂化的酯类香料。由于其为粉剂，定香的要求略高一些，香型以薰衣草、橙花香型较为适宜。另外，因对产品要求有清凉的感觉，常需与薄荷、龙脑、桉叶油等相协调。

（四）液体洗涤类化妆品的加香

液体洗涤类化妆品主要包括香皂、香波、浴液等。在香精选用上要注意：介质的pH值、溶解香精的能力、澄清度的要求、色泽的要求，以及对皮肤、毛发、眼睛的刺激性，用后要留有香气。

（1）皂用香精

由于皂类，特别是肥皂通常呈碱性，因此尽管在皂基中加入一些抗氧剂、金属离子螯合剂、增白剂等来减缓香皂的变色和产生酸败的程度，但就所用香料的稳定性而言，一般选用对碱和光稳定性好的香料。酸类、酯类、萜类、醛类、酚类、吲哚、硝基麝香等不宜大量选用，可大量选用醇、醚、酮、内酯、缩醛类香料。皂用香精的香气要浓厚、和谐，留香要持久。以檀香、茉莉、馥奇、力士、白兰、百花、桂花、风信子、香石竹、薰衣草等香型应用较多，用量在1%～2%。

（2）香波、浴液

香波、浴液是用来清洁皮肤和毛发的，品种较多，组成也多样化，但其成品多半呈中性或微酸性的液状（包括透明状、乳状、珠光等），其主要成分是表面活性剂、添加剂和水。加香时，香精香型的选择可多样化，一般果香型、草香型、清香型、清花香型等均较适宜，且要有一定的定香能力。在品种上，如由合成表面活性剂配制，则可不受限制。但宜选用对眼睛和皮肤刺激性小，不影响制品色泽和水溶性较好的香料。

（五）香水类化妆品的加香

香水类化妆品主要是指香水、花露水、化妆水等制品，其组成一般比较简单，主要是香精、酒精和水。此类香精的调和要求较高。当香精加入介质中后，要求香气幽雅、细致而协调，既要有好的扩散性使香气四溢，又要在肌肤上或织物上有一定的留香能力，对人有吸引力，能引起人们的好感和喜爱。

（1）香水

香水是香精的酒精溶液，因此对溶解度的要求很高，不宜采用含蜡多的香原料。香水对香精的质量要求较高，很多高级香水都采用温暖生动的动物性香料如麝香、龙涎香和灵猫香，一般产品常选用洋茉莉醛、香豆素、合成麝香、树脂浸膏和木香香料。香水香型以花香型为宜，幻想型和果香型亦常用，用量一般为10%～20%。古龙香水是轻型香水，香料用量较少，为5%～10%，常用香型为古龙香型、龙涎香香型和其他花香型。

（2）花露水

花露水是夏令卫生用品，形式上与香水相似，但其作用仅为去污、杀菌、防痱、止痒，对香气的持久性要求不高，属中、低档产品，可选用一些中、低档，且较易挥发的香精。常用香型有薰衣草和麝香玫瑰等，香精用量一般为2%～8%，通常在5%左右。

第十一章　化妆品用其他助剂

第一节　化妆品色素

一、化妆品中色素相关名词

色素对化妆品来说极为重要，消费者选购化妆品时是根据视觉、触觉和嗅觉三方面来判断的，而色泽是视觉方面的重要一环。下面对一些色素相关常用术语作介绍。

色素：是指那些具有浓烈色泽的物质，当和其他物质相接触时能使其他的物质着色。

颜料：色素的一种，是指一些白色或有色的化合物，不能溶于指定的溶剂中，有良好的遮盖力，能使其他的物质着色。

染料：色素的一种，是指一些具有浓烈色彩的化合物，能溶解在指定的溶剂中，是借溶剂作为媒介，以使物质染色。根据染料的溶解性能分为水溶性染料及油溶性染料等。

色泽：指物质对各种波长的光线的发射、反射、折射或透射而反映于视觉上的一种现象，色泽通过色调、亮度和饱和度表达出来。

色调：指图像的相对明暗程度，在彩色图像上表现为颜色。

亮度：表示色素明亮的程度。无彩色中最亮的是白色，最暗的是黑色，处于二者之间的有各种亮度的灰色。彩色中也有亮度差别，例如，橙色和茶色的色调大体相同，但亮度不同，明亮体呈橙色，暗黑体呈茶色。明亮的颜色亮度高，暗淡的颜色亮度低。

饱和度：指彩色所具有的色调的色泽强弱程度的不同。这种色度的大小称为饱和度，饱和度高则色彩强，饱和度低则色彩弱。

调色剂：是指不含吸收基或稀释基的纯粹有机颜料，是在高浓度下使用的颜料。

色淀：是将可溶性有机染料沉淀或反应于吸收基或稀释基中的一种有机颜料，而这种吸收基或稀释基是色淀颜料组成的主要部分。例如某种有机染料，以沉淀剂使其在溶剂内沉淀而成为调色剂，如果将这种染料沉淀于适宜的基质中就成为色淀。

色牢度：是指色泽对光与酸、碱或其他化学药品的稳定性。

二、色素的分类

在美容化妆品中，要适当地使用色素，使皮肤显现自然而健康的化妆效果。色素可分为合成色素、无机色素和天然色素等三大类。合成色素由煤焦油产品制得，习惯上也称苯胺色素。无机色素主要是一些矿物性颜料，又称无机颜料。天然色素从动植物提取而得。

（一）合成色素

合成色素包括染料、色淀，实际上，主要指的是染料。染料必须对被染的基质有亲和力，能被吸附或溶解于基质中，使被染物具有均匀的颜色。品种主要有苋菜红、胭脂红、柠檬黄、新红、赤藓红、诱惑红、日落黄、亮蓝和靛蓝、喹啉黄及其铝色淀。

合成色素染料分为水溶性和油溶性两种。水溶性染料的分子中含有水溶性基团（磺酸基），而油溶性染料的分子中不含可溶于水的基团。

（1）按生色团来分

① 偶氮系染料。在化妆品中许可使用的染料多属于偶氮系列。水溶性偶氮染料用于化妆水、乳液、香波等的着色。油溶性偶氮染料用于乳膏、头油等油溶性化妆品的着色。

② 占吨系染料。用于口红、香水、香料等的着色。

③ 氮萘系染料。用于肥皂、香波、化妆水的着色。

④ 三苯甲烷系染料。非常易溶于水，呈现绿色、青色、紫色，用于化妆水和香波的着色，缺点是耐光性不好，对碱性介质敏感，用时需经过试验。

⑤ 蒽醌系染料。有青色、绿色、紫色，耐光性好，水溶性的产品用于化妆水、香波的着色，油溶性的用于头油等的着色。

其他染料还有靛蓝系染料、亚硝基系染料等。

（2）按溶解性分

① 溶解性染料。最常用的溶解性染料是溴酸红染料（包括二溴荧光素、四氯四溴荧光素等）。溴酸红染料不溶于水，能溶解于油脂，能染红嘴唇并使色泽持久。单独使用它制成的唇膏表面是橙色的，但一经涂在嘴唇上，由于 pH 值的改变，就会变成鲜红色，这就是变色唇膏。溴酸红虽能溶解于油、脂、蜡，但溶解性很差，一般需借助于溶剂，采用较普遍的是蓖麻油和多元醇的部分脂肪酸酯，因为它们含有羟基，对溴酸红有较好的溶解性，最理想的溶剂是乙酸四氢呋喃酯，但有一些特殊臭味，不宜多用。

② 不溶性颜料。不溶性颜料主要是色淀，是极细的固体粉粒，经搅拌、研磨后混入油、脂、蜡基体中，制成的唇膏涂抹在嘴唇上能留下一层艳丽的色彩，且有较好的遮盖力，但附着力不好，所以必须与溴酸红染料并用。用量一般为 8%～10%。

例如，有机合成色素铝色淀是通过纯有机合成燃料与氧化铝反应后，经清洗和干燥等工序，使水溶性色素沉淀在不溶性基质上所制备的特殊着色剂。其不溶于任何介质，通过扩散在某种载体中（如砂糖、油、甘油、糖浆）进行着色。

这类颜料有铝、钡、钙、钠、锶等的色淀，以及氧化铁的各种色淀，炭黑、云母、铝粉、氧氯化铋、胡萝卜素、鸟嘌呤等，其他颜料有二氧化钛、硬脂酸锌（镁）、苯甲基铝等。

（二）无机颜料

无机颜料是一种不溶于水、油、溶剂，但能使它们着色的粉末。无机颜料比色淀有较好的着色力、遮盖力、抗溶剂性和耐久性，广泛用于口红、胭脂等化妆品。常用的无机颜料称作矿物性颜料，对光稳定性好，不溶于有机溶剂，但其色泽的鲜艳程度和着色力不如有机颜料，主要用于化妆品中的粉底、香粉、眉黛等。

化妆品用的主要无机颜料有：氧化锌（ZnO）、二氧化钛（TiO_2），为白色颜料；三氧化二铁（Fe_2O_3），为红色颜料；氢氧化铬、群青，为青色颜料；紫群青，为紫色颜料；氢氧化亚铁［$Fe(OH)_2$］，为黄色颜料；氧化铬（Cr_2O_3），为绿色颜料；炭黑、四氧化三铁（Fe_3O_4 或 $FeO\cdot Fe_2O_3$），为黑色颜料。

能产生珍珠光泽效果的基础物质称为珠光颜料。供化妆品用的珠光颜料有鱼鳞片中萃取的鸟嘌呤以及氢氧化铋、氧氯化铋、云母-二氧化钛膜。由于鱼鳞的鸟嘌呤晶体价格高，故采用较少。化妆品中普遍采用的是氧氯化铋，其价格较低。珠光颜料常用于口红、指甲油、固定香粉等系列产品。

（三）天然色素

来源于动植物的天然色素，由于着色力、耐光、色泽鲜艳度和供应等问题，已经大部分被合成色素所代替，但一些普遍稳定的天然色素仍然用于食品、医药品和化妆品中。如胭脂虫红、西红花苷、胡萝卜素、姜黄和叶绿素等。

胡萝卜素是绿叶植物中的重要色素之一，常见于一切植物组织中，它是胡萝卜、奶油、蛋黄的主要色素，是维生素 A 的前身，以数种异构体而存在。α-胡萝卜素熔点为 187.5℃，β 胡萝卜素是紫红色晶体，熔点为 181～182℃，不溶于水，稍溶于乙醇和乙醚。

叶绿素广泛存在于植物体中，常和胡萝卜素共存，是植物进行光合作用的重要因子。已发现多种叶绿素，如叶绿素 a、叶绿素 b、叶绿素 c、叶绿素 d、叶绿素 f、原叶绿素和细菌叶绿素。其中以叶绿素 a（$C_{55}H_{72}MgN_4O_5$）含量最高，是用乙醇作为溶剂，从蚕粪中萃取制得的。

胭脂虫红是从寄生在仙人掌类植物上的雌性胭脂虫体内提取出来的红色色素，其主要成分是胭脂红酸，作为唇膏色素的原料。

西红花苷是从红花花瓣中提取的红色素，它不溶于水，微溶于丙酮和醇，有鲜艳的红色。

三、色素的稳定性

染料和颜料在使用时，受到多种因素的影响而变得不稳定，其稳定性取决于它们的化学结构。一般来说颜料比染料稳定，其中无机颜料又比有机颜料稳定。化妆品在存放和使用过程中，必须保证其颜色有足够的稳定性。影响稳定性因素有紫外光、温度、pH 值、金属离子、不相容物质、还原剂、加工方法和微生物。此外，产品的基质、颜料的浓度、暴露时间及包装材料都会影响到色素的稳定性。下面分别介绍：

（一）紫外光和温度的影响

（1）紫外光的影响

光是影响化妆品稳定性的最常见因素之一，特别是对于采用透明包装的产品，影响更大。无机颜料一般很耐光，因为键断裂时需较高能量。就有机颜料对光的稳定性而言，真颜料最好，其次是调色剂，最差的是铝色淀，所以铝色淀不适用于长期暴露于日光中的产品。水溶性染料对光特别敏感，稳定性常常受化妆品中其他成分影响（如香精）而降低。

在有色产品中添加紫外线吸收剂可改善各种颜料对光的稳定性。紫外线吸收剂既可添加于产品中，也可预先加入包装材料中。

（2）温度的影响

在生产过程中，温度对化妆品中颜色的影响最为明显。因此在生产中，应尽量缩短加热时间，或延迟投加色素的时间。

大多数的无机颜料在高温下制得，所以它们一般不受化妆品加工温度的影响。但氧化铁例外，温度高于 $100℃$ 时，氧化铁进一步被氧化成更红的颜色，也可能失去水分。

有机颜料对温度的敏感性取决于它们的结构，真颜料通常不受温度的影响，调色剂和色淀对温度都是敏感的。制造色淀和调色剂时，必须控制好温度，不然色调会发生变化。

使用染料通常不存在热稳定性问题，水溶性铝色淀比相等水溶性的颜料要稳定，有时可代替水溶性颜料。

（二）pH 值的影响

pH 值能影响所有的颜料，包括无机颜料。不稳定的有机颜料经化学变化，有时出现色调改变。群青颜料（磺基硅酸钠铝复合物）在低 pH 的体系中是不稳定的，即使在微酸性的条件下，它也可能褪色，甚至释放出难闻的硫化氢。锰的复合物在碱性条件下分解，生成 MnO_2，结果呈紫色。亚铁氰化铁络合物是深蓝色的，在 pH$>$7 时分解，生成铁的氧化物。

有机颜料虽没有像无机颜料那样反应明显，但也可能出现两种情况。即 pH$<$4 或 pH$>$7 时，有机金属键可能遭到破坏，使颜料转变为染料，产生染色问题。一般来说，偶氮颜料在酸碱介质中相当稳定，但在酸性条件下是不稳定的。

（三）金属离子、还原剂和不相容物质的影响

大多数色素对金属离子都是敏感的，如铁、铜、锌和锡都能协同光、酸、碱和还原剂的作用，使颜色减退。

化妆品中的还原剂和香精中的醛类能使染料褪色，还原剂提高光对颜料的作用。香精与颜料作用能产生严重质量问题，因此应改进香精的混合方法。

不相容的物质，如阳离子型表面活性剂，它们能使染料褪色。因为染料大多数都是阴离子型的，因此，只有碱性染料最适用于含阳离子的产品中。

（四）相对密度、颗粒大小的影响

当无机颜料或珠光颜料用于液体产品（如指甲油）时，它们的相对密度和颗粒大小是十分重要的。相对密度大的颜料可能会使产品在存放期间出现沉淀。解决的方法是仔细选择颗粒，调整产品的黏度，或使用表面活性剂。另外也选用聚硅氧烷的颜料。

国际上使用蓝色羊毛标样来表示颜料稳定性，可测定颜料受光作用后的褪色程度。但该法所花时间较长，因此常用加速方法代替，它以碳弧或氙弧为光源，其中后者用得较为普遍。将氙弧发射出的光过滤，使其接近日光，然后用氙光照射样品 1h，相当于在正午阳光下 1h，测试时间为直到试样褪色的时间。实际上，在化妆品工业中，常用通过与预先确定的色标样比较，以达到所要求的色牢度。

第二节　防腐剂

在化妆品中常加有蛋白质、维生素、油、蜡等，另外还有水分。为了防止化妆品变质需要加入防腐剂。对化妆品的防腐剂要求较高，一般要求含量极少就能抑菌、颜色要淡、无味、无毒、无刺激、贮存期长、配伍性能好、溶解度大。具有抑菌、防腐作用的物质较多，但是能用于化妆品中的防腐剂较少，特别是用于面部、眼部化妆品中的防腐剂选择更需慎重。我国 2015 年出版的《化妆品安全技术规范》中规定允许使用的防腐剂有 51 项，除此之

外的其他防腐剂不允许在产品中检出，有 1388 项化妆品禁用组分。

一、防腐剂的作用机理

防腐剂不但抑制细菌、霉菌和酵母菌的新陈代谢，而且抑制其生长和繁殖。防腐剂对微生物的作用，只有在其以足够浓度与微生物细胞直接接触的情况下才能起作用。

（一）抑菌和灭菌作用

在化妆品中添加防腐剂后，在一段时间内并不能杀死微生物，即使防腐剂存在，微生物仍在生长，这主要是因为使用防腐剂的剂量不够。

在防腐剂的通常使用的浓度下，需要经过几天或几周时间，才能杀死所有微生物。防腐剂杀死微生物的时间符合单分子反应的关系式，如式(11-1)：

$$k = \frac{1}{t} \times \ln \frac{Z_0}{Z_t} \quad 或\ Z_t = Z_0 \times e^{-kt} \tag{11-1}$$

式中，k 为死亡率常数；t 为杀死微生物所需的时间；Z_0 为防腐剂开始起作用时的活细胞数；Z_t 为经过时间 t 以后的活细胞数。

严格地说，只有防腐剂的剂量相当高时，并且遗传物质是均匀的细胞质，以及在预先设定的一个封闭系统中（即防腐剂不蒸发、pH 值不变和没有二次污染），上述公式才能成立。但上述公式对研究化妆品中防腐剂的作用，仍然是很好的依据。

实践表明，随着防腐剂浓度的增加，微生物生长速率变得缓慢，而其死亡速率则加快。如果防腐剂的浓度是在杀灭剂量的范围内，则首先大多数的微生物被杀死，随后，残存的微生物又重新开始繁殖。防腐剂只有在浓度适当时，才能发挥有效的作用。

防腐剂的效果不是直接取决于微生物存在的数量。但实际上，在微生物的数量还比较少的时候，就应该采取防腐措施。也就是说，在最初的停滞阶段，而不是在生长期中抑制微生物。因此，防腐剂并不适用于在已经含有大量细菌群的基质中杀死微生物。

（二）作用于微生物细胞的机理

防腐剂对微生物的作用机理：防腐剂（或杀菌剂）先是与细胞外膜相接触，进行吸附，穿过细胞外膜进入原生质内；然后，防腐剂在各个部位发挥药效，阻碍细胞繁殖或将细胞杀死。实际上，杀死或抑制微生物是基于多种高选择性的多种效应，各种防腐剂（或杀菌剂）都有其活性作用的部位，即细胞对某种药物存在敏感性最强的部位。

防腐剂（或杀菌剂）抑制和杀灭微生物的效应不仅包括物理的、物理化学的机理，还包括纯粹的生物化学反应，尤其是对酶的抑制作用，通常是几种不同因素共同产生某种积累效应。实际上，防腐剂主要是对细胞壁和细胞膜产生效应，并对酶活性或对细胞原生质部分的遗传微粒结构产生影响。

细菌细胞中的细胞壁和其中的半渗透膜不能受到损伤，否则，细菌生长受到抑制或失去生存能力。细胞壁是一种重要的保护层，但同时细胞壁本身是经不起袭击的。许多防腐剂，如酚类，其之所以具有抗微生物作用，是由于能够破坏或损伤细胞壁或者干扰细胞壁合成的机理。

此外，防腐最重要的环节是抑制一些酶的反应，或者抑制微生物细胞中酶的合成。这些过程可能抑制细胞中基础代谢的酶系，或者抑制细胞重要成分的合成，如蛋白质和核酸的合成。

二、化妆品用的防腐剂

(一) 防腐剂具有的特性

理想的防腐剂应具备下述一些特性:

① 对多种微生物都应有效,能溶于水或通常使用的化妆品成分中。

② 不应有毒性和皮肤刺激性,在较大的温度范围内都应稳定且有效。

③ 不应产生有损产品外观的着色、褪色和变臭等现象,不应与配方中的有机物发生反应,降低其效果。

④ 应是中性的,至少不应使产品的 pH 值产生明显变化。

⑤ 应该经济实惠,容易得到。

(二) 影响化妆品防腐剂活性的因素

(1) 介质 pH 值

一般认为,防腐剂的作用是在分子状态而不在离子状态下,pH 值低时防腐剂处于分子状态,所以活性很强。因此,pH 值对防腐剂活性影响很大。

有些防腐剂本身是有机酸,如苯甲酸,只有在 pH 值低于 4 时才保持酸的状态,其有效 pH 值在 4 以下;山梨酸、脱氢醋酸在 pH≥7 时会离解成负离子,失去抑菌活性。又如酚类化合物的酸性较弱,所以能适用较广的 pH 值范围。像季铵盐类防腐剂,在碱性时有高的抑菌活性,在 pH 从 5 增到 8 时,防腐剂的最小抑菌浓度量(MIC)从 $6.25\mu g/mL$ 增加到 $25\sim100\mu g/mL$;Kathon CG 在 pH>8 情况下,易分解失去活性。

(2) 防腐剂的溶解性

防腐剂在水中的溶解性及水相油相间的分配系数,也是影响防腐效能的重要因素。因为微生物通常生长在水相或油-水界面,因此,水溶性防腐剂起重要作用。防腐剂在水中的溶解度越大,活性越强。微生物表面的亲水性一般低于溶剂系统,这样有利于微生物表面防腐剂浓度的增加。例如室温时,尼泊金甲酯在水中溶解度为 0.25%,乳化过程中,它会迁移至油相,减少水中溶解量,降低防腐活性。配方中硅氧烷的使用,会影响防腐剂的分配系数。

(3) 防腐剂的浓度和微生物的种类

防腐剂浓度越高,活性越强。各种防腐剂均有其不同的有效浓度,一般要求产品的浓度略高于其在水中的溶解度。

微生物种类愈多,要求防腐剂浓度也愈高。因此,尽管在配方中加入一定量的防腐剂,但在制造过程中也应注意环境的清洁,减少带入微生物的可能性。

(4) 产品配方中的其他原料

产品配方中其他原料对防腐剂也有影响。如:聚氧乙烯醚阳离子、蛋白质能使尼泊金甲酯失去活性。一些具有吸附特性的物质,如硅酸镁铝、高岭土、滑石粉、氧化锌等,会影响防腐剂抑菌活性;还有一些新的生物制剂、脂质体、糖胺聚糖、天然植物提取液、卵磷脂都会干扰防腐体系。

(5) 对抗作用

① 化学作用。防腐剂与配方中某些成分发生化学反应而活性降低,甚至消失。如氨和甲醛;硫醇和汞化物;金属盐和硫化合物;磷脂、蛋白质,以及镁、钙、铁盐等和季铵化合物。

② 物理作用。配方中某些成分对防腐剂的吸附影响了微生物表面对防腐剂的吸附，从而削弱了防腐剂的作用。

③ 生理作用。配方中某些成分的作用恰好与防腐剂的作用相反，导致防腐剂失去效果。

（三）增强防腐活性的因素

EDTA 的应用可以增强防腐效力，因为它本身也具有一些抗菌活性；香精的加入，特别是含有丁香酚、香叶醇、烯和薄荷醇之类的萜类化合物，具有抗菌特性，可以减少防腐剂用量；酒精含量超过 10%，会增加防腐效力。

（四）常用的防腐剂

（1）嘉兰丹（Glydant）防腐剂

它又名 DMDMH，学名：1,3-二羟甲基-5,5-二甲基海因。无色或浅黄色透明液体，无味或略带特征性气味。可在较宽的 pH 值和温度范围内保持抗菌活性。结构式如图 11-1。

Glydant 是活性物质二羟甲基乙内酰脲的 55% 水溶液，是一种低成本杀菌剂，易溶于任何水相中，可与阳离子、阴离子和非离子表面活性剂、乳化剂及蛋白质配伍，是一种广谱高效的抗菌防腐剂，通过释放甲醛抑制革兰氏阳性菌、革兰氏阴性菌、霉菌、酵母菌等的生长。可添加到霜膏体系的黏度调节剂或乳化剂成分中，用于各种化妆品和个人保护品配方中。市售产品（固含量 55%）推荐用量为 0.1%~0.3%，最大使用浓度为 0.6%，也可与碘丙炔醇丁基氨甲酸酯配合后用于化妆品中。广泛应用于护发品、婴儿用品、眼部化妆品、化妆粉、防晒霜等。

（2）对羟基苯甲酸酯类

它俗名尼泊金酯类，白色结晶粉末或无色结晶，易溶于醇、醚和丙酮，极微溶于水，沸点为 270~280℃。此系列物质不挥发、无毒性、稳定性好，在酸性及碱性介质中都有效，而且颜色、气味都极微，这些特性使它作为化妆品的防腐剂很适宜。其分子结构式如图 11-2。

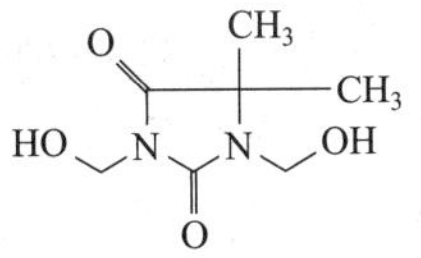

图 11-1　嘉兰丹的结构简式 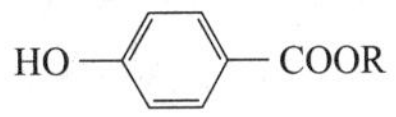　　　图 11-2　尼泊金酯类的结构式

尼泊金酯的作用原理是破坏微生物的细胞膜，使细胞内的蛋白质变性，并可抑制微生物细胞的呼吸酶系与电子传递酶系的活性，其杀菌功能随着 R 碳链的长度而增大，在 pH＝3~8 的范围内均有很好的抑菌效果。

最常用的是甲酯、丙酯和丁酯，并随着 R 碳链的增长，在水中的溶解度减少。对羟基苯甲酸酯类除了具有防腐的功效外，还是很好的植物油抗氧剂，因此，常用于油脂类的化妆品中。我国《化妆品安全技术规范》中规定对羟基苯甲酸酯类防腐剂在化妆品中的最高限量为：单一酯 0.4%，混合酯为 0.8%。对羟基苯甲酸酯混合使用比单独使用的效果为佳，其比例可以是甲酯:乙酯:丙酯:丁酯＝70:10:10:10，也可改变比例。一般在产品中的总用量<0.2%，不同介质的用量应通过试验后确定。

（3）Kathon

它又名凯松-CG，它是 5-氯-2-甲基-4-异噻唑啉-3-酮和 2-甲基-4-异噻唑啉-3-酮的混合物。其主要成分的结构式如图 11-3 所示。

凯松-CG 是一种淡琥珀色透明液体，气味温和，无色，有一定的气味，是一种高效无毒、抑菌杀菌、广谱、持效性长的抑菌剂，对各种细菌、霉菌、酵母菌有很强的抑制作用。最佳使用 pH 值范围为 4～8，pH≥8 稳定性下降，可与阴离子、阳离子、非离子和各种离子型的乳化剂以及蛋白质配伍，水溶性佳，不会改变化妆品的气味及颜色。但是，亚硫酸盐、强还原剂、强碱性和漂白剂以及高 pH 值均会降低其活性，使凯松-CG 失活。

凯松-CG 不受阴、阳离子表面活性剂的影响，常与碘丙炔正丁胺甲酸酯（IPBC）、布罗波尔等配合使用，具有协同防腐效果。《化妆品安全技术规范》规定最大用量为 0.015%。广泛应用于洗发香波、沐浴液、洗面奶、洗手液、护发素等产品的防腐。但应避免用于直接接触黏膜的产品，如牙膏、口红、眼部用品等。

（4）脱氢醋酸

它又称脱氢乙酸，简称 DHA，分子式为 $C_8H_8O_4$，是一种无色结晶或浅黄色粉末，无臭无味，熔点为 108～110℃，难溶于水，溶于苯、乙醚、丙酮及热乙醇中。结构式如图 11-4。它是低毒高效、广谱抗菌剂。当产品 pH<5 时，DHA 加入量为 0.1%，广泛用于涂料、油料、皮革制品、食品、包装材料和化妆品中防霉防腐。

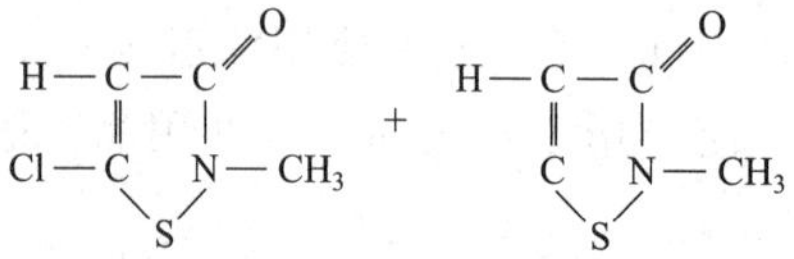

图 11-3　凯松-CG 主要成分的结构式 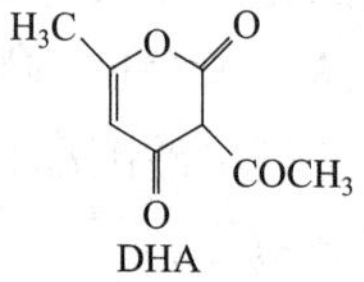　　图 11-4　脱氢醋酸的结构式

（5）邻苯基苯酚

邻苯基苯酚（OPP），又名 2-羟基联苯或 2-苯基苯酚，为白色或浅黄色或淡红色粉末，具有微弱的酚味。熔点为 55.5～57.5℃，沸点为 283～286℃，相对密度为 1.213。微溶于水，易溶于甲醇、丙酮、苯等有机溶剂。结构式如图 11-5。它是一种效率很高的防腐剂，当浓度为 0.005%～0.06% 时，显示出很好的杀菌效果，比安息香酸和对羟基安息香酸的低级酯的防腐效果大很多倍，化妆品配方中的最大用量为 0.2%。

（6）咪唑烷基脲

其商品名 Germall 115，为无色无臭的粉状固体，熔点为 110℃，结构式如图 11-6。对皮肤无毒性、无刺激性和过敏性，极易溶于水中。可用于乳霜、香波、露液、调理剂等产品，可单独使用，也可与尼泊金酯类等配合使用，增强其防腐效果。

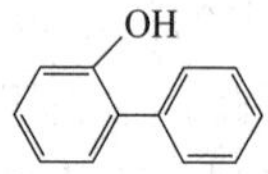

图 11-5　邻苯基苯酚的结构式 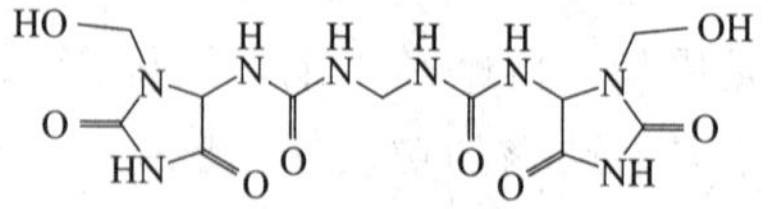　　图 11-6　防腐剂咪唑烷基脲的结构式

Germall 115 的 pH 值使用范围为 4～9，一般添加量为 0.1%～0.5%，最大允许添加量为 0.6%，可在较宽的温度范围内（<90℃）添加。咪唑烷基脲对各类表面活性剂配伍性好，通常与尼泊金酯或凯松-CG 配合作化妆品防腐剂，可大大提高抗菌活力。可用于膏霜、奶液、香波等，尤其适用于在 pH 值偏碱性时易染上铜绿杆菌的一些高级营养化妆品。

（7）N-羟甲基甘氨酸钠

它又名 Suttocide A，结构式：$HOCH_2NHCH_2COONa$。市售 N-羟甲基甘氨酸钠是50%透明碱性水溶液，有轻微特征气味，是广谱防腐剂，在 pH 值 3～12 的溶液中仍十分稳定，特别是在 pH 值在 8～12 范围内，能保持良好的防腐活性。使用浓度为 0.03%～0.3%。用于香波、冷烫剂、染发剂、调理剂、香皂、洗发膏等碱性化妆品。

（8）其他

① 醇类。乙醇有很好的防腐作用，在 pH 值在 4～6 的溶液中，乙醇浓度在 15% 已有效，在 pH 值在 8～10 的溶液中，乙醇浓度在 17.5% 以上已有效。异丙醇抑制细菌的效力和乙醇基本相仿，二元醇或三元醇抑制细菌的效力较差，一般浓度需在 40% 以上。

② 有机酸。常用作化妆品防腐剂的有机酸有安息香酸盐类（用量为 0.1%～0.2%）、山梨酸及其盐类（用量在 0.5% 以下），这些有机酸的防腐能力都是在酸性范围较强。

③ 酚类的衍生物。酚类的衍生物也可以作防腐剂，但有酚的气味，虽然常可被加入的香料所掩盖，但在使用时仍需特别注意。

三、防腐效力的测定

（一）防腐效力测定方法

一种防腐剂是否有抑菌作用，首先要测定防腐剂的效力。

（1）抑菌圈法

平板抑菌圈法是测定防腐效率最简单易行的方法。细菌或霉菌在合适的培养基上，经培养后能旺盛地生长，如果在培养基平板中央放有经防腐剂处理过的圆片（滤纸），防腐剂通过培养基向四周逐渐渗透，使细菌的生长受到抑制。靠近圆片防腐剂浓度高，微生物不易生长，所以在培养基中央形成一个抑菌圈，量出抑菌直径的大小，可以判断出防腐剂的效力。

（2）最低抑菌浓度（MIC）

防腐剂的最低抑菌浓度（MIC）同样反映了防腐剂的效力，也是测定防腐剂抑制微生物生长的最低浓度，MIC 越小，说明抑菌能力越强。具体步骤如下：

制备一定量的培养基，加入不同量的防腐剂（浓度分别为 100×10^{-6}、200×10^{-6}、300×10^{-6} mol/L），再将分别注入 10mL 液体培养基的试管放入管架。先将试菌斜面用接种环移至 10mL 液体培养基，37℃增菌培养 24h，然后用刻度吸管滴加到上述系列的各试管中。培养 24～48h，检查各试管，观察结果。假如试验菌种 1 在 200×10^{-6} mol/L 未生长，而在 100×10^{-6} mol/L 生长，那么对试验菌 1 的最低抑菌浓度为 200×10^{-6} mol/L。

（二）产品的抑菌试验

除了对防腐剂和杀菌剂的溶液进行各种标准的抑菌试验外，最重要的还有如何评价其应用于某一配方后的实际效果。通过试验可以知道抗菌剂和配方的相容度，也指示出产品的适用性。由于影响抗菌剂活性的因素众多，无法确定某种防腐剂在某一浓度时对各种化妆品都有效，因此每一配方应该分别进行试验。

（1）试管培养法

此方法采取在培养基中接种菌种，以证实可疑成分对抗菌剂活性的影响。培养基可以采用肉汤或琼脂，试验分为四组。

① 培养基内含可疑成分及抗菌剂，其浓度和配方相同；

② 培养基内只含抗菌剂，浓度如①；

③ 培养基内只含可疑成分，浓度如①；

④ 空白培养基。

接种的培养基需在恒温箱内培育 7 天，然后得出抗菌剂的活性。这一试验可用于选择合适的抗菌剂，找出不相容的某种原料，但是却不能得出这一产品是否完全防腐的结论。因为这种试验是在培养基中进行，而没有考虑到产品的全部特性。

（2）抑菌圈法

用镊子将直径为 2cm 的滤纸圆片，在供试样品中浸渍，取出晾干。将其置于带菌的琼脂培养基的中央，然后将培养皿置于恒温箱中，在适宜的温度下（细菌 30～32℃，真菌 25℃）培养 7 天，观察滤纸圆片周围的抑菌圈大小，以毫米表示。无抑菌圈且滤纸片上不长菌，以（＋）表示；无抑菌圈但滤纸上长菌，以（－）表示。

这一方法虽然是定性的，而不是定量的，但却简单有效。各种形式的产品，如液体、乳状液、膏霜、皂和粉剂等都可采用此法以比较抑菌效果。此法也可用来研究各种抗菌剂的抑菌效力以及各种原料对抗菌剂效力的影响。

（3）实物培养法

最可靠的方法还是对含有香料的最终产品，从实物包装中取样进行细菌培养试验。三组样品分别接种上述的细菌和真菌，一组放在室温，另一组在 25℃，第三组在 33～37℃，时间至少 6 个月。

接种细菌的方法是将 0.1mL 带活菌的培养基拌入 30mL 样品中，立刻进行适当的稀释和细菌计数，记录每克样品中的活菌数，以后每月计数一次以观察细菌增多或减少的情况，从而反映出抗菌剂的效果。

接种真菌的方法是将培养基表面上生长的少量干孢子，以接种环移入样品的表面，其生长情况可以肉眼观察。由于许多乳状液的不稳定性，往往需要较长时间才会出现干孢子，而细菌和真菌的生长情况影响不大。在恶劣的环境中，细菌和真菌需要经过一段时期适应而生长，因此需要较长时间的观察，甚至在 6 个月内还不能观察到，也就是说细菌个数没有增加，产品的防腐效果较好。

第三节　抗氧剂

化妆品中多含有动植物油脂、矿物油，这些组分在空气中能自动氧化，特别是具有不饱和键的化合物，很可能氧化而变质，这种氧化变质称为酸败。这种酸败会降低化妆品的质量，甚至产生有害于人体健康的物质。动植物油脂酸败的难易是由它的分子结构中不饱和键的不饱和程度而决定的，少量不饱和物的存在，会促使氧化作用迅速进行。

抗氧剂的作用是阻滞油脂的氧化酸败，防止化妆品自动氧化变质。虽然浓度很低，一般是 $0.05\%～0.10\%$，但是效果是很大的。抗氧剂的机理很是复杂，它能阻滞油脂中不饱和键和氧的反应，或者它本身能吸收氧气从而相应的推迟或阻止了油脂的氧化。

一、抗氧剂的作用原理

油脂和油类的氧化反应大多属链式反应，油脂氧化机理详见第八章第一节：四（一）变质机理。从机理可以看出，反应中自由基起着关键作用。抗氧剂主要是通过抑制自由基的生成和终止链式反应，以达到抑制氧化反应的作用。按照反应机理差别，抗氧剂可分为链终止型抗氧剂和预防型抗氧剂，前者为主要的抗氧剂，后者为辅助抗氧剂。

（一）链终止型抗氧作用

通常所讲的抗氧剂就是指这类链终止型抗氧剂，作用机制是其可以与 $R\cdot$、$RO_2\cdot$ 反应而使自动氧化的链式反应中断，从而起稳定作用。

$$R\cdot + AH \xrightarrow{k_1} RH + A\cdot \tag{11-2}$$

$$RO_2\cdot + AH \xrightarrow{k_2} ROOH + A\cdot \tag{11-3}$$

$$RO_2\cdot + AH \xrightarrow{k_3} ROOH + R\cdot \tag{11-4}$$

上述反应中，反应的速率常数 k_1 和 k_2 大于 k_3，才能有效地阻止链式反应的增长。消除自由基 $RO_2\cdot$，可以抑制氢过氧化物的生成。当使用链终止型抗氧化剂的浓度比较合适时，基本上能中断绝大部分动力学链。一个抗氧剂分子有可能终止两个动力学链反应：

$$RO_2\cdot + HA \longrightarrow ROOH + A\cdot \tag{11-5}$$

$$RO_2\cdot + A\cdot \longrightarrow ROA \tag{11-6}$$

$$2A\cdot \longrightarrow A\text{—}A \tag{11-7}$$

链终止型抗氧化的机理又可分为两类。

（1）自由基捕获体

它能与自由基反应，使之不再进行引发反应，或由于它的加入，自动氧化过程稳定化。如氢醌（以 AH_2 表示）和某些多核芳烃与自由基反应而终止动力学链。

$$RO_2\cdot + AH_2 \longrightarrow ROOH + AH\cdot \tag{11-8}$$
$$\uparrow$$
$$AH\cdot + AH\cdot \longrightarrow AH_2 + A$$

某些酚类化合物作抗氧化剂时能产生 $ArO\cdot$，具有捕集 $RO_2\cdot$ 等的作用：

$$ArO\cdot + RO_2\cdot \longrightarrow RO_2ArO(Ar\text{ 为芳基}) \tag{11-9}$$

（2）氢给予体

一些具有反应性的仲芳胺可与油脂中易被氧化的组分竞争自由基，发生氢转移反应，形成一些稳定的自由基，降低油脂自动氧化反应速率。

$$Ar_2NH + RO_2\cdot \longrightarrow ROOH + Ar_2N\cdot (\text{链转移}) \tag{11-10}$$

$$Ar_2N\cdot + RO_2\cdot \longrightarrow Ar_2NO_2R \tag{11-11}$$

（二）预防型抗氧化作用

具有这类抗氧化作用的物质又称为辅助抗氧剂。其主要作用是能除去自由基的来源，抑制或延缓引发反应，主要包括一些过氧化物分解剂和金属螯合剂。

（1）过氧化物分解剂

过氧化物分解剂包括一些金属盐、硫化合物（如硫代二丙酸、半胱氨酸、甲硫氨酸、亚硫酸盐、硫脲、谷胱甘肽、秋兰姆和二硫代氨基甲酸盐类等）和亚磷酸酯等化合物，能与过氧化物反应，并使之转变为稳定的非自由基产物，从而消除自由基的来源。

$$ROOH + R^1SR^2 \longrightarrow ROH + R^1SOR^2 \tag{11-12}$$

$$ROOH + R^1SOR^2 \longrightarrow ROH + R^1SO_2R^2 \tag{11-13}$$

$$ROOH+(RO)_3P \longrightarrow ROH+(RO)_3P = O \tag{11-14}$$

（2）金属螯合剂

变价金属离子会促进油脂的自动氧化，如 Cu、Fe 和 Ni 等离子会使精炼植物油变味。金属螯合剂的作用是与金属离子形成稳定的螯合物，使之不会催化氧化反应。金属螯合剂主要有 EDTA、柠檬酸、葡萄糖酸，酒石酸、聚磷酸、苹果酸、己二酸、富马酸等及其盐和酯类。

二、化妆品中常用的抗氧剂

（一）化妆品用抗氧剂的种类

抗氧剂的种类很多，从化学结构考虑，可分为五类：酚类；醌类；胺类；有机酸、醇和酯类；无机酸及其盐类。

（1）酚类

酚类抗氧剂包括二羟基酚、愈创木酚、没食子酸、叔丁基羟基苯甲醚、2,5-二叔丁基酚、2,5-二叔丁基对苯二酚、对羟基苯甲酸丁酯、对羟基苯甲酸甲酯、对羟基苯甲酸丙酯、去甲二氢愈创木酸等。

（2）醌类

此类抗氧剂包括生育酚、羟基氧杂四氢化茚、羟基氧杂萘满、溶剂浸出的小麦胚芽油等。

（3）胺类

此类抗氧剂包括乙醇胺、谷氨酸、尿酸、酪蛋白与麻仁球蛋白、脑磷脂、卵磷脂、异羟肟酸、嘌呤、动植物磷脂等。

（4）有机酸、醇与酯类

此类抗氧剂包括草酸、柠檬酸、酒石酸、苹果酸、丙酸、丙二酸、抗坏血酸（维生素C）、硫丙酸、葡萄糖醛酸、半乳糖醛酸、牛乳糖醛酸、柠檬酸异丙酯、硫代二丙酸二月桂酯、硫代二丙酸二硬脂醇酯、山梨醇、甘露醇、乙二胺四乙酸（EDTA）、马来酸、琥珀酸、葡糖酸等。

（5）无机酸及其盐类

此类抗氧剂包括磷酸及其盐类，亚磷酸及其盐类等。

在上述五类中，前两类是主要的，后两类单独用作抗氧剂效果不显著，但与前两类，特别是与酚类合用能提高防止氧化的效果，此作用称为协同作用，这类试剂称为协同剂。

（二）常用的抗氧剂

化妆品中常用的抗氧剂种类很多，此处只选取少部分进行介绍。

（1）叔丁基羟基苯甲醚（BHA）

它简称 BHA，又称为丁羟基茴香醚，一般是稳定的白色蜡状固体，熔点为 60℃，高浓度时略有酚味，易溶于油脂，不溶于水。实际上，BHA 是由 3-叔丁基-4-羟基苯甲醚（3-BHA）与 2-叔丁基-4-羟基苯甲醚（2-BHA）的混合物。结构式如图 11-7。

在 BHA 混合物中，3-BHA 的抗氧化效果比 2-BHA 强 1.5～2 倍。市售 BHA 中，两者混合物的比例 3-BHA：2-BHA 在（95：5）～（98：2）之间，但抗氧化效力最高的配比为 3-BHA：2-BHA=（1.5～2.1）：1。BHA 对热稳定，在弱碱条件下不容易破坏，遇铁等离子

3-叔丁基-4-羟基苯甲醚　　　　　2-叔丁基-4-羟基苯甲醚(2-BHA)

图 11-7　叔丁基羟基苯甲醚类的结构式

会着色，光照也会引起变色。

BHA 应用于动、植物油中，在低浓度下（0.005%～0.05%）即能发挥极佳效果，并允许用于食品中。BHA 是一种很好的抗氧剂，在有效浓度时没有毒性，其与没食子酸丙酯、柠檬酸、去甲二氢愈创木酸、磷酸等有很好的协同作用，限用量为 0.2g/kg。

（2）2,6-二叔丁基对甲酚（BHT）

它简称 BHT，白色至淡黄色的结晶，熔点为 70℃，臭味微弱，其结构式如图 11-8。

BHT 无臭，不溶于水、氢氧化钾溶液和甘油，能溶于许多有机溶剂，在乙醇中溶解度为 25%，在豆油中溶解度为 30%，热稳定性好。作为抗氧剂，BHT 与丁羟基茴香醚（BHA）的抗氧效力大致接近，但在高浓度或升温情况下，不带有不愉快的酚类臭味。在化妆品中 BHT 和 BHA 一起使用能提高稳定性，加入柠檬酸、抗坏血酸等，可增加抗氧化作用，BHT 和 BHA 总量小于 0.1g/kg。

（3）没食子酸丙酯

它又名五倍子酸丙酯，一种白色至乳白色的结晶粉，无毒性，熔点为 146～148℃，溶于醇及醚，含量为 98.0%～99.5%。水中的溶解度约为 0.1%，加热时溶于油类，结构式如图 11-9。

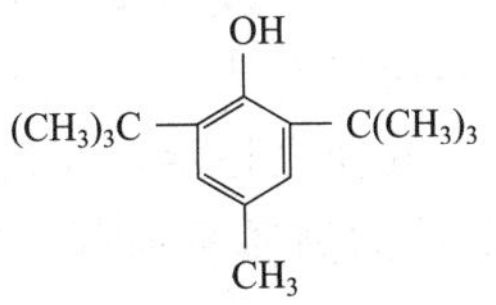

图 11-8　2,6-二叔丁基对甲酚的结构式 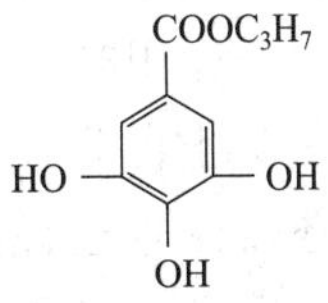　　　图 11-9　没食子酸丙酯的结构式

不论是单独使用，还是与其他抗氧化剂配合使用，没食子酸丙酯均为良好的抗氧剂，效果好而无毒性。缺点是遇金属易于变色，尤其是遇铁离子更易变色，限用量为 0.05g/kg。

（4）去甲二氢愈创木酸

它简称 NDGA，从多种植物的树脂分泌物中萃取而得。溶于甲醇、乙醇和乙醚，微溶于脂肪。溶于稀碱溶液，呈深红色。结构式如图 11-10。

NDGA 对各种油脂均有效，也适宜用于稳定精油。但其有一最适合量，超过这个适合量时，反而会促进氧化反应。当柠檬酸和磷酸的浓度在 0.005% 以上对 NDGA 有协同效果。

（5）2,5-二叔丁基对苯二酚

它又名抗氧剂 DBH。白色至浅黄色结晶粉末，微具气味、无毒，相对密度为 1.09，熔点为 212～218℃；易溶于乙醇、苯、丙酮、二硫化碳，不溶于水溶液，结构式如图 11-11。

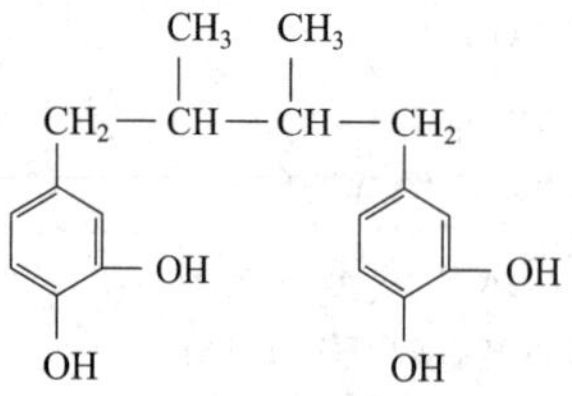

图 11-10 去甲二氢愈创
木酸的结构式

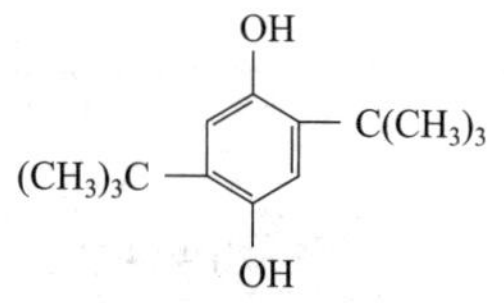

图 11-11 2,5-二叔丁基
对苯二酚的结构式

DBH 的抗氧化效果优越，光稳定性好；在聚合物中容易分散，不影响硫化，是一种无臭无色的非污染性抗氧剂；具有比其他抗氧剂都高的良好的安全性，不污染产品和环境。可用于不宜使用对苯二酚的场合，是植物油脂有效的抗氧剂。

（6）生育酚

生育酚是维生素 E 的水解产物，是最主要的抗氧剂之一。维生素 E 的苯环上的酚羟基被乙酰化，经水解为酚羟基，得生育酚。多溶于脂肪和乙醇等有机溶剂中，不溶于水，对热、酸稳定，对碱不稳定，对氧敏感。大多数天然植物油脂中均含有生育酚，是天然的抗氧剂，以 α、β、γ 和 δ 四种形式存在，α-生育酚广泛用作营养添加剂；β-生育酚存在的浓度太低，无实际意义；γ 和 δ-生育酚具有较好的抗氧化性，广泛用作天然的抗氧剂。

此外，近年来发现了新的抗氧剂，如硫代琥珀酸类。对于硫代琥珀酸单十八酯（简称 Metsa）和羧基甲巯基代琥珀酸单十八酯（简称 Mecsa），当其浓度在 0.005% 时，就已有抗氧效果，能使氧气和金属杂质相结合，从而保护油脂不被酸败，如硫代琥珀酸单十八酯能显著地改进豆油的气味。但要特别注意，这两种化合物遇热易分解。

化妆品所用抗氧剂品种很多，究竟选用哪种抗氧剂、用量多少必须通过试验确定。其试验方法有活性氧法、氧气吸收法、紫外线照射法、加热试验法等。这些试验都是在加速条件下进行的。因此在实际运用时，最好进行长期储存试验与之对比。

综上所述，为了防止自动氧化，保证化妆品质量，并使之稳定，在选择适当的抗氧剂种类和用量的同时，还需注意选择不含有促进氧化的杂质的高质量原料，以及适当的制备方法，并且要注意避免混进金属和其他促氧化剂。

第四节 保湿剂

老化皮肤的最明显的标志就是干燥，表现为低水分含量及缺乏保持水分的能力，皮肤变得松脆、粗糙并起鱼鳞片。因此，皮肤要补充水分，也就是保湿。皮肤保湿是化妆品的重要功能之一，因此在化妆品中需添加保湿剂。

一、保湿剂与保湿机理

（一）保湿剂的定义

凡是以能给皮肤补充水分、防止干燥为目的的高吸湿性的水溶性物质，称为保湿剂。这些物质能阻滞水分的挥发而使皮肤柔软和光滑，具有润肤作用，此外，还具有吸湿性、滋润性和增减稠度等特性。

化妆品中保湿剂的作用主要有：对化妆品本身水分起保留剂的作用，以免化妆品干燥、开裂；对化妆品膏体有一定的防冻作用；涂敷于皮肤后，可保持皮肤适宜的水分含量，使皮肤湿润、柔软，不致开裂、粗糙等。

（1）保湿剂应该具备的条件

① 具有适度的吸湿能力，吸湿能力能持续，吸湿能力很少会受到环境条件的影响。

② 赋予皮肤和制品本身以吸湿力。

③ 尽可能低的挥发性，和配伍的其他成分协调性能好。

④ 凝固点尽可能低，黏度适当，使用感好，与皮肤的亲和性好。

⑤ 安全性高，尽可能无色、无臭、无味。

（2）选用保湿剂的注意事项

① 要弄清保湿剂在较广湿度范围的吸湿、保湿力。

② 要掌握加入后体系中各浓度下的保湿效果。

③ 注意不同规格的保湿剂中所含其他杂质成分对吸湿效果的影响。

④ 根据化妆品的特性选用不同保湿剂。

（二）保湿机理

（1）传统的"保湿"机理

传统的"保湿"机理认为：

一方面，皮肤中的皮脂腺分泌出皮脂、汗腺分泌的汗液，这两种混合后在皮肤表面形成一层封闭性的皮脂膜，该膜可抑制皮肤中水分蒸发，保持皮肤角质层中的水分含量。另一方面，皮肤的角质细胞内存在一种水溶性吸湿成分，即天然保湿因子（NMF），它是角质层中起保持水分作用的物质，它对水分的挥发起着适当的控制平衡作用，从而使角质层保持一定的含水量。

因此，市场上销售的传统保湿化妆品就是依据这一保湿机理而设计的。

（2）细胞膜保湿机理

现代皮肤生理学对皮肤细胞的基本组成及新陈代谢过程的研究深入到分子水平，提出细胞膜是类脂质双分子层的结构模型。

在以磷脂、神经酰胺等为组分的类脂质构成的双分子层中，镶嵌入细胞蛋白，包括球蛋白、糖原蛋白和胆甾醇等，这种镶嵌结构是动态的。双分子层的内外表面为亲水部分，即在双分子层之间包含了水分。角蛋白细胞膜的类脂质起着黏结角质细胞的作用，这些细胞间脂质构成了具有一定的渗透性的屏障，阻挡皮肤中水分的损失，从而保持细胞所含水分基本不变，就像具有呼吸活性、可透气性的雨衣，以调节皮肤的水分损失。

依据上述保湿机理，要保持皮肤水分，可通过在角质层中的成分，如皮肤表面的油脂膜、细胞间的基质黏合物和吸湿成分组成的天然保湿因子等调节皮肤的水分。

二、保湿剂的分类

保湿剂的种类很多，按照其结构特点，大体可以分为：多元醇类、天然保湿因子、氨基酸类、高分子生化类。这些保湿剂的品质及效果是有差别的，有的只能视为单纯的保湿成分，有些则除了保湿之外，还具护肤功效。

（一）多元醇类

多元醇类很容易获得，可以通过工业化大量制造，价格低廉，安全性却很高。缺点是：

保湿效果较容易受环境的湿度影响，环境的相对湿度过低时，保留水分子的效果会下降。另外，受限于本身的机理，较难达成高效保湿的目的，长时间保湿效果也不理想。

常见的多元醇类有：甘油、丁二醇、聚乙二醇（PEG）、丙二醇、己二醇、木糖醇、聚丙二醇（PPG）、山梨醇等。

（1）甘油

甘油是最古老的保湿剂，现在还在广泛使用，是略带甜味、无色无臭的黏稠液体，可混溶于水、各种低碳醇、乙二醇、丙二醇和酚等，不溶于氯仿等非极性溶剂，是价格较低的最常用保湿剂。甘油也是制药工业和香料工业中重要的溶剂，在化妆品中是 O/W 型乳化体系不可缺少的保湿性原料，是化妆水的重要原料，也是含粉膏体的保湿剂，对皮肤具有柔软润滑的作用。此外，甘油还广泛用于牙膏、粉末制品和亲水性油膏中。

（2）丙二醇

丙二醇是指 1,2-丙二醇，是无色透明、略带黏性的吸湿性液体。可混溶于水、丙酮、乙酸乙酯和氯仿中，并溶解于酒精、乙醚中。丙二醇在化妆品中应用较广泛，比甘油黏度低，使用感好，吸湿性强，安全性好。常常用作各种乳化制品、液体制品的润湿剂和保湿剂，与甘油、山梨醇复配后可作为牙膏的柔软剂和保湿剂。此外，丙二醇在染发制品中可用作调湿剂、均染剂和防冻剂。

（3）1,3-丁二醇

1,3-丁二醇是无色无臭黏稠液体，由乙醇缩合后加氢得到，具有良好的保湿性，可吸收相当于本身质量 12.5%～38.5%的水分；1,3-丁二醇还具有较好的安全性，具有抗菌作用。1,3-丁二醇广泛用于化妆水、膏霜、乳液和牙膏中作为保湿剂。

（4）山梨醇

山梨醇又名山梨糖醇，分子式是 $C_6H_{14}O_6$，分子量为 182.17，为针状、片状或颗粒状结晶性粉末，无臭。易溶于水（1g 溶于约 0.45mL 水中），微溶于乙醇和乙酸。有清凉的甜味，具有很好的保湿性，在低湿度状态下易挥发，保湿作用是缓和型。它常用于膏霜、乳液、牙膏等化妆品中。

（5）聚乙二醇

聚乙二醇是由环氧乙烷和水或乙二醇逐步加成而制得的水溶性聚合物，具有水溶性、温和性、润滑性等，因具有使皮肤润湿、柔软等优异的性能而广泛应用于化妆品中。分子量 $n < 300$ 时为液体。聚乙二醇具有从大气中吸收并保存水分的能力，且有增塑性，可作保湿剂。但随分子量的增大，凝固点升高，吸湿力下降，不能作保湿剂使用。

（二）天然保湿因子

体表皮肤、表皮层等是最外层，也是第一道的防线。天然保湿因子（NMF）指的是皮肤本身角质层内具有调节水分含量的成分，此类成分并非单一组成，主要有氨基酸、吡咯烷酮羧酸（PCA）、乳酸盐、尿素等。

天然保湿因子在皮肤表皮层及角质层具有吸湿性，且对皮肤 pH 值具有调节功能，亲肤性极佳。保湿剂的作用是在皮肤表面形成一层薄膜，将水分密封在皮肤内以防止水分蒸发，同时不妨碍皮肤对空气中水分的吸收，从而保持皮肤适当的湿度。但不论是 NMF 或 PCA，都与多元醇一样，同为水溶性的小分子结构，所以保湿效果不是特别好。

（1）乳酸和乳酸盐

乳酸是自然界中广泛存在的有机酸，是厌氧生物新陈代谢过程中的最终产物，安全无毒。乳酸也是人体表皮的 NMF 中主要的水溶性酸类，含量约为 11.5%。乳酸和乳酸盐分子的羧基对头发和皮肤有较好的亲和作用，可使皮肤柔软、溶胀、弹性增加，并且，乳酸-乳酸钠缓冲溶液能调节皮肤的 pH 值，是护肤类化妆品中很好的酸化剂。乳酸钠是很有效的吸湿性保湿剂，是 NMF 成分之一，吸湿力比多元醇高得多。

乳酸和乳酸盐主要用作调理剂、皮肤或毛发的柔润剂、调节 pH 值的酸化剂，用于膏霜和乳液、香波和护发素等护理制品中，也可用于剃须制品和洗涤剂中。

（2）透明质酸

透明质酸（HA），又名玻尿酸，是一种无色无臭的酸性糖胺聚糖，易溶于水，不溶于有机溶剂，其水溶液具有较高的特性黏度。HA 是一种透明生物高分子物质，具有调节表皮水分的特殊性能，分子量为 20～1000000。透明质酸存在于生物体内，广泛分布于细胞间基质中，具有很强的保水作用，其理论保水值高达 500mL/g，可以吸收和保持其自身重量上千倍的水分，在化妆品中是目前广为应用的一种优质保湿剂。

透明质酸用于皮肤表面时，其水溶液体系由于分子结构的舒展以及膨胀，其在低浓度下仍然有较高的黏度，又因为吸湿性能结合大量的水，形成水化黏性膜，因而具有优异的保湿性能、高的黏弹性和渗透性，与皮肤内固有的透明质酸一样能有效地保持水分，皮肤滋润、滑爽、具有弹性，属天然生化保湿剂，安全无毒，对皮肤无刺激和不良反应。

透明质酸具有甘油等其他保湿剂所不具有的优点，例如，当外界湿度高时，其吸湿性可调节至适度，不会使皮肤表面产生黏腻感；而当外界湿度低时，它的吸湿性大大增强，防止皮肤干燥。同时，HA 还具有优异的生物性能，可抵御外界对皮肤的伤害。大分子 HA 成膜于皮肤表面，起到保湿作用，使皮肤光滑滋润丰满而有弹性，抵御外来细菌、灰尘的浸入；而分子量较小的 HA，则渗入真皮层轻微扩展毛细血管，增强血液循环，防止和减少皱纹。

透明质酸在化妆品中可提供对皮肤的滋润作用，使皮肤富有弹性、光滑性，延缓皮肤衰老，是目前化妆品中性能优异的保湿剂品种。因制备成本较高限制了使用，只能在少量的高级化妆品中应用。

（3）吡咯烷酮羧酸钠

它又称 PCA 钠，是皮肤的天然成分，是无色无臭、略带碱味的透明水溶液，是表皮颗粒层丝蛋白聚集体的分解产物，在皮肤天然保湿因子中含量约为 12%，其生理作用是使角质层柔润。PCA 钠具有较强的保湿性，是一种氨基酸衍生物。

PCA 钠可溶于水，略溶于有机溶剂中，在同温度及浓度下，其黏度远比其他保湿剂低，安全性高，对皮肤、眼黏膜几乎没有刺激性，与其他保湿剂有很好的协同性，混合起来使用有良好的效果。PCA 钠的吸水能力很高，能够从空气中吸收水分，使水分与细胞结合，抓住比自身重数倍的水分。PCA 钠与 HA 的吸湿性相当，远比甘油、丙二醇、山梨醇等保湿剂强。如：在相对湿度为 65% 时，放置 20 天后其吸湿性高达 56%，30 天后为 60%；而在同样情况下，甘油、丙二醇、山梨醇放置 30 天后分别为 40%、30%、10%。

在化妆品中，PCA 钠主要用作保湿剂、肌肤调理剂和抗静电剂，有强化角质功能，并用以增强肌肤自身的保湿能力。PCA 钠能把水分输送给头发和皮肤，在护发素和保湿霜中用作润肤剂或保湿剂；广泛应用于洗发水、护发喷雾、发胶、化妆水、收缩水、膏霜、乳液、牙膏和香波等化妆品中。

（三）氨基酸类

目前，在化妆品中作为保湿剂的氨基酸，具有高度生物兼容性，能迅速改善肤发的水分保持能力，激发细胞活力，使肌肤滋润、光滑，防止干燥和发暗。

氨基酸类保湿剂是一种小分子量氨基酸与大分子量氨基酸聚合体。属于氨基酸类的保湿剂有蛋白类，例如植物蛋白（大豆蛋白）、动物蛋白、水解蛋白等。但这一类保湿剂的成本较高，所以被视为较珍贵的保湿剂。

氨基酸为高级的护肤保湿成分，具有缓和外界对皮肤的伤害，对受损角质有协助修复的效果。氨基酸作为天然保湿剂，还具有增溶作用，能增溶某些难溶于水的化妆品原料；还具有 pH 缓冲性能，对碱的缓冲能力较小，对酸的缓冲能力较强。此外，氨基酸还能降低表面活性剂的刺激性，具有增稠的作用，所以广泛应用于化妆品中。

氨基酸类保湿剂的缺点主要有：保鲜相当不易、易受微生物感染，自身酸败现象也极其常见，且必须加入较高浓度的防腐抗菌剂来防止变质。因此，氨基酸不可以单独用作保湿剂，与前面的多元醇、天然保湿因子比较，氨基酸类的保湿效果较差。

（四）高分子生化类

高分子生化类物质是一类生化类保湿剂，是高效保湿的品种之一，主要来源于皮肤真皮层的成分，例如胶原蛋白、糖蛋白及硫酸软骨素等。而其中最重要的成分是透明质酸及胶原蛋白。

（1）胶原蛋白

胶原蛋白是构成动物皮肤、软骨、筋、骨骼、血管、角膜等结缔组织的白色纤维状蛋白质，一般占动物总蛋白质含量的 30% 以上，在皮肤真皮组织的干燥物中胶原蛋白占 90% 之多。

胶原蛋白具有良好的生物相容性、可生物降解性以及生物活性。不溶于水，但具有较强的结合水的能力，并且在酸、碱或酶的作用下，胶原蛋白可以发生水解，得到可溶性的水解胶原蛋白，广泛应用于化妆品中。

水解胶原蛋白的多肽链中含有氨基、羧基和羟基等亲水基团，对皮肤具有良好的保湿性，但胶原蛋白并不护肤。胶原蛋白的分子太大，会被皮肤阻隔在外，无法成为有效利用的护肤成分。因此，胶原蛋白只能作为保湿剂使用。此外，水解胶原蛋白的作用还体现在亲和性、祛斑美白、延缓衰老等方面。胶原蛋白与皮肤、毛发都有良好的亲和性，皮肤、毛发对其有良好的吸收性，可使其渗透到毛发等的内部，体现出良好的功效性。另外，水解胶原蛋白还具有使紫外线诱发的皮肤色斑减少和消除皱纹等作用。

（2）糖蛋白

糖蛋白是分支的寡糖链与多肽链共价相连所构成的复合糖，主链较短，在大多数情况下，糖的含量小于蛋白质。

糖蛋白是角质层细胞间基质，对表皮脂质的新陈代谢和 DNA 合成起很大作用。糖蛋白链在细胞表面具有传递生物信息、构成细胞形态、维持蛋白质分子高级结构的功能，在高级生物功能的产生和调节上起着独特的作用。

糖蛋白在化妆品、护肤品里主要用作保湿剂，比较安全，可以放心使用。葡聚糖、聚氨基葡萄糖和海藻多糖等可以渗入皮肤与皮肤蛋白质中的氨基酸结合，起到持久的高效的皮肤保湿作用。糖蛋白成分适合耐受性皮肤、皱纹皮肤、敏感性皮肤、非色素性皮肤、色素性皮肤、油性皮肤、干性皮肤等。糖蛋白对肌肤具有保水作用、润湿作用、生物催化和激素的作用，是化妆品中很好的润湿剂和营养剂。另外，糖蛋白还具备很好的抗氧化性、延缓衰老的功效。化妆品中主要用于肌肤、头发的保湿，也能改善微循环，促进新陈代谢。

（3）神经酰胺

神经酰胺是一类磷脂，主要有神经酰胺磷酸胆碱和神经酰胺磷酸乙醇胺。在角质层中40%～50%的皮脂由神经酰胺构成，在保持角质水分的平衡中起着重要作用。神经酰胺对皮肤的作用与功效是补水保湿，还具有抗过敏的作用，同时能让肌肤美白。具体地说，神经酰胺有以下几方面的作用：

① 补水保湿：长时间熬夜或者不注重皮肤的清洁，可能会伴随着皮肤出现干燥的症状发生，通过用神经酰胺能起到补水保湿的作用，让皮肤看上去更加光泽。

② 抗过敏：每个人的肤质不同，如果个人的皮肤角质层比较薄，可能会伴随着敏感症状的发生，通过用神经酰胺可以让皮肤的角质层变好，还可以起到抗过敏的作用，减少皮肤出现敏感所引起的瘙痒以及红肿症状。

③ 美白肌肤：长时间使用神经酰胺，还可以起到美白肌肤的作用，减少皮肤的黑色素沉着，让肌肤变得更加光滑水润，增加肌肤的美观度。

神经酰胺具有天然的保湿作用，在生活中可以适当使用。

第五节　防晒剂

一、防晒剂与防晒机理

（一）防晒剂的定义

防晒剂是能有效地吸收或散射对皮肤有伤害作用的紫外线的物质。

（1）防晒剂的基本性能

理想的防晒剂应该具备的性能：

① 颜色浅，气味小，安全性高，对皮肤无刺激，无毒性，无过敏性和光敏性；

② 在阳光下不分解，自身稳定性好；

③ 防晒效果好，成本较低；

④ 配伍性好，与化妆品中的其他组分不起化学反应，不与生物成分结合。

（2）紫外线吸收剂的性质

理想紫外线吸收剂应该具备的性质：

① 能吸收 280～360nm 范围有伤害作用的 UV 辐射，用两种或更多种的制剂复配来吸收 280～320nm（UVB）和 320～360nm（UVA）范围的 UV 辐射。

② 在最大 UV 吸收波长 λ_{max} 处，具有最大消光系数（ε_{max}），且 λ_{max} 和 ε_{max} 不受溶剂的影响。在 ε_{max} 值超过 20000 的化妆品中，添加最少量的紫外线吸收剂，即可获得最大可能的防护作用。

③ 具有很好的光稳定性和光化学惰性。紫外线吸收剂应是不含异构体的，化学稳定性好，可长期储存，对其他化妆品原料是化学惰性的。极性溶剂对极性较大的紫外线吸收剂有稳定作用。

④ 应是无毒的，不会致敏，无光毒性，价格适中。

⑤ 在防水配方中不溶于水，能较好地与基质和配方中其他制剂配伍，便于使用和处理。

⑥ 紫外线吸收剂应该同时具有润滑作用、增溶作用或乳化、润湿作用，或可能赋予无香精配方的产品以温和的、愉快的芳香，以掩盖基质的气味；不会使皮肤变色和引起刺痛感或皮肤干燥，不会沉积出结晶，涂于皮肤或头发时不会产生不愉快气味，不会沾污衣服。

(二) 防晒剂的作用机理

防晒剂是通过物理屏蔽或化学吸收作用而起到防晒的效果，但配方中的油脂性质会影响防晒剂防晒作用的发挥。

(1) 吸收紫外线的机理

有些防晒剂的分子能够吸收紫外线的能量，然后再以热能或无害的可见光效应释放出来，从而保护人体皮肤免受紫外线的伤害，称为紫外线吸收剂。这类物质一般由具有羰基共轭的芳香族有机化合物组成，如水杨酸乙基己酯、对氨基苯甲酸等。这些紫外线吸收剂的一般结构式，如图 11-12。

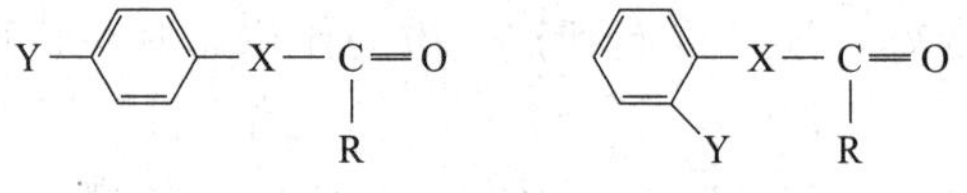

图 11-12 紫外线吸收剂的一般结构式

图 11-12 中，X 为—CH＝CH—或 H；Y 为—OH、—OCH$_3$、—NH$_2$、—N(CH$_3$)$_2$；R 为—C$_6$H$_4$Y，—OH，—OR$'$(R$'$＝甲基、戊基、辛基)。

紫外线吸收剂吸收紫外线的机理：

首先，基于紫外线吸收剂分子内的苯环上的羟基和相邻的羰基之间，可形成的分子内氢键，进而构成了一个螯合环。当吸收紫外光后，分子发生热振动，氢键破裂，螯合环打开，形成离子型化合物。此时，该化合物处于不稳定的高能状态，螯合环又闭环。当其把多余的能量以其他形式能量释放出来，又恢复到原来的低能稳定状态。就这样周而复始地吸收紫外线，对皮肤起到保护作用。其次，因羰基会被激发，发生互变异构现象生成烯醇式结构，也可以消耗一部分能量。

也就是说，化学吸收时，对于极性防晒剂，极性润肤剂有助于防晒剂基态稳定。当防晒剂吸收紫外线能量，电子从基态向激发态跃迁时需克服较大能垒，使最大紫外吸收峰的位置向短波方向迁移。非极性润肤剂则相反，促使其最大紫外吸收峰的位置向长波方向迁移。同样原理，对于非极性防晒剂，极性润肤剂使最大紫外吸收峰的位置向长波方向迁移，非极性润肤剂则造成最大紫外吸收峰的位置向短波方向迁移。

(2) 紫外线散射或物理阻挡机理

在化妆品配方中有一些能反射和散射入射到皮肤表面的紫外线的物质，如钛白粉、氧化锌等，这类防晒剂主要通过散射作用减少紫外线与皮肤的接触，从而防止紫外线对皮肤的侵害，称为紫外线屏蔽剂。

近年来，这类防晒剂与紫外线吸收剂结合使用，提高了产品日光保护系数。一些新型的金属氧化物也开始应用于化妆品，专利文献已报道，使用微米级 (0.2～20.0μm) 和纳米级 (10～250nm) 的 TiO$_2$ 制造的防晒化妆品，其透明度好，不会呈现粉体不透明而发白的外观，对 UVB 和 UVA 防护作用都很好，具化学惰性，使用安全。

(3) 纳米二氧化钛对紫外线的吸收机理

纳米二氧化钛的电子结构是由价带和空轨道形成的导带构成的。当纳米二氧化钛受紫外线照射时，比其带隙能量 (约为 2.3eV) 大的光线被吸收，使价带的电子激发至导带，结果使价带缺少电子而发生空穴，形成容易移动且活性极强的电子-空穴对。一方面在发生各种氧化还原反应时，这种电子-空穴对之间重新结合，以热量或产生荧光的形式释放能量；另一方面，这种在晶格中发生离解，且自由迁移到晶格表面或其他反应场所的自由空穴和自由电子，会立即被表面基团捕获。通常情况下二氧化钛会表面活化产生表面羟基捕获自由空穴，形成羟基自由基，而游离的自由电子很快会与吸收态氧气结合产生超氧自由基，因而还会将周围的细菌与病毒杀死。

二、防晒剂的分类

防晒剂种类很多，大体可分为两类：物理性的紫外线屏蔽剂和化学性的紫外线吸收剂。

（一）物理性紫外线屏蔽剂

物理性防紫外线屏蔽剂也称无机防晒剂，这类物质不吸收紫外线，但能反射、散射紫外线，用于皮肤上可起到物理屏蔽作用，如二氧化钛、氧化锌等。此处主要介绍二氧化钛和氧化锌，它们被广泛用于在防晒产品中，最高用量为25%。

二氧化钛或氧化锌粒子直径在数十纳米以下时，其对UVB有良好的屏蔽功能，但单独使用无机防晒剂对UVA的防护效果较差，且影响产品的外观。物理性屏蔽剂还具有安全性高、稳定性好等优点，不发生光毒反应或光变态反应。但其也可能产生光催化活性而刺激皮肤。物理性紫外屏蔽剂的折射率越高，对紫外线的散射效果越好。

从防晒化妆品的发展趋势来看，一是无机防晒剂代替有机防晒剂，二是仿生防晒。后者成本较高，难以推广，前者价格适中，且防晒性能优越，因而被普遍看好。尤其是纳米二氧化钛，由于其具有较为优越的性能和应用前景，因而发展势头和市场潜力较好。

（1）纳米二氧化钛

它又称超细钛白粉，是指具有高比表面积、粒径在10~50nm的二氧化钛粉粒。它具有亲水性、疏水性、透明性和光稳定性等，形成的分散液为中性，安全性高。其最重要的特性是对可见光具有极高的穿透性，而对紫外线具有极佳的阻挡作用。二氧化钛的强抗紫外线能力是由于其具有高折射性和高光活性。

纳米二氧化钛的抗紫外线能力及其机理与其粒径大小有关。当粒径较大时，对紫外线的阻隔是以反射、散射为主，且对中波区和长波区紫外线均有效，防晒机理属一般的物理防晒，也就是简单的遮盖，防晒能力较弱。随着粒径的减小，光线能透过二氧化钛的粒子面，对长波区紫外线的反射、散射性不明显，而对中波区紫外线的吸收性明显增强，防晒机理是吸收紫外线，主要吸收中波区紫外线。

由此可见，二氧化钛对不同波长紫外线的防晒机理不一样，对长波区紫外线的阻隔以散射为主，对中波区紫外线的阻隔以吸收为主。纳米二氧化钛在不同波长区均表现出优异的防晒性能，与其他有机防晒剂相比，纳米二氧化钛具有无毒、性能稳定、效果好等特点。日本资生堂公司用10~100nm的纳米二氧化钛作为防晒成分添加于口红、面霜中，其防晒因子可达SPF 11~19。

与同样剂量的一些有机紫外线吸收剂相比，纳米二氧化钛在紫外区的吸收峰更高，更可贵的是它还是广谱屏蔽剂。与有机紫外线防护剂不同，它不只是对UVA或UVB有吸收，还能透过可见光，当加入到化妆品使用时，皮肤白度自然。颜料级TiO_2则不同，其不能透过可见光，造成使用者脸上出现不自然的苍白颜色。因此，纳米二氧化钛正逐步取代一些紫外线吸收剂，成为当今防晒化妆品中性能优越的一种物理屏蔽型紫外线吸收剂。由于其极好的屏蔽和吸收紫外线的性质，其在化妆品中有广泛应用。

（2）超细氧化锌

它又称纳米氧化锌（ZnO），白色六方晶系结晶或球形粒子，粒径<100nm，平均粒径为 50nm，比表面积大于 4m/g。它类似于纳米 TiO_2，是广泛使用的物理防晒剂，防晒作用原理也是吸收和散射紫外线。纳米 ZnO 受到紫外线的照射时，具有吸收紫外线的功能。另外，其颗粒尺寸远小于紫外线的波长时，可将紫外线向各个方向散射，减小紫外线强度。

纳米级氧化锌的突出特点在于产品粒子为纳米级，同时具有纳米材料和传统氧化锌的双重特性。与传统氧化锌产品相比，其比表面积大、化学活性高，产品细度、化学纯度和粒子形状可以根据需要进行调整，并且具有光化学效应和较好的遮蔽紫外线性能，紫外线遮蔽率高达 98%；同时，它还具有抗菌抑菌、去味防霉等一系列独特性能。

在屏蔽紫外线方面，纳米 ZnO 和纳米 TiO_2 有所差异。对 355nm 以下的波长紫外线，纳米 TiO_2 体系隔阻能力明显高于纳米 ZnO，但在 355~380nm 的波长内，纳米 ZnO 的屏蔽紫外线能力优于纳米 TiO_2。正是由于这一特性，纳米 ZnO 在防晒化妆品中逐渐得以应用。纳米 ZnO 屏蔽紫外线能力是由其吸收能力和散射能力共同决定的，纳米 ZnO 的原始粒径越小，吸收紫外线能力越强且透明度高。一般认为，屏蔽紫外线的合适原始粒径为 10~35nm。

在防晒化妆品中应用纳米 ZnO 时，一般要对其表面进行改性，主要有以下三个方面：

① 纳米 ZnO 极易絮凝。由于 ZnO 的等电点在 pH=9.3~10.3，与防晒化妆品体系的 pH 接近，同时纳米 ZnO 粒子小、比表面积大、表面能极高，因此很容易絮凝。

② 纳米 ZnO 的比表面积大，Zn^{2+} 极易溶出。Zn^{2+} 虽可以起到抗菌作用，但大量 Zn^{2+} 的存在会使体系黏度增大，甚至产生凝胶化现象；如果体系含有脂肪酸及其盐，还会与 Zn^{2+} 反应生成脂肪酸锌，这些都会导致紫外线屏蔽效果下降和使用感觉变差。

③ 纳米 ZnO 具有光催化作用，受到紫外线的辐射会产生空穴-电子对，部分空穴和电子会迁移到表面，在纳米 ZnO 表面产生氧自由基和氢氧自由基。这些自由基具有很强的氧化和还原能力，会对皮肤细胞产生不良影响，如变色、降解和分散等等。

（二）化学性紫外线吸收剂

化学性紫外线吸收剂是指能吸收有伤害作用的紫外辐射的有机化合物，通常称为紫外线吸收剂。按照防护辐射的波段不同，UV 吸收剂可分为 UVA 和 UVB 两种吸收剂。UVA 吸收剂是指吸收 320~360nm 波长的紫外光的吸收剂；UVB 吸收剂是指吸收 280~320nm 波长的紫外光的吸收剂。常用的紫外线吸收剂主要有：对氨基苯甲酸、水杨酸酯类及其衍生物、邻氨基苯甲酸酯类、二苯酮类及其衍生物、对甲氧基肉桂酸类、甲烷衍生物、樟脑类衍生物等等。

（1）对氨基苯甲酸

对氨基苯甲酸化学紫外线吸收剂，简称为 PABA。其是 UVB 紫外线吸收剂，结构如图 11-13所示。

这种物质通常含有两个极性较高的基团，因此，能形成分子间的氢键，使分子缔合，倾向于形成晶态化合物，在最终的产品中会形成粗粒，影响产品的使用和外观。这种分子易与水或极性溶剂分子缔合，而增加它在水中的溶解度，使其易溶于水，进而降低产品的耐水性。氢键的形成还会引起溶剂对吸收波长的影响，使最大吸收波长向短波方向移动，从而影响防晒效果。羧基和胺基的存在使其对 pH 较为敏感，游离胺也倾向于在空气中氧化，引起颜色变化。

这是一种最早使用的紫外线吸收剂，它作为 UVB 区的吸收剂，其不足之处是对皮肤有刺激性。后又进行改进，出现了它的同系物对二甲氨基 PABA 乙基己酯。以往在防止紫外线红斑、皮炎的防晒化妆品中，主要是选用它作为紫外线吸收剂。

近年来，使用 PABA 的安全性尚在争议中，大大影响了它的使用，甚至有些制品还注明为非含 PABA 产品。

（2）水杨酸-2-乙基己酯

水杨酸-2-乙基己酯又名水杨酸辛酯、水杨酸异辛酯，透明至淡黄色液体，密度为 1.014g/mL，沸点为 189～190℃，折射率为 1.502（n20/D）。可用于化妆品中，是一种 UVB 吸收剂，也是国内较常用的防晒剂，结构式如图 11-14 所示。

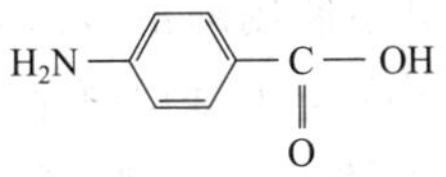

图 11-13 对氨基苯甲酸的结构式 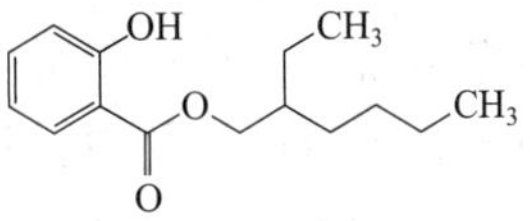   图 11-14 水杨酸-2-乙基己酯的结构式

水杨酸酯是羟基苯的邻位取代化合物，其空间排列使其分子内可形成氢键，使酚基和羧酸酯作用加强，张力增大，致使两个基团会稍偏离于同一平面，从而引起吸光系数的下降。在 300nm 附近有 UV 吸收峰。这类物质稳定性和安全性好，产品外观好，具有稳定、润滑、水不溶性等性能，常与其他防晒剂配合使用。其缺点是吸收率太小，但价格较低，故可与其他紫外线吸收剂复配使用。

（3）二苯酮类及其衍生物

二苯酮类及其衍生物都是紫外线吸收剂，对 UVB 和 UVA 区的辐射都能吸收，例如：2,2′-二羟基-4,4′-二甲氧基二苯甲酮，结构式见图 11-15。

2,2′-二羟基-4,4′-二甲氧基二苯甲酮是紫外线吸收剂 UV-49（BP-6），分子结构中含有两个邻位羟基，光、热、化学稳定性能非常好。能够吸收 320～400nm 紫外光线，具有相容性好、持效性长、热稳定性好、吸收效率高等特点。适用于塑料、涂料、防晒剂，可用来提高聚酯窗膜耐光性能，抑制塑料和涂料氧化降解，还可用来提高染色织物耐久性能，抑制纤维织物氧化褪色。一般用量为 0.1%～1%。

（4）对甲氧基肉桂酸类

对甲氧基肉桂酸类是 UVB 区的良好吸收剂，效果良好，在防晒化妆品中的加入量在 1%～2%。结构式如图 11-16 所示。

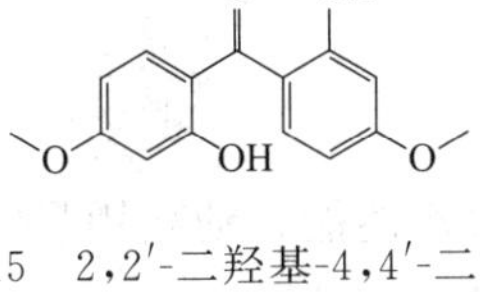

图 11-15 2,2′-二羟基-4,4′-二甲氧基   图 11-16 对甲氧基肉
二苯甲酮的结构式   桂酸类的结构简式

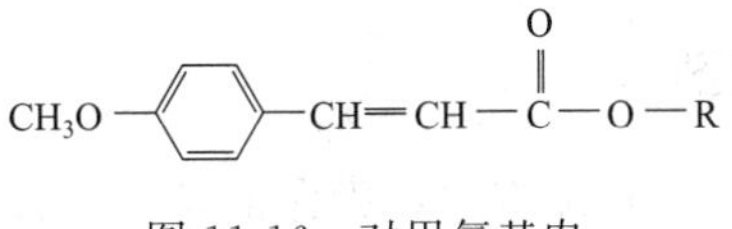

图中 R 为二乙醇胺盐、$-C_5H_{11}$(iso)、$-C_8H_{17}$(iso)、$-C_2H_4OC_2H_5$ 等。主要品种包括对甲氧基肉桂酸酯、甲氧基肉桂酸戊酯混合异构体、肉桂酸苄酯、肉桂酸钾等。产品甲基

肉桂酸辛酯（CTFA）应用最广，其商品名为 Parsol MCX，又名 2-乙基己基-4-甲氧基肉桂酸酯，为 UVB 区紫外线吸收剂，在分子中存在不饱和的共轭体系，吸收效果良好。CTFA 是浅黄轻质油状液体，沸点 198~200℃，凝固点-25℃，λ_{max} 为 310nm，在甲酸中最大溶解度为 10%。

（5）樟脑类衍生物

樟脑类衍生物是 UVB 段吸收剂，其结构通式如图 11-17。

图 11-17 的结构式中：R^1 和 R^2 不同时产品就不同。例如：

亚苄基樟脑磺酸：$R^1=H$，$R^2=SO_3H$；$\lambda_{max}=296nm$。

4-甲基苄亚基樟脑：$R^1=H$，$R^2=CH_3$；$\lambda_{max}=300nm$。

3-亚苄基樟脑：$R^1=H$，$R^2=H$；$\lambda_{max}=290nm$。

这类防晒剂具有贮藏稳定、不刺激皮肤、无光致敏性的特点，毒性小，皮肤吸收此物能力弱，常用于晒黑制品中。其对于紫外线的吸收性，一般单独使用时的效果均不太理想，多以复配的形式加入到防晒化妆品中。例如：将甲基肉桂酸辛酯与丁基甲氧基二苯甲酰甲烷按 1:1 比例复配，则这时有两个吸收紫外线波峰，它既能防晒伤又能防晒黑，是较理想的紫外线吸收剂。

（6）纳米有机微粒

天来施®M，化学名称为亚甲基双-苯并三唑基四甲基丁基酚，分子式为 $C_{41}H_{50}N_6O_2$，其化学结构式见图 11-18。

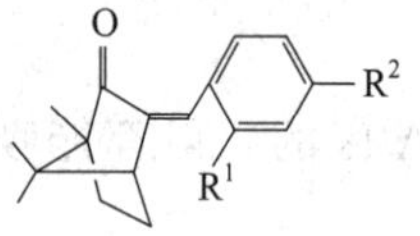

图 11-17　樟脑类 UVB 段吸收剂的结构通式 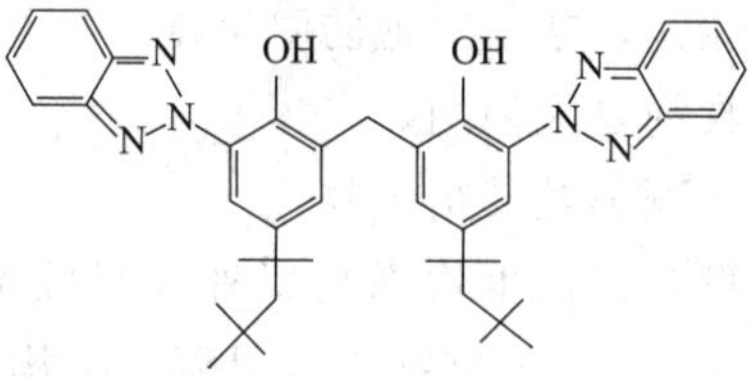　　　　图 11-18　天来施®M 的结构通式

天来施®M 是 50%活性物含量的水分散体系，活性成分是无色超细有机微粒，是一种具有三重防晒效果的纳米级超细 UVA 吸收剂。它采用全新的防紫外线皮肤保护技术，是首个使用超细微粒技术的紫外线吸收剂，作为超细颜料的同时又是一种有机紫外线吸收剂。天来施®M 由一种无色的具有紫外线吸收作用的固体有机物衍生而来，它被微粉化为直径小于 200nm 的微粒，本身具有优异的光稳定性。

第六节　其他添加剂

一、增稠剂

在现代膏霜配方中，为保证膏体的良好外观、流变性和涂敷性能，油相用量特别是固态油脂蜡的用量相对减少。为保证产品适宜的黏度，通常在 O/W 型制品中加入适量水溶性高分子化合物作为增稠剂。

增稠剂是一种添加剂，主要用于改善和增加产品的黏稠度，保持产品的稳定性，改善产品物理性状。增稠剂可提高产品的黏稠度或形成凝胶，从而改变产品的物理性状，并兼有乳化、稳定、使产品呈悬浮状态的作用。

（一）增稠剂种类

目前市场上可选用的增稠剂品种很多，主要有无机增稠剂、纤维素类、聚丙烯酸酯和缔合型聚氨酯增稠剂四类。

（1）无机增稠剂

无机增稠剂是一类吸水膨胀而具有触变性的凝胶矿物。品种主要有膨润土、凹凸棒土、硅酸铝等，其中膨润土最为常用。

在化妆品中，常用无机盐氯化钠或氯化铵作增稠剂，在 AES 体系中效果尤佳。一般情况下添加量增大，黏度会增大，但加入量过多反而会发生盐析而降低黏度，同时会降低制品在低温下的稳定性。盐的加入量一般在 $1\%\sim4\%$。

（2）纤维素类增稠剂

纤维素类增稠剂的增稠效率高，尤其是对水相的增稠；但有易受微生物降解的缺点。这类增稠剂在高剪切速率下为低黏度，在静态和低剪切速率下有高黏度。所以，在产品涂布完成后，黏度迅速增加。此类增稠剂是通过"固定水"达到增稠效果，增稠剂的体积膨胀充满整个水相，容易产生絮凝，因而稳定性不佳。

纤维素类增稠剂的品种很多，有甲基纤维素、羧甲基纤维素、羟乙基纤维素、羟丙基甲基纤维素等，其中最常用的是羟乙基纤维素。

（3）聚丙烯酸酯增稠剂

聚丙烯酸酯增稠剂基本上可分为两种：一种是水溶性的聚丙烯酸盐；另一种是丙烯酸、甲基丙烯酸的均聚物或共聚物乳液增稠剂，这种增稠剂本身是酸性的，须用碱或氨水中和至 pH 为 8～9 才能达到增稠效果，也称为碱溶胀丙烯酸酯增稠剂。聚丙烯酸类增稠剂具有较好的增稠效果和较好的流平性，生物稳定性好，但对 pH 值敏感、耐水性不佳。

（4）聚氨酯类增稠剂

聚氨酯类增稠剂是近年来新开发的缔合型增稠剂，是一种疏水基团改性的乙氧基聚氨酯水溶性聚合物，属于非离子型缔合增稠剂。环境友好的缔合型聚氨酯增稠剂开发已受到普遍重视，其最大特点是缔合结构在剪切应力的作用下受到破坏时，黏度降低，当剪切力消失时，黏度又可恢复。

（二）增稠机理

在各类化妆品中，使用的增稠剂种类不同，增稠机理也不相同，下面分别介绍。

（1）纤维素类增稠剂

纤维素类增稠剂的增稠机理是疏水主链与周围水分子通过氢键缔合，提高了聚合物本身的流体体积，减少了颗粒自由活动的空间，从而提高了体系黏度。也可以通过分子链的缠绕实现黏度的提高，表现为在静态和低剪切速率有高黏度，在高剪切速率下为低黏度。这是因为静态或低剪切速率时，纤维素分子处于无序状态，而使体系呈现高黏性；而在高剪切速率时，分子平行于流动方向作有序排列，易于相互滑动，所以体系黏度下降。

（2）聚丙烯酸类增稠剂

聚丙烯酸类增稠剂的增稠机理是增稠剂溶于水中，通过羧酸根的同性静电斥力，分子链由螺旋状伸展为棒状，从而提高了水相的黏度。另外，它还通过在乳胶粒与颜料之间架桥形成网状结构，增加了体系的黏度。

（3）缔合型聚氨酯类增稠剂

A. J. Reuvers 对缔合型聚氨酯类增稠剂的增稠机理作了详细的研究。这类增稠剂的分子结构中引入了亲水基团和疏水基团，使其呈现出一定的表面活性剂的性质。当它的水溶液浓度超过某一特定浓度时，形成胶束，胶束和聚合物粒子缔合形成网状结构，使体系黏度增加。另一方面，一个分子带几个胶束，降低了水分子的迁移性，使水相黏度也提高。这类增稠剂不仅对涂料的流变性产生影响，而且与相邻的乳胶粒子间存在相互作用，如果这个作用太强的话，容易引起乳胶分层。

（4）无机增稠剂

无机增稠剂水性膨润土增稠剂具有增稠的效果好、触变性好、pH 值范围广、稳定性好等优点。膨润土是一种层状硅酸盐，吸水后膨胀形成絮状物质，具有良好的悬浮性和分散性，与适量的水结合成胶状体，在水中能释放出带电微粒，增大体系黏度。但由于膨润土是一种无机粉末，吸光性好，能明显降低涂膜表面光泽，起到类似消光剂的作用。所以，在有光乳胶涂料中使用膨润土时，要注意控制用量。纳米技术实现了无机物颗粒的纳米化，也赋予了无机增稠剂一些新的性能。

无机盐增稠（如 NaCl）机理是其在水中离解出正、负离子，正、负离子是极性离子，容易与极性水分子结合成水合离子，从而使体系的水分子被"束缚"，增大体系黏度。

（三）常用的增稠剂

（1）羧甲基纤维素钠

CMC 为葡萄糖聚合度 200～500 的纤维素衍生物，醚化度为 0.6～0.7，为白色或类白色的粉末或纤维状物质，无臭，有吸湿性。羧基的置换度（醚化度）决定其性质。醚化度在 0.3 以上时在碱液中可溶，醚化度为 0.5～0.8 时在酸性中也不沉淀。CMC 易溶于水，在水中成为透明的黏稠溶液，其黏度随溶液浓度和温度而变化。60℃ 以下温度稳定，在 80℃ 以上温度长时间加热会降低黏度。水溶液黏度由 pH、聚合度决定。

化妆品中选用食用级 CMC，CMC 的其他性能详见第八章第三节：二、有机胶类。

（2）卡拉胶

卡拉胶又名鹿角菜胶、角叉菜胶、爱尔兰苔菜胶，是一种从海洋红藻（包括角叉菜属、麒麟菜属、杉藻属及沙菜属等）中提取的多糖的统称，是多种物质的混合物。

卡拉胶为白色或淡黄色粉末，无味无臭，是一种有效的增稠剂，能形成热可逆性凝胶。卡拉胶又可分为 κ-卡拉胶、ι-卡拉胶和 λ-卡拉胶三种形式，前两者能在水中形成弱凝胶而制得稳定的膏体，但 λ-卡拉胶不形成凝胶。卡拉胶在 60℃ 以上的热水中完全溶解，不溶于有机溶剂。在 pH 值为 9 时稳定性最好，pH 值为 6 以上可以高温加热，pH 值为 3.5 以下时加热会发生酸水解。水溶液在有钾、钙离子存在时可生成可逆性凝胶。在化妆品中，卡拉胶主要用作增稠剂、悬浮剂、凝胶剂、乳化剂和稳定剂，一般用量为 0.03%～0.5%。

（3）琼脂

琼脂又称为琼胶，俗称洋菜、冻粉或冻胶，是由红藻纲中提取的亲水性胶体，用海产的石花菜、江蓠等制成。为无色、无固定形状的固体，溶于热水。

从化学结构上来说，琼脂是一类以半乳糖为主要成分的一种高分子多糖。琼脂含有丰富的膳食纤维（含量为 80.9%），蛋白质含量高，热量低，具有排毒养颜、泻火、润肠、降血压、降血糖和防癌等作用。琼脂具有凝固性、稳定性，能与一些物质形成络合物；可用作增稠剂、凝固剂、悬浮剂、乳化剂、保鲜剂和稳定剂。

（4）聚乙二醇脂肪酸酯类

聚乙二醇脂肪酸酯类本身是一类水溶性高分子非离子表面活性剂。与 AEO 及 APE 相比，其渗透力和去污力都较差，在化妆品中作为乳化剂、增稠剂、珠光剂等。香波中作增稠剂的主要有聚乙二醇（400）单硬脂酸酯、聚乙二醇（400～600）二硬脂酸酯等，其增稠的效果好，但价格较贵，且对温度的依赖性大。因此，添加时要考虑不同品种适用的地区和气候条件等，当然还要控制其添加量。此外，此类物质在使用中易于吸附在头发上，干燥后会引起鳞片，因此，目前在化妆品中使用不多。

（5）聚氨酯增稠剂

聚氨酯增稠剂是属于缔合型结构的增稠剂，其分子量（数千至数万）比前几类增稠剂的分子量（数十万至数百万）低得多。纤维素类增稠剂高度的水溶性会影响涂膜的耐水性，但聚氨酯类增稠剂分子上同时具有亲水和疏水基团，疏水基团与涂膜的基体有较强的亲和性，可增强涂膜的耐水性。由于乳胶粒子参与了缔合，不会产生絮凝，因而可使涂膜光滑，有较高的光泽度。

此类增稠剂许多性能优于其他增稠剂，但由于其独特的胶束增稠机理，因而涂料配方中那些影响胶束的组分必然会对增稠的效果产生影响。用此类增稠剂时，应充分考虑各种因素对增稠性能的影响，不要轻易更换涂料所用的乳液、消泡剂、分散剂、成膜助剂等。

（6）黄原胶

黄原胶又称黄胶、汉生胶、黄单胞多糖，是白色或浅黄色的粉末，具有优良的增稠性、悬浮性、乳化性和水溶性，并具有良好的热、酸碱稳定性，所以被广泛应用于各种产品中。

黄原胶是集增稠、悬浮、乳化、稳定于一体的性能最优越的生物胶。黄原胶的分子侧链末端含有丙酮酸基团的多少，对其性能有很大影响。黄原胶具有长链高分子的一般性能，但它比一般高分子含有较多的官能团，在特定条件下会显示独特性能。它在水溶液中的构象是多样的，不同条件下表现出不同的特性。

在低浓度（0.5%以下）时具有天然树胶的最高黏度，可溶于冷水。水溶液具有典型的假塑性流动，在受到剪切应力时，黏度逐渐下降，而剪切应力降低时，黏度又立即恢复。水溶液的黏度在较大温度范围内恒定。另外，其还有耐盐性，不发生盐析；与刺槐豆胶、瓜尔胶等含半乳甘露聚糖的胶类混用有增效作用，可明显增稠，甚至形成凝胶。

二、美白剂

（一）美白机理

人类的表皮基层中存在着一种黑素细胞，能够形成黑色素。黑色素是存在于皮肤基底层的一种蛋白质。紫外线的照射会令黑色素产生变化，生成一种保护皮肤的物质，然后黑色素又经由细胞代谢的层层移动，到了肌肤表皮层，形成了所看到的色斑，出现肤色不匀。因此，黑色素是决定人的皮肤颜色的最大因素，当黑素细胞高时皮肤即由浅褐色变为黑色。

一般认为黑色素的生成机理是：黑素细胞内黑素体上的酪氨酸经酪氨酸酶催化而合成黑色素。酪氨酸氧化成黑色素的过程是复杂的，紫外线能够引起酪氨酸酶的活性和黑素细胞活性的增强，因而会促进这一氧化作用，尤其对原有的色素沉着也会因太阳的照射而进一步加深，甚至恶化。

在化妆品中，通过添加不同的功能性成分，即美白剂，可从不同角度达到美白的目的。

(1) 抑制黑色素生成

黑色素是影响皮肤白皙最主要的一类色素，抑制黑色素的生成是美白产品最重要的功能。黑色素是在黑素细胞内生成的，而黑素细胞存在于皮肤表皮的基底层，所以这类功能性成分必须渗透入皮肤，到达基底层才可发挥其功效。

市场上常用的抑制黑色素生成的美白剂主要有抗坏血酸葡糖苷（AA2G）、熊果苷及其衍生物、曲酸及其衍生物、维生素 C 及其衍生物、内皮素拮抗剂、甘草黄酮、花青素，以及绿茶、杜鹃花、葡萄籽、红景天等植物提取物。

(2) 阻断黑色素转运

黑色素在黑素细胞内生成后，黑素体会沿黑素细胞的树枝状突起转运到周围的角质形成细胞中，影响皮肤颜色。黑素运输阻断剂能够降低黑素体向角质细胞的传递速度，减少各表皮细胞层的黑素体含量，达到美白作用。

(3) 剥脱

此类物质通过软化角质层，加速角质层死亡、细胞脱落，促进表皮新陈代谢，使进入表皮中的黑素体在代谢过程中随表皮的快速更新而脱落，以减轻其对皮肤颜色的影响，如果酸、角蛋白酶等。其中果酸化学性的剥脱作用刺激性较强，用量不能过大，而角蛋白酶属于生物性的剥脱剂，作用温和，一般不会产生刺激。

综上所述，美白化妆品的基本作用原理体现于以下几方面：

① 抑制黑色素的生成。通过抑制酪氨酸酶的生成和酪氨酸酶的活性，或干扰黑色素生成的中间体，从而防止产生色素斑的黑色素的生成。

② 黑色素的还原、光氧化的防止。通过角质细胞刺激黑色素的消减，使已生成的黑色素淡化。

③ 促进黑色素的代谢。通过提高肌肤的新陈代谢，使黑色素迅速排出肌肤外。

④ 防止紫外线的进入。通过有防晒效果的制剂，用物理方法阻挡紫外线，防止由紫外线形成过多的黑色素。

（二）常用的美白剂

依据皮肤的美白机理，美白剂的种类较多，常用的主要有：果酸及其衍生物、抗坏血酸及其衍生物、壬二酸类、熊果苷类、曲酸及其衍生物、半胱氨酸、泛酸衍生物、烟酰胺、内皮素拮抗剂等等。

(1) 果酸及其衍生物

果酸是 α-羟基酸，简称 AHAs，包括柠檬酸、苹果酸、丙酮酸、乳酸、甘醇酸、酒石酸、葡萄糖酸等，因存在于多种水果的提取物中，故统称为果酸。在护肤化妆品中使用的AHAs 多数是水果植物的天然提取物，是一种 α-羟基酸的混合物，也可以化学合成。天然与合成的 AHAs，两者功能相近，但有些天然提取物刺激性较低。

果酸作用机理是通过渗透至皮肤角质层，加快细胞更新速度和促进死亡细胞脱落两个方面来改善皮肤状态，有使皮肤表面光滑、细嫩、柔软的效果，并有减退皮肤色素沉着、色斑、老年斑、粉刺等的功效，对皮肤具有美白、保湿、防皱、延缓衰老的作用。在配制果酸化妆品时，要注意 AHAs 的使用浓度和 pH 的调节。果酸浓度越高，pH 越小，酸性越大，对皮肤刺激性越大，刺激皮肤可使皮肤发红、有灼烧感，更严重的可以发生皮炎、皮肤潮红等。果酸作为酸性添加剂，浓度 6% 以下的果酸化妆品对皮肤是安全、无副作用的。

（2）抗坏血酸及其衍生物

抗坏血酸，即维生素 C 是最具有代表性的黑色素生成抑制剂，在生物体内具有抗氧化和还原的作用，其作用过程有两个：一是在酪氨酸酶催化反应时，可还原黑色素的中间体多巴醌而抑制黑色素的生成；另一作用是使深色的氧化型黑色素还原成淡色的还原型黑色素。

黑色素的颜色是由黑色素分子中的醌式结构决定的，而维生素 C 具有还原剂的性质，能使醌式结构还原成酚式结构。抗坏血酸类化合物的结构式有以下几种，见图 11-19。

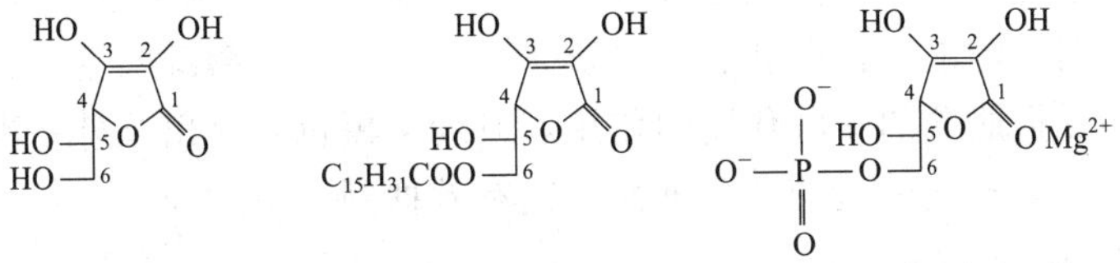

(a)维生素C　　　(b)维生素C棕榈酸酯　　　(c)维生素C磷酸酯镁

图 11-19　抗坏血酸类化合物的结构式

维生素 C 能美白皮肤，治疗、改善黑皮症、肝斑等。但维生素 C 易变色，对热极不稳定，一般不能直接使用，常常将其改性成稳定性高的高级脂肪酸和磷酸的酯类体，如维生素 C 磷酸酯镁盐，它经皮肤吸收后，在皮肤内水解而使维生素 C 游离；或者添加能和黑色素反应的抗氧化剂或还原剂，由于有较强的还原作用，而具有细胞呼吸作用、酶赋活作用、胶原形成作用和黑色素还原作用。其与维生素 C 协同使用，可取得良好的减少色素和美白效果。

此外，维生素 C 还能参与体内酪氨酸的代谢，从而减少酪氨酸转化成黑色素，淡化、减少黑色素沉积，达到美白功效。常用的有维生素 C 磷酸酯镁、维生素 C 棕榈酸酯等。

维生素 C 的磷酸盐主要有维生素 C 磷酸酯镁和维生素 C 磷酸酯钠。维生素 C 磷酸酯镁的美白的效果较维生素 C 磷酸酯钠好，价格也较后者低，在维生素 C 的美白剂的市场中占有主导地位。维生素 C 磷酸酯镁的商品名为 MAPSL，比维生素 C 要稳定得多。3% 维生素 C 磷酸酯镁的水溶液在 40℃ 下、6 个月仍保持 90% 的活性，且用于美白祛斑产品中，对雀斑、黄褐斑及老年斑均有减轻效果，但其水溶液长时间放置会析出沉淀，可使用丙胺基维生素 C 磷酸酯代替，美白的效果与维生素 C 磷酸酯镁相当，且它在水中的稳定性相当好。

维生素 C 棕榈酸酯是应用广泛的维生素 C 的脂肪酸酯，它是油溶性，用于化妆品中常与其他美白剂复配，从而获得稳定、高效的美白效果。

（3）壬二酸

壬二酸是一种天然存在的二羟酸，具有较强的美白效果，它能选择性地作用于异常活跃的黑素细胞，阻滞酪氨酸酶蛋白的合成，对功能正常的黑素细胞作用较小。但由于对乳化体系的不良影响和溶解性等方面的问题，限制了壬二酸在化妆品中的应用。

20% 壬二酸的皮肤脱色作用优于 2% 氢醌，且皮肤刺激性和光毒性少见。但用尿素将壬二酸络合后，即形成壬二酸尿素络合物，其水溶性显著增加，即使配入水质乳化体系也不会使其黏度下降，pH 降低时也不会析出。

（4）熊果苷及其衍生物

熊果苷化学名称为 4-羟基苯基-β-D-吡喃葡糖苷，是从植物中分离得到的天然活性物质。

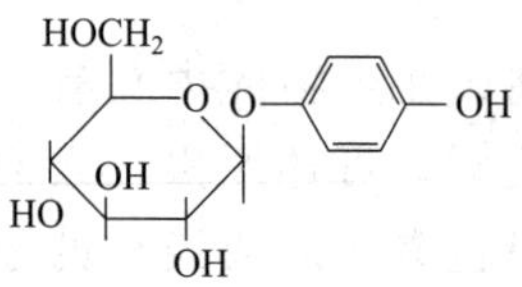

图 11-20 熊果苷的结构式

熊果苷为白色粉末，易溶于水和极性溶剂，不溶于非极性溶剂。从其分子结构看，它实际上是对苯二酚的衍生物。熊果苷结构式如图 11-20。

熊果苷是酪氨酸酶抑制剂，能够在不具备黑素细胞毒性的浓度范围内抑制酪氨酸酶的活性，阻断多巴及多巴醌的合成，从而抑制黑色素的生成。熊果苷可显著减少皮肤的色素沉着、减褪色斑而实现增白，其使用浓度一般为 3%。熊果苷水解产物为对苯二酚和葡萄糖。

一般而言，熊果苷与其他成分配合使用时效果较好。配用维生素 C 衍生物能保持肌肤生气；配用生物透明质酸能保持肌肤滋润，防止皱纹；配用泛酸醇乙基醚，具有防护肌肤免受日晒，促进日晒受损肌肤的新陈代谢的作用，有助于黑色素排出体外；配用甘草酸能抑制日晒后的灼热，其对紫外线引起的色素沉着，其有效抑制率可达 90%。

（5）泛酸衍生物

在化妆品中添加少量双泛酸硫乙胺及其酰化衍生物，能抑制酪氨酸酶的活性，黑色素脱除作用显著，有很好的美白作用。

双泛酸硫乙胺是生物体内泛酸的反应产物，与泛酸硫氢乙胺共存于体内。还原的泛酸硫氢乙胺是乙酰辅酶、乙酰载体蛋白的构成成分，在碳水化合物代谢、脂肪酸分解与合成等方面有广泛的生理作用。最近发现双泛酸硫乙胺对脂肪代谢有影响，它对预防或修复动脉硬化有明显的作用，在化妆品中用量为 0.01%～1.00%。

（6）曲酸

曲酸又称为曲菌酸，是生物制剂，化学名称为 5-羟基-2-羟甲基-1,4-吡喃酮。其外观为白色针状晶体，熔点为 152℃，溶于水、乙醇和乙酸乙酯，略溶于乙醚、氯仿和吡啶，微溶于其他溶剂。它属于吡喃酮系化合物之一，可用生物发酵法制得，无毒、无刺激、弱致敏。曲酸及其衍生物的结构式如图 11-21 所示。

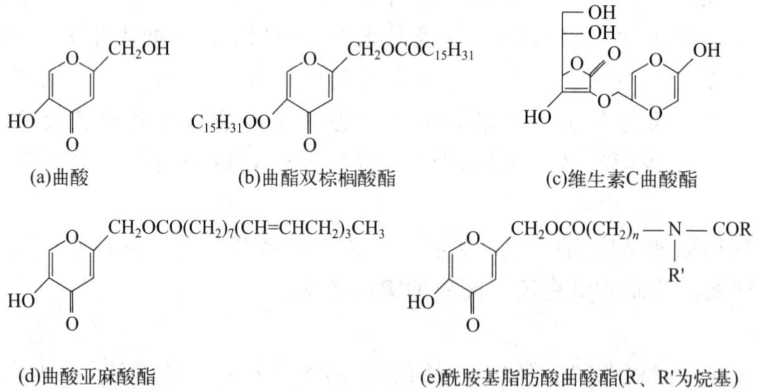

(a)曲酸 (b)曲酯双棕榈酸酯 (c)维生素C曲酸酯

(d)曲酸亚麻酸酯 (e)酰胺基脂肪酸曲酸酯(R、R'为烷基)

图 11-21　曲酸及其衍生物的结构式

曲酸产生于曲霉属和青霉属等丝状菌发酵液中，也可用化学合成法生产。与维生素衍生物、壬二酸或环庚三烯酚酮酸等并用，是黑色素生成的抑制剂。曲酸具有抑制酪氨酸酶活性的作用，从而可减少和阻止黑色素的形成，对紫外线照射所引起的色素沉着的有效抑制率可达 90%，具有消除色素沉着、祛斑、增白的功效，还有防晒的作用，在化妆品中使用量为 1%～2.5%，1%的添加量即可取得较佳的效果，美白的时间较长。

曲酸对黑色素的抑制作用有两个方面：其一是使酪氨酸氧化成为多巴和多巴醌时，所需的酪氨酸的氢化催化剂失去活性；另一个是对由多巴生成 5,6-二羟基吲哚的抑制作用。这两个方面的作用都必须有二价铜离子的存在才能进行。曲酸对铜离子的螯合作用使铜离子浓度降低，失去作用，进而使缺少铜离子的酪氨酸酶失去催化活性，最终达到抑制黑素生成、皮肤美白的效果。

除上述美白剂之外，在化妆品中还开发了很多美白剂，如 L-半胱氨酸的巯基具有还原黑色素的能力，可调节（竞争）黑色素的生成，改变和阻断黑色素的生成途径，因此，可抑制黑色素的生成，具有祛斑增白作用；甘草提取物中的硬脂甘草酸等成分也是良好的美白剂；从牛、猪、马、羊等哺乳动物的胎盘提取物是很好的美白剂，特别是牛胎盘提取液是最有效的；珍珠水解液具有良好的美白作用；超氧化物歧化酶可抑制色素沉着；等等。

三、延缓老化活性组分

人体是由众多的器官组成的复杂体，皮肤老化问题开始于细胞核内，特别是脱氧核糖核酸，然后发生在细胞组织层次的变化迅速地变成引人注目的器官层次变化。这些变化包括：生命力衰退，体重与体容量削减，弹性与能动力的减退，总体与基本代谢的降低，免疫功能衰退，皮肤出现皱纹及黑斑、丧失弹性等。

抗老化化妆品的作用就是创造条件延缓老化过程。配制安全有效的延缓衰老护肤产品，就是利用仿生的方法，设计和制造一些生化活性物质，参与细胞的组成与代谢，替代受损或衰老的细胞，使细胞处于最佳健康状态，以达到抑制或延缓皮肤衰老的目的。因此，在化妆品中使用抗老化活性组分成为目前化妆品行业最重要的课题之一。

在化妆品中已被应用的抗老化活性物质主要有如下一些。

（1）超氧化歧化酶（SOD）

酶在人体组织中起着催化剂的作用，是一种生物催化活性物质，在细胞的生理新陈代谢过程中具有重要的作用。目前，在化妆品中得到广泛应用的是超氧化歧化酶。它具有清除机体内过多的超氧自由基、调节体内的氧化代谢的功能，具有延缓衰老作用。它能中和超氧化物、氢过氧化物，并将它们转化成过氧化氢和氧。

但是 SOD 具有生物活性，如果储存或工艺条件不当，均会导致 SOD 失活。采用酶生物技术可将 SOD 在分子水平上进行化学修饰，如利用月桂酸等作为修饰剂，对 SOD 的酶分子表面赖氨酸进行共价修饰，使 SOD 在体内半衰期、稳定性、透皮吸收、延缓衰老以及消除免疫原等方面都高于修饰前，从而提高了 SOD 化妆品的效果。

（2）维生素

维生素 A、维生素 C、维生素 E 及维生素 B 为在抗老化化妆品中常用的几种维生素。维生素 E 和维生素 C 在前面相关章节已作介绍，此处不再介绍。

维生素 A 即视黄醇，可以促进真皮修复，促进成纤维细胞活性及新胶原蛋白的合成，恢复皮肤弹性。维生素 A 对光老化尤其有效，它可以通过促进血液循环而减少色素沉积。但是由于维生素 A 也易氧化，且具有一定的刺激性，有的化妆品制造商就将维生素 A 包裹于微胶囊中进行缓释。研究表明，维生素 A、维生素 C 及维生素 E 按一定比例复配，由于有协同作用，可起到更好的延缓衰老作用。

（3）细胞生长因子

各种细胞生长因子对皮肤的各种生理表现具有非常重要的作用。细胞生长因子有表皮生长因子（EGF）、碱性成纤维细胞生长因子（bFGF）、上皮修复因子（ERF）等。

EGF 能促进皮肤表皮细胞的新陈代谢，延缓肌肤衰老，在化妆品中有广泛应用。bFGF 是一种肽键构成的蛋白质，是近年来开发的活性细胞因子，对体内各种组织的损伤有很显著的修复作用。bFGF 对皮肤生理有多种功能：可诱导微血管的形成、发育和分化，改善微循环；促进成纤维细胞及表皮细胞代谢、增殖、生长和分化；促进弹性纤维细胞的发育及增强其功能；促进神经细胞生长和神经纤维再生，为一种神经营养因子。bFGF 无毒、无刺激、无致突变作用，也是非致敏原，安全性高。

外源性的 bFGF 作用于皮肤，与皮肤细胞受体结合后，可改变皮肤各种细胞组织的代谢，改善微循环，能有效恢复皮下结缔组织（胶原纤维、弹力纤维等组成）的生长，而使皮肤细嫩，富有光泽，增加弹性，消除皱纹等以至延缓皮肤的衰老。

（4）人参

人参是一种名贵的药材，人参的根中含人参皂苷（0.4%）和少量挥发油，挥发油中主要成分为人参烯；从人参根中分离出皂苷类有：人参皂苷 A、人参皂苷 B、人参皂苷 C、人参皂苷 D、人参皂苷 E 和人参皂苷 F 等。人参还含有人参酸，为软脂酸、硬脂酸和亚油酸的混合物；多种维生素，为维生素 B、烟酸、烟酰胺、泛酸；此外，还有多种氨基酸、胆碱、酶（麦芽糖酶、转化酶、酯酶）、精胺及胆胺。人参的上部分含黄酮类化合物，即人参黄酮苷、三叶苷、人参皂苷、β-谷甾醇及糖类。

人参皂苷有促进蛋白生化合成和收缩末梢血管的功效。人参提取物能调节机体的新陈代谢，促进细胞繁殖，延缓细胞衰老，具有抗氧化及清除自由基的功效，减少脂褐素在体内的沉积。人参提取物还能增强机体免疫功能和提高造血功能。这些功能和作用表现在皮肤上可以促进皮肤的新陈代谢，加速细胞繁殖，同时改善血液循环，增强表皮细胞的活力，增加弹性，即可使皮肤光滑、柔软、有弹性，减少皱纹，延缓皮肤衰老。因此，人参提取物广泛用于化妆品中，多用在制备膏霜（护肤霜、粉刺霜、防皱霜等）、乳液和护发制品中。

（5）丝肽

丝肽为丝蛋白的降解产物，是天然丝经适当条件下水解而获得的，主要由单独存在于真丝中的氨基酸组成。丝肽为微香的湿黄色透明液体，与水、40%酒精、PVA、PVP、阴离子、阳离子、非离子以及两性离子表面活性剂均有很好的相容性。

丝肽的作用主要表现在以下四个方面：

① 丝肽的保温作用和营养皮肤的功能。丝肽侧链上有许多亲水性基团，具有良好的保温性，且不受环境变化（温度、湿度）的影响。丝肽中含有十几种人体所需的氨基酸，小分子丝肽有较强的渗透力，能加速细胞的新陈代谢，能使头发、皮肤富有光泽，增加弹性。

② 抑制黑色素的生成。丝肽可抑制酪氨酸的活性，抑制酪氨酸合成黑色素。丝肽对黑色素生成的抑制率高达 83.7%。分子量小的丝肽抑制黑色素生成的效果更好。

③ 丝肽有促进皮肤组织再生及防止皲裂和防止化学损害的作用。

④丝肽的护发功能。丝蛋白与头发中的角蛋白结构很相似，丝肽对头发有较高亲和性。

综上所述，丝肽能延缓皮肤衰老，是一种高安全性天然抗老化剂。

（6）蜂乳

蜂乳亦称蜂皇浆或蜂王浆，它是工蜂咽腺分泌的白色胶体物质，是蜂王的食品，故称为蜂王浆。蜂乳是具有特殊功能的生物产品，其化学成分非常复杂。它含有极丰富的蛋白质、多种氨基酸和维生素等等多种生物活性物质，还含有一种不饱和脂肪酸，即 10-羟基-2-癸烯酸（可称其为王浆酸）。蜂王浆中含有人体生存所必需的多种氨基酸，这些氨基酸又是皮肤角质层中天然保湿因子的主要成分，可用来保持皮肤的润湿和健康。蜂王浆中还含有的维生素 A、维生素 C、维生素 E 等都是人体生存所不可缺少的。蜂王浆所含的王浆酸具有显著抑制酪氨酸酶活性的作用，可防止皮肤变黑。蜂王浆所含的激素能直接起到美容作用，能保持皮肤的湿润和毛发生长。

蜂王浆添加到化妆品中，其中的生理活性成分可以促进和增强表皮细胞的生命力，改善细胞的新陈代谢，防止代谢产物的堆积；防止胶原、弹力纤维变性及硬化，能滋补皮肤、营养皮肤，使皮肤柔软、富有弹性，减少皮肤皱纹和皮肤色素沉着，从而推迟和延缓皮肤的衰老。在化妆品中，蜂王浆可添加到膏霜、乳液、面膜、化妆水等多种制品中。

（7）珍珠

珍珠也是有悠久历史的美容佳品，其成分相当复杂，有 4% 的角质蛋白、多种氨基酸、多种矿物质和微量元素及大量钙质。它可以抑制脂褐素（老年斑）的增多，所含钙质可促进体内的三磷酸腺苷（ATP）酶的活性，从而促进皮肤细胞的新陈代谢。珍珠粉又称为真珠粉，由珍珠贝、珠贝母或颗粒状珍珠经加工研磨制得，主要成分为碳酸钙，其含量可达 90% 左右。它还含有多种微量元素和亮氨酸、蛋氨酸、丙氨酸、甘氨酸、谷氨酸、天冬氨酸等多种氨基酸。

珍珠粉性甘、咸、寒，可收敛生肌、消炎、促进组织再生，可促进 ATP 酶的活力，抑制脂褐素的生成。可用于多种化妆品中作为营养添加剂，使皮肤滋润、柔软、光滑洁白。使用时最好将其水解成为水解蛋白，这样易于被皮肤吸收，增加细胞活力、防止皮肤衰老。

（8）何首乌

何首乌又称首乌、赤首乌，为蓼科植物何首乌的干燥块根。中医学认为其性微温、气微、味微苦而甘涩。何首乌的成分主要有卵磷脂、羟基蒽醌类化合物（主要为大黄素、大黄酚、大黄酸等葡糖苷）、微量元素（钙、铁）等，具有较强的延缓衰老作用。何首乌的抗老化作用主要是通过清除自由基、修复损伤的基因、增强机体免疫功能、延缓细胞衰老等机制来实施的。

（9）灵芝

灵芝是我国一种名贵的药材。它是一种高等植物真菌，属多孔菌科。灵芝提取物内含有麦角甾醇、水解蛋白、脂肪酸、维生素 B、甘露糖醇、多糖类、微量元素有机锗等多种有效活性成分，还有大量的酶。灵芝能增强心脏功能，促进血液循环，是延长寿命的有效补药。灵芝提取液可清除体内自由基的生理活性，对皮肤具有保湿、美白、防皱、延缓衰老等作用。因此，灵芝是化妆品的极好的营养滋补添加剂，多将灵芝添加到膏霜类产品中。

四、去屑止痒剂

目前常用的去屑止痒剂有吡啶硫酮锌、吡啶酮乙醇胺盐、甘宝素、十一碳烯酸衍生物、酮糠唑等。

（1）吡啶硫酮锌（ZPT）

吡啶硫酮锌又称锌吡啶硫酮，其化学名称为双（2-硫代-1-氧化吡啶）锌，分子式为 $C_{10}H_8N_2O_2S_2Zn$，结构式如图 11-22。

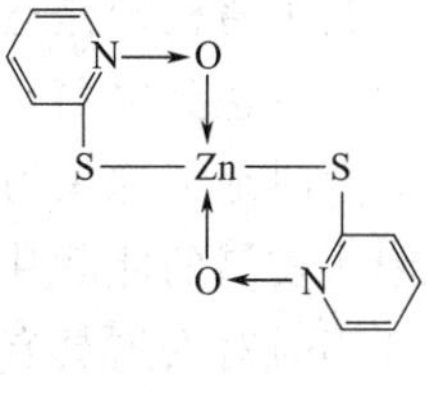

ZPT 为高效安全的去屑止痒剂和高效广谱杀菌剂，可以延缓头发

图 11-22 吡啶硫酮锌的结构式

衰老，减少脱发和产生白发，是一种理想的医疗性洗发、护发添加剂。其应用于香波配方中，经常会出现沉降，这是因为 ZPT 难溶于绝大部分溶剂中而难以单独加入香波基质中，必须配以一定的悬浮剂或稳定剂才能形成稳定悬浮体系。

ZPT 偶尔操作不慎也会出现变色现象，与铁、铜、银等离子接触会发生变色反应，因此，配方中必须加入悬浮剂和稳定剂。它与 EDTA 不配伍，加入少量硫酸锌或氧化锌可减缓变色。ZPT 对光不稳定，会遮盖香波的珠光。影响 ZPT 去屑效果的因素有 ZPT 的几何形态、颗粒大小、引起头屑的微生物特性以及香波的基质等。香波中用量一般为 0.2% ～0.5%。

（2）吡啶酮乙醇胺盐（OCT）

吡啶酮乙醇胺盐简写为 OCT，化学名为 1-羟基-4-甲基-6-(2,4,4-三甲基戊基)-2(1H)-吡啶酮-2-氨基乙醇盐。OCT 的去屑机理是通过杀菌、抑菌抗氧化作用和分解氧化物等方法，从根本上阻断头屑产生的外部因素，从而有效根治头皮发痒和头屑的产生，且不会脱发断发，刺激性低，安全可靠。化学结构式如图 11-23。

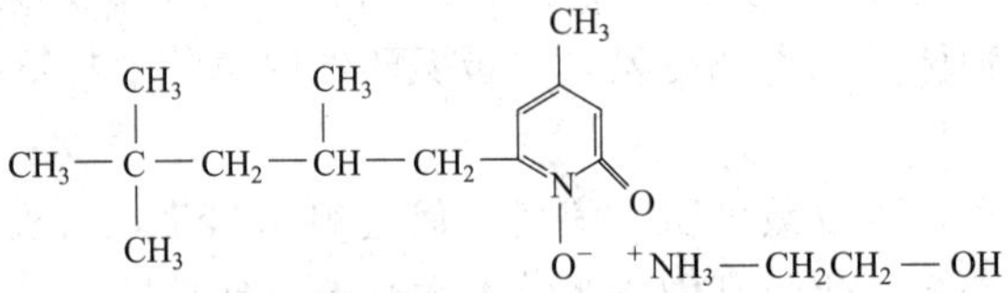

图 11-23 吡啶酮乙醇胺的结构式

OCT 是一种水溶性去屑止痒剂，溶解性和复配性能优良，可制成透明香波。具有广谱的杀菌抑菌性能，不仅能杀死产生头屑的瓶形酵母菌和正圆形酵母菌，同时还能有效抑制革兰氏阳性、阴性菌及各种真菌和霉菌。刺激性低，性能温和，可用于免洗产品中；可明显增加体系的黏度；遇铜、铁等金属离子易变色（浅黄色），在紫外线直射下活性组分会分解。其适宜 pH 范围为 5～8，加入量为 0.2%～0.5%。

OCT 和 ZPT 是目前国际上使用最普遍的两种去屑剂，但由于 OCT 有很好的溶解性和复配性，能溶于表面活性剂体系，在 pH=3～9 的范围内可以稳定存在，并且有很好的热稳定性，生产工艺较 ZPT 更为简便，因此应用领域较 ZPT 更为广泛。

（3）甘宝素

甘宝素由德国 Bayer(拜尔) 公司于 1977 年研制成功。甘宝素又称活性甘宝素，化学名称为二唑酮，为白色或灰白色结晶状，略有气味，无吸湿性，对光和热均稳定，熔点为 95～97℃。化学结构式如图 11-24。

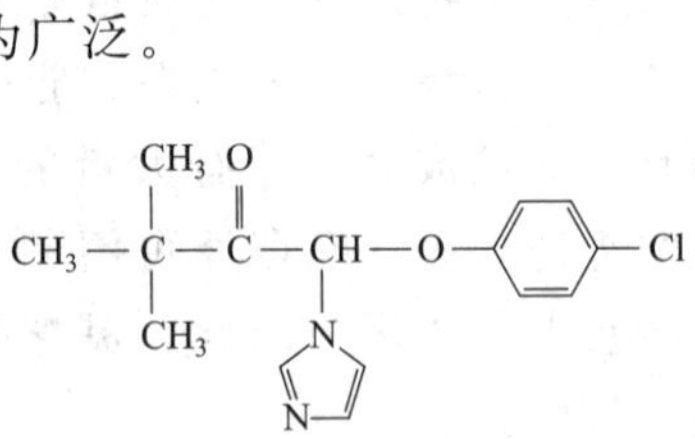

图 11-24 甘宝素的结构式

其去屑机理是通过杀菌和抑菌来消除产生头屑的外部因素，以达到去屑止痒的效果，不同于单纯地通过脱脂的方式暂时地消除头屑。其对光、热和重金属离子稳定，不变色，具有独特的抗真菌性能，对引起头皮屑的卵状芽孢菌或卵状糠状菌以及白色念珠菌、发癣菌都有杀灭作用，与吡啶硫酮锌合用时对去屑具有明显的协同效应。

（4）酮康唑

酮康唑的化学名称为 1-乙酰基-4-{4-[2(2,4-二氯苯基)-2(1H-咪唑-1-甲基)-1,3-二氧戊环-4-甲氧基〕苯基}-哌嗪，为白色或类白色结晶性粉末，无臭无味，几乎不溶于水中，但可溶于一定浓度的表面活性剂体系中。酮康唑在香波中的添加量一般为 0.2%～0.3%。

酮康唑属吡咯类抗真菌药，对卵圆形糠秕孢子菌有较强的抗菌活性，去屑效果较好，价格较高，对光和热稳定性不好，容易变红。通过干扰细胞色素 P-450 的活性，从而抑制真菌细胞膜主要固醇类，即麦角固醇的生物合成，损伤真菌细胞膜并改变其通透性，以致重要的细胞内物质外漏。酮康唑与聚维酮碘溶液配合，去屑效果更好。聚维酮碘是聚乙烯吡咯酮和有机碘复合物，作用于头发和头皮后可解聚释放碘，并可深入到感染深层，有杀灭细菌及真菌、抗病毒等作用，并具有抑制皮脂分泌、减少炎细胞浸润的药理作用。

此外，酮康唑还可抑制真菌的三酰甘油和磷脂的生物合成，抑制氧化酶和过氧化酶的活性，引起细胞内过氧化氢积聚导致细胞亚微结构变性和细胞坏死，并可使头发柔顺亮丽，疗效极佳。

（5）其他类去屑止痒剂

水杨酸实际上是 β-羟基酸，具有剥落角质和杀菌抗炎的作用，在一定量的范围内可在香波中安全使用。此外，还有一些天然提取物，主要有：胡桃油、防风、山茶、木瓜、积雪草、花皂素、甘草、头花千金藤等。

近年来，在化妆品中用于配制去屑香波的其他成分有：三氯生、氯甲酚、氢化可的松、磷脂、氨基酸、桧木油、杜松油、维生素及其衍生物等。

参 考 文 献

[1] 王培义，徐宝财，王军．表面活性剂——合成·性能·应用 [M]．3 版．北京：化学工业出版社，2019．

[2] 张婉萍．化妆品配方科学与工艺技术 [M]．北京：化学工业出版社，2018．

[3] 董银卯，孟宏，马来记．皮肤表观生理学 [M]．北京：化学工业出版社，2018．

[4] 唐冬雁，董银卯．化妆品——原料类型·配方组成·制备工艺 [M]．2 版．北京：化学工业出版社，2017．

[5] 赵世民．表面活性剂——原理、合成、测定及应用 [M]．2 版．北京：中国石化出版社，2017．

[6] 李强，万岳鹏，孙永，等．浅析抗污染发用洗护产品发展新趋势 [J]．香料香精化妆品，2017（6）：78-80．

[7] 孔秋婵，张怡，刘薇，等．天然来源复配防腐体系的功效研究 [J]．香料香精化妆品，2017（5）：46-51．

[8] 孟潇，许锐林，陈庆生，等．基于多重乳化体技术制备中草药防晒霜 [J]．日用化学工业，2017，47（7）：394-397．

[9] 孟潇，许锐林，陈庆生，等．基于 BASF Sunscreen Simulator 初步评价 17 种常用化学防晒剂 [J]．当代化工研究，2017（5）：116-118．

[10] 孟潇，陈庆生，龚盛昭．用于化妆品的稳定多重乳状体的研发 [J]．香料香精化妆品，2016（6）：35-39．

[11] 李安良，杨淑琴，郭秀茹．化妆品功效成分及其研发方向 [C]//第十一届中国化妆品学术研讨会论文集，2016．

[12] 曾茜，龚盛昭，向琴，等．一种氨基酸型无硅油洗发香波的研制 [J]．香料香精化妆品，2016（5）：37-39．

[13] 裘炳毅，高志红．现代化妆品科学与技术（上、中、下册）[M]．北京：中国轻工业出版社，2016．

[14] 董银卯，李丽，孟宏，等．化妆品配方设计 7 步 [M]．北京：化学工业出版社，2016．

[15] 童坤．微乳液、纳米乳液的制备及应用性能研究 [D]．济南：山东大学，2016．

[16] 韩长日，刘红．精细化工工艺学 [M]．2 版．北京：中国石化出版社，2015．

[17] 国家食品药品监督管理总局．化妆品安全技术规范 [R]．2015．

[18] 孔秋婵，张怡，刘薇，等．新型复配无防腐体系的功效研究 [J]．香料香精化妆品，2015（5）：40-44．

[19] 张凯，龚盛昭，孙永，等．工业化生产的无患子皂苷在洗发水中的应用研究 [J]．广东化工，2015，42（19）：69-70．

[20] 孟潇，冯小玲，陈庆生，等．高效保湿霜配方设计及其保湿性能研究 [J]．香料香精化妆品，2015（4）：63-67．

[21] Rosen M J, Kunjappu J T. 表面活性剂和界面现象 [M]．北京：化学工业出版社，2015．

[22] 孟潇，陈庆生，赵金虎，等．一种出水型色彩调控霜的制备 [J]．日用化学工业，2014，44（1）：35-38．

[23] 李建，陈庆生，孙永，等．一种微囊包裹化学型紫外吸收剂技术研究 [J]．日用化学品科学，2014，37（5）：24-27．

[24] 陈庆生，孟潇，龚盛昭，等．复合广谱紫外线吸收剂在防晒化妆品中的应用研究 [J]．日用化学工业，2014，44（5）：273-277．

[25] 舒鹏，孔胜仲，龚盛昭．一种美白乳液的制备与稳定性研究 [J]．日用化学工业，2014，44（11）：620-623．

[26] 龚盛昭，陈庆生．日用化学品制造原理与工艺 [M]．北京：化学工业出版社，2014．

[27] 李东光．实用化妆品配方手册 [M]．3 版．北京：化学工业出版社，2013．

[28] 周波．表面活性剂 [M]．2 版．北京：化学工业出版社，2012．

[29] 沈钟，赵振国，康万利．胶体与表面化学 [M]．4 版．北京：化学工业出版社，2012．

[30] 董万田，张燕山，薛博仁，等．绿色表面活性剂烷基糖苷（APG）的产业化 [C]．2011 北京洗涤剂技术与市场研讨会．北京：2011．

[31] 郭俊华，段秀珍．微乳化香精在液体洗涤剂中的应用 [J]．中国洗涤用品工业，2011（2）：69-70．

[32] 董银卯，郑彦云，马忠华．本草药妆品 [M]．北京：化学工业出版社，2010．

[33] 王军．功能性表面活性剂制备与应用 [M]．北京：化学工业出版社，2009．

[34] 焦学瞬，张春霞，张宏忠．表面活性剂分析 [M]．北京：化学工业出版社，2009．

[35] 王军．表面活性剂新应用 [M]．北京：化学工业出版社，2009．

[36] 董银卯，何聪芬．现代化妆品生物技术 [M]．北京：化学工业出版社，2009．

[37] 张俊敏，骆建辉．化妆品中 W/O 型乳化体性能的研究 [J]．广东化工，2009，36（4）：51-57．

[38] 姜海燕，杨成．香波中硅油在头发上的沉积作用 [J]．江南大学学报（自然科学版），2009，8（3）：349-354．

[39] 邱轶兵．试验设计与数据处理 [M]．合肥：中国科学技术大学出版社，2009．

[40] 李东光，翟怀风．实用化妆品配方手册 [M]．2 版．北京：化学工业出版社，2009.

[41] 林建广．天然抗氧剂改性及应用研究 [D]．无锡：江南大学，2008.

[42] 李奠础，吕亮．表面活性剂性能及应用 [M]．北京：科学出版社，2008.

[43] 金谷．表面活性剂化学 [M]．合肥：中国科学技术大学出版社，2008.

[44] 田震，李庆华，解丽丽，等．洗涤剂助剂的应用及研究进展 [J]．材料导报，2008 (1)：58-61.

[45] 方波．日用化工工艺学 [M]．北京：化学工业出版社，2008.

[46] 韩长日，宋小平．化妆品制造技术 [M]．北京：科学技术文献出版社，2008.

[47] 董元彦，路福绥，唐树戈．物理化学 [M]．北京：科学出版社，2008.

[48] 王友升，朱昱燕，董银卯．化妆品用防腐剂的研究现状及发展趋势 [J]．日用化学品科学，2007 (12)：15-18.

[49] 章苏宁．化妆品工艺学 [M]．北京：中国轻工业出版社，2007.

[50] 杜克生，张庆海，黄涛．化工生产综合实习 [M]．北京：化学工业出版社，2007.

[51] 梁亮．精细化工配方原理与剖析 [M]．北京：化学工业出版社，2007.

[52] 中国轻工业联合会综合业务部．中国轻工业标准汇编化妆品卷 [S]．3 版．北京：中国标准出版社，2007.

[53] 赖小娟．表面活性剂在个人清洁护理用品中的应用 [J]．中国洗涤用品工业，2007 (5)：35-39.

[54] 秦钰慧．化妆品管理及安全性和功效性评价 [M]．北京：化学工业出版社，2007.

[55] 王培义，徐宝财，王军．表面活性剂——合成·性能·应用 [M]．北京：化学工业出版社，2007.

[56] 陈文求，孙争光．生物表面活性剂的生产与应用 [J]．胶体与聚合物，2007，25 (3)：45-46.

[57] 董银卯．化妆品配方设计与生产工艺 [M]．北京：中国纺织出版社，2007.

[58] 吴可克．功能性化妆品 [M]．北京：化学工业出版社，2006.

[59] 刘华钢．中药化妆品学 [M]．北京：中国中医药出版社，2006.

[60] 王培义．化妆品——原理·配方·生产工艺 [M]．北京：化学工业出版社，2006.

[61] 焦学瞬，贺明波．乳状液与乳化技术新应用 [M]．北京：化学工业出版社，2006.

[62] 李东光．化妆品原料手册 [M]．2 版．北京：化学工业出版社，2006.

[63] K. 霍姆博格 B. 琼森，B. 科隆博格，等．水溶液中的表面活性剂和聚合物 [M]．北京：化学工业出版社，2005.

[64] Drew Myers. 表面、界面和胶体——原理及应用 [M]．2 版．北京：化学工业出版社，2005.

[65] 张友兰．有机精细化学品合成及应用实验 [M]．北京：化学工业出版社，2005.

[66] 陈魁．试验设计与分析 [M]．2 版．北京：清华大学出版社，2005.

[67] 董云发，凌晨．植物化妆品及配方 [M]．北京：化学工业出版社，2005.

[68] 董银卯．化妆品配方工艺手册 [M]．北京：化学工业出版社，2005.

[69] 刘玮，张怀亮．皮肤科学与化妆品功效评价 [M]．北京：化学工业出版社，2005.

[70] 闫鹏飞，郝文辉，高婷．精细化学品化学 [M]．北京：化学工业出版社，2004.

[71] 颜红侠，张秋禹．日用化学品制造原理与技术 [M]．北京：化学工业出版社，2004.

[72] 宋启煌．精细化工工艺学 [M]．2 版．北京：化学工业出版社，2004.

[73] 裘炳毅．化妆品和洗涤用品的流变特性 [M]．北京：化学工业出版社，2004.

[74] 沈钟，赵振国，王果庭．胶体与表面化学 [M]．3 版．北京：化学工业出版社，2004.

[75] 唐冬雁，刘本才．化妆品配方设计与制备工艺 [M]．北京：化学工业出版社，2003.

[76] 钟振声，章莉娟．表面活性剂在化妆品中的应用 [M]．北京：化学工业出版社，2003.

[77] 中国洗涤用品工业协会科学技术专业委员会，中国日用化学信息中心．常用洗涤剂配制技术 [M]．北京：化学工业出版社，2003.

[78] 赵国玺，朱珬瑶．表面活性剂作用原理 [M]．北京：中国轻工业出版社，2003.

[79] 肖进新，赵振国．表面活性剂应用原理 [M]．北京：化学工业出版社，2003.

[80] 李东光．洗涤剂化妆品原料手册 [M]．北京：化学工业出版社，2002.

[81] 王艳萍，赵虎山．化妆品微生物学 [M]．北京：中国轻工业出版社，2002.

[82] 龚盛昭，李忠军．化妆品与洗涤用品生产技术 [M]．广州：华南理工大学出版社，2002.

[83] 李明阳．化妆品化学 [M]．北京：科学出版社，2002.

[84] 徐宝财．日用化学品——性能、制备、配方 [M]．北京：化学工业出版社，2002.

[85] 谢明勇，王远兴．日用化学品实用生产技术与配方 [M]．南昌：江西科学技术出版社，2002.

［86］　宋健，陈磊，李效军．微胶囊化技术及应用［M］．北京：化学工业出版社，2001.

［87］　王慎敏，唐冬雁．日用化学品化学［M］．哈尔滨：哈尔滨工业大学出版社，2001.

［88］　白景瑞，滕进．化妆品配方设计及应用实例［M］．北京：中国石化出版社，2001.

［89］　李东光．实用化妆品生产技术手册［M］．北京：化学工业出版社，2001.

［90］　梁文平．乳状液科学与技术基础［M］．北京：科学出版社，2001.

［91］　刘德峥．精细化工生产工艺学［M］．北京：化学工业出版社，2000.

［92］　徐燕莉．表面活性剂的功能［M］．北京：化学工业出版社，2000.

［93］　吴志华．现代皮肤性病学［M］．广州：广东人民出版社，2000.

［94］　梁治齐，李金华．功能性乳化剂与乳状液［M］．北京：中国轻工业出版社，2000.

［95］　顾莉琴，程若男，郑林，等．化妆品学［M］．北京：中国商业出版社，2000.

［96］　童琍琍，冯兰宾．化妆品工艺学［M］.2版．北京：中国轻工业出版社，1999.

［97］　裘炳毅．化妆品化学与工艺技术大全（下册）［M］.2版．北京：中国轻工业出版社，1997.

附录一 《化妆品监督管理条例》

中华人民共和国国务院令

第 727 号

《化妆品监督管理条例》已经 2020 年 1 月 3 日国务院第 77 次常务会议通过，现予公布，自 2021 年 1 月 1 日起施行。

总　理　李克强

2020 年 6 月 16 日

第一章　总　则

第一条　为了规范化妆品生产经营活动，加强化妆品监督管理，保证化妆品质量安全，保障消费者健康，促进化妆品产业健康发展，制定本条例。

第二条　在中华人民共和国境内从事化妆品生产经营活动及其监督管理，应当遵守本条例。

第三条　本条例所称化妆品，是指以涂擦、喷洒或者其他类似方法，施用于皮肤、毛发、指甲、口唇等人体表面，以清洁、保护、美化、修饰为目的的日用化学工业产品。

第四条　国家按照风险程度对化妆品、化妆品原料实行分类管理。

化妆品分为特殊化妆品和普通化妆品。国家对特殊化妆品实行注册管理，对普通化妆品实行备案管理。

化妆品原料分为新原料和已使用的原料。国家对风险程度较高的化妆品新原料实行注册管理，对其他化妆品新原料实行备案管理。

第五条　国务院药品监督管理部门负责全国化妆品监督管理工作。国务院有关部门在各自职责范围内负责与化妆品有关的监督管理工作。

县级以上地方人民政府负责药品监督管理的部门负责本行政区域的化妆品监督管理工作。县级以上地方人民政府有关部门在各自职责范围内负责与化妆品有关的监督管理工作。

第六条　化妆品注册人、备案人对化妆品的质量安全和功效宣称负责。

化妆品生产经营者应当依照法律、法规、强制性国家标准、技术规范从事生产经营活动，加强管理，诚信自律，保证化妆品质量安全。

第七条　化妆品行业协会应当加强行业自律，督促引导化妆品生产经营者依法从事生产经营活动，推动行业诚信建设。

第八条　消费者协会和其他消费者组织对违反本条例规定损害消费者合法权益的行为，依法进行社会监督。

第九条　国家鼓励和支持开展化妆品研究、创新，满足消费者需求，推进化妆品品牌建设，发挥品牌引领作用。国家保护单位和个人开展化妆品研究、创新的合法权益。

国家鼓励和支持化妆品生产经营者采用先进技术和先进管理规范，提高化妆品质量安全水平；鼓励和支持运用现代科学技术，结合我国传统优势项目和特色植物资源研究开发化妆品。

第十条　国家加强化妆品监督管理信息化建设，提高在线政务服务水平，为办理化妆品行政许可、备案提供便利，推进监督管理信息共享。

第二章　原料与产品

第十一条　在我国境内首次使用于化妆品的天然或者人工原料为化妆品新原料。具有防腐、防晒、着色、染发、祛斑美白功能的化妆品新原料，经国务院药品监督管理部门注册后方可使用；其他化妆品新原料应当在使用前向国务院药品监督管理部门备案。国务院药品监督管理部门可以根据科学研究的发展，调整实行注册管理的化妆品新原料的范围，经国务院批准后实施。

第十二条　申请化妆品新原料注册或者进行化妆品新原料备案，应当提交下列资料：

（一）注册申请人、备案人的名称、地址、联系方式；

（二）新原料研制报告；

（三）新原料的制备工艺、稳定性及其质量控制标准等研究资料；

（四）新原料安全评估资料。

注册申请人、备案人应当对所提交资料的真实性、科学性负责。

第十三条　国务院药品监督管理部门应当自受理化妆品新原料注册申请之日起3个工作日内将申请资料转交技术审评机构。技术审评机构应当自收到申请资料之日起90个工作日内完成技术审评，向国务院药品监督管理部门提交审评意见。国务院药品监督管理部门应当自收到审评意见之日起20个工作日内作出决定。对符合要求的，准予注册并发给化妆品新原料注册证；对不符合要求的，不予注册并书面说明理由。

化妆品新原料备案人通过国务院药品监督管理部门在线政务服务平台提交本条例规定的备案资料后即完成备案。

国务院药品监督管理部门应当自化妆品新原料准予注册之日起、备案人提交备案资料之日起5个工作日内向社会公布注册、备案有关信息。

第十四条　经注册、备案的化妆品新原料投入使用后3年内，新原料注册人、备案人应当每年向国务院药品监督管理部门报告新原料的使用和安全情况。对存在安全问题的化妆品新原料，由国务院药品监督管理部门撤销注册或者取消备案。3年期满未发生安全问题的化妆品新原料，纳入国务院药品监督管理部门制定的已使用的化妆品原料目录。

经注册、备案的化妆品新原料纳入已使用的化妆品原料目录前，仍然按照化妆品新原料进行管理。

第十五条　禁止用于化妆品生产的原料目录由国务院药品监督管理部门制定、公布。

第十六条　用于染发、烫发、祛斑美白、防晒、防脱发的化妆品以及宣称新功效的化妆品为特殊化妆品。特殊化妆品以外的化妆品为普通化妆品。

国务院药品监督管理部门根据化妆品的功效宣称、作用部位、产品剂型、使用人群等因素，制定、公布化妆品分类规则和分类目录。

第十七条　特殊化妆品经国务院药品监督管理部门注册后方可生产、进口。国产普通化妆品应当在上市销售前向备案人所在地省、自治区、直辖市人民政府药品监督管理部门备案。进口普通化妆品应当在进口前向国务院药品监督管理部门备案。

第十八条 化妆品注册申请人、备案人应当具备下列条件：

（一）是依法设立的企业或者其他组织；

（二）有与申请注册、进行备案的产品相适应的质量管理体系；

（三）有化妆品不良反应监测与评价能力。

第十九条 申请特殊化妆品注册或者进行普通化妆品备案，应当提交下列资料：

（一）注册申请人、备案人的名称、地址、联系方式；

（二）生产企业的名称、地址、联系方式；

（三）产品名称；

（四）产品配方或者产品全成分；

（五）产品执行的标准；

（六）产品标签样稿；

（七）产品检验报告；

（八）产品安全评估资料。

注册申请人首次申请特殊化妆品注册或者备案人首次进行普通化妆品备案的，应当提交其符合本条例第十八条规定条件的证明资料。申请进口特殊化妆品注册或者进行进口普通化妆品备案的，应当同时提交产品在生产国（地区）已经上市销售的证明文件以及境外生产企业符合化妆品生产质量管理规范的证明资料；专为向我国出口生产、无法提交产品在生产国（地区）已经上市销售的证明文件的，应当提交面向我国消费者开展的相关研究和试验的资料。

注册申请人、备案人应当对所提交资料的真实性、科学性负责。

第二十条 国务院药品监督管理部门依照本条例第十三条第一款规定的化妆品新原料注册审查程序对特殊化妆品注册申请进行审查。对符合要求的，准予注册并发给特殊化妆品注册证；对不符合要求的，不予注册并书面说明理由。已经注册的特殊化妆品在生产工艺、功效宣称等方面发生实质性变化的，注册人应当向原注册部门申请变更注册。

普通化妆品备案人通过国务院药品监督管理部门在线政务服务平台提交本条例规定的备案资料后即完成备案。

省级以上人民政府药品监督管理部门应当自特殊化妆品准予注册之日起、普通化妆品备案人提交备案资料之日起5个工作日内向社会公布注册、备案有关信息。

第二十一条 化妆品新原料和化妆品注册、备案前，注册申请人、备案人应当自行或者委托专业机构开展安全评估。

从事安全评估的人员应当具备化妆品质量安全相关专业知识，并具有5年以上相关专业从业经历。

第二十二条 化妆品的功效宣称应当有充分的科学依据。化妆品注册人、备案人应当在国务院药品监督管理部门规定的专门网站公布功效宣称所依据的文献资料、研究数据或者产品功效评价资料的摘要，接受社会监督。

第二十三条 境外化妆品注册人、备案人应当指定我国境内的企业法人办理化妆品注册、备案，协助开展化妆品不良反应监测、实施产品召回。

第二十四条 特殊化妆品注册证有效期为5年。有效期届满需要延续注册的，应当在有效期届满30个工作日前提出延续注册的申请。除有本条第二款规定情形外，国务院药品监督管理部门应当在特殊化妆品注册证有效期届满前作出准予延续的决定；逾期未作决定的，视为准予延续。

有下列情形之一的，不予延续注册：

（一）注册人未在规定期限内提出延续注册申请；

（二）强制性国家标准、技术规范已经修订，申请延续注册的化妆品不能达到修订后标准、技术规范的要求。

第二十五条　国务院药品监督管理部门负责化妆品强制性国家标准的项目提出、组织起草、征求意见和技术审查。国务院标准化行政部门负责化妆品强制性国家标准的立项、编号和对外通报。

化妆品国家标准文本应当免费向社会公开。

化妆品应当符合强制性国家标准。鼓励企业制定严于强制性国家标准的企业标准。

第三章　生产经营

第二十六条　从事化妆品生产活动，应当具备下列条件：

（一）是依法设立的企业；

（二）有与生产的化妆品相适应的生产场地、环境条件、生产设施设备；

（三）有与生产的化妆品相适应的技术人员；

（四）有能对生产的化妆品进行检验的检验人员和检验设备；

（五）有保证化妆品质量安全的管理制度。

第二十七条　从事化妆品生产活动，应当向所在地省、自治区、直辖市人民政府药品监督管理部门提出申请，提交其符合本条例第二十六条规定条件的证明资料，并对资料的真实性负责。

省、自治区、直辖市人民政府药品监督管理部门应当对申请资料进行审核，对申请人的生产场所进行现场核查，并自受理化妆品生产许可申请之日起 30 个工作日内作出决定。对符合规定条件的，准予许可并发给化妆品生产许可证；对不符合规定条件的，不予许可并书面说明理由。

化妆品生产许可证有效期为 5 年。有效期届满需要延续的，依照《中华人民共和国行政许可法》的规定办理。

第二十八条　化妆品注册人、备案人可以自行生产化妆品，也可以委托其他企业生产化妆品。

委托生产化妆品的，化妆品注册人、备案人应当委托取得相应化妆品生产许可的企业，并对受委托企业（以下称受托生产企业）的生产活动进行监督，保证其按照法定要求进行生产。受托生产企业应当依照法律、法规、强制性国家标准、技术规范以及合同约定进行生产，对生产活动负责，并接受化妆品注册人、备案人的监督。

第二十九条　化妆品注册人、备案人、受托生产企业应当按照国务院药品监督管理部门制定的化妆品生产质量管理规范的要求组织生产化妆品，建立化妆品生产质量管理体系，建立并执行供应商遴选、原料验收、生产过程及质量控制、设备管理、产品检验及留样等管理制度。

化妆品注册人、备案人、受托生产企业应当按照化妆品注册或者备案资料载明的技术要求生产化妆品。

第三十条　化妆品原料、直接接触化妆品的包装材料应当符合强制性国家标准、技术规范。

不得使用超过使用期限、废弃、回收的化妆品或者化妆品原料生产化妆品。

第三十一条 化妆品注册人、备案人、受托生产企业应当建立并执行原料以及直接接触化妆品的包装材料进货查验记录制度、产品销售记录制度。进货查验记录和产品销售记录应当真实、完整，保证可追溯，保存期限不得少于产品使用期限届满后1年；产品使用期限不足1年的，记录保存期限不得少于2年。

化妆品经出厂检验合格后方可上市销售。

第三十二条 化妆品注册人、备案人、受托生产企业应当设质量安全负责人，承担相应的产品质量安全管理和产品放行职责。

质量安全负责人应当具备化妆品质量安全相关专业知识，并具有5年以上化妆品生产或者质量安全管理经验。

第三十三条 化妆品注册人、备案人、受托生产企业应当建立并执行从业人员健康管理制度。患有国务院卫生主管部门规定的有碍化妆品质量安全疾病的人员不得直接从事化妆品生产活动。

第三十四条 化妆品注册人、备案人、受托生产企业应当定期对化妆品生产质量管理规范的执行情况进行自查；生产条件发生变化，不再符合化妆品生产质量管理规范要求的，应当立即采取整改措施；可能影响化妆品质量安全的，应当立即停止生产并向所在地省、自治区、直辖市人民政府药品监督管理部门报告。

第三十五条 化妆品的最小销售单元应当有标签。标签应当符合相关法律、行政法规、强制性国家标准，内容真实、完整、准确。

进口化妆品可以直接使用中文标签，也可以加贴中文标签；加贴中文标签的，中文标签内容应当与原标签内容一致。

第三十六条 化妆品标签应当标注下列内容：

（一）产品名称、特殊化妆品注册证编号；

（二）注册人、备案人、受托生产企业的名称、地址；

（三）化妆品生产许可证编号；

（四）产品执行的标准编号；

（五）全成分；

（六）净含量；

（七）使用期限、使用方法以及必要的安全警示；

（八）法律、行政法规和强制性国家标准规定应当标注的其他内容。

第三十七条 化妆品标签禁止标注下列内容：

（一）明示或者暗示具有医疗作用的内容；

（二）虚假或者引人误解的内容；

（三）违反社会公序良俗的内容；

（四）法律、行政法规禁止标注的其他内容。

第三十八条 化妆品经营者应当建立并执行进货查验记录制度，查验供货者的市场主体登记证明、化妆品注册或者备案情况、产品出厂检验合格证明，如实记录并保存相关凭证。记录和凭证保存期限应当符合本条例第三十一条第一款的规定。

化妆品经营者不得自行配制化妆品。

第三十九条 化妆品生产经营者应当依照有关法律、法规的规定和化妆品标签标示的要求贮存、运输化妆品，定期检查并及时处理变质或者超过使用期限的化妆品。

第四十条　化妆品集中交易市场开办者、展销会举办者应当审查入场化妆品经营者的市场主体登记证明，承担入场化妆品经营者管理责任，定期对入场化妆品经营者进行检查；发现入场化妆品经营者有违反本条例规定行为的，应当及时制止并报告所在地县级人民政府负责药品监督管理的部门。

第四十一条　电子商务平台经营者应当对平台内化妆品经营者进行实名登记，承担平台内化妆品经营者管理责任，发现平台内化妆品经营者有违反本条例规定行为的，应当及时制止并报告电子商务平台经营者所在地省、自治区、直辖市人民政府药品监督管理部门；发现严重违法行为的，应当立即停止向违法的化妆品经营者提供电子商务平台服务。

平台内化妆品经营者应当全面、真实、准确、及时披露所经营化妆品的信息。

第四十二条　美容美发机构、宾馆等在经营中使用化妆品或者为消费者提供化妆品的，应当履行本条例规定的化妆品经营者义务。

第四十三条　化妆品广告的内容应当真实、合法。

化妆品广告不得明示或者暗示产品具有医疗作用，不得含有虚假或者引入误解的内容，不得欺骗、误导消费者。

第四十四条　化妆品注册人、备案人发现化妆品存在质量缺陷或者其他问题，可能危害人体健康的，应当立即停止生产，召回已经上市销售的化妆品，通知相关化妆品经营者和消费者停止经营、使用，并记录召回和通知情况。化妆品注册人、备案人应当对召回的化妆品采取补救、无害化处理、销毁等措施，并将化妆品召回和处理情况向所在地省、自治区、直辖市人民政府药品监督管理部门报告。

受托生产企业、化妆品经营者发现其生产、经营的化妆品有前款规定情形的，应当立即停止生产、经营，通知相关化妆品注册人、备案人。化妆品注册人、备案人应当立即实施召回。

负责药品监督管理的部门在监督检查中发现化妆品有本条第一款规定情形的，应当通知化妆品注册人、备案人实施召回，通知受托生产企业、化妆品经营者停止生产、经营。

化妆品注册人、备案人实施召回的，受托生产企业、化妆品经营者应当予以配合。

化妆品注册人、备案人、受托生产企业、经营者未依照本条规定实施召回或者停止生产、经营的，负责药品监督管理的部门责令其实施召回或者停止生产、经营。

第四十五条　出入境检验检疫机构依照《中华人民共和国进出口商品检验法》的规定对进口的化妆品实施检验；检验不合格的，不得进口。

进口商应当对拟进口的化妆品是否已经注册或者备案以及是否符合本条例和强制性国家标准、技术规范进行审核；审核不合格的，不得进口。进口商应当如实记录进口化妆品的信息，记录保存期限应当符合本条例第三十一条第一款的规定。

出口的化妆品应当符合进口国（地区）的标准或者合同要求。

第四章　监督管理

第四十六条　负责药品监督管理的部门对化妆品生产经营进行监督检查时，有权采取下列措施：

（一）进入生产经营场所实施现场检查；

（二）对生产经营的化妆品进行抽样检验；

（三）查阅、复制有关合同、票据、账簿以及其他有关资料；

（四）查封、扣押不符合强制性国家标准、技术规范或者有证据证明可能危害人体健康的化妆品及其原料、直接接触化妆品的包装材料，以及有证据证明用于违法生产经营的工具、设备；

（五）查封违法从事生产经营活动的场所。

第四十七条　负责药品监督管理的部门对化妆品生产经营进行监督检查时，监督检查人员不得少于 2 人，并应当出示执法证件。监督检查人员对监督检查中知悉的被检查单位的商业秘密，应当依法予以保密。被检查单位对监督检查应当予以配合，不得隐瞒有关情况。

负责药品监督管理的部门应当对监督检查情况和处理结果予以记录，由监督检查人员和被检查单位负责人签字；被检查单位负责人拒绝签字的，应当予以注明。

第四十八条　省级以上人民政府药品监督管理部门应当组织对化妆品进行抽样检验；对举报反映或者日常监督检查中发现问题较多的化妆品，负责药品监督管理的部门可以进行专项抽样检验。

进行抽样检验，应当支付抽取样品的费用，所需费用纳入本级政府预算。

负责药品监督管理的部门应当按照规定及时公布化妆品抽样检验结果。

第四十九条　化妆品检验机构按照国家有关认证认可的规定取得资质认定后，方可从事化妆品检验活动。化妆品检验机构的资质认定条件由国务院药品监督管理部门、国务院市场监督管理部门制定。

化妆品检验规范以及化妆品检验相关标准品管理规定，由国务院药品监督管理部门制定。

第五十条　对可能掺杂掺假或者使用禁止用于化妆品生产的原料生产的化妆品，按照化妆品国家标准规定的检验项目和检验方法无法检验的，国务院药品监督管理部门可以制定补充检验项目和检验方法，用于对化妆品的抽样检验、化妆品质量安全案件调查处理和不良反应调查处置。

第五十一条　对依照本条例规定实施的检验结论有异议的，化妆品生产经营者可以自收到检验结论之日起 7 个工作日内向实施抽样检验的部门或者其上一级负责药品监督管理的部门提出复检申请，由受理复检申请的部门在复检机构名录中随机确定复检机构进行复检。复检机构出具的复检结论为最终检验结论。复检机构与初检机构不得为同一机构。复检机构名录由国务院药品监督管理部门公布。

第五十二条　国家建立化妆品不良反应监测制度。化妆品注册人、备案人应当监测其上市销售化妆品的不良反应，及时开展评价，按照国务院药品监督管理部门的规定向化妆品不良反应监测机构报告。受托生产企业、化妆品经营者和医疗机构发现可能与使用化妆品有关的不良反应的，应当报告化妆品不良反应监测机构。鼓励其他单位和个人向化妆品不良反应监测机构或者负责药品监督管理的部门报告可能与使用化妆品有关的不良反应。

化妆品不良反应监测机构负责化妆品不良反应信息的收集、分析和评价，并向负责药品监督管理的部门提出处理建议。

化妆品生产经营者应当配合化妆品不良反应监测机构、负责药品监督管理的部门开展化妆品不良反应调查。

化妆品不良反应是指正常使用化妆品所引起的皮肤及其附属器官的病变，以及人体局部或者全身性的损害。

第五十三条　国家建立化妆品安全风险监测和评价制度，对影响化妆品质量安全的风险因素进行监测和评价，为制定化妆品质量安全风险控制措施和标准、开展化妆品抽样检验提供科学依据。

国家化妆品安全风险监测计划由国务院药品监督管理部门制定、发布并组织实施。国家化妆品安全风险监测计划应当明确重点监测的品种、项目和地域等。

国务院药品监督管理部门建立化妆品质量安全风险信息交流机制，组织化妆品生产经营者、检验机构、行业协会、消费者协会以及新闻媒体等就化妆品质量安全风险信息进行交流沟通。

第五十四条　对造成人体伤害或者有证据证明可能危害人体健康的化妆品，负责药品监督管理的部门可以采取责令暂停生产、经营的紧急控制措施，并发布安全警示信息；属于进口化妆品的，国家出入境检验检疫部门可以暂停进口。

第五十五条　根据科学研究的发展，对化妆品、化妆品原料的安全性有认识上的改变的，或者有证据表明化妆品、化妆品原料可能存在缺陷的，省级以上人民政府药品监督管理部门可以责令化妆品、化妆品新原料的注册人、备案人开展安全再评估或者直接组织开展安全再评估。再评估结果表明化妆品、化妆品原料不能保证安全的，由原注册部门撤销注册、备案部门取消备案，由国务院药品监督管理部门将该化妆品原料纳入禁止用于化妆品生产的原料目录，并向社会公布。

第五十六条　负责药品监督管理的部门应当依法及时公布化妆品行政许可、备案、日常监督检查结果、违法行为查处等监督管理信息。公布监督管理信息时，应当保守当事人的商业秘密。

负责药品监督管理的部门应当建立化妆品生产经营者信用档案。对有不良信用记录的化妆品生产经营者，增加监督检查频次；对有严重不良信用记录的生产经营者，按照规定实施联合惩戒。

第五十七条　化妆品生产经营过程中存在安全隐患，未及时采取措施消除的，负责药品监督管理的部门可以对化妆品生产经营者的法定代表人或者主要负责人进行责任约谈。化妆品生产经营者应当立即采取措施，进行整改，消除隐患。责任约谈情况和整改情况应当纳入化妆品生产经营者信用档案。

第五十八条　负责药品监督管理的部门应当公布本部门的网站地址、电子邮件地址或者电话，接受咨询、投诉、举报，并及时答复或者处理。对查证属实的举报，按照国家有关规定给予举报人奖励。

第五章　法律责任

第五十九条　有下列情形之一的，由负责药品监督管理的部门没收违法所得、违法生产经营的化妆品和专门用于违法生产经营的原料、包装材料、工具、设备等物品；违法生产经营的化妆品货值金额不足 1 万元的，并处 5 万元以上 15 万元以下罚款；货值金额 1 万元以上的，并处货值金额 15 倍以上 30 倍以下罚款；情节严重的，责令停产停业、由备案部门取消备案或者由原发证部门吊销化妆品许可证件，10 年内不予办理其提出的化妆品备案或者受理其提出的化妆品行政许可申请，对违法单位的法定代表人或者主要负责人、直接负责的主管人员和其他直接责任人员处以其上一年度从本单位取得收入的 3 倍以上 5 倍以下罚款，终身禁止其从事化妆品生产经营活动；构成犯罪的，依法追究刑事责任：

（一）未经许可从事化妆品生产活动，或者化妆品注册人、备案人委托未取得相应化妆品生产许可的企业生产化妆品；

（二）生产经营或者进口未经注册的特殊化妆品；

（三）使用禁止用于化妆品生产的原料、应当注册但未经注册的新原料生产化妆品，在化妆品中非法添加可能危害人体健康的物质，或者使用超过使用期限、废弃、回收的化妆品或者原料生产化妆品。

第六十条　有下列情形之一的，由负责药品监督管理的部门没收违法所得、违法生产经营的化妆品和专门用于违法生产经营的原料、包装材料、工具、设备等物品；违法生产经营的化妆品货值金额不足 1 万元的，并处 1 万元以上 5 万元以下罚款；货值金额 1 万元以上的，并处货值金额 5 倍以上 20 倍以下罚款；情节严重的，责令停产停业、由备案部门取消备案或者由原发证部门吊销化妆品许可证件，对违法单位的法定代表人或者主要负责人、直接负责的主管人员和其他直接责任人员处以其上一年度从本单位取得收入的 1 倍以上 3 倍以下罚款，10 年内禁止其从事化妆品生产经营活动；构成犯罪的，依法追究刑事责任：

（一）使用不符合强制性国家标准、技术规范的原料、直接接触化妆品的包装材料，应当备案但未备案的新原料生产化妆品，或者不按照强制性国家标准或者技术规范使用原料；

（二）生产经营不符合强制性国家标准、技术规范或者不符合化妆品注册、备案资料载明的技术要求的化妆品；

（三）未按照化妆品生产质量管理规范的要求组织生产；

（四）更改化妆品使用期限；

（五）化妆品经营者擅自配制化妆品，或者经营变质、超过使用期限的化妆品；

（六）在负责药品监督管理的部门责令其实施召回后拒不召回，或者在负责药品监督管理的部门责令停止或者暂停生产、经营后拒不停止或者暂停生产、经营。

第六十一条　有下列情形之一的，由负责药品监督管理的部门没收违法所得、违法生产经营的化妆品，并可以没收专门用于违法生产经营的原料、包装材料、工具、设备等物品；违法生产经营的化妆品货值金额不足 1 万元的，并处 1 万元以上 3 万元以下罚款；货值金额 1 万元以上的，并处货值金额 3 倍以上 10 倍以下罚款；情节严重的，责令停产停业、由备案部门取消备案或者由原发证部门吊销化妆品许可证件，对违法单位的法定代表人或者主要负责人、直接负责的主管人员和其他直接责任人员处以其上一年度从本单位取得收入的 1 倍以上 2 倍以下罚款，5 年内禁止其从事化妆品生产经营活动：

（一）上市销售、经营或者进口未备案的普通化妆品；

（二）未依照本条例规定设质量安全负责人；

（三）化妆品注册人、备案人未对受托生产企业的生产活动进行监督；

（四）未依照本条例规定建立并执行从业人员健康管理制度；

（五）生产经营标签不符合本条例规定的化妆品。

生产经营的化妆品的标签存在瑕疵但不影响质量安全且不会对消费者造成误导的，由负责药品监督管理的部门责令改正；拒不改正的，处 2000 元以下罚款。

第六十二条　有下列情形之一的，由负责药品监督管理的部门责令改正，给予警告，并处 1 万元以上 3 万元以下罚款；情节严重的，责令停产停业，并处 3 万元以上 5 万元以下罚款，对违法单位的法定代表人或者主要负责人、直接负责的主管人员和其他直接责任人员处 1 万元以上 3 万元以下罚款：

（一）未依照本条例规定公布化妆品功效宣称依据的摘要；

（二）未依照本条例规定建立并执行进货查验记录制度、产品销售记录制度；

（三）未依照本条例规定对化妆品生产质量管理规范的执行情况进行自查；

（四）未依照本条例规定贮存、运输化妆品；

（五）未依照本条例规定监测、报告化妆品不良反应，或者对化妆品不良反应监测机构、负责药品监督管理的部门开展的化妆品不良反应调查不予配合。

进口商未依照本条例规定记录、保存进口化妆品信息的，由出入境检验检疫机构依照前款规定给予处罚。

第六十三条 化妆品新原料注册人、备案人未依照本条例规定报告化妆品新原料使用和安全情况的，由国务院药品监督管理部门责令改正，处5万元以上20万元以下罚款；情节严重的，吊销化妆品新原料注册证或者取消化妆品新原料备案，并处20万元以上50万元以下罚款。

第六十四条 在申请化妆品行政许可时提供虚假资料或者采取其他欺骗手段的，不予行政许可，已经取得行政许可的，由作出行政许可决定的部门撤销行政许可，5年内不受理其提出的化妆品相关许可申请，没收违法所得和已经生产、进口的化妆品；已经生产、进口的化妆品货值金额不足1万元的，并处5万元以上15万元以下罚款；货值金额1万元以上的，并处货值金额15倍以上30倍以下罚款；对违法单位的法定代表人或者主要负责人、直接负责的主管人员和其他直接责任人员处以其上一年度从本单位取得收入的3倍以上5倍以下罚款，终身禁止其从事化妆品生产经营活动。

伪造、变造、出租、出借或者转让化妆品许可证件的，由负责药品监督管理的部门或者原发证部门予以收缴或者吊销，没收违法所得；违法所得不足1万元的，并处5万元以上10万元以下罚款；违法所得1万元以上的，并处违法所得10倍以上20倍以下罚款；构成违反治安管理行为的，由公安机关依法给予治安管理处罚；构成犯罪的，依法追究刑事责任。

第六十五条 备案时提供虚假资料的，由备案部门取消备案，3年内不予办理其提出的该项备案，没收违法所得和已经生产、进口的化妆品；已经生产、进口的化妆品货值金额不足1万元的，并处1万元以上3万元以下罚款；货值金额1万元以上的，并处货值金额3倍以上10倍以下罚款；情节严重的，责令停产停业直至由原发证部门吊销化妆品生产许可证，对违法单位的法定代表人或者主要负责人、直接负责的主管人员和其他直接责任人员处以其上一年度从本单位取得收入的1倍以上2倍以下罚款，5年内禁止其从事化妆品生产经营活动。

已经备案的资料不符合要求的，由备案部门责令限期改正，其中，与化妆品、化妆品新原料安全性有关的备案资料不符合要求的，备案部门可以同时责令暂停销售、使用；逾期不改正的，由备案部门取消备案。

备案部门取消备案后，仍然使用该化妆品新原料生产化妆品或者仍然上市销售、进口该普通化妆品的，分别依照本条例第六十条、第六十一条的规定给予处罚。

第六十六条 化妆品集中交易市场开办者、展销会举办者未依照本条例规定履行审查、检查、制止、报告等管理义务的，由负责药品监督管理的部门处2万元以上10万元以下罚款；情节严重的，责令停业，并处10万元以上50万元以下罚款。

第六十七条 电子商务平台经营者未依照本条例规定履行实名登记、制止、报告、停止提供电子商务平台服务等管理义务的，由省、自治区、直辖市人民政府药品监督管理部门依照《中华人民共和国电子商务法》的规定给予处罚。

第六十八条 化妆品经营者履行了本条例规定的进货查验记录等义务，有证据证明其不知道所采购的化妆品是不符合强制性国家标准、技术规范或者不符合化妆品注册、备案资料载明的技术要求的，收缴其经营的不符合强制性国家标准、技术规范或者不符合化妆品注册、备案资料载明的技术要求的化妆品，可以免除行政处罚。

第六十九条 化妆品广告违反本条例规定的，依照《中华人民共和国广告法》的规定给予处罚；采用其他方式对化妆品作虚假或者引人误解的宣传的，依照有关法律的规定给予处罚；构成犯罪的，依法追究刑事责任。

第七十条 境外化妆品注册人、备案人指定的在我国境内的企业法人未协助开展化妆品不良反应监测、实施产品召回的，由省、自治区、直辖市人民政府药品监督管理部门责令改正，给予警告，并处2万元以上10万元以下罚款；情节严重的，处10万元以上50万元以下罚款，5年内禁止其法定代表人或者主要负责人、直接负责的主管人员和其他直接责任人员从事化妆品生产经营活动。

境外化妆品注册人、备案人拒不履行依据本条例作出的行政处罚决定的，10年内禁止其化妆品进口。

第七十一条 化妆品检验机构出具虚假检验报告的，由认证认可监督管理部门吊销检验机构资质证书，10年内不受理其资质认定申请，没收所收取的检验费用，并处5万元以上10万元以下罚款；对其法定代表人或者主要负责人、直接负责的主管人员和其他直接责任人员处以其上一年度从本单位取得收入的1倍以上3倍以下罚款，依法给予或者责令给予降低岗位等级、撤职或者开除的处分，受到开除处分的，10年内禁止其从事化妆品检验工作；构成犯罪的，依法追究刑事责任。

第七十二条 化妆品技术审评机构、化妆品不良反应监测机构和负责化妆品安全风险监测的机构未依照本条例规定履行职责，致使技术审评、不良反应监测、安全风险监测工作出现重大失误的，由负责药品监督管理的部门责令改正，给予警告，通报批评；造成严重后果的，对其法定代表人或者主要负责人、直接负责的主管人员和其他直接责任人员，依法给予或者责令给予降低岗位等级、撤职或者开除的处分。

第七十三条 化妆品生产经营者、检验机构招用、聘用不得从事化妆品生产经营活动的人员或者不得从事化妆品检验工作的人员从事化妆品生产经营或者检验的，由负责药品监督管理的部门或者其他有关部门责令改正，给予警告；拒不改正的，责令停产停业直至吊销化妆品许可证件、检验机构资质证书。

第七十四条 有下列情形之一，构成违反治安管理行为的，由公安机关依法给予治安管理处罚；构成犯罪的，依法追究刑事责任：

（一）阻碍负责药品监督管理的部门工作人员依法执行职务；

（二）伪造、销毁、隐匿证据或者隐藏、转移、变卖、损毁依法查封、扣押的物品。

第七十五条 负责药品监督管理的部门工作人员违反本条例规定，滥用职权、玩忽职守、徇私舞弊的，依法给予警告、记过或者记大过的处分；造成严重后果的，依法给予降级、撤职或者开除的处分；构成犯罪的，依法追究刑事责任。

第七十六条 违反本条例规定，造成人身、财产或者其他损害的，依法承担赔偿责任。

第六章 附 则

第七十七条 牙膏参照本条例有关普通化妆品的规定进行管理。牙膏备案人按照国家标准、行业标准进行功效评价后，可以宣称牙膏具有防龋、抑牙菌斑、抗牙本质敏感、减轻牙龈问题等功效。牙膏的具体管理办法由国务院药品监督管理部门拟订，报国务院市场监督管理部门审核、发布。

香皂不适用本条例，但是宣称具有特殊化妆品功效的适用本条例。

第七十八条 对本条例施行前已经注册的用于育发、脱毛、美乳、健美、除臭的化妆品自本条例施行之日起设置 5 年的过渡期，过渡期内可以继续生产、进口、销售，过渡期满后不得生产、进口、销售该化妆品。

第七十九条 本条例所称技术规范，是指尚未制定强制性国家标准、国务院药品监督管理部门结合监督管理工作需要制定的化妆品质量安全补充技术要求。

第八十条 本条例自 2021 年 1 月 1 日起施行。《化妆品卫生监督条例》同时废止。

附录二 《化妆品生产质量管理规范》

第一章 总 则

第一条 为规范化妆品生产质量管理，根据《化妆品监督管理条例》《化妆品生产经营监督管理办法》等法规、规章，制定本规范。

第二条 本规范是化妆品生产质量管理的基本要求，化妆品注册人、备案人、受托生产企业应当遵守本规范。

第三条 化妆品注册人、备案人、受托生产企业应当诚信自律，按照本规范的要求建立生产质量管理体系，实现对化妆品物料采购、生产、检验、贮存、销售和召回等全过程的控制和追溯，确保持续稳定地生产出符合质量安全要求的化妆品。

第二章 机构与人员

第四条 从事化妆品生产活动的化妆品注册人、备案人、受托生产企业（以下统称"企业"）应当建立与生产的化妆品品种、数量和生产许可项目等相适应的组织机构，明确质量管理、生产等部门的职责和权限，配备与生产的化妆品品种、数量和生产许可项目等相适应的技术人员和检验人员。

企业的质量管理部门应当独立设置，履行质量保证和控制职责，参与所有与质量管理有关的活动。

第五条 企业应当建立化妆品质量安全责任制，明确企业法定代表人（或者主要负责人，下同）、质量安全负责人、质量管理部门负责人、生产部门负责人以及其他化妆品质量安全相关岗位的职责，各岗位人员应当按照岗位职责要求，逐级履行相应的化妆品质量安全责任。

第六条 法定代表人对化妆品质量安全工作全面负责，应当负责提供必要的资源，合理制定并组织实施质量方针，确保实现质量目标。

第七条 企业应当设质量安全负责人，质量安全负责人应当具备化妆品、化学、化工、生物、医学、药学、食品、公共卫生或者法学等化妆品质量安全相关专业知识，熟悉相关法律法规、强制性国家标准、技术规范，并具有 5 年以上化妆品生产或者质量管理经验。

质量安全负责人应当协助法定代表人承担下列相应的产品质量安全管理和产品放行职责：

（一）建立并组织实施本企业质量管理体系，落实质量安全管理责任，定期向法定代表人报告质量管理体系运行情况；

（二）产品质量安全问题的决策及有关文件的签发；

（三）产品安全评估报告、配方、生产工艺、物料供应商、产品标签等的审核管理，以及化妆品注册、备案资料的审核（受托生产企业除外）；

（四）物料放行管理和产品放行；

（五）化妆品不良反应监测管理。

质量安全负责人应当独立履行职责，不受企业其他人员的干扰。根据企业质量管理体系运行需要，经法定代表人书面同意，质量安全负责人可以指定本企业的其他人员协助履行上述职责中除（一）（二）外的其他职责。被指定人员应当具备相应资质和履职能力，且其协助履行上述职责的时间、具体事项等应当如实记录，确保协助履行职责行为可追溯。质量安全负责人应当对协助履行职责情况进行监督，且其应当承担的法律责任并不转移给被指定人员。

第八条 质量管理部门负责人应当具备化妆品、化学、化工、生物、医学、药学、食品、公共卫生或者法学等化妆品质量安全相关专业知识，熟悉相关法律法规、强制性国家标准、技术规范，并具有化妆品生产或者质量管理经验。质量管理部门负责人应当承担下列职责：

（一）所有产品质量有关文件的审核；

（二）组织与产品质量相关的变更、自查、不合格品管理、不良反应监测、召回等活动；

（三）保证质量标准、检验方法和其他质量管理规程有效实施；

（四）保证完成必要的验证工作，审核和批准验证方案和报告；

（五）承担物料和产品的放行审核工作；

（六）评价物料供应商；

（七）制定并实施生产质量管理相关的培训计划，保证员工经过与其岗位要求相适应的培训，并达到岗位职责的要求；

（八）负责其他与产品质量有关的活动。

质量安全负责人、质量管理部门负责人不得兼任生产部门负责人。

第九条 生产部门负责人应当具备化妆品、化学、化工、生物、医学、药学、食品、公共卫生或者法学等化妆品质量安全相关专业知识，熟悉相关法律法规、强制性国家标准、技术规范，并具有化妆品生产或者质量管理经验。生产部门负责人应当承担下列职责：

（一）保证产品按照化妆品注册、备案资料载明的技术要求以及企业制定的生产工艺规程和岗位操作规程生产；

（二）保证生产记录真实、完整、准确、可追溯；

（三）保证生产环境、设施设备满足生产质量需要；

（四）保证直接从事生产活动的员工经过培训，具备与其岗位要求相适应的知识和技能；

（五）负责其他与产品生产有关的活动。

第十条 企业应当制定并实施从业人员入职培训和年度培训计划，确保员工熟悉岗位职责，具备履行岗位职责的法律知识、专业知识以及操作技能，考核合格后方可上岗。

企业应当建立员工培训档案，包括培训人员、时间、内容、方式及考核情况等。

第十一条 企业应当建立并执行从业人员健康管理制度。直接从事化妆品生产活动的人员应当在上岗前接受健康检查，上岗后每年接受健康检查。患有国务院卫生主管部门规定的有碍化妆品质量安全疾病的人员不得直接从事化妆品生产活动。企业应当建立从业人员健康档案，至少保存3年。

企业应当建立并执行进入生产车间卫生管理制度、外来人员管理制度，不得在生产车间、实验室内开展对产品质量安全有不利影响的活动。

第三章 质量保证与控制

第十二条 企业应当建立健全化妆品生产质量管理体系文件，包括质量方针、质量目标、质量管理制度、质量标准、产品配方、生产工艺规程、操作规程，以及法律法规要求的其他文件。

企业应当建立并执行文件管理制度，保证化妆品生产质量管理体系文件的制定、审核、批准、发放、销毁等得到有效控制。

第十三条 与本规范有关的活动均应当形成记录。

企业应当建立并执行记录管理制度。记录应当真实、完整、准确，清晰易辨，相互关联可追溯，不得随意更改，更正应当留痕并签注更正人姓名及日期。

采用计算机（电子化）系统生成、保存记录或者数据的，应当符合本规范附1的要求。

记录应当标示清晰，存放有序，便于查阅。与产品追溯相关的记录，其保存期限不得少于产品使用期限届满后1年；产品使用期限不足1年的，记录保存期限不得少于2年。与产品追溯不相关的记录，其保存期限不得少于2年。记录保存期限另有规定的从其规定。

第十四条 企业应当建立并执行追溯管理制度，对原料、内包材、半成品、成品制定明确的批号管理规则，与每批产品生产相关的所有记录应当相互关联，保证物料采购、产品生产、质量控制、贮存、销售和召回等全部活动可追溯。

第十五条 企业应当建立并执行质量管理体系自查制度，包括自查时间、自查依据、相关部门和人员职责、自查程序、结果评估等内容。

自查实施前应当制定自查方案，自查完成后应当形成自查报告。自查报告应当包括发现的问题、产品质量安全评价、整改措施等。自查报告应当经质量安全负责人批准，报告法定代表人，并反馈企业相关部门。企业应当对整改情况进行跟踪评价。

企业应当每年对化妆品生产质量管理规范的执行情况进行自查。出现连续停产1年以上，重新生产前应当进行自查，确认是否符合本规范要求；化妆品抽样检验结果不合格的，应当按规定及时开展自查并进行整改。

第十六条 企业应当建立并执行检验管理制度，制定原料、内包材、半成品以及成品的质量控制要求，采用检验方式作为质量控制措施的，检验项目、检验方法和检验频次应当与化妆品注册、备案资料载明的技术要求一致。

企业应当明确检验或者确认方法、取样要求、样品管理要求、检验操作规程、检验过程管理要求以及检验异常结果处理要求等，检验或者确认的结果应当真实、完整、准确。

第十七条 企业应当建立与生产的化妆品品种、数量和生产许可项目等相适应的实验室，至少具备菌落总数、霉菌和酵母菌总数等微生物检验项目的检验能力，并保证检测环境、检验人员以及检验设施、设备、仪器和试剂、培养基、标准品等满足检验需要。重金属、致病菌和产品执行的标准中规定的其他安全性风险物质，可以委托取得资质认定的检验检测机构进行检验。

企业应当建立并执行实验室管理制度，保证实验设备仪器正常运行，对实验室使用的试剂、培养基、标准品的配制、使用、报废和有效期实施管理，保证检验结果真实、完整、准确。

第十八条 企业应当建立并执行留样管理制度。每批出厂的产品均应当留样，留样数量至少达到出厂检验需求量的2倍，并应当满足产品质量检验的要求。

出厂的产品为成品的，留样应当保持原始销售包装。销售包装为套盒形式，该销售包装内含有多个化妆品且全部为最小销售单元的，如果已经对包装内的最小销售单元留样，可以不对该销售包装产品整体留样，但应当留存能够满足质量追溯需求的套盒外包装。

出厂的产品为半成品的，留样应当密封且能够保证产品质量稳定，并有符合要求的标签信息，保证可追溯。

企业应当依照相关法律法规的规定和标签标示的要求贮存留样的产品，并保存留样记录。留样保存期限不得少于产品使用期限届满后 6 个月。发现留样的产品在使用期限内变质的，企业应当及时分析原因，并依法召回已上市销售的该批次化妆品，主动消除安全风险。

第四章 厂房设施与设备管理

第十九条 企业应当具备与生产的化妆品品种、数量和生产许可项目等相适应的生产场地和设施设备。生产场地选址应当不受有毒、有害场所以及其他污染源的影响，建筑结构、生产车间和设施设备应当便于清洁、操作和维护。

第二十条 企业应当按照生产工艺流程及环境控制要求设置生产车间，不得擅自改变生产车间的功能区域划分。生产车间不得有污染源，物料、产品和人员流向应当合理，避免产生污染与交叉污染。

生产车间更衣室应当配备衣柜、鞋柜，洁净区、准洁净区应当配备非手接触式洗手及消毒设施。企业应当根据生产环境控制需要设置二次更衣室。

第二十一条 企业应当按照产品工艺环境要求，在生产车间内划分洁净区、准洁净区、一般生产区，生产车间环境指标应当符合本规范附 2 的要求。不同洁净级别的区域应当物理隔离，并根据工艺质量保证要求，保持相应的压差。

生产车间应当保持良好的通风和适宜的温度、湿度。根据生产工艺需要，洁净区应当采取净化和消毒措施，准洁净区应当采取消毒措施。企业应当制定洁净区和准洁净区环境监控计划，定期进行监控，每年按照化妆品生产车间环境要求对生产车间进行检测。

第二十二条 生产车间应当配备防止蚊蝇、昆虫、鼠和其他动物进入、孳生的设施，并有效监控。物料、产品等贮存区域应当配备合适的照明、通风、防鼠、防虫、防尘、防潮等设施，并依照物料和产品的特性配备温度、湿度调节及监控设施。

生产车间等场所不得贮存、生产对化妆品质量安全有不利影响的物料、产品或者其他物品。

第二十三条 易产生粉尘、不易清洁等的生产工序，应当在单独的生产操作区域完成，使用专用的生产设备，并采取相应的清洁措施，防止交叉污染。

易产生粉尘和使用挥发性物质生产工序的操作区域应当配备有效的除尘或者排风设施。

第二十四条 企业应当配备与生产的化妆品品种、数量、生产许可项目、生产工艺流程相适应的设备，与产品质量安全相关的设备应当设置唯一编号。管道的设计、安装应当避免死角、盲管或者受到污染，固定管道上应当清晰标示内容物的名称或者管道用途，并注明流向。

所有与原料、内包材、产品接触的设备、器具、管道等的材质应当满足使用要求，不得影响产品质量安全。

第二十五条 企业应当建立并执行生产设备管理制度，包括生产设备的采购、安装、确认、使用、维护保养、清洁等要求，对关键衡器、量具、仪表和仪器定期进行检定或者校准。

企业应当建立并执行主要生产设备使用规程。设备状态标识、清洁消毒标识应当清晰。

企业应当建立并执行生产设备、管道、容器、器具的清洁消毒操作规程。所选用的润滑剂、清洁剂、消毒剂不得对物料、产品或者设备、器具造成污染或者腐蚀。

第二十六条 企业制水、水贮存及输送系统的设计、安装、运行、维护应当确保工艺用水达到质量标准要求。

企业应当建立并执行水处理系统定期清洁、消毒、监测、维护制度。

第二十七条 企业空气净化系统的设计、安装、运行、维护应当确保生产车间达到环境要求。

企业应当建立并执行空气净化系统定期清洁、消毒、监测、维护制度。

第五章 物料与产品管理

第二十八条 企业应当建立并执行物料供应商遴选制度，对物料供应商进行审核和评价。企业应当与物料供应商签订采购合同，并在合同中明确物料验收标准和双方质量责任。

企业应当根据审核评价的结果建立合格物料供应商名录，明确关键原料供应商，并对关键原料供应商进行重点审核，必要时应当进行现场审核。

第二十九条 企业应当建立并执行物料审查制度，建立原料、外购的半成品以及内包材清单，明确原料、外购的半成品成分，留存必要的原料、外购的半成品、内包材质量安全相关信息。

企业应当在物料采购前对原料、外购的半成品、内包材实施审查，不得使用禁用原料、未经注册或者备案的新原料，不得超出使用范围、限制条件使用限用原料，确保原料、外购的半成品、内包材符合法律法规、强制性国家标准、技术规范的要求。

第三十条 企业应当建立并执行物料进货查验记录制度，建立并执行物料验收规程，明确物料验收标准和验收方法。企业应当按照物料验收规程对到货物料检验或者确认，确保实际交付的物料与采购合同、送货票证一致，并达到物料质量要求。

企业应当对关键原料留样，并保存留样记录。留样的原料应当有标签，至少包括原料中文名称或者原料代码、生产企业名称、原料规格、贮存条件、使用期限等信息，保证可追溯。留样数量应当满足原料质量检验的要求。

第三十一条 物料和产品应当按规定的条件贮存，确保质量稳定。物料应当分类按批摆放，并明确标示。

物料名称用代码标示的，应当制定代码对照表，原料代码应当明确对应的原料标准中文名称。

第三十二条 企业应当建立并执行物料放行管理制度，确保物料放行后方可用于生产。

企业应当建立并执行不合格物料处理规程。超过使用期限的物料应当按照不合格品管理。

第三十三条 企业生产用水的水质和水量应当满足生产要求，水质至少达到生活饮用水卫生标准要求。生产用水为小型集中式供水或者分散式供水的，应当由取得资质认定的检验检测机构对生产用水进行检测，每年至少一次。

企业应当建立并执行工艺用水质量标准、工艺用水管理规程，对工艺用水水质定期监测，确保符合生产质量要求。

第三十四条 产品应当符合相关法律法规、强制性国家标准、技术规范和化妆品注册、备案资料载明的技术要求。

企业应当建立并执行标签管理制度，对产品标签进行审核确认，确保产品的标签符合相关法律法规、强制性国家标准、技术规范的要求。内包材上标注标签的生产工序应当在完成最后一道接触化妆品内容物生产工序的生产企业内完成。

产品销售包装上标注的使用期限不得擅自更改。

第六章 生产过程管理

第三十五条　企业应当建立并执行与生产的化妆品品种、数量和生产许可项目等相适应的生产管理制度。

第三十六条　企业应当按照化妆品注册、备案资料载明的技术要求建立并执行产品生产工艺规程和岗位操作规程，确保按照化妆品注册、备案资料载明的技术要求生产产品。企业应当明确生产工艺参数及工艺过程的关键控制点，主要生产工艺应当经过验证，确保能够持续稳定地生产出合格的产品。

第三十七条　企业应当根据生产计划下达生产指令。生产指令应当包括产品名称、生产批号（或者与生产批号可关联的唯一标识符号）、产品配方、生产总量、生产时间等内容。

生产部门应当根据生产指令进行生产。领料人应当核对所领用物料的包装、标签信息等，填写领料单据。

第三十八条　企业应当在生产开始前对生产车间、设备、器具和物料进行确认，确保其符合生产要求。

企业在使用内包材前，应当按照清洁消毒操作规程进行清洁消毒，或者对其卫生符合性进行确认。

第三十九条　企业应当对生产过程使用的物料以及半成品全程清晰标识，标明名称或者代码、生产日期或者批号、数量，并可追溯。

第四十条　企业应当对生产过程按照生产工艺规程和岗位操作规程进行控制，应当真实、完整、准确地填写生产记录。

生产记录应当至少包括生产指令、领料、称量、配制、填充或者灌装、包装、产品检验以及放行等内容。

第四十一条　企业应当在生产后检查物料平衡，确认物料平衡符合生产工艺规程设定的限度范围。超出限度范围时，应当查明原因，确认无潜在质量风险后，方可进入下一工序。

第四十二条　企业应当在生产后及时清场，对生产车间和生产设备、管道、容器、器具等按照操作规程进行清洁消毒并记录。清洁消毒完成后，应当清晰标识，并按照规定注明有效期限。

第四十三条　企业应当将生产结存物料及时退回仓库。退仓物料应当密封并做好标识，必要时重新包装。仓库管理人员应当按照退料单据核对退仓物料的名称或者代码、生产日期或者批号、数量等。

第四十四条　企业应当建立并执行不合格品管理制度，及时分析不合格原因。企业应当编制返工控制文件，不合格品经评估确认能够返工的，方可返工。不合格品的销毁、返工等处理措施应当经质量管理部门批准并记录。

企业应当对半成品的使用期限做出规定，超过使用期限未填充或者灌装的，应当及时按照不合格品处理。

第四十五条　企业应当建立并执行产品放行管理制度，确保产品经检验合格且相关生产和质量活动记录经审核批准后，方可放行。

上市销售的化妆品应当附有出厂检验报告或者合格标记等形式的产品质量检验合格证明。

第七章 委托生产管理

第四十六条 委托生产的化妆品注册人、备案人（以下简称"委托方"）应当按照本规范的规定建立相应的质量管理体系，并对受托生产企业的生产活动进行监督。

第四十七条 委托方应当建立与所注册或者备案的化妆品和委托生产需要相适应的组织机构，明确注册备案管理、生产质量管理、产品销售管理等关键环节的负责部门和职责，配备相应的管理人员。

第四十八条 化妆品委托生产的，委托方应当是所生产化妆品的注册人或者备案人。受托生产企业应当是持有有效化妆品生产许可证的企业，并在其生产许可范围内接受委托。

第四十九条 委托方应当建立化妆品质量安全责任制，明确委托方法定代表人、质量安全负责人以及其他化妆品质量安全相关岗位的职责，各岗位人员应当按照岗位职责要求，逐级履行相应的化妆品质量安全责任。

第五十条 委托方应当按照本规范第七条第一款规定设质量安全负责人。

质量安全负责人应当协助委托方法定代表人承担下列相应的产品质量安全管理和产品放行职责：

（一）建立并组织实施本企业质量管理体系，落实质量安全管理责任，定期向法定代表人报告质量管理体系运行情况；

（二）产品质量安全问题的决策及有关文件的签发；

（三）审核化妆品注册、备案资料；

（四）委托方采购、提供物料的，物料供应商、物料放行的审核管理；

（五）产品的上市放行；

（六）受托生产企业遴选和生产活动的监督管理；

（七）化妆品不良反应监测管理。

质量安全负责人应当遵守第七条第三款的有关规定。

第五十一条 委托方应当建立受托生产企业遴选标准，在委托生产前，对受托生产企业资质进行审核，考察评估其生产质量管理体系运行状况和生产能力，确保受托生产企业取得相应的化妆品生产许可且具备相应的产品生产能力。

委托方应当建立受托生产企业名录和管理档案。

第五十二条 委托方应当与受托生产企业签订委托生产合同，明确委托事项、委托期限、委托双方的质量安全责任，确保受托生产企业依照法律法规、强制性国家标准、技术规范以及化妆品注册、备案资料载明的技术要求组织生产。

第五十三条 委托方应当建立并执行受托生产企业生产活动监督制度，对各环节受托生产企业的生产活动进行监督，确保受托生产企业按照法定要求进行生产。

委托方应当建立并执行受托生产企业更换制度，发现受托生产企业的生产条件、生产能力发生变化，不再满足委托生产需要的，应当及时停止委托，根据生产需要更换受托生产企业。

第五十四条 委托方应当建立并执行化妆品注册备案管理、从业人员健康管理、从业人员培训、质量管理体系自查、产品放行管理、产品留样管理、产品销售记录、产品贮存和运输管理、产品退货记录、产品质量投诉管理、产品召回管理等质量管理制度，建立并实施化妆品不良反应监测和评价体系。

委托方向受托生产企业提供物料的，委托方应当按照本规范要求建立并执行物料供应商遴选、物料审查、物料进货查验记录和验收以及物料放行管理等相关制度。

委托方应当根据委托生产实际，按照本规范建立并执行其他相关质量管理制度。

第五十五条　委托方应当建立并执行产品放行管理制度，在受托生产企业完成产品出厂放行的基础上，确保产品经检验合格且相关生产和质量活动记录经审核批准后，方可上市放行。

上市销售的化妆品应当附有出厂检验报告或者合格标记等形式的产品质量检验合格证明。

第五十六条　委托方应当建立并执行留样管理制度，在其住所或者主要经营场所留样；也可以在其住所或者主要经营场所所在地的其他经营场所留样。留样应当符合本规范第十八条的规定。

留样地点不是委托方的住所或者主要经营场所的，委托方应当将留样地点的地址等信息在首次留样之日起20个工作日内，按规定向所在地负责药品监督管理的部门报告。

第五十七条　委托方应当建立并执行记录管理制度，保存与本规范有关活动的记录。记录应当符合本规范第十三条的相关要求。

执行生产质量管理规范的相关记录由受托生产企业保存的，委托方应当监督其保存相关记录。

第八章　产品销售管理

第五十八条　化妆品注册人、备案人、受托生产企业应当建立并执行产品销售记录制度，并确保所销售产品的出货单据、销售记录与货品实物一致。

产品销售记录应当至少包括产品名称、特殊化妆品注册证编号或者普通化妆品备案编号、使用期限、净含量、数量、销售日期、价格，以及购买者名称、地址和联系方式等内容。

第五十九条　化妆品注册人、备案人、受托生产企业应当建立并执行产品贮存和运输管理制度。依照有关法律法规的规定和产品标签标示的要求贮存、运输产品，定期检查并且及时处理变质或者超过使用期限等质量异常的产品。

第六十条　化妆品注册人、备案人、受托生产企业应当建立并执行退货记录制度。

退货记录内容应当包括退货单位、产品名称、净含量、使用期限、数量、退货原因以及处理结果等内容。

第六十一条　化妆品注册人、备案人、受托生产企业应当建立并执行产品质量投诉管理制度，指定人员负责处理产品质量投诉并记录。质量管理部门应当对投诉内容进行分析评估，并提升产品质量。

第六十二条　化妆品注册人、备案人应当建立并实施化妆品不良反应监测和评价体系。受托生产企业应当建立并执行化妆品不良反应监测制度。

化妆品注册人、备案人、受托生产企业应当配备与其生产化妆品品种、数量相适应的机构和人员，按规定开展不良反应监测工作，并形成监测记录。

第六十三条　化妆品注册人、备案人应当建立并执行产品召回管理制度，依法实施召回工作。发现产品存在质量缺陷或者其他问题，可能危害人体健康的，应当立即停止生产，召回已经上市销售的产品，通知相关化妆品经营者和消费者停止经营、使用，记录召回和通知情况。对召回的产品，应当清晰标识、单独存放，并视情况采取补救、无害化处理、销毁等措施。因产品质量问题实施的化妆品召回和处理情况，化妆品注册人、备案人应当及时向所在地省、自治区、直辖市药品监督管理部门报告。

受托生产企业应当建立并执行产品配合召回制度。发现其生产的产品有第一款规定情形的，应当立即停止生产，并通知相关化妆品注册人、备案人。化妆品注册人、备案人实施召回的，受托生产企业应当予以配合。

召回记录内容应当至少包括产品名称、净含量、使用期限、召回数量、实际召回数量、召回原因、召回时间、处理结果、向监管部门报告情况等。

第九章 附 则

第六十四条 本规范有关用语含义如下：

批：在同一生产周期、同一工艺过程内生产的，质量具有均一性的一定数量的化妆品。

批号：用于识别一批产品的唯一标识符号，可以是一组数字或者数字和字母的任意组合，用以追溯和审查该批化妆品的生产历史。

半成品：是指除填充或者灌装工序外，已完成其他全部生产加工工序的产品。

物料：生产中使用的原料和包装材料。外购的半成品应当参照物料管理。

成品：完成全部生产工序、附有标签的产品。

产品：生产的化妆品半成品和成品。

工艺用水：生产中用来制造、加工产品以及与制造、加工工艺过程有关的用水。

内包材：直接接触化妆品内容物的包装材料。

生产车间：从事化妆品生产、贮存的区域，按照产品工艺环境要求，可以划分为洁净区、准洁净区和一般生产区。

洁净区：需要对环境中尘粒及微生物数量进行控制的区域（房间），其建筑结构、装备及使用应当能够减少该区域内污染物的引入、产生和滞留。

准洁净区：需要对环境中微生物数量进行控制的区域（房间），其建筑结构、装备及使用应当能够减少该区域内污染物的引入、产生和滞留。

一般生产区：生产工序中不接触化妆品内容物、清洁内包材，不对微生物数量进行控制的生产区域。

物料平衡：产品、物料实际产量或者实际用量及收集到的损耗之和与理论产量或者理论用量之间的比较，并考虑可以允许的偏差范围。

验证：证明任何操作规程或者方法、生产工艺或者设备系统能够达到预期结果的一系列活动。

第六十五条 仅从事半成品配制的化妆品注册人、备案人以及受托生产企业应当按照本规范要求组织生产。其出厂的产品标注的标签应当至少包括产品名称、企业名称、规格、贮存条件、使用期限等信息。

第六十六条 牙膏生产质量管理按照本规范执行。

第六十七条 本规范自 2022 年 7 月 1 日起施行。

附录三 《化妆品生产经营监督管理办法》

（2021 年 8 月 2 日国家市场监督管理总局令第 46 号公布 自 2022 年 1 月 1 日起施行）

第一章 总 则

第一条 为了规范化妆品生产经营活动，加强化妆品监督管理，保证化妆品质量安全，根据《化妆品监督管理条例》，制定本办法。

第二条 在中华人民共和国境内从事化妆品生产经营活动及其监督管理，应当遵守本办法。

第三条 国家药品监督管理局负责全国化妆品监督管理工作。

县级以上地方人民政府负责药品监督管理的部门负责本行政区域的化妆品监督管理工作。

第四条 化妆品注册人、备案人应当依法建立化妆品生产质量管理体系，履行产品不良反应监测、风险控制、产品召回等义务，对化妆品的质量安全和功效宣称负责。化妆品生产经营者应当依照法律、法规、规章、强制性国家标准、技术规范从事生产经营活动，加强管理，诚信自律，保证化妆品质量安全。

第五条 国家对化妆品生产实行许可管理。从事化妆品生产活动，应当依法取得化妆品生产许可证。

第六条 化妆品生产经营者应当依法建立进货查验记录、产品销售记录等制度，确保产品可追溯。

鼓励化妆品生产经营者采用信息化手段采集、保存生产经营信息，建立化妆品质量安全追溯体系。

第七条 国家药品监督管理局加强信息化建设，为公众查询化妆品信息提供便利化服务。

负责药品监督管理的部门应当依法及时公布化妆品生产许可、监督检查、行政处罚等监督管理信息。

第八条 负责药品监督管理的部门应当充分发挥行业协会、消费者协会和其他消费者组织、新闻媒体等的作用，推进诚信体系建设，促进化妆品安全社会共治。

第二章 生产许可

第九条 申请化妆品生产许可，应当符合下列条件：

（一）是依法设立的企业；

（二）有与生产的化妆品品种、数量和生产许可项目等相适应的生产场地，且与有毒、有害场所以及其他污染源保持规定的距离；

（三）有与生产的化妆品品种、数量和生产许可项目等相适应的生产设施设备且布局合理，空气净化、水处理等设施设备符合规定要求；

（四）有与生产的化妆品品种、数量和生产许可项目等相适应的技术人员；

（五）有与生产的化妆品品种、数量相适应，能对生产的化妆品进行检验的检验人员和检验设备；

（六）有保证化妆品质量安全的管理制度。

第十条 化妆品生产许可申请人应当向所在地省、自治区、直辖市药品监督管理部门提出申请，提交其符合本办法第九条规定条件的证明资料，并对资料的真实性负责。

第十一条 省、自治区、直辖市药品监督管理部门对申请人提出的化妆品生产许可申请，应当根据下列情况分别作出处理：

（一）申请事项依法不需要取得许可的，应当作出不予受理的决定，出具不予受理通知书；

（二）申请事项依法不属于药品监督管理部门职权范围的，应当作出不予受理的决定，出具不予受理通知书，并告知申请人向有关行政机关申请；

（三）申请资料存在可以当场更正的错误的，应当允许申请人当场更正，由申请人在更正处签名或者盖章，注明更正日期；

（四）申请资料不齐全或者不符合法定形式的，应当当场或者在5个工作日内一次告知申请人需要补正的全部内容以及提交补正资料的时限。逾期不告知的，自收到申请资料之日起即为受理；

（五）申请资料齐全、符合法定形式，或者申请人按照要求提交全部补正资料的，应当受理化妆品生产许可申请。

省、自治区、直辖市药品监督管理部门受理或者不予受理化妆品生产许可申请的，应当出具受理或者不予受理通知书。决定不予受理的，应当说明不予受理的理由，并告知申请人依法享有申请行政复议或者提起行政诉讼的权利。

第十二条 省、自治区、直辖市药品监督管理部门应当对申请人提交的申请资料进行审核，对申请人的生产场所进行现场核查，并自受理化妆品生产许可申请之日起30个工作日内作出决定。

第十三条 省、自治区、直辖市药品监督管理部门应当根据申请资料审核和现场核查等情况，对符合规定条件的，作出准予许可的决定，并自作出决定之日起5个工作日内向申请人颁发化妆品生产许可证；对不符合规定条件的，及时作出不予许可的书面决定并说明理由，同时告知申请人依法享有申请行政复议或者提起行政诉讼的权利。

化妆品生产许可证发证日期为许可决定作出的日期，有效期为5年。

第十四条 化妆品生产许可证分为正本、副本。正本、副本具有同等法律效力。

国家药品监督管理局负责制定化妆品生产许可证式样。省、自治区、直辖市药品监督管理部门负责化妆品生产许可证的印制、发放等管理工作。

药品监督管理部门制作的化妆品生产许可电子证书与印制的化妆品生产许可证书具有同等法律效力。

第十五条 化妆品生产许可证应当载明许可证编号、生产企业名称、住所、生产地址、统一社会信用代码、法定代表人或者负责人、生产许可项目、有效期、发证机关、发证日期等。

化妆品生产许可证副本还应当载明化妆品生产许可变更情况。

第十六条 化妆品生产许可项目按照化妆品生产工艺、成品状态和用途等，划分为一般液态单元、膏霜乳液单元、粉单元、气雾剂及有机溶剂单元、蜡基单元、牙膏单元、皂基单元、其他单元。国家药品监督管理局可以根据化妆品质量安全监督管理实际需要调整生产许可项目划分单元。

具备儿童护肤类、眼部护肤类化妆品生产条件的，应当在生产许可项目中特别标注。

第十七条 化妆品生产许可证有效期内，申请人的许可条件发生变化，或者需要变更许可证载明事项的，应当向原发证的药品监督管理部门申请变更。

第十八条 生产许可项目发生变化，可能影响产品质量安全的生产设施设备发生变化，或者在化妆品生产场地原址新建、改建、扩建车间的，化妆品生产企业应当在投入生产前向原发证的药品监督管理部门申请变更，并依照本办法第十条的规定提交与变更有关的资料。原发证的药品监督管理部门应当进行审核，自受理变更申请之日起 30 个工作日内作出是否准予变更的决定，并在化妆品生产许可证副本上予以记录。需要现场核查的，依照本办法第十二条的规定办理。

因生产许可项目等的变更需要进行全面现场核查，经省、自治区、直辖市药品监督管理部门现场核查并符合要求的，颁发新的化妆品生产许可证，许可证编号不变，有效期自发证之日起重新计算。

同一个化妆品生产企业在同一个省、自治区、直辖市申请增加化妆品生产地址的，可以依照本办法的规定办理变更手续。

第十九条 生产企业名称、住所、法定代表人或者负责人等发生变化的，化妆品生产企业应当自发生变化之日起 30 个工作日内向原发证的药品监督管理部门申请变更，并提交与变更有关的资料。原发证的药品监督管理部门应当自受理申请之日起 3 个工作日内办理变更手续。

质量安全负责人、预留的联系方式等发生变化的，化妆品生产企业应当在变化后 10 个工作日内向原发证的药品监督管理部门报告。

第二十条 化妆品生产许可证有效期届满需要延续的，申请人应当在生产许可证有效期届满前 90 个工作日至 30 个工作日期间向所在地省、自治区、直辖市药品监督管理部门提出延续许可申请，并承诺其符合本办法规定的化妆品生产许可条件。申请人应当对提交资料和作出承诺的真实性、合法性负责。

逾期未提出延续许可申请的，不再受理其延续许可申请。

第二十一条 省、自治区、直辖市药品监督管理部门应当自收到延续许可申请后 5 个工作日内对申请资料进行形式审查，符合要求的予以受理，并自受理之日起 10 个工作日内向申请人换发新的化妆品生产许可证。许可证有效期自原许可证有效期届满之日的次日起重新计算。

第二十二条 省、自治区、直辖市药品监督管理部门应当对已延续许可的化妆品生产企业的申报资料和承诺进行监督，发现不符合本办法第九条规定的化妆品生产许可条件的，应当依法撤销化妆品生产许可。

第二十三条 化妆品生产企业有下列情形之一的，原发证的药品监督管理部门应当依法注销其化妆品生产许可证，并在政府网站上予以公布：

（一）企业主动申请注销的；

（二）企业主体资格被依法终止的；

（三）化妆品生产许可证有效期届满未申请延续的；

（四）化妆品生产许可依法被撤回、撤销或者化妆品生产许可证依法被吊销的；

（五）法律法规规定应当注销化妆品生产许可的其他情形。

化妆品生产企业申请注销生产许可时，原发证的药品监督管理部门发现注销可能影响案件查处的，可以暂停办理注销手续。

第三章 化妆品生产

第二十四条 国家药品监督管理局制定化妆品生产质量管理规范，明确质量管理机构与人员、质量保证与控制、厂房设施与设备管理、物料与产品管理、生产过程管理、产品销售管理等要求。

化妆品注册人、备案人、受托生产企业应当按照化妆品生产质量管理规范的要求组织生产化妆品，建立化妆品生产质量管理体系并保证持续有效运行。生产车间等场所不得贮存、生产对化妆品质量有不利影响的产品。

第二十五条 化妆品注册人、备案人、受托生产企业应当建立并执行供应商遴选、原料验收、生产过程及质量控制、设备管理、产品检验及留样等保证化妆品质量安全的管理制度。

第二十六条 化妆品注册人、备案人委托生产化妆品的，应当委托取得相应化妆品生产许可的生产企业生产，并对其生产活动全过程进行监督，对委托生产的化妆品的质量安全负责。受托生产企业应当具备相应的生产条件，并依照法律、法规、强制性国家标准、技术规范和合同约定组织生产，对生产活动负责，接受委托方的监督。

第二十七条 化妆品注册人、备案人、受托生产企业应当建立化妆品质量安全责任制，落实化妆品质量安全主体责任。

化妆品注册人、备案人、受托生产企业的法定代表人、主要负责人对化妆品质量安全工作全面负责。

第二十八条 质量安全负责人按照化妆品质量安全责任制的要求协助化妆品注册人、备案人、受托生产企业法定代表人、主要负责人承担下列相应的产品质量安全管理和产品放行职责：

（一）建立并组织实施本企业质量管理体系，落实质量安全管理责任；

（二）产品配方、生产工艺、物料供应商等的审核管理；

（三）物料放行管理和产品放行；

（四）化妆品不良反应监测管理；

（五）受托生产企业生产活动的监督管理。

质量安全负责人应当具备化妆品、化学、化工、生物、医学、药学、食品、公共卫生或者法学等化妆品质量安全相关专业知识和法律知识，熟悉相关法律、法规、规章、强制性国家标准、技术规范，并具有 5 年以上化妆品生产或者质量管理经验。

第二十九条 化妆品注册人、备案人、受托生产企业应当建立并执行从业人员健康管理制度，建立从业人员健康档案。健康档案至少保存 3 年。

直接从事化妆品生产活动的人员应当每年接受健康检查。患有国务院卫生行政主管部门规定的有碍化妆品质量安全疾病的人员不得直接从事化妆品生产活动。

第三十条 化妆品注册人、备案人、受托生产企业应当制定从业人员年度培训计划，开展化妆品法律、法规、规章、强制性国家标准、技术规范等知识培训，并建立培训档案。生产岗位操作人员、检验人员应当具有相应的知识和实际操作技能。

第三十一条　化妆品经出厂检验合格后方可上市销售。

化妆品注册人、备案人应当按照规定对出厂的化妆品留样并记录。留样应当保持原始销售包装且数量满足产品质量检验的要求。留样保存期限不得少于产品使用期限届满后 6 个月。

委托生产化妆品的，受托生产企业也应当按照前款的规定留样并记录。

第三十二条　化妆品注册人、备案人、受托生产企业应当建立并执行原料以及直接接触化妆品的包装材料进货查验记录制度、产品销售记录制度。进货查验记录和产品销售记录应当真实、完整，保证可追溯，保存期限不得少于产品使用期限期满后 1 年；产品使用期限不足 1 年的，记录保存期限不得少于 2 年。

委托生产化妆品的，原料以及直接接触化妆品的包装材料进货查验等记录可以由受托生产企业保存。

第三十三条　化妆品注册人、备案人、受托生产企业应当每年对化妆品生产质量管理规范的执行情况进行自查。自查报告应当包括发现的问题、产品质量安全评价、整改措施等，保存期限不得少于 2 年。

经自查发现生产条件发生变化，不再符合化妆品生产质量管理规范要求的，化妆品注册人、备案人、受托生产企业应当立即采取整改措施；发现可能影响化妆品质量安全的，应当立即停止生产，并向所在地省、自治区、直辖市药品监督管理部门报告。影响质量安全的风险因素消除后，方可恢复生产。省、自治区、直辖市药品监督管理部门可以根据实际情况组织现场检查。

第三十四条　化妆品注册人、备案人、受托生产企业连续停产 1 年以上，重新生产前，应当进行全面自查，确认符合要求后，方可恢复生产。自查和整改情况应当在恢复生产之日起 10 个工作日内向所在地省、自治区、直辖市药品监督管理部门报告。

第三十五条　化妆品的最小销售单元应当有中文标签。标签内容应当与化妆品注册或者备案资料中产品标签样稿一致。

化妆品的名称、成分、功效等标签标注的事项应当真实、合法，不得含有明示或者暗示具有医疗作用，以及虚假或者引人误解、违背社会公序良俗等违反法律法规的内容。化妆品名称使用商标的，还应当符合国家有关商标管理的法律法规规定。

第三十六条　供儿童使用的化妆品应当符合法律、法规、强制性国家标准、技术规范以及化妆品生产质量管理规范等关于儿童化妆品质量安全的要求，并按照国家药品监督管理局的规定在产品标签上进行标注。

第三十七条　化妆品的标签存在下列情节轻微，不影响产品质量安全且不会对消费者造成误导的情形，可以认定为化妆品监督管理条例第六十一条第二款规定的标签瑕疵：

（一）文字、符号、数字的字号不规范，或者出现多字、漏字、错别字、非规范汉字的；

（二）使用期限、净含量的标注方式和格式不规范等的；

（三）化妆品标签不清晰难以辨认、识读的，或者部分印字脱落或者粘贴不牢的；

（四）化妆品成分名称不规范或者成分未按照配方含量的降序列出的；

（五）其他违反标签管理规定但不影响产品质量安全且不会对消费者造成误导的情形。

第三十八条　化妆品注册人、备案人、受托生产企业应当采取措施避免产品性状、外观形态等与食品、药品等产品相混淆，防止误食、误用。

生产、销售用于未成年人的玩具、用具等，应当依法标明注意事项，并采取措施防止产品被误用为儿童化妆品。

普通化妆品不得宣称特殊化妆品相关功效。

第四章 化妆品经营

第三十九条 化妆品经营者应当建立并执行进货查验记录制度，查验直接供货者的市场主体登记证明、特殊化妆品注册证或者普通化妆品备案信息、化妆品的产品质量检验合格证明并保存相关凭证，如实记录化妆品名称、特殊化妆品注册证编号或者普通化妆品备案编号、使用期限、净含量、购进数量、供货者名称、地址、联系方式、购进日期等内容。

第四十条 实行统一配送的化妆品经营者，可以由经营者总部统一建立并执行进货查验记录制度，按照本办法的规定，统一进行查验记录并保存相关凭证。经营者总部应当保证所属分店能提供所经营化妆品的相关记录和凭证。

第四十一条 美容美发机构、宾馆等在经营服务中使用化妆品或者为消费者提供化妆品的，应当依法履行化妆品监督管理条例以及本办法规定的化妆品经营者义务。

美容美发机构经营中使用的化妆品以及宾馆等为消费者提供的化妆品应当符合最小销售单元标签的规定。

美容美发机构应当在其服务场所内显著位置展示其经营使用的化妆品的销售包装，方便消费者查阅化妆品标签的全部信息，并按照化妆品标签或者说明书的要求，正确使用或者引导消费者正确使用化妆品。

第四十二条 化妆品集中交易市场开办者、展销会举办者应当建立保证化妆品质量安全的管理制度并有效实施，承担入场化妆品经营者管理责任，督促入场化妆品经营者依法履行义务，每年或者展销会期间至少组织开展一次化妆品质量安全知识培训。

化妆品集中交易市场开办者、展销会举办者应当建立入场化妆品经营者档案，审查入场化妆品经营者的市场主体登记证明，如实记录经营者名称或者姓名、联系方式、住所等信息。入场化妆品经营者档案信息应当及时核验更新，保证真实、准确、完整，保存期限不少于经营者在场内停止经营后 2 年。

化妆品展销会举办者应当在展销会举办前向所在地县级负责药品监督管理的部门报告展销会的时间、地点等基本信息。

第四十三条 化妆品集中交易市场开办者、展销会举办者应当建立化妆品检查制度，对经营者的经营条件以及化妆品质量安全状况进行检查。发现入场化妆品经营者有违反化妆品监督管理条例以及本办法规定行为的，应当及时制止，依照集中交易市场管理规定或者与经营者签订的协议进行处理，并向所在地县级负责药品监督管理的部门报告。

鼓励化妆品集中交易市场开办者、展销会举办者建立化妆品抽样检验、统一销售凭证格式等制度。

第四十四条 电子商务平台内化妆品经营者以及通过自建网站、其他网络服务经营化妆品的电子商务经营者应当在其经营活动主页面全面、真实、准确披露与化妆品注册或者备案资料一致的化妆品标签等信息。

第四十五条 化妆品电子商务平台经营者应当对申请入驻的平台内化妆品经营者进行实名登记，要求其提交身份、地址、联系方式等真实信息，进行核验、登记，建立登记档案，并至少每 6 个月核验更新一次。化妆品电子商务平台经营者对平台内化妆品经营者身份信息的保存时间自其退出平台之日起不少于 3 年。

第四十六条　化妆品电子商务平台经营者应当设置化妆品质量管理机构或者配备专兼职管理人员，建立平台内化妆品日常检查、违法行为制止及报告、投诉举报处理等化妆品质量安全管理制度并有效实施，加强对平台内化妆品经营者相关法规知识宣传。鼓励化妆品电子商务平台经营者开展抽样检验。

化妆品电子商务平台经营者应当依法承担平台内化妆品经营者管理责任，对平台内化妆品经营者的经营行为进行日常检查，督促平台内化妆品经营者依法履行化妆品监督管理条例以及本办法规定的义务。发现违法经营化妆品行为的，应当依法或者依据平台服务协议和交易规则采取删除、屏蔽、断开链接等必要措施及时制止，并报告所在地省、自治区、直辖市药品监督管理部门。

第四十七条　化妆品电子商务平台经营者收到化妆品不良反应信息、投诉举报信息的，应当记录并及时转交平台内化妆品经营者处理；涉及产品质量安全的重大信息，应当及时报告所在地省、自治区、直辖市药品监督管理部门。

负责药品监督管理的部门因监督检查、案件调查等工作需要，要求化妆品电子商务平台经营者依法提供相关信息的，化妆品电子商务平台经营者应当予以协助、配合。

第四十八条　化妆品电子商务平台经营者发现有下列严重违法行为的，应当立即停止向平台内化妆品经营者提供电子商务平台服务：

（一）因化妆品质量安全相关犯罪被人民法院判处刑罚的；

（二）因化妆品质量安全违法行为被公安机关拘留或者给予其他治安管理处罚的；

（三）被药品监督管理部门依法作出吊销许可证、责令停产停业等处罚的；

（四）其他严重违法行为。

因涉嫌化妆品质量安全犯罪被立案侦查或者提起公诉，且有证据证明可能危害人体健康的，化妆品电子商务平台经营者可以依法或者依据平台服务协议和交易规则暂停向平台内化妆品经营者提供电子商务平台服务。

化妆品电子商务平台经营者知道或者应当知道平台内化妆品经营者被依法禁止从事化妆品生产经营活动的，不得向其提供电子商务平台服务。

第四十九条　以免费试用、赠予、兑换等形式向消费者提供化妆品的，应当依法履行化妆品监督管理条例以及本办法规定的化妆品经营者义务。

第五章　监督管理

第五十条　负责药品监督管理的部门应当按照风险管理的原则，确定监督检查的重点品种、重点环节、检查方式和检查频次等，加强对化妆品生产经营者的监督检查。

必要时，负责药品监督管理的部门可以对化妆品原料、直接接触化妆品的包装材料的供应商、生产企业开展延伸检查。

第五十一条　国家药品监督管理局根据法律、法规、规章、强制性国家标准、技术规范等有关规定，制定国家化妆品生产质量管理规范检查要点等监督检查要点，明确监督检查的重点项目和一般项目，以及监督检查的判定原则。省、自治区、直辖市药品监督管理部门可以结合实际，细化、补充本行政区域化妆品监督检查要点。

第五十二条　国家药品监督管理局组织开展国家化妆品抽样检验。省、自治区、直辖市药品监督管理部门组织开展本行政区域内的化妆品抽样检验。设区的市级、县级人民政府负责药品监督的部门根据工作需要，可以组织开展本行政区域内的化妆品抽样检验。

对举报反映或者日常监督检查中发现问题较多的化妆品，以及通过不良反应监测、安全风险监测和评价等发现可能存在质量安全问题的化妆品，负责药品监督管理的部门可以进行专项抽样检验。

负责药品监督管理的部门应当按照规定及时公布化妆品抽样检验结果。

第五十三条　化妆品抽样检验结果不合格的，化妆品注册人、备案人应当依照化妆品监督管理条例第四十四条的规定，立即停止生产，召回已经上市销售的化妆品，通知相关经营者和消费者停止经营、使用，按照本办法第三十三条第二款的规定开展自查，并进行整改。

第五十四条　对抽样检验结论有异议申请复检的，申请人应当向复检机构先行支付复检费用。复检结论与初检结论一致的，复检费用由复检申请人承担。复检结论与初检结论不一致的，复检费用由实施抽样检验的药品监督管理部门承担。

第五十五条　化妆品不良反应报告遵循可疑即报的原则。国家药品监督管理局建立并完善化妆品不良反应监测制度和化妆品不良反应监测信息系统。

第五十六条　未经化妆品生产经营者同意，负责药品监督管理的部门、专业技术机构及其工作人员不得披露在监督检查中知悉的化妆品生产经营者的商业秘密，法律另有规定或者涉及国家安全、重大社会公共利益的除外。

第六章　法律责任

第五十七条　化妆品生产经营的违法行为，化妆品监督管理条例等法律法规已有规定的，依照其规定。

第五十八条　违反本办法第十七条、第十八条第一款、第十九条第一款，化妆品生产企业许可条件发生变化，或者需要变更许可证载明的事项，未按规定申请变更的，由原发证的药品监督管理部门责令改正，给予警告，并处1万元以上3万元以下罚款。

违反本办法第十九条第二款，质量安全负责人、预留的联系方式发生变化，未按规定报告的，由原发证的药品监督管理部门责令改正；拒不改正的，给予警告，并处5000元以下罚款。

化妆品生产企业生产的化妆品不属于化妆品生产许可证上载明的许可项目划分单元，未经许可擅自迁址，或者化妆品生产许可有效期届满且未获得延续许可的，视为未经许可从事化妆品生产活动。

第五十九条　监督检查中发现化妆品注册人、备案人、受托生产企业违反化妆品生产质量管理规范检查要点，未按照化妆品生产质量管理规范的要求组织生产的，由负责药品监督管理的部门依照化妆品监督管理条例第六十条第三项的规定处罚。

监督检查中发现化妆品注册人、备案人、受托生产企业违反国家化妆品生产质量管理规范检查要点中一般项目规定，违法行为轻微并及时改正，没有造成危害后果的，不予行政处罚。

第六十条　违反本办法第四十二条第三款，展销会举办者未按要求向所在地负责药品监督管理的部门报告展销会基本信息的，由负责药品监督管理的部门责令改正，给予警告；拒不改正的，处5000元以上3万元以下罚款。

第六十一条　有下列情形之一的，属于化妆品监督管理条例规定的情节严重情形：

（一）使用禁止用于化妆品生产的原料、应当注册但未经注册的新原料生产儿童化妆品，或者在儿童化妆品中非法添加可能危害人体健康的物质；

（二）故意提供虚假信息或者隐瞒真实情况；

（三）拒绝、逃避监督检查；

（四）因化妆品违法行为受到行政处罚后 1 年内又实施同一性质的违法行为，或者因违反化妆品质量安全法律、法规受到刑事处罚后又实施化妆品质量安全违法行为；

（五）其他情节严重的情形。

对情节严重的违法行为处以罚款时，应当依法从重从严。

第六十二条　化妆品生产经营者违反法律、法规、规章、强制性国家标准、技术规范，属于初次违法且危害后果轻微并及时改正的，可以不予行政处罚。

当事人有证据足以证明没有主观过错的，不予行政处罚。法律、行政法规另有规定的，从其规定。

第七章　附　　则

第六十三条　配制、填充、灌装化妆品内容物，应当取得化妆品生产许可证。标注标签的生产工序，应当在完成最后一道接触化妆品内容物生产工序的化妆品生产企业内完成。

第六十四条　化妆品监督管理条例第六十条第二项规定的化妆品注册、备案资料载明的技术要求，是指对化妆品质量安全有实质性影响的技术性要求。

第六十五条　化妆品生产许可证编号的编排方式为：X 妆 XXXXXXXX。其中，第一位 X 代表许可部门所在省、自治区、直辖市的简称，第二位到第五位 X 代表 4 位数许可年份，第六位到第九位 X 代表 4 位数许可流水号。

第六十六条　本办法自 2022 年 1 月 1 日起施行。

附录四 《化妆品注册和备案检验工作规范》

第一条　为规范化妆品注册和备案检验工作，保证化妆品注册和备案检验工作公开、公平、公正、科学，依据化妆品有关法规规定，制定本规范。

第二条　在中华人民共和国境内从事化妆品注册和备案相关的微生物与理化检验、毒理学试验和人体安全性与功效评价检验等检验检测工作，适用于本规范。

第三条　化妆品企业应当依照法规、强制性国家标准、规范的要求，选择具备相应检验能力的检验检测机构，对申报注册或提交备案的化妆品进行检验，并对其提供的检验样品和有关资料的真实性、完整性负责。

从事化妆品注册和备案检验工作的检验检测机构（以下简称检验检测机构）应当依照法规、强制性国家标准、规范的要求开展检验检测工作，遵循独立、客观、公正、公开、诚信原则，并对其出具检验报告的真实性、可靠性负责。

第四条　国家药品监督管理局组织建立化妆品注册和备案检验信息管理系统（以下简称检验信息系统），用于化妆品注册和备案检验工作管理和检验检测机构信息管理。

第五条　检验检测机构一般应具备独立法人资格。非独立法人资格的检验检测机构需经其所属的法人单位授权，并能够独立承担第三方公正检验，独立开展检验检测业务活动。

检验检测机构在开展化妆品注册和备案检验工作前，应当取得化妆品领域的检验检测机构资质认定（CMA），且取得资质认定的能力范围能够满足化妆品注册和备案检验工作需要。从事化妆品人体安全性与功效评价检验的检验检测机构，还应当配备两名以上（含两名）具有皮肤病相关专业执业医师资格证书且有五年以上（含五年）化妆品人体安全性与功效评价相关工作经验的全职人员，建立受试者知情管理制度和志愿者管理体系，并具备处置化妆品不良反应的能力。

第六条　检验检测机构应当通过检验信息系统提交以下信息：

（一）机构名称、性质、地址、联系方式、规模概况和法人资质证明文件。非独立法人的检验检测机构，应当同时提交所属法人单位出具的授权文件；

（二）已取得化妆品领域的检验检测资质认定情况；

（三）依资质认定可开展的化妆品检验项目；

（四）质量管理体系建立运行情况。从事化妆品人体安全性与功效评价检验的检验检测机构还应当提交受试者知情管理制度、志愿者管理体系建立运行情况和化妆品不良反应处置能力情况；

（五）化妆品检验工作团队概况。从事化妆品人体安全性与功效评价检验的检验检测机构还应当提交两名以上（含两名）全职人员的皮肤病相关专业执业医师资格证书，以及具有五年以上（含五年）化妆品人体安全性与功效评价相关工作简历；

（六）主要仪器设备、设施清单和环境条件说明；

（七）既往开展化妆品检验工作情况；

（八）近三年无违法违规行为和无重大业务事故说明；

（九）防范和处理化妆品注册和备案检验工作中突发事件和严重不良事件的应急处置情况；

（十）其他需要说明的情况。

检验检测机构对上述信息的真实性、准确性和完整性承担法律责任。

第七条　检验检测机构按照检验信息系统要求完成信息填报后，系统将自动生成序列号并发放工作用户的账号和密码。

检验检测机构的名称、地址、联系方式、已取得检验检测机构资质认定（CMA）能力范围等信息通过检验信息系统进行公布，以便化妆品企业选择检验检测机构进行化妆品注册和备案检验。

第八条　检验检测机构应当根据本单位实际情况，及时在检验信息系统中更新信息。

检验检测机构不再具备承担化妆品注册和备案检验工作相应的能力和条件，或不再继续从事化妆品注册和备案检验工作时，应当在检验信息系统中主动注销其信息。

第九条　化妆品企业可以通过检验信息系统查询检验检测机构相关信息，自主选择具备相应检验能力的检验检测机构开展化妆品注册和备案检验。

化妆品企业通过检验信息系统提出检验申请，填写相应的检验产品信息，提交产品使用说明书等资料，同时按照化妆品注册和备案检验项目要求（附1）确定产品的检验项目。

检验检测机构接受该检验申请的，应当通知化妆品企业按要求提供送检样品，并按照双方约定开展检验工作。

检验检测机构因在检的样品达到其检验容量上限或其他原因导致暂时无法接受检验申请的，应当及时通过检验信息系统发布暂停接收检验申请的信息。

第十条　同一产品的注册或备案检验项目，一般应当由同一检验检测机构独立完成并出具检验报告。

涉及人体安全性和功效评价检验的，或者检验检测机构的资质认定（CMA）能力范围中不包括石棉项目的，化妆品企业可以同时另行选择其他取得检验检测资质认定（CMA）并具备相应检验能力的检验检测机构完成。

第十一条　化妆品企业应当一次性向首家受理注册或备案检验申请的检验检测机构（以下简称首家检验检测机构）提供产品检验所需的全部样品。送检样品应当是包装完整且未启封的同一批号的市售样品，送检时尚未上市销售的产品，可以为试制样品。

送检时样品的剩余保质期，应当能够满足化妆品注册和备案检验工作的需要。

第十二条　首家检验检测机构负责对需送往其他检验检测机构或产品注册时需要提交的同一名称、同一批号的样品进行封样，封样应由检验检测机构和化妆品企业共同确认，封条应经双方签字并加盖检验检测专用章，同时附上检验申请表、产品使用说明书等相关资料。

其他接受检验申请的检验检测机构应当对首家检验检测机构的封样情况进行核对，确认无误后方可接收样品。

第十三条　检验检测机构及工作人员应当根据法律、法规规定，对在注册和备案检验工作中知悉的商业秘密、技术秘密或其他相关信息履行保密义务。

检验检测机构应当建立申诉、投诉处理制度，及时处理对化妆品注册和备案检验工作的异议和投诉，并保存记录。

第十四条 样品的留存期限为出具检验报告之日起二年或保存至样品的保质期、限期使用日期结束。对超过留样期的样品，应当按照规定的程序经注册和备案检验检测机构负责人批准后销毁，处理时不得污染环境。留样的处理应当有详细记录。

化妆品注册和备案过程中，负责产品注册和备案管理工作的药品监督管理部门发现产品检验报告存在问题需要复核的，检验检测机构应当予以配合调用留样。

第十五条 检验检测机构应当按照化妆品注册和备案检验报告要求及体例（附2）出具检验报告。检验报告一式三份，一份检验检测机构留存，二份交申请检验的企业。

检验检测机构出具的检验报告，检验结果应当准确、可靠。检验原始记录应当真实、规范、完整、可追溯，并按有关规定保存。检验检测机构应将检验报告上传至检验信息系统，同时录入检验结果。

第十六条 检验检测机构应当对化妆品注册和备案检验档案资料进行归档并妥善保存，保存期限不少于六年。检验档案资料应当至少包括以下内容：

（一）注册或备案检验申请与受理相关资料；

（二）检验样品交接及检验流程记录；

（三）检验原始记录；

（四）检验报告；

（五）企业提交的使用说明书等其他相关资料。

第十七条 检验检测机构应当建立质量管理体系并持续有效运行，制定完善的管理制度，规范化妆品注册和备案检验工作流程和业务文书，保证检验检测机构运行符合注册和备案检验工作要求。

检验检测机构应当建立人员资质审核、培训和考核制度，保证人员资质、能力满足化妆品注册和备案检验工作要求。

检验检测机构应当保证仪器设备与环境设施条件满足化妆品注册和备案检验工作需求。

第十八条 药品监督管理部门组织对检验检测机构进行日常监督检查、有因检查、飞行检查和能力考评。检验检测机构应当配合药品监督管理部门开展监督检查工作。

国家药品监督管理局根据实际需要，组织对检验检测机构进行有因检查、飞行检查和能力考评。有因检查、飞行检查和能力考评等相关工作计划，由中国食品药品检定研究院负责制定并组织实施。

省级药品监督管理部门应当组织对本行政区域内检验检测机构开展的注册和备案检验工作进行日常监督检查和专项现场监督核查。主要对检验检测机构在检验信息系统提交信息的真实性情况、检验工作规范性情况、检验数据真实性情况、检验数据和资料的留存归档情况，以及样品收集、封样、检验和留存情况等进行检查。

第十九条 检验检测机构在从事化妆品注册和备案检验工作中有下列情形之一的，药品监督管理部门应当督促检验检测机构进行整改。整改未完成前，暂停该检验检测机构的检验信息系统使用权限。

（一）错报、漏报检验检测机构有关信息，或信息发生变更后未按要求及时在检验信息系统进行如实更新的；

（二）检验受理程序不规范的；

（三）检验报告不符合规定要求的；

（四）检验记录、样品留存和档案资料保存不符合要求的；

（五）检验过程中出现差错的；

（六）超出检验能力范围出具检验报告的；

（七）无特殊原因未按要求参加能力考评或参加能力考评结果达不到要求的；

（八）对药品监督管理部门监督检查故意不予配合的。

第二十条 检验检测机构在从事化妆品注册和备案检验工作中有下列情形之一的，药品监督管理部门将在检验信息系统中注销该检验检测机构的信息，三年内不再接受并公布该检验检测机构信息；检验检测机构涉嫌违反相关法律法规的，移送有关部门依法予以查处；构成犯罪的，移送司法机关依法追究其刑事责任。

（一）谎报、瞒报检验检测机构有关信息的；

（二）检验过程与结果造假的；

（三）出具、伪造虚假检验报告或检验记录等资料的；

（四）出具检验报告的检验检测机构与承担化妆品注册和备案检验工作的机构不同的；

（五）检验信息系统中填报承检信息与实际情况不符，应当主动注销而未注销的。

第二十一条 任何单位和个人对检验检测机构检验工作中的违法违规行为，有权向药品监督管理部门举报，药品监督管理部门应当及时调查处理，并为举报人保密。

药品监督管理部门应当及时向社会公布对注册和备案检验检测机构的监督检查情况。

第二十二条 本规范所称能力考评，指利用能力验证、实验室间比对、盲样测试和留样复测等方式，按照预先制定的准则对检验检测机构的能力进行考核评价。

第二十三条 本规范由国家药品监督管理局负责解释。国家药品监督管理局可根据化妆品注册和备案检验工作需要，对检验项目或检验方法进行制修订，并及时予以公布。

第二十四条 本规范自发布之日起实施，原国家食品药品监督管理局《关于印发化妆品行政许可检验管理办法的通知》（国食药监许〔2010〕82号）、《关于印发化妆品行政许可检验机构资格认定管理办法的通知》（国食药监许〔2010〕83号）和《关于印发国产非特殊用途化妆品备案管理办法的通知》（国食药监许〔2011〕181号）等文件同时废止。

附录五 《化妆品注册备案管理办法》

（2021 年 1 月 7 日国家市场监督管理总局令第 35 号公布）

第一章 总 则

第一条 为了规范化妆品注册和备案行为，保证化妆品质量安全，根据《化妆品监督管理条例》，制定本办法。

第二条 在中华人民共和国境内从事化妆品和化妆品新原料注册、备案及其监督管理活动，适用本办法。

第三条 化妆品、化妆品新原料注册，是指注册申请人依照法定程序和要求提出注册申请，药品监督管理部门对申请注册的化妆品、化妆品新原料的安全性和质量可控性进行审查，决定是否同意其申请的活动。

化妆品、化妆品新原料备案，是指备案人依照法定程序和要求，提交表明化妆品、化妆品新原料安全性和质量可控性的资料，药品监督管理部门对提交的资料存档备查的活动。

第四条 国家对特殊化妆品和风险程度较高的化妆品新原料实行注册管理，对普通化妆品和其他化妆品新原料实行备案管理。

第五条 国家药品监督管理局负责特殊化妆品、进口普通化妆品、化妆品新原料的注册和备案管理，并指导监督省、自治区、直辖市药品监督管理部门承担的化妆品备案相关工作。国家药品监督管理局可以委托具备相应能力的省、自治区、直辖市药品监督管理部门实施进口普通化妆品备案管理工作。

国家药品监督管理局化妆品技术审评机构（以下简称技术审评机构）负责特殊化妆品、化妆品新原料注册的技术审评工作，进口普通化妆品、化妆品新原料备案后的资料技术核查工作，以及化妆品新原料使用和安全情况报告的评估工作。

国家药品监督管理局行政事项受理服务机构（以下简称受理机构）、审核查验机构、不良反应监测机构、信息管理机构等专业技术机构，承担化妆品注册和备案管理所需的注册受理、现场核查、不良反应监测、信息化建设与管理等工作。

第六条 省、自治区、直辖市药品监督管理部门负责本行政区域内国产普通化妆品备案管理工作，在委托范围内以国家药品监督管理局的名义实施进口普通化妆品备案管理工作，并协助开展特殊化妆品注册现场核查等工作。

第七条 化妆品、化妆品新原料注册人、备案人依法履行产品注册、备案义务，对化妆品、化妆品新原料的质量安全负责。

化妆品、化妆品新原料注册人、备案人申请注册或者进行备案时，应当遵守有关法律、行政法规、强制性国家标准和技术规范的要求，对所提交资料的真实性和科学性负责。

第八条 注册人、备案人在境外的，应当指定我国境内的企业法人作为境内责任人。境内责任人应当履行以下义务：

（一）以注册人、备案人的名义，办理化妆品、化妆品新原料注册、备案；

（二）协助注册人、备案人开展化妆品不良反应监测、化妆品新原料安全监测与报告工作；

（三）协助注册人、备案人实施化妆品、化妆品新原料召回工作；

（四）按照与注册人、备案人的协议，对投放境内市场的化妆品、化妆品新原料承担相应的质量安全责任；

（五）配合药品监督管理部门的监督检查工作。

第九条　药品监督管理部门应当自化妆品、化妆品新原料准予注册、完成备案之日起5个工作日内，向社会公布化妆品、化妆品新原料注册和备案管理有关信息，供社会公众查询。

第十条　国家药品监督管理局加强信息化建设，为注册人、备案人提供便利化服务。

化妆品、化妆品新原料注册人、备案人按照规定通过化妆品、化妆品新原料注册备案信息服务平台（以下简称信息服务平台）申请注册、进行备案。

国家药品监督管理局制定已使用的化妆品原料目录，及时更新并向社会公开，方便企业查询。

第十一条　药品监督管理部门可以建立专家咨询机制，就技术审评、现场核查、监督检查等过程中的重要问题听取专家意见，发挥专家的技术支撑作用。

第二章　化妆品新原料注册和备案管理
第一节 化妆品新原料注册和备案

第十二条　在我国境内首次使用于化妆品的天然或者人工原料为化妆品新原料。

调整已使用的化妆品原料的使用目的、安全使用量等的，应当按照新原料注册、备案要求申请注册、进行备案。

第十三条　申请注册具有防腐、防晒、着色、染发、祛斑美白功能的化妆品新原料，应当按照国家药品监督管理局要求提交申请资料。受理机构应当自收到申请之日起5个工作日内完成对申请资料的形式审查，并根据下列情况分别作出处理：

（一）申请事项依法不需要取得注册的，作出不予受理的决定，出具不予受理通知书；

（二）申请事项依法不属于国家药品监督管理局职权范围的，应当作出不予受理的决定，出具不予受理通知书，并告知申请人向有关行政机关申请；

（三）申请资料不齐全或者不符合规定形式的，出具补正通知书，一次告知申请人需要补正的全部内容，逾期未告知的，自收到申请资料之日起即为受理；

（四）申请资料齐全、符合规定形式要求的，或者申请人按照要求提交全部补正材料的，应当受理注册申请并出具受理通知书。

受理机构应当自受理注册申请后3个工作日内，将申请资料转交技术审评机构。

第十四条　技术审评机构应当自收到申请资料之日起90个工作日内，按照技术审评的要求组织开展技术审评，并根据下列情况分别作出处理：

（一）申请资料真实完整，能够证明原料安全性和质量可控性，符合法律、行政法规、强制性国家标准和技术规范要求的，技术审评机构应当作出技术审评通过的审评结论；

（二）申请资料不真实，不能证明原料安全性、质量可控性，不符合法律、行政法规、强制性国家标准和技术规范要求的，技术审评机构应当作出技术审评不通过的审评结论；

（三）需要申请人补充资料的，应当一次告知需要补充的全部内容；申请人应当在 90 个工作日内按照要求一次提供补充资料，技术审评机构收到补充资料后审评时限重新计算；未在规定时限内补充资料的，技术审评机构应当作出技术审评不通过的审评结论。

第十五条 技术审评结论为审评不通过的，技术审评机构应当告知申请人并说明理由。申请人有异议的，可以自收到技术审评结论之日起 20 个工作日内申请复核。复核的内容仅限于原申请事项以及申请资料。

技术审评机构应当自收到复核申请之日起 30 个工作日内作出复核结论。

第十六条 国家药品监督管理局应当自收到技术审评结论之日起 20 个工作日内，对技术审评程序和结论的合法性、规范性以及完整性进行审查，并作出是否准予注册的决定。

受理机构应当自国家药品监督管理局作出行政审批决定之日起 10 个工作日内，向申请人发出化妆品新原料注册证或者不予注册决定书。

第十七条 技术审评机构作出技术审评结论前，申请人可以提出撤回注册申请。技术审评过程中，发现涉嫌提供虚假资料或者化妆品新原料存在安全性问题的，技术审评机构应当依法处理，申请人不得撤回注册申请。

第十八条 化妆品新原料备案人按照国家药品监督管理局的要求提交资料后即完成备案。

第二节 安全监测与报告

第十九条 已经取得注册、完成备案的化妆品新原料实行安全监测制度。安全监测的期限为 3 年，自首次使用化妆品新原料的化妆品取得注册或者完成备案之日起算。

第二十条 安全监测的期限内，化妆品新原料注册人、备案人可以使用该化妆品新原料生产化妆品。

化妆品注册人、备案人使用化妆品新原料生产化妆品的，相关化妆品申请注册、办理备案时应当通过信息服务平台经化妆品新原料注册人、备案人关联确认。

第二十一条 化妆品新原料注册人、备案人应当建立化妆品新原料上市后的安全风险监测和评价体系，对化妆品新原料的安全性进行追踪研究，对化妆品新原料的使用和安全情况进行持续监测和评价。

化妆品新原料注册人、备案人应当在化妆品新原料安全监测每满一年前 30 个工作日内，汇总、分析化妆品新原料使用和安全情况，形成年度报告报送国家药品监督管理局。

第二十二条 发现下列情况的，化妆品新原料注册人、备案人应当立即开展研究，并向技术审评机构报告：

（一）其他国家（地区）发现疑似因使用同类原料引起严重化妆品不良反应或者群体不良反应事件的；

（二）其他国家（地区）化妆品法律、法规、标准对同类原料提高使用标准、增加使用限制或者禁止使用的；

（三）其他与化妆品新原料安全有关的情况。

有证据表明化妆品新原料存在安全问题的，化妆品新原料注册人、备案人应当立即采取措施控制风险，并向技术审评机构报告。

第二十三条 使用化妆品新原料生产化妆品的化妆品注册人、备案人，应当及时向化妆品新原料注册人、备案人反馈化妆品新原料的使用和安全情况。

出现可能与化妆品新原料相关的化妆品不良反应或者安全问题时，化妆品注册人、备案人应当立即采取措施控制风险，通知化妆品新原料注册人、备案人，并按照规定向所在地省、自治区、直辖市药品监督管理部门报告。

第二十四条　省、自治区、直辖市药品监督管理部门收到使用了化妆品新原料的化妆品不良反应或者安全问题报告后，应当组织开展研判分析，认为化妆品新原料可能存在造成人体伤害或者危害人体健康等安全风险的，应当按照有关规定采取措施控制风险，并立即反馈技术审评机构。

第二十五条　技术审评机构收到省、自治区、直辖市药品监督管理部门或者化妆品新原料注册人、备案人的反馈或者报告后，应当结合不良反应监测机构的化妆品年度不良反应统计分析结果进行评估，认为通过调整化妆品新原料技术要求能够消除安全风险的，可以提出调整意见并报告国家药品监督管理局；认为存在安全性问题的，应当报请国家药品监督管理局撤销注册或者取消备案。国家药品监督管理局应当及时作出决定。

第二十六条　化妆品新原料安全监测期满3年后，技术审评机构应当向国家药品监督管理局提出化妆品新原料是否符合安全性要求的意见。

对存在安全问题的化妆品新原料，由国家药品监督管理局撤销注册或者取消备案；未发生安全问题的，由国家药品监督管理局纳入已使用的化妆品原料目录。

第二十七条　安全监测期内化妆品新原料被责令暂停使用的，化妆品注册人、备案人应当同时暂停生产、经营使用该化妆品新原料的化妆品。

第三章　化妆品注册和备案管理

第一节　一般要求

第二十八条　化妆品注册申请人、备案人应当具备下列条件：

（一）是依法设立的企业或者其他组织；

（二）有与申请注册、进行备案化妆品相适应的质量管理体系；

（三）有不良反应监测与评价的能力。

注册申请人首次申请特殊化妆品注册或者备案人首次进行普通化妆品备案的，应当提交其符合前款规定要求的证明资料。

第二十九条　化妆品注册人、备案人应当依照法律、行政法规、强制性国家标准、技术规范和注册备案管理等规定，开展化妆品研制、安全评估、注册备案检验等工作，并按照化妆品注册备案资料规范要求提交注册备案资料。

第三十条　化妆品注册人、备案人应当选择符合法律、行政法规、强制性国家标准和技术规范要求的原料用于化妆品生产，对其使用的化妆品原料安全性负责。化妆品注册人、备案人申请注册、进行备案时，应当通过信息服务平台明确原料来源和原料安全相关信息。

第三十一条　化妆品注册人、备案人委托生产化妆品的，国产化妆品应当在申请注册或者进行备案时，经化妆品生产企业通过信息服务平台关联确认委托生产关系；进口化妆品由化妆品注册人、备案人提交存在委托关系的相关材料。

第三十二条　化妆品注册人、备案人应当明确产品执行的标准，并在申请注册或者进行备案时提交药品监督管理部门。

第三十三条　化妆品注册申请人、备案人应当委托取得资质认定、满足化妆品注册和备案检验工作需要的检验机构，按照强制性国家标准、技术规范和注册备案检验规定的要求进行检验。

第二节 备案管理

第三十四条 普通化妆品上市或者进口前，备案人按照国家药品监督管理局的要求通过信息服务平台提交备案资料后即完成备案。

第三十五条 已经备案的进口普通化妆品拟在境内责任人所在省、自治区、直辖市行政区域以外的口岸进口的，应当通过信息服务平台补充填报进口口岸以及办理通关手续的联系人信息。

第三十六条 已经备案的普通化妆品，无正当理由不得随意改变产品名称；没有充分的科学依据，不得随意改变功效宣称。

已经备案的普通化妆品不得随意改变产品配方，但因原料来源改变等原因导致产品配方发生微小变化的情况除外。

备案人、境内责任人地址变化导致备案管理部门改变的，备案人应当重新进行备案。

第三十七条 普通化妆品的备案人应当每年向承担备案管理工作的药品监督管理部门报告生产、进口情况，以及符合法律法规、强制性国家标准、技术规范的情况。

已经备案的产品不再生产或者进口的，备案人应当及时报告承担备案管理工作的药品监督管理部门取消备案。

第三节 注册管理

第三十八条 特殊化妆品生产或者进口前，注册申请人应当按照国家药品监督管理局的要求提交申请资料。

特殊化妆品注册程序和时限未作规定的，适用本办法关于化妆品新原料注册的规定。

第三十九条 技术审评机构应当自收到申请资料之日起90个工作日内，按照技术审评的要求组织开展技术审评，并根据下列情况分别作出处理：

（一）申请资料真实完整，能够证明产品安全性和质量可控性、产品配方和产品执行的标准合理，且符合现行法律、行政法规、强制性国家标准和技术规范要求的，作出技术审评通过的审评结论；

（二）申请资料不真实，不能证明产品安全性和质量可控性、产品配方和产品执行的标准不合理，或者不符合现行法律、行政法规、强制性国家标准和技术规范要求的，作出技术审评不通过的审评结论；

（三）需要申请人补充资料的，应当一次告知需要补充的全部内容；申请人应当在90个工作日内按照要求一次提供补充资料，技术审评机构收到补充资料后审评时限重新计算；未在规定时限内补充资料的，技术审评机构应当作出技术审评不通过的审评结论。

第四十条 国家药品监督管理局应当自收到技术审评结论之日起20个工作日内，对技术审评程序和结论的合法性、规范性以及完整性进行审查，并作出是否准予注册的决定。

受理机构应当自国家药品监督管理局作出行政审批决定之日起10个工作日内，向申请人发出化妆品注册证或者不予注册决定书。化妆品注册证有效期5年。

第四十一条 已经注册的特殊化妆品的注册事项发生变化的，国家药品监督管理局根据变化事项对产品安全、功效的影响程度实施分类管理：

（一）不涉及安全性、功效宣称的事项发生变化的，注册人应当及时向国家药品监督管理局备案；

（二）涉及安全性的事项发生变化的，以及生产工艺、功效宣称等方面发生实质性变化的，注册人应当向国家药品监督管理局提出产品注册变更申请；

（三）产品名称、配方等发生变化，实质上构成新的产品的，注册人应当重新申请注册。

第四十二条　已经注册的产品不再生产或者进口的，注册人应当主动申请注销注册证。

<h3 style="text-align:center">第四节　注册证延续</h3>

第四十三条　特殊化妆品注册证有效期届满需要延续的，注册人应当在产品注册证有效期届满前 90 个工作日至 30 个工作日期间提出延续注册申请，并承诺符合强制性国家标准、技术规范的要求。注册人应当对提交资料和作出承诺的真实性、合法性负责。

逾期未提出延续注册申请的，不再受理其延续注册申请。

第四十四条　受理机构应当在收到延续注册申请后 5 个工作日内对申请资料进行形式审查，符合要求的予以受理，并自受理之日起 10 个工作日内向申请人发出新的注册证。注册证有效期自原注册证有效期届满之日的次日起重新计算。

第四十五条　药品监督管理部门应当对已延续注册的特殊化妆品的申报资料和承诺进行监督，经监督检查或者技术审评发现存在不符合强制性国家标准、技术规范情形的，应当依法撤销特殊化妆品注册证。

<h2 style="text-align:center">第四章　监督管理</h2>

第四十六条　药品监督管理部门依照法律法规规定，对注册人、备案人的注册、备案相关活动进行监督检查，必要时可以对注册、备案活动涉及的单位进行延伸检查，有关单位和个人应当予以配合，不得拒绝检查和隐瞒有关情况。

第四十七条　技术审评机构在注册技术审评过程中，可以根据需要通知审核查验机构开展现场核查。境内现场核查应当在 45 个工作日内完成，境外现场核查应当按照境外核查相关规定执行。现场核查所用时间不计算在审评时限之内。

注册申请人应当配合现场核查工作，需要抽样检验的，应当按照要求提供样品。

第四十八条　特殊化妆品取得注册证后，注册人应当在产品投放市场前，将上市销售的产品标签图片上传至信息服务平台，供社会公众查询。

第四十九条　化妆品注册证不得转让。因企业合并、分立等法定事由导致原注册人主体资格注销，将注册人变更为新设立的企业或者其他组织的，应当按照本办法的规定申请变更注册。

变更后的注册人应当符合本办法关于注册人的规定，并对已经上市的产品承担质量安全责任。

第五十条　根据科学研究的发展，对化妆品、化妆品原料的安全性认识发生改变的，或者有证据表明化妆品、化妆品原料可能存在缺陷的，承担注册、备案管理工作的药品监督管理部门可以责令化妆品、化妆品新原料注册人、备案人开展安全再评估，或者直接组织相关原料企业和化妆品企业开展安全再评估。

再评估结果表明化妆品、化妆品原料不能保证安全的，由原注册部门撤销注册、备案部门取消备案，由国务院药品监督管理部门将该化妆品原料纳入禁止用于化妆品生产的原料目录，并向社会公布。

第五十一条　根据科学研究的发展、化妆品安全风险监测和评价等，发现化妆品原料存在安全风险，能够通过设定原料的使用范围和条件消除安全风险的，应当在已使用的化妆品原料目录中明确原料限制使用的范围和条件。

第五十二条　承担注册、备案管理工作的药品监督管理部门通过注册、备案信息无法与注册人、备案人或者境内责任人取得联系的，可以在信息服务平台将注册人、备案人、境内责任人列为重点监管对象，并通过信息服务平台予以公告。

第五十三条 药品监督管理部门根据备案人、境内责任人、化妆品生产企业的质量管理体系运行、备案后监督、产品上市后的监督检查情况等，实施风险分类分级管理。

第五十四条 药品监督管理部门、技术审评、现场核查、检验机构及其工作人员应当严格遵守法律、法规、规章和国家药品监督管理局的相关规定，保证相关工作科学、客观和公正。

第五十五条 未经注册人、备案人同意，药品监督管理部门、专业技术机构及其工作人员、参与审评的人员不得披露注册人、备案人提交的商业秘密、未披露信息或者保密商务信息，法律另有规定或者涉及国家安全、重大社会公共利益的除外。

第五章 法律责任

第五十六条 化妆品、化妆品新原料注册人未按照本办法规定申请特殊化妆品、化妆品新原料变更注册的，由原发证的药品监督管理部门责令改正，给予警告，处1万元以上3万元以下罚款。

化妆品、化妆品新原料备案人未按照本办法规定更新普通化妆品、化妆品新原料备案信息的，由承担备案管理工作的药品监督管理部门责令改正，给予警告，处5000元以上3万元以下罚款。

化妆品、化妆品新原料注册人未按照本办法的规定重新注册的，依照化妆品监督管理条例第五十九条的规定给予处罚；化妆品、化妆品新原料备案人未按照本办法的规定重新备案的，依照化妆品监督管理条例第六十一条第一款的规定给予处罚。

第五十七条 化妆品新原料注册人、备案人违反本办法第二十一条规定的，由省、自治区、直辖市药品监督管理部门责令改正；拒不改正的，处5000元以上3万元以下罚款。

第五十八条 承担备案管理工作的药品监督管理部门发现已备案化妆品、化妆品新原料的备案资料不符合要求的，应当责令限期改正，其中，与化妆品、化妆品新原料安全性有关的备案资料不符合要求的，可以同时责令暂停销售、使用。

已进行备案但备案信息尚未向社会公布的化妆品、化妆品新原料，承担备案管理工作的药品监督管理部门发现备案资料不符合要求的，可以责令备案人改正并在符合要求后向社会公布备案信息。

第五十九条 备案人存在以下情形的，承担备案管理工作的药品监督管理部门应当取消化妆品、化妆品新原料备案：

（一）备案时提交虚假资料的；

（二）已经备案的资料不符合要求，未按要求在规定期限内改正的，或者未按要求暂停化妆品、化妆品新原料销售、使用的；

（三）不属于化妆品新原料或者化妆品备案范围的。

第六章 附 则

第六十条 注册受理通知、技术审评意见告知、注册证书发放和备案信息发布、注册复核、化妆品新原料使用情况报告提交等所涉及时限以通过信息服务平台提交或者发出的时间为准。

第六十一条 化妆品最后一道接触内容物的工序在境内完成的为国产产品，在境外完成的为进口产品，在中国台湾、香港和澳门地区完成的参照进口产品管理。

以一个产品名称申请注册或者进行备案的配合使用产品或者组合包装产品，任何一剂的最后一道接触内容物的工序在境外完成的，按照进口产品管理。

第六十二条　化妆品、化妆品新原料取得注册或者进行备案后，按照下列规则进行编号。

（一）化妆品新原料备案编号规则：国妆原备字＋四位年份数＋本年度备案化妆品新原料顺序数。

（二）化妆品新原料注册编号规则：国妆原注字＋四位年份数＋本年度注册化妆品新原料顺序数。

（三）普通化妆品备案编号规则：

国产产品：省、自治区、直辖市简称＋G妆网备字＋四位年份数＋本年度行政区域内备案产品顺序数；

进口产品：国妆网备进字（境内责任人所在省、自治区、直辖市简称）＋四位年份数＋本年度全国备案产品顺序数；

中国台湾、香港、澳门产品：国妆网备制字（境内责任人所在省、自治区、直辖市简称）＋四位年份数＋本年度全国备案产品顺序数。

（四）特殊化妆品注册编号规则：

国产产品：国妆特字＋四位年份数＋本年度注册产品顺序数；

进口产品：国妆特进字＋四位年份数＋本年度注册产品顺序数；

中国台湾、香港、澳门产品：国妆特制字＋四位年份数＋本年度注册产品顺序数。

第六十三条　本办法自 2021 年 5 月 1 日起施行。